普通高等教育“十二五”工程训练系列规划教材

工程材料成形与机械制造基础

主　编　李爱菊　孙康宁
参　编　于美杰　付　平　朱新德
　　　　白玉俊　王　美

机械工业出版社

本书根据教育部“高等学校工程材料及机械制造基础课程教学基本要求”组织编写，内容上较传统金属工艺学更为丰富，力求体现工程材料成形与机械制造基础课程体系的完整性与系统性，按照不同工程材料的成形加工方法和加工工艺加以分类编写。

本书除绪论外，分为工程材料的应用基础、金属材料的成形工艺、非金属材料的成形工艺、切削加工、特种加工、先进制造技术以及制造业的环境保护共七章。各章后均有复习思考题。

本书可作为高等院校工科各专业的教材，也可作为从事材料科学与工程、机械工程、工业管理及相关专业的技术人员的参考书。

图书在版编目（CIP）数据

工程材料成形与机械制造基础/李爱菊，孙康宁主编．—北京：机械工业出版社，2012.6（2023.1 重印）

普通高等教育“十二五”工程训练系列规划教材

ISBN 978-7-111-37931-7

Ⅰ.①工…　Ⅱ.①李…②孙…　Ⅲ.①工程材料－成型－高等学校－教材②机械制造工艺－高等学校－教材　Ⅳ.①TB3②TH16

中国版本图书馆 CIP 数据核字（2012）第 059629 号

机械工业出版社（北京市百万庄大街 22 号　邮政编码 100037）

策划编辑：丁昕祯　责任编辑：丁昕祯　冯　铁

版式设计：霍永明　责任校对：肖　琳

封面设计：张　静　责任印制：李　飞

北京中科印刷有限公司印刷

2023 年 1 月第 1 版第 6 次印刷

184mm×260mm·15.75 印张·390 千字

标准书号：ISBN 978-7-111-37931-7

定价：45.00 元

电话服务	网络服务
客服电话：010-88361066	机　工　官　网：www.cmpbook.com
010-88379833	机　工　官　博：weibo.com/cmp1952
010-68326294	金　　书　　网：www.golden-book.com
封底无防伪标均为盗版	机工教育服务网：www.cmpedu.com

前　言

“工程材料成形与机械制造基础”课程是在原“金属工艺学”课程的基础上发展而来的，内容不仅涉及金属材料及其制造，也涉及到无机非金属材料、高分子材料、复合材料及其制造，是工科院校最重要的技术基础课之一，也是很多院校作为通识教育的重要选修课程之一，该课程具有知识面宽、受益面大，理论与实践密切结合，实践性、创新性强，要求会动手、能操作等特点，是工科学生素质培养、能力提高、衔接社会和实现宽口径专业教育的重要教学环节之一，也是非工科学生了解制造技术、加强通识教育和增强工程意识的重要途径。

“工程材料成形与机械制造基础”课程通常涉及工程材料、材料成形基础、机械制造工艺、机械制造实习四方面内容，为适应模块化教学，教材多为系列教材，理论部分教材多为上、下册，在相当长的一段时间内，这种系列化教材为模块化教学提供了方便。但近年来，随着工科教学计划调整，以及很多高校实施通识教育，总学分普遍压缩，加之不同专业、不同学校对该部分教学内容的需求不同，不少学校急需具有通识教育特性、内容充实、富有特性、编写精炼的少学时的《工程材料成形与机械制造基础》教材。基于上述要求，本书将工程材料、材料成形基础、机械制造工艺三大部分内容作了进一步的精炼与集成，避免了内容上的重复，在满足教育部机械基础教学指导分委员会工程材料与机械制造基础课程指导小组制定新的教学基本要求的前提下，专门针对某些工科专业和通识教育的特别要求编写而成。本书主要特点如下：

1）本书对课程知识体系进行了优化，在保留制造技术发展简述的基础上，以够用为原则，适当减少了工程材料部分的相关内容，保留了材料成形与机械制造工艺的基础部分，增加了制造业的环境保护一章。在少而精的基础上尽可能地体现教学内容的系统完整和前瞻性。

2）充分体现了材料、机械、控制、管理与环境保护等学科之间的交叉与融合。

3）体现了从面向工科教学到面向多学科教学的转变。

4）教材中新材料、新技术、新工艺内容有较大幅度的增加。

5）本书尽可能体现出内容丰富、重点突出的风格，为学生预留出足够的自学与思考的空间，每章附有复习思考题。各个章节既相互联系，又相对独立，以适应培养复合型、创新型人才的需求并方便不同专业、不同学习背景、不同学时和不同层次的学生选用。

本书除绪论外，分为工程材料的应用基础、金属材料的成形工艺、非金属材料的成形工艺、切削加工、特种加工、先进加工技术和制造业的环境保护共七章。全书由山东大学李爱菊教授、孙康宁教授主编。其中绪论部分由山东大学孙康宁编写；第一章工程材料部分，由山东大学孙康宁、王美编写；第二章金属材料的成形部分，由山东大学李爱菊、于美杰编写；第三章非金属材料的成形，由山东大学李爱菊、白玉俊编写；第四章材料的切削加工部分，由山东大学李爱菊、孙康宁编写；第五章材料的特种加工，由山东大学李爱菊、朱新德编写；第六章先进制造技术及第七章制造业的环境保护，由青岛科技大学付平、山东大学朱新德编写。

本书在编写过程中，参阅与借鉴了诸多专家、学者的文献、资料，在此谨表深切的谢意。

由于编者水平所限，书中难免有欠妥之处，诚请各位读者提出宝贵意见。

编　者

目　录

绪　论

工程材料成形与机械制造基础是一门研究工程材料及其成形与机械制造方法的综合性技术基础课。现代工业门类繁多，但概括起来可分为材料工业、能源工业、建筑业和制造工业几种。其中材料工业与制造工业密切相关。材料工业是将自然资源制备成具有各种性能或功能，能满足各种要求的材料；制造工业则是将材料加工制造成各种产品，以满足人类生活、生产和社会的要求。本部分仅简单介绍工程材料和制造技术的历史、现状和发展，旨在使读者对工程材料和制造技术的背景有一个比较完整的了解，以利于本课程和后续相关知识的学习。

一、工程材料概述

材料是人类用以制作有用物件的物质。历史证明，材料是人类社会进步的物质基础和先导。世界各国对材料的分类虽然不尽相同，但按照传统的方法可将其分为金属材料、无机非金属材料（陶瓷）、有机高分子材料和复合材料四大类。

（一）金属材料的发展及其现状简述

金属材料主要是通过金属键结合而成，因此这类材料有比高分子材料高得多的模量，有比陶瓷材料高得多的韧性、可加工性、磁性和导电性。正是由于具备了上述特点，使得金属材料至今不仅难以被快速发展的其他材料体系所替代，而是仍在不断地推陈出新，在工程材料中占有十分重要的地位。

早在公元前5000年，人类就已发现并开始使用金属材料。青铜是最早发现和使用的材料之一，历史上称之为青铜器时代。公元前1500～公元前1200年，铁器时代开始，以后随着铁和钢冶炼方法的不断发现和改进，人类社会生产力水平不断提高，社会不断进步，到了18世纪第一次工业革命期间，钢铁工业迅猛发展，成为工业革命的主要潮流和物质基础，其他金属材料也得到相应的快速发展，极大地满足了现代工业生产的需要。应该说金属材料的发展历史是悠久的，进入19世纪后更是高速发展，并不断推陈出新，向材料性能极限挑战。归结起来，金属材料近几十年来主要研究方向为：① 高纯材料；② 高强度及超高强度金属材料；③ 超易切削钢和超高易切削钢；④ 硬质合金与金属陶瓷；⑤ 高温合金与难熔合金；⑥ 纤维增强金属基复合材料；⑦ 共晶合金定向凝固材料；⑧ 快速冷凝金属非晶及微晶材料；⑨ 有序金属间化合物；⑩ 纳米金属材料；⑪ 形状记忆合金；⑫ 贮氢合金等。

（二）陶瓷（无机非金属材料）的发展简述

陶瓷有时也称为无机非金属材料。广义上讲，陶瓷是泛指一切经高温处理而获得的无机非金属材料。除先进（特种）陶瓷外，还包括玻璃、搪瓷、水泥和耐火材料等。从狭义上讲，用无机非金属化合物粉体，经高温烧结而成的，以多晶聚积体为主的固态物均称为陶瓷，显然该定义不含玻璃、搪瓷和金属陶瓷，主要是指先进陶瓷。先进陶瓷也称精细陶瓷、高技术陶瓷或特种陶瓷，其化学键是由共价键和离子键组成，具有优良的耐高温、耐磨、耐蚀的特点，且比传统陶瓷具有高的强度和韧性。

中国是陶瓷的发源地，不仅历史久远，而且成就辉煌。早在新石器时代，我国就有了陶器。陶器的发明和广泛应用是社会生产力的一个飞跃，同时大大地方便和丰富了人类的生活。陶器的发展经历了漫长的过程，经过几千年的发展，在原料的选择和处理、成型技术、烧结工艺和器型的复杂性方面都获得了长足进步。陶瓷的第一次重大飞跃是人类掌握了通过鼓风提高燃烧温度的技术，进而利用粘土、石英、长石等矿物制成了瓷器。传统陶瓷，以日用瓷器、建筑陶瓷和卫生瓷器为典型代表。从传统陶瓷到先进陶瓷被称为陶瓷材料的第二次重大飞跃。先进陶瓷的发展始于19世纪末，20世纪70年代起，在世界范围内掀起了有关新型陶瓷材料研究与开发的热潮，人们希望能用高温高强度陶瓷材料代替耐热合金，制备具有高效率的燃气轮发电机和汽车发动机。到20世纪末，先进陶瓷的研究与应用已取得很大进展。先进陶瓷的研究领域包括：粉体、结构陶瓷、功能陶瓷、生物陶瓷、薄膜及喷涂以及陶瓷制备工艺等。其中结构陶瓷、功能陶瓷、生物陶瓷分属不同的应用领域，粉体及陶瓷制备工艺的研究则直接影响高技术陶瓷材料的性能、成本、应用和发展水平。作为结构陶瓷，在经历了几十年全球性的研究热潮后，目前正围绕陶瓷材料的弱点：脆性大，可靠性、均匀性、重复性差以及加工制造成本高等方面进行更细致的基础研究和应用研究。

（三）高分子材料的发展简述

20世纪30年代，高分子结构与性能关系研究的兴起及理论的创立，推动了新型高分子材料的合成。塑料是高分子材料中的主要组成部分，工程塑料是塑料工业的重要分支。工程塑料是一个特定的名称，广义上是泛指具有高性能又可能代替金属材料的塑料，狭义上是指比通用塑料的强度与耐热性优异，可作为工业用的结构材料并具有功能作用的高性能塑料。与金属材料相比其优点是：① 密度小，仅为 $1.0\sim2.0g/cm^3$，约为铁的1/6；② 加工性好，生产效率高；③ 耐水及各种化学药品腐蚀；④ 自润滑性好，摩擦因数小；⑤ 可以自由着色；⑥ 容易与玻璃纤维及各种填料复合；⑦ 优异的电绝缘性；⑧ 隔热性优良，热导率约为铁的1/100；⑨ 可降低成本、节约资源和能源。其缺点是：① 耐热性能差，软化点低；② 机械强度低，抗拉强度一般约为钢的1/10；③ 尺寸稳定性差，线胀系数约为钢的5倍；④ 耐候性差，长期受重力作用易产生疲劳，在室外长期受紫外线作用，易降低性能。

1931年，W. H. Carothers 研制出聚酰胺，并申请了专利，工程塑料聚酰胺率先工业化，由杜邦公司于1939年进行工业化生产。随后的几十年中，工程塑料的品种不断增多，并且通过共混改性合金化，性能不断提高，应用领域不断扩大。工程塑料主要品种工业化时间及首家商品化的企业见表0-1。

表0-1 工程塑料主要品种工业化时间及首家商品化的企业

品种名称	工业化时间	首家商品化企业	品种名称	工业化时间	首家商品化企业
尼龙66	1939	美·杜邦	聚砜	1965	美·联合碳化物
尼龙6	1942	德·法本	改性聚苯醚	1966	美·通用电气
聚四氟乙烯	1945	美·杜邦	尼龙12	1966	德·许尔斯
尼龙11	1955	法·阿托	聚苯硫醚	1968	美·菲利浦
聚甲醛（均聚）	1959	美·杜邦	聚对苯二甲酸丁二醇酯	1970	美·塞拉尼斯
聚碳酸酯（酯交换法）	1958	德·拜耳	聚酰胺酰亚胺	1971	美·阿莫科
聚碳酸酯（光气化法）	1960	美·通用电气	聚醚砜	1972	英·卜内门
聚甲醛（共聚）	1961	美·塞拉尼斯	聚醚醚酮	1980	英·卜内门
尼龙1010	1961	中·上海赛璐珞厂	聚醚亚胺	1981	美·通用电气
聚酰亚胺	1964	美·杜邦	间规聚苯乙烯	1999	美·陶氏/日·出光
聚苯醚	1964	美·通用电气			

工程塑料的快速发展源于20世纪80年代后，在高分子聚集态界面物理及化学研究不断取得新进展的理论指导下，在双螺杆挤出设备及工艺不断创新，提供了先进加工手段等的推动下，极大地促进了工程塑料通过共混改性实现合金化的进程，开发出更多的新品种，满足了高新技术对工程塑料品种及性能越来越高的要求。

（四）复合材料的发展简述

复合材料是指由不同材料组合而成，在新制成的材料中，原来各材料的特性得到了充分的应用，而且复合后可望获得单一材料不具备的新功能的材料。通常根据复合材料的基体把复合材料分为金属基复合材料、陶瓷基复合材料以及聚合物基复合材料，根据分散相（增强相）尺寸的不同分为微米级复合材料、纳米级复合材料、杂化（原子或分子水平）材料以及宏观—微观复合为一体的各种新型复合材料。上述具有不同结构和不同性能的材料复合后，可制得增强、增韧或功能化的各种新型复合材料，不仅可克服单一材料的缺点，而且可以出现原来单一材料本身所没有的新性能。因此它比单一材料具有更优良的综合性能，还可以通过材料设计达到预定的使用性能，以满足当代高技术发展对材料性能越来越高的要求。

复合材料的发展经历了古代—近代—先进复合材料的过程，最原始的复合材料是在粘土泥浆中掺入稻草，制成很好的土砖；在灰泥中加入马鬃，在石膏里加入纸浆，或在磷酸水泥里加入石棉纤维等制成纤维增强复合材料。在古代，最令人瞩目的成就应属我国的漆器，它是以丝、麻等天然纤维作为增强材料，用大漆作粘结剂制成的复合材料，所以说复合材料对人类社会生活和社会进步起着重要作用。近代聚合物复合材料主要包括软质复合材料和硬质复合材料。把橡胶和纺织材料混合在一起使用，即称软质复合材料或橡胶复合材料，其增强体包括天然纤维、人造丝、尼龙、聚酯纤维、芳香族聚酰胺纤维、金属纤维等。硬质复合材料是由纤维增强合成树脂制成的复合材料。合成树脂包括热固性树脂（酚醛树脂、环氧树脂、不饱和树脂等）以及性能各异的热塑性树脂（聚苯乙烯、尼龙、聚氯乙烯、聚砜等）。增强体包括玻璃纤维、碳纤维、石墨纤维、硼纤维、碳化硅纤维、芳香族聚酰胺纤维等。就目前看，热固性基体复合材料仍占统治地位，其中玻璃纤维增强的热固性树脂复合材料——玻璃钢是最典型的代表。

20世纪60年代以来，随着航空、航天等尖端技术的迅猛发展，对复合材料提出了三高一低的性能要求，即高强度、高模量、耐高温、低密度。为此，材料研究人员先后研究和生产出多种高性能的纤维增强材料，如碳纤维（CF）、硼纤维（BF）、芳纶纤维（KF）、碳化硅纤维（SF）和氧化铝纤维等。这些高性能纤维的比强度和比模量分别在6.5×10^6cm和6.5×10^8cm以上。通常把比强度大于4×10^6cm，比模量大于4×10^8cm的复合材料称为先进复合材料。先进复合材料的主要追求目标就是优质耐高温。

先进复合材料的使用温度和加工条件主要取决于基体的特征，基体则采用各种耐高温的聚合物、金属和陶瓷等。由上述基体制成的聚合物基复合材料（PMC）、金属基复合材料（MMC）和陶瓷基复合材料（CMC），其最高使用温度分别达到250～350℃、350～1200℃和1200～2000℃及其以上。

先进复合材料除结构材料外，还有功能复合材料、生物复合材料或结构与功能一体化复合材料。复合材料除使用纤维、晶须等增强体材料外，还有颗粒等各种弥散分布的增强体材料。

二、产品制造过程简述

（一）产品的制造过程

现代产品的制造过程包括：产品设计（概念设计、结构设计、外观设计）、零部件设计（形状设计、生产工艺设计）、材料选择、材料成形、加工与表面处理、检验与装配等。产品制造过程是一个系统工程，每一个环节的变化都关系到产品制造的成功与否。

（二）产品与零部件设计

由于产品总成本的70%以上是由设计过程决定的，因此设计工作决定着产品的命运和前途。传统设计通常基于经验的积累，设计的中心围绕产品本身和成品的功能。而现代设计则基于丰富的知识，包括各种标准、规范、技术资料、工作经验、计算机辅助设计知识、市场信息、物理模型、样机试验以及现代制造技术等，设计中心则为顾客需求和产品全生命周期。

现代产品设计充分体现了对产品结构、制造、使用、报废、回收和降解等全过程负责终生的设计理念。即现代产品设计思想须考虑以下几点：① 产品功能能否保证；② 产品模型是否含有全部所需信息；③ 制造与装配工艺性能否经济、高效地生产出产品；④ 产品的可靠性如何保证，出现故障时是否便于维修；⑤ 通过测试能否随时显示产品的状态与故障；⑥ 产品在生产、运输、使用过程中是否安全；⑦ 产品损毁或报废时，是否能快速拆卸等。总之，产品在制造、装配、销售、使用、售后服务以及报废和回收中所存在的问题，在现代产品设计中必须加以考虑与解决，在设计阶段就要预见产品的整个生命周期。由于利用传统的串行设计方法难以同时解决上述诸多问题，目前有效的解决办法是采用“并行设计”或“并行工程”。图0-1所示为串行设计与并行设计的示意图。与串行设计相比，并行设计大量

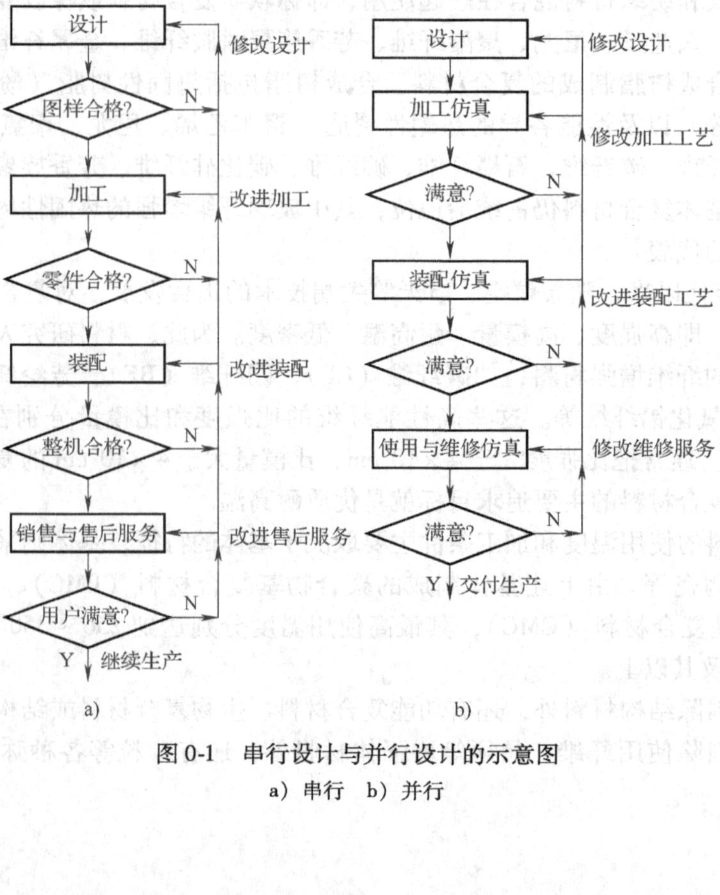

图0-1 串行设计与并行设计的示意图

a）串行 b）并行

采用加工仿真、装配仿真、使用与维修仿真等技术预测产品在加工、装配、使用和维修环节中可能出现的情况和问题，及时修改或优化设计。并行工程的核心是设计人员、采购人员、工艺人员、销售与售后服务人员并行、协同地工作，共同参与设计，共同对设计负责。但是并行工程绝不是设计工作与制造工作并行，与设计工作并行的绝不是真实的制造过程，而是一个虚拟的制造过程。它是虚拟现实技术在制造业中的应用，是在计算机里开工厂。以计算机仿真、智能推理和预测为基础，利用先进的传感技术和声像技术将一个看得见、摸不着的虚拟产品呈现给人的感官，以提供虚拟的消费过程、损耗过程和维修过程，为全生命周期设计服务。

随着计算机技术的发展，设计技术已进入自动化。设计自动化主要包括以下三个方面：① CAD，它的功能主要用于辅助绘图、辅助优化设计和通过庞大的知识库和推理机来处理无法量化的经验性知识。② 计算机辅助工艺规划（CAPP），它能通过分析所涉及的零件特征，自动生成相应的工艺规程，甚至自动设计所需的刀具、夹具和量具。③ 数控自动编程（AP）。编程是一个非常复杂的工作，AP 的特点是根据零件的设计特点及 CAPP 所生成的工艺规程自动形成数控加工程序，这将为设计自动化奠定重要基础。

（三）产品或零件的选材与制造

产品或零件设计完成后，通常要根据产品的各种要求进行选材。在选材时不仅对材料的性能有要求，对材料的成本和可加工性能等诸多方面也有要求。当已有材料难以同时满足上述要求时，还要根据产品的特殊要求研制所需的新材料，所以新产品的出现也是新材料发展的源泉之一。选材完成后，要采用不同的工艺技术将原材料转变成产品或零件。所谓工艺，是指将原材料转变成产品或零件的方法和技术。制造工艺技术很多，概括起来主要有以下几大类：① 成形工艺；② 切削与磨削工艺；③ 特种加工工艺；④ 生长成形工艺（快速成形工艺）。但是不管采用哪种工艺对所选材料实施加工，保证产品质量，降低加工成本，提高加工效率则是成熟工艺技术的基本标志。

材料成形常常是产品制造工艺的第一步，它是将原材料加工成具有一定形状的毛坯或成品的方法。在传统的金属成形工艺中，主要包括铸造、锻压和焊接工艺。但是工程材料成形则包含了一个非常广泛的领域。例如在现代工程材料成形中，随着可供选择材料的增多，塑料成形工艺、粉末冶金成形工艺、生长成形工艺、陶瓷成形工艺和复合材料成形工艺等越来越重要，它们不仅可以使原材料成形为近净尺寸的毛坯，也可以直接获得所需要的成品。新的成形工艺可以使成形与精加工一体化，甚至使材料的制备与成形一体化。经成形加工后，如果不能达到零件所需要的尺寸和形状精度（被加工材料常称为毛坯或半成品），则通常要对毛坯进行切削或磨削加工。切削与磨削加工最重要的是刀具、机床和各种机床控制技术。

材料成形和切削或磨削工艺是本课程的重点内容，将在后续章节中详细介绍。当然现代产品的制造过程还包括特种加工与表面处理、检验与装配等过程与环节，这些内容可以在后续相关章节的学习中加以了解。

三、制造（工艺）技术发展简述

制造技术是围绕工程材料进行的。制造技术是指制造业为人民生活和国民经济建设生产各种必需物质所使用的一切生产技术的总称。

制造业以及制造技术的发展已有漫长的历史，但其真正形成与发展则只有近200年，最近10余年才提出先进制造技术。制造技术的发展大约经历了以下六个阶段：

1）从18世纪后半叶开始，蒸汽机与工具机的发明导致近代产业革命发生，揭开了近代工业发展的历史，制造企业的雏形产生，其特征是工场式生产的出现。

2）19世纪电气技术得到快速发展，导致电气技术与制造技术的融合，开创了电气化的新时代，促进了制造业的飞速发展，使制造技术实现了批量化生产和工业化生产的新局面。

3）20世纪初，内燃机这项重大发明引发了制造业的一场科技革命。流水生产线和泰勒式工作制得到了广泛应用，特别是受第二次世界大战的影响，使以降低成本为中心的刚性、大批量制造技术和科学管理方式得到了空前发展。

4）制造技术发展的第四个阶段出现在第二次世界大战以后，随着计算机、微电子、信息和自动化技术的快速发展，制造技术开始向高质量生产和柔性化生产方向发展。使生产模式由中、小批量生产向小批量自动化生产转变。

5）如果说前四个发展阶段是由于技术推动造成的，从20世纪80年代以来，制造技术的发展则是由市场牵动的。柔性制造单元（FMC）引发了制造工程中组织结构和运行模式的革命性飞跃。

6）20世纪90年代后，制造技术的重要特征是与信息技术、人工智能技术融为一体，随着人工智能（专家系统）、人工神经网络、模糊逻辑等计算机智能的应用，制造知识的获取、表示、存储和推理已成为可能。

随着经济全球化，要求制造企业对市场反应更加敏捷化。随着知识经济的到来，制造业将走向高技术化。随着经济水平的不断发展和居民生活水平的提高，制造业的产品将日益多样化。今后，先进制造技术的发展趋势将具有以下明显特征：

1）信息技术正在向制造技术注入和融合，促进着制造技术的不断发展。

2）设计技术在不断现代化的同时，设计过程也由单纯考虑技术因素转向综合考虑技术、经济和社会因素。设计不仅只是单纯追求某项性能指标的先进和高低，而是注意考虑市场、价格、安全、美学、资源和环境等方面的影响。

3）成形及改进制造技术向精密、精确、少能耗和无污染方向发展，比如成形技术正在从制造工件的毛坯、接近零件的形状，向直接制造工件即精密成形或净成形的方向发展。

4）加工制造技术则向着超精密加工技术、超高速切削以及发展新一代制造装备的方向发展。

5）工艺将由技艺发展为工程科学。使工艺设计由经验判断走向定量分析，工艺模拟将广泛应用于金属切削和产品设计过程。使产品设计完成时，成形制造的准备工作也同时完成。

6）随着先进制造技术的不断进步，冷热加工之间，加工、检测、物流和装配过程之间，设计、材料应用和加工制造之间，其界限将逐渐淡化，并逐渐走向一体化。

四、课程性质、任务和学习要求

1. 课程性质

传统的工程材料及机械制造基础课程是研究机器零件常用材料和加工方法，即从选择材料、制造毛坯直到加工出零件的综合性课程。随着科学技术的快速发展，知识更新的加快，学科大幅度的调整，本课程性质也在逐渐发生变化，为充分体现各学科的交叉、融合，全面拓宽课程知识体系，使理论、实践和创新结合在一起，本课程内容已不仅局限于机械制造，而是更充分地体现了先进制造技术、材料科学与工程、材料及制造技术发展史、现代信息技术等跨学科之间的密切交叉与融合。**本课程是一门以各种制造方法为载体，涉及多学科知识渗透与交叉，从常用工程材料的选择、成形、加工和制造直到加工出零件或器件的综合性技术基础课程**，它将给学习者提供一个全新的、完整的机械制造过程的概念。

2. 学习要求

通过本课程的学习，结合现代工程训练或金工实习环节，要求学习者了解材料及制造技术发展史，获得常用工程材料、各种制造技术的基础知识以及零件或器件的加工工艺知识，培养工艺分析的初步能力，为学习其他有关课程及以后从事机械设计和加工制造工作奠定必要的基础，并为复合型人才的培养奠定现代制造技术的基础。

3. 课程任务

1）了解材料及制造技术发展史。

2）了解常用工程材料的种类、成分、组织、性能和改性方法，具有选用工程材料的初步能力。

3）掌握主要工程材料或器件的成形与加工方法的基本原理和工艺特点，具有选择毛坯、零件加工方法及工艺分析的初步能力。

4）具有综合运用工艺知识、分析零件结构工艺性的初步能力。

5）了解与本课程有关的新材料、新工艺、新技术相互交叉渗透的特点及其发展趋势。

第一章　工程材料的应用基础

工程材料能否应用于所需零件或产品，不仅取决于材料的力学性能，也取决于材料的可加工性能和成本等因素。由于材料的宏观性能与微观组织结构密切相关，因此初步了解材料学的基本知识，掌握选材的方法，将是合理选用材料与制定材料加工工艺的重要前提。本章将重点介绍工程材料的性能、材料学的部分基础知识、材料的分类编号及用途，以便为选材和制定后续制造工艺奠定基础。

第一节　工程材料的性能

一、工程材料的力学性能

力学性能是指材料受外加载荷作用时，所反映出来的固有性能。工程材料的力学性能主要有强度、硬度、塑性、冲击韧度和疲劳强度等。

（一）强度

强度是指材料抵抗由外力载荷所引起的应变或断裂的能力，外力载荷方式不同，描述强度的指标也不同，常用的指标有抗拉强度、抗压强度和抗弯强度等。值得注意的是，由于材料种类和性质不同，常用的强度衡量指标也有所不同。

1. 抗拉强度

塑性较好的金属或高分子材料常用抗拉强度衡量其抵抗破坏的能力，它是利用标准试样在拉伸试验机上通过拉伸试验测出来的。

（1）金属材料抗拉强度　图 1-1 所示为低碳钢拉伸试样的形状和尺寸示意图。试样标距为 L_0，试样的横截面积为 A_0。在拉伸试验中，试样被装夹在拉伸试验机上，当对试样两端缓慢施加载荷时，试样的受力方向与其轴向平行。此时试样随载荷的增加被逐渐拉长，直至断裂。在整个拉伸过程中，拉伸试验机自动记录每一瞬间的载荷 F 及相应的试样伸长量 ΔL，并给出拉伸曲线，如图 1-2 所示。

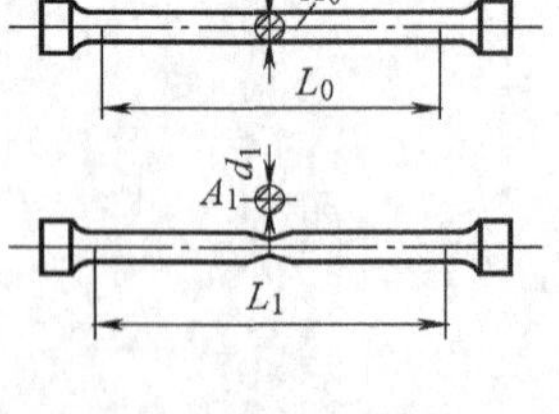

图 1-1　低碳钢拉伸试样示意图

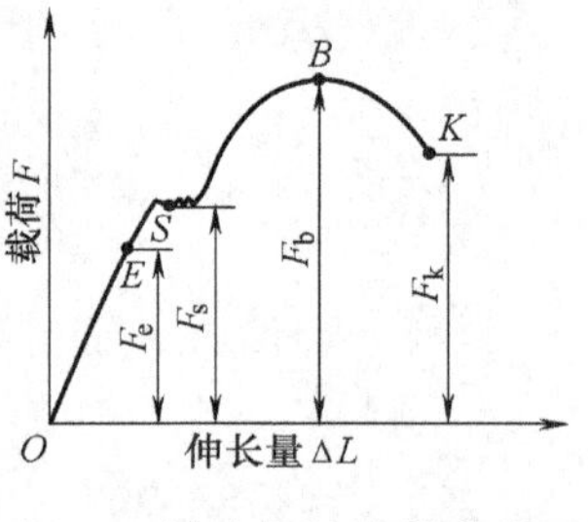

图 1-2　低碳钢的拉伸曲线图

由图 1-2 可以看出，当载荷较小时，试样的拉伸量 ΔL 与载荷成比例增加，拉伸曲线在 OE 段为直线，并遵循胡克定律。若在此阶段卸载，试样会恢复到原始状态，这种变形称为弹性变形，E 点对应最大弹性变形载荷为 F_e。继续增加载荷达到 F_s时，拉伸曲线将出现锯齿型平台，即载荷在基本保持不变的情况下，试样继续产生塑性伸长，这种现象称为屈服，S点称为屈服点，若在此时载荷卸载，试样不能完全恢复到初始状态而产生永久性变形，即塑性变形。屈服产生以后，继续增加载荷，试样将继续伸长，当载荷增加到F_b时，试样标距内的某局部截面将开始缩小，产生缩颈现象，此时的载荷F_b是试样所能承受的最大载荷。缩颈产生后，金属材料仍继续变形，所需的载荷将下降，载荷达到F_k时，试样在缩颈处断裂。

由拉伸过程可知，在不同阶段，材料抵抗变形与破坏的能力是不同的，对应于不同阶段的最大抵抗能力，又可细分为弹性极限、屈服强度、抗拉强度等。为便于相互比较，常用材料单位面积所能承受载荷的最大能力（即应力）表示强度。拉伸曲线也可用应力-应变（单位长度的伸长量）曲线表示，这种表示排除了材料的尺寸因素，可达到表征材料力学性能的目的，而且曲线形状相似。

弹性极限是材料在外力作用下保持弹性变形时单位面积所对应的最大拉伸力，用σ_e表示，单位为MPa：

$$\sigma_e = \frac{F_e}{A_0} \tag{1-1}$$

式中，F_e为试样产生线弹性变形的最大拉力（N）；A_0为试样的原始截面积（m^2）。

屈服强度是工程材料在外力作用下开始产生屈服时单位面积所能承受的最大拉伸力，用σ_s表示，单位为MPa：

$$\sigma_s = \frac{F_s}{A_0} \tag{1-2}$$

式中，F_s为试样产生屈服时的对应载荷（N）。

抗拉强度是表示材料在拉伸过程中单位面积所能承受的最大拉伸力，用σ_b表示，单位为MPa：

$$\sigma_b = \frac{F_b}{A_0} \tag{1-3}$$

式中，F_b为试样拉伸时的最大拉力（N）。

以上讨论的是典型低碳钢材料的拉伸曲线。对于高碳钢、奥氏体钢和其他脆性金属材料，其拉伸曲线上不出现明显的屈服平台，为表示该类材料的屈服强度，规定该类材料产生0.2%残余应变时对应的应力值为其屈服极限，称为条件屈服极限或名义屈服强度，用$\sigma_{0.2}$表示。

（2）高分子材料抗拉强度　高分子材料的性能不同于金属材料，因此其抗拉伸特征也不同。在不同温度下，聚合物结构与性能有很大的差异，在较低温度时为玻璃态，相应临界温度为T_g，较高温度时为粘流态，相应临界温度为T_m（或T_f），$T_g \sim T_m$之间则为高弹态。图1-3所示为高分子材料在不同温度范围时的拉伸曲线（应力—应变关系）。

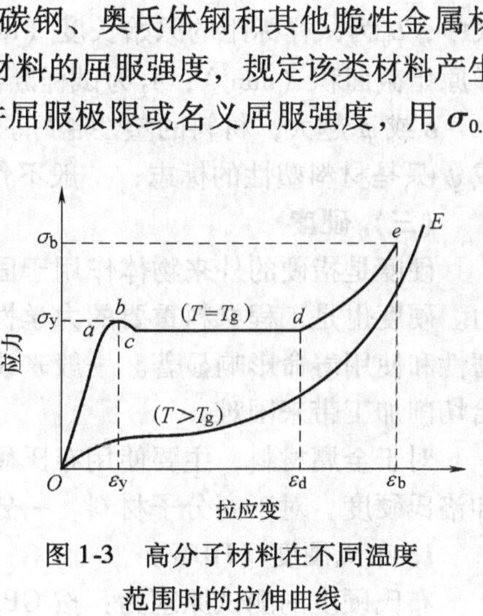

图1-3　高分子材料在不同温度范围时的拉伸曲线

2. 抗弯强度

对工程陶瓷等脆性材料，由于其塑性几乎为

零，用抗拉强度已难以准确描述其抵抗变形与破坏的能力，因此常用抗弯强度表示。在进行弯曲试验时，可采用三点弯曲的加载方式，也可以采用四点弯曲的加载方式，图1-4所示为弯曲加载示意图，对应弯曲断裂载荷 F，此时的强度为抗弯强度 σ_f，单位为 MPa，计算公式为：

三点弯曲：
$$\sigma_f = \frac{3FL}{2bh^2} \tag{1-4}$$

四点弯曲：
$$\sigma_f = \frac{3F(L-l)}{2bh^2} \tag{1-5}$$

式中，F 为弯曲断裂载荷（N），L 为下支点间跨距（mm），b 为试样的宽度（mm），h 为试样的厚度（mm），l 为上支点跨距（mm）（四点弯曲）。

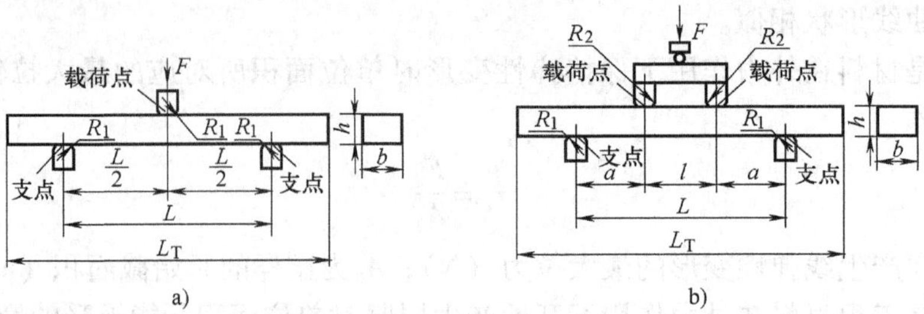

图1-4 抗弯强度加载示意图

a）三点弯曲 b）四点弯曲

（二）塑性

塑性是指材料在外力作用下产生塑性变形而不被破坏的能力。金属的塑性常用伸长率 δ 和断面收缩率 ψ 来表示，即：

$$\delta = \frac{L_1 - L_0}{L_0} \times 100\% \tag{1-6}$$

$$\psi = \frac{A_0 - A_1}{A_0} \times 100\% \tag{1-7}$$

式中，L_0为试样标距的原始长度（mm）；L_1为试样拉断瞬间标距的实际长度（mm）；A_0为试样原始截面积（mm^2）；A_1为试样断口处的截面积（mm^2）。

δ 或 ψ 越大，材料的塑性越好。良好的塑性是金属材料进行塑性加工的必要条件，但 δ 或 ψ 只是材料塑性的标志，一般不作为设计零件的直接依据。

（三）硬度

硬度是指硬的外来物体作用于固体材料上时，固体材料抵抗塑性变形、压入或压痕的能力。硬度也是工程材料重要的力学性能指标。硬度高低对工程材料的切削加工性、零件的耐磨性和使用寿命影响显著。一般来说，硬度越高，材料耐磨性越好，使用寿命越高，但也会给切削加工带来困难。

对于金属材料，主要使用布氏硬度和洛氏硬度测量其硬度。对工程陶瓷则常用维氏硬度和洛氏硬度。对于高分子材料，一般用肖氏硬度。下面分别介绍其测量方法与原理。

1. 布氏硬度（HBW）

布氏硬度的测试原理为：按 GB/T 231.1—2009 的规定，用规定载荷为 F 的力把直径为

D的硬质合金球压入被测材料表面（图1-5），并保持一规定的时间后卸载，用刻度放大镜测出硬质合金球在材料表面上所压出凹痕的直径 d_1 和 d_2，并计算出压痕平均直径 $d\left(d=\dfrac{d_1+d_2}{2}\right)$，由此计算出压痕球面面积 A_R，求出单位面积所受的力，即为材料的布氏硬度值，以HBW表示。实际应用中一般不需要计算，可以根据 d 值在相关表中查出布氏硬度值。

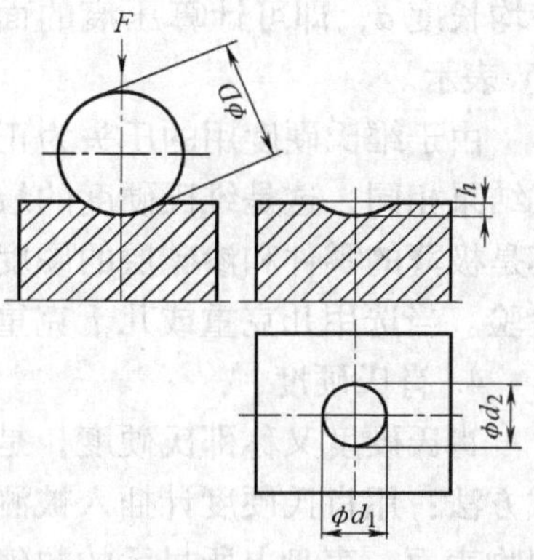

图1-5　布氏硬度试验示意图

布氏硬度试验结果稳定、准确，但测量费时，压痕大，故不宜测试薄件或成品件。适用于HBW值小于650的材料，如灰铸铁、非铁合金，以及退火、正火或调质钢等材料。

2. 洛氏硬度（HR）

洛氏硬度试验是目前应用最广的硬度测试方法。其测试原理为：用一个锥顶角为120°的金刚石圆锥或一定直径的硬质合金球压头，在规定载荷作用下压入被测材料表面，由压头在材料表面所形成的压痕深度来确定其硬度值，如图1-6所示。显然，压痕深度越浅，材料硬度越大。根据压头形状与载荷不同，常用的洛氏硬度分为HRA、HRB、HRC三种，用于测定不同硬度的材料。表1-1所示为三种洛氏硬度的试验规范及应用举例。

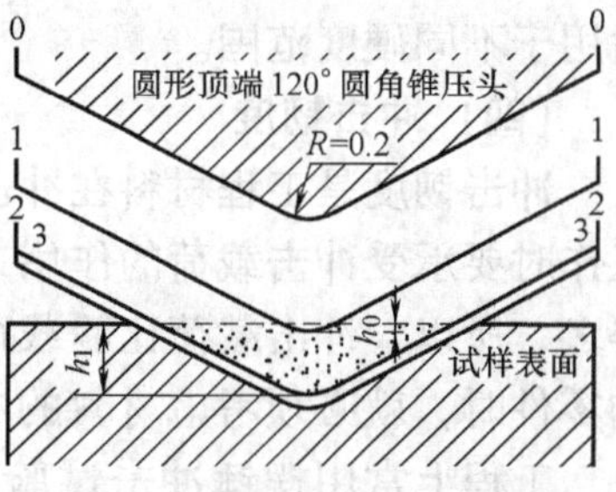

图1-6　洛氏硬度试验示意图

表1-1　三种洛氏硬度的试验规范及应用举例

硬度符号	压头类型	试验力/N		硬度值有效范围	应用举例
		初试验力	总试验力		
HRA	120°金刚石圆锥	98.1	588.4	70～95HRA	硬质合金，陶瓷，表面淬火钢，渗碳钢等
HRB	ϕ1.588mm硬质合金球	98.1	980.7	20～100HRB	有色金属，退火钢，正火钢等
HRC	120°金刚石圆锥	98.1	1471.1	20～67HRC	淬火钢，调质钢等

洛氏硬度测试操作简单、效率高、压痕小，不损坏工件表面，适用于大量生产中的成品检验。但由于试验压痕小，易受金属表面不平或材料内部组织不均匀的影响，因此测量结果不如布氏硬度准确，一般需在被测表面的不同部位测量数点，取其平均值。

3. 维氏硬度（HV）

维氏硬度的测试原理与布氏硬度基本相同，也是以单位压痕面积上的力作为硬度值，不同的是维氏硬度试验压头采用锥面夹角为136°的金刚石四棱锥体（图1-7）。试验时，在载荷 F 的作用下，在试样表面压出一个正方形的压痕，只要测量出压痕两对角线的

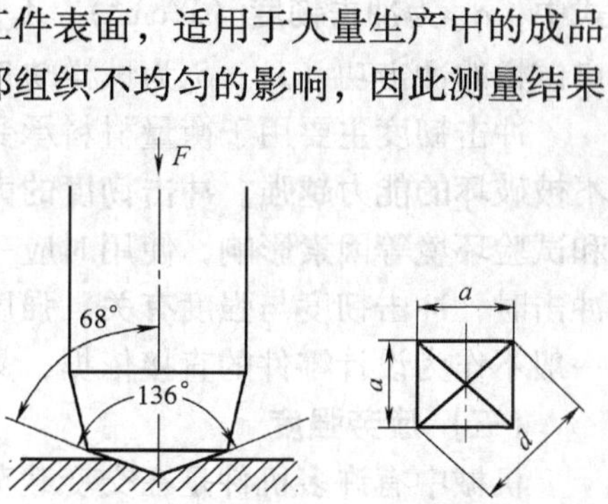

图1-7　维氏硬度试验示意图

平均长度 d，即可计算压痕的面积 A_V，以 F/A_V 的数值来表示试样的硬度值。维氏硬度用 HV 表示。

由于维氏硬度用的压头为正四棱锥，当载荷改变时，压痕的几何形状也非常相似，即测试结果相同，这是维氏硬度的最大优点。维氏硬度可测软、硬金属及陶瓷等非金属材料，尤其是极薄的零件和渗碳层的硬度。但测试效率不及洛氏硬度，所以不宜用于成批零件的常规检验。当选用几克重或几十克重的载荷时，维氏硬度还可测定显微组织的硬度。

4. 肖氏硬度

肖氏硬度又称邵氏硬度，是用来测量弹性体和热塑性软塑料的穿透硬度。肖氏硬度的测试方法：用肖氏硬度计插入被测材料，表盘上的指针通过弹簧与一个刺针相连，用针刺入被测物表面，表盘上所显示的数值即为硬度值。测试原理：具有一定形状的钢制刺针，在试验力作用下垂直压入试样表面，当压足表面与试样表面完全贴合时，刺针尖端面相对压足平面有一定的伸出长度 L（即刺针扎进被测物的深度），以 L 值的大小来表征肖氏硬度的大小，L 值越大，表示肖氏硬度越低，反之越高。肖氏硬度计有 A 型、D 型、AO 型和 AM 型，分别适用于不同硬度范围。

（四）冲击韧度

冲击韧度是工程材料在冲击载荷作用下表现出的力学性能指标。有些机器零件和工具在工作时要承受冲击载荷的作用，由于瞬时的外力冲击作用所引起的变形和应力比静载荷要大得多，所以，冲击载荷比静载荷对零件的破坏程度更严重。因此，在设计承受冲击载荷作用的零件时，就必须考虑材料的冲击韧性。冲击韧性的常用指标为冲击韧度，用符号 a_K 表示。

工程上常用摆锤冲击试验机来测定冲击韧度，图 1-8 所示为试验示意图。冲击试样的要求及试验过程按 GB/T 229—2007《金属材料夏比摆锤冲击试验方法》的规定进行。试验时，将带缺口的标准试样放在试验机的支座上，然后将摆锤自一定高度处落下，冲断试样，从刻度盘上读出冲击功（试样冲断时消耗的功）A_K，求出缺口处单位面积所吸收的冲击功，即为冲击韧度 a_K：

$$a_K = \frac{A_{KU}(\text{或}A_{KV})}{S_0} \tag{1-8}$$

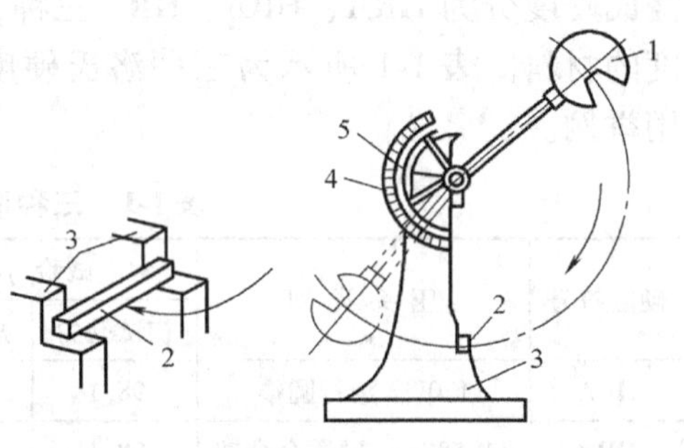

图 1-8　冲击韧度试验示意图
1—摆锤　2—试样　3—支座　4—刻度盘　5—指针

式中，a_K 为冲击韧度（J/cm^2）；A_{KU}为冲断 U 型缺口试样的冲击功（J）；A_{KV}为冲断 V 型缺口试样的冲击功（J）；S_0为试样缺口处截面积（cm^2）。

冲击韧度主要用于衡量材料承受能量冲击而不被破坏的能力，a_K越大，材料抵抗冲击而不被破坏的能力越强。冲击韧度的大小除与材料本身特性有关外，还受试样尺寸、缺口形状和试验环境等因素影响，使用时应一并把这些因素都考虑进去。此外，试验证明小能量反复冲击时，冲击韧度与强度有关，强度越高，材料耐冲击性能越好。所以，材料的冲击韧度值一般不作为设计零件的直接依据，只是作为选材时的一个参考。

（五）疲劳强度

机械中有许多机件是在交变载荷作用下工作的，它们的主要破坏形式是疲劳断裂。交变载荷是指载荷大小或大小和方向随时间按一定规律呈周期性循环变化或呈无规律随机变化的载荷。图 1-9 列出了几种交变载荷示意图。疲劳断裂是指机件在交变载荷作用下，所受应力低于其材料的屈服强度而发生的断裂。

疲劳强度是工程材料承受规定循环次数（常取 $10^6 \sim 10^7$ 次）而不失效的最大应力，用 σ_r 表示。下标 r 表示应力循环对称系数，由下式确定：

$$r = \frac{\sigma_{min}}{\sigma_{max}} \tag{1-9}$$

式中，σ_{min} 为循环应力中数值最小的应力（MPa）；σ_{max} 为循环应力中数值最大的应力（MPa）。

试样承受不同的应力幅 $\sigma_a[\sigma_a = (\sigma_{max} - \sigma_{min})/2]$ 与循环次数 N 之间的关系曲线，称为疲劳曲线，如图 1-10 所示。通常在一定的循环次数后，疲劳曲线出现水平渐近线（如曲线 1），此时对应的应力即为疲劳强度；对于某些材料，其疲劳曲线上不出现水平渐近线（如曲线 2），则规定循环次数为某一值（如钢材 N 常取为 10^7 次。对于非铁合金或某些超高强钢，N 常取为 10^8 次）时对应的应力为疲劳强度。

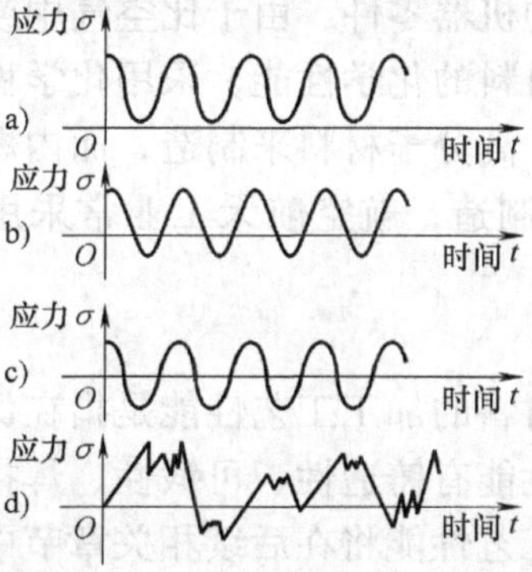

图 1-9　几种交变载荷示意图

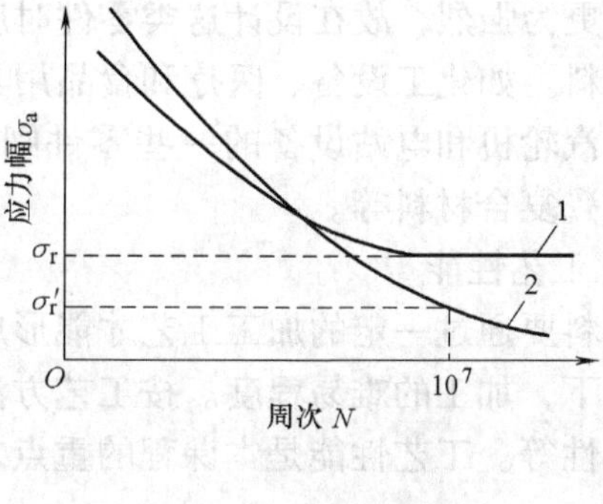

图 1-10　疲劳曲线图

金属材料的疲劳强度较高，纤维增强复合材料也有较高的抗疲劳性能，但陶瓷、高分子材料的抗疲劳性能很低。产生疲劳破坏的原因，一般认为是材料内部的夹杂物、表面划痕引起应力集中的缺陷，在交变载荷作用下产生微裂纹，进而裂纹扩展导致材料断裂。为了避免疲劳破坏的产生，在零件结构设计时应注意避免应力集中的产生，对材料采用表面强化，以减小零件的表面粗糙度。

（六）断裂韧性

断裂韧性是材料抵抗裂纹失稳扩展能力的度量，是材料抵抗低应力脆性断裂的能力。断裂韧性的衡量指标是断裂韧度，通常用 K_{IC} 表示，单位为 $MPa \cdot m^{1/2}$。材料从制备到加工及使用过程中，难免会产生裂纹。如果构件中裂纹的形状和大小一定，若材料的 K_{IC} 较大，则其裂纹快速扩展的应力 σ_c 便越高，构件便不容易发生低应力脆断。

材料的 K_{IC} 需要通过试验来测定，常用材料的 K_{IC} 值也可在有关手册中查到。金属材料的断裂韧度测试方法可参照 GB/T 4161—2007《金属材料平面应变断裂韧度 K_{IC} 试验方法》，陶瓷材料的断裂韧性测试可参照 GB/T 23806—2009《精细陶瓷断裂韧性试验方法》进行。

断裂韧性也是材料本身的一种性能指标，也和其他的力学性能一样，主要取决于材料的成分、组织和结构。

二、工程材料的物理、化学及工艺性能

1. 物理性能

物理性能主要是指密度、熔点、导热性、热膨胀性、导电性和磁性等。材料的本质不同，物理性能各有所长，如金属材料具有良好的导电性和导热性；大多数的陶瓷材料具有良好的绝缘性和高的耐热性；而高分子材料的密度小，导热性、耐热性差，且一般具有好的绝缘性。由于机器零件的用途不同，对其材料物理性能的要求也有所不同。例如，飞机零件常选用密度较小的铝、镁、钛合金及其复合材料来制造；而电动机、电器零件选材时，常要考虑材料的导电性、磁性等。

材料的物理性能有时对加工工艺也有一定的影响。例如，高速钢导热性较差，锻造加热时应采用低的加热速度来加热升温，否则容易产生裂纹；而材料的导热性对切削刀具温升也有重要影响。

2. 化学性能

材料的化学性能主要是指在常温或高温时，抵抗各种介质侵蚀的能力，如耐酸性、耐碱性、抗氧化性等。对于在腐蚀性介质中或在高温下工作的机器零件，由于比空气中或室温下的腐蚀更为强烈，故在设计这类零件时应特别注意金属材料的化学性能，采用化学稳定性良好的材料。如化工设备、医疗和食品用具常采用不锈钢、高分子材料来制造，而内燃机的排气阀、汽轮机和电站设备的一些零件则常选用耐热钢来制造，航空航天工业常采用高温合金、陶瓷复合材料等。

3. 工艺性能

材料要通过一定的加工工艺才能形成零件或构件。材料的加工工艺性能是指在保证质量的前提下，加工的难易程度。按工艺方法的不同，工艺性能有铸造性、可锻性、焊接性和切削加工性等。工艺性能是本课程的重点之一，各种加工工艺性能将在后续相关章节中介绍。

第二节　材料学基础

材料的力学性能和工艺性能与材料的微观组织结构密切相关。结构就是物质内部原子（离子或分子）在三维空间的排列规律和方式，而组织是材料中不同相的组合。在制造、使用和研发材料时，材料的内部组织结构是非常重要的研究内容，而材料学基础是研究微观组织结构的，所以学习有关材料学的基础知识是必需的。考虑到各种类型工程材料的微观组织、晶体结构既有相同，又有差异，而且种类繁多，本节以金属材料为主，结合其他工程材料，简述材料学的有关基本知识。

一、金属学基础

（一）金属的晶体结构

1. 晶格点阵和晶胞

固体材料主要有晶体与非晶体之分，晶体材料又分为单晶体与多晶体。晶体材料的主要特征是组成质点之间是有序排列的，而且排列规律可以各不相同，这反映了晶体结构的差异。例如：金属、合金、无机非金属材料（陶瓷）或高分子材料在性质和晶体结构上均有很大差异。性质的差异除了组成质点的排列规律不同以外，还在于键合类型不同。对金属而言，晶体质点间的结合是由金属键联系而成的。

晶体是指由许多质点（原子、离子和分子）在三维空间呈周期性规则排列所构成的固体。这些由实际原子、离子或分子按一定几何规律排列的方式称为晶体点阵或晶体结构。为了便于了解这些排列规律，常将晶体中的质点假设为固定不动的刚性球体，而晶体就是由这些刚性球体堆垛而成的，如图 1-11a 所示。为了便于研究，常将构成晶体的实际质点的体积忽略，抽象成纯粹的几何点，成为阵点。若用许多平行直线将这些阵点连接起来，就构成三维的空间构架，如图 1-11b 所示。这种用来描述晶体中质点（原子、离子或分子）排列规则的空间构架称为晶格点阵。构成晶格最基本的单元称为晶胞。晶胞在空间重复堆砌就构成了整个晶格。通常用晶胞的三个棱边长 a、b、c 及其之间的夹角 α、β、γ 来描述晶胞的几何特征和质点空间位置，如图 1-11c 所示，其中常数 a、b、c 又叫点阵常数。

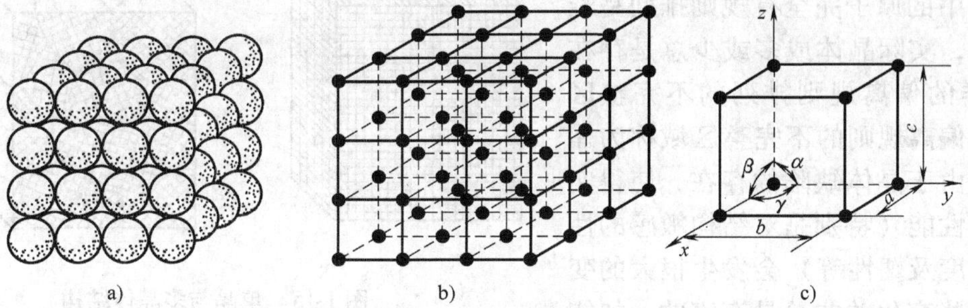

图 1-11　晶体点阵和晶胞示意图

a）原子堆垛模型　b）晶格　c）晶胞

2. 金属的单晶体结构

金属的单晶体结构种类很多，最典型、最常见的金属单晶结构有三种，即体心立方晶体结构、面心立方晶体结构和密排六方晶体结构。结构不同，既反映了原子堆垛方式不同，也反映了性能的差异。

（1）体心立方晶体结构　体心立方晶体结构的原子排列规律如图 1-12 所示，其单个晶胞为立方体结构，在该结构中每个顶点各占有一个原子，其体心也存在一个原子。体心立方晶体的结构参数特点是：三个棱边长相等、各个棱边夹角均为 90°，即 $a=b=c$，$\alpha=\beta=\gamma=90°$，具有这种晶体结构的金属包括 α-Fe、Cr、V、Nb、Mo、W 等。

（2）面心立方晶体结构　面心立方晶体结构原子排列规律如图 1-13 所示，原子除分布在立方六面体晶胞的各个顶点外，在每个面的中心也分布着一个原子。面心立方晶体的结构参数特点是：晶胞的各个棱边长相等，棱边夹角均为 90°，即 $a=b=c$，$\alpha=\beta=\gamma=90°$。具有这种晶体结构的金属有 γ-Fe、Cu、Ni、Al、Ag 等。相对而言，具有面心立方结构材料的塑性更好。

（3）密排六方晶体结构　该晶体结构的原子排列规律如图 1-14 所示，结构特点为六方柱体，其上下底面分别为正六边形，晶胞有十二个顶角，每个顶角各有一个原子，上、下底

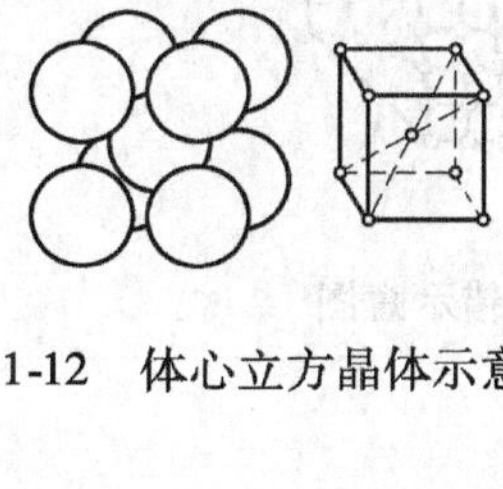

图 1-12　体心立方晶体示意图

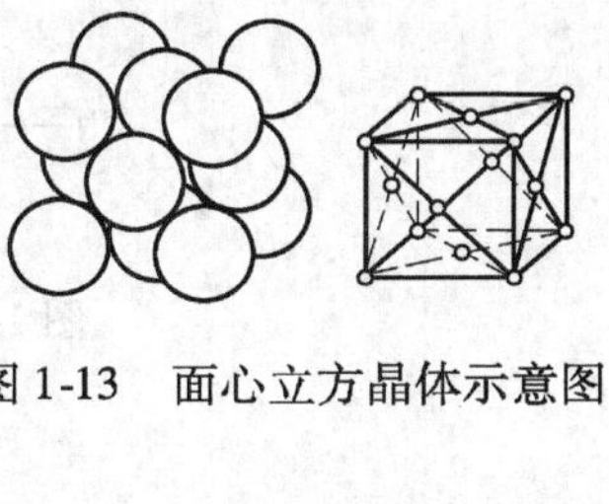

图 1-13　面心立方晶体示意图

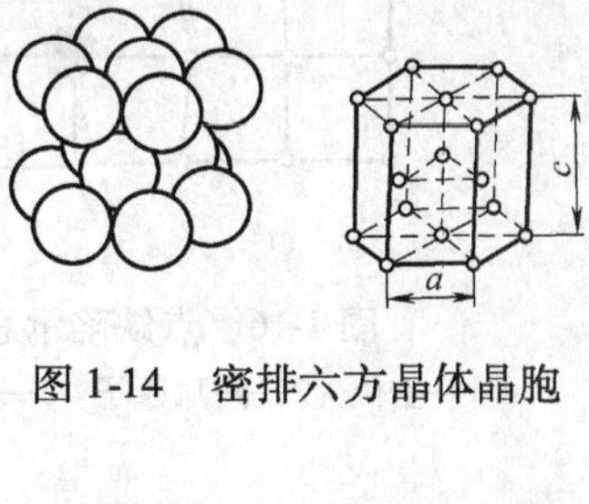

图 1-14　密排六方晶体晶胞

面中心各有一个原子，另外，两个正六方面之间还有三个原子。密排六方晶体的结构参数特点是：a 为正六边形边长，c 为正六方柱高，通常 $a \neq c$。具有这种晶体结构的金属有 Zn、Mg、Be、α-Co 等。

3. 多晶结构

大块单晶体金属是指整个金属内部的晶向（或晶面）互相平行且完全一致，这种单晶材料在实际应用中很少见，如图 1-15a 所示。而实际应用中的大块金属材料通常是由许多小晶体组成的，如图 1-15b 所示。这种位向不同、形状各异的小晶体称为晶粒。晶粒与晶粒之间的交界称为晶界。这种由多个晶粒组成的晶体结构叫做多晶体结构。

4. 晶体缺陷

晶体中的原子完全有规则排列是难以实现的，实际晶体或多或少总是存在各种各样的偏离规则排列的不完整区域。这种偏离规则的不完整区域称为晶体缺陷。由于晶体缺陷的存在，使得实际晶体的性能（特别是对结构敏感的性能，如强度及塑性等）会发生很大的变化。但这些变化并非总是有害的，如能加以利用，也能为改变材料的某些性能提供帮助。晶体的缺陷种类较多，若按晶体缺陷的几何形状划分，可将它们分为点缺陷、线缺陷和面缺陷三种。

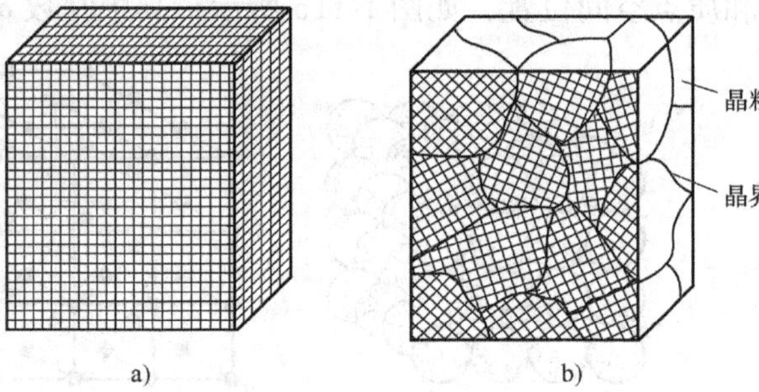

图 1-15 单晶与多晶体结构
a）单晶 b）多晶

（1）点缺陷 常见的点缺陷有三种，即空位、间隙原子和置换原子，如图 1-16 所示。这类缺陷的主要特征是三维方向上的尺寸很小，仅相当于一个原子尺寸。其中空位是指结点上没有原子，间隙原子是指存在于点阵间隙位置处的原子，而置换原子是取代正常点阵原子的其他原子。点缺陷有一个共同的特点，即它们的存在使其周围临近原子偏离了平衡位置，造成了晶格畸变，形成应力场。这种畸变使金属的强度、硬度升高，电阻增大，密度也发生变化。

（2）线缺陷 线缺陷的特征是沿晶体结构某一方向的尺寸很大，而三维空间的其他两个方向尺寸很小。刃型位错是一种比较典型的线缺陷，如图 1-17 所示。若假设有一原子平面在晶体内部中断，那么这个原子平面中断处的边缘就是一个刃型位错，它好似一把刀刃插入晶体中。金属中存在大量的位错。位错在外力的作用下会产生运动、堆积和缠结。位错附

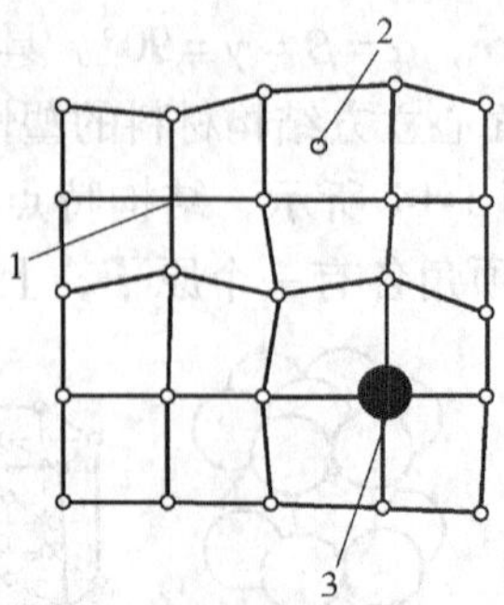

图 1-16 点缺陷示意图
1—空位 2—间隙原子 3—置换原子

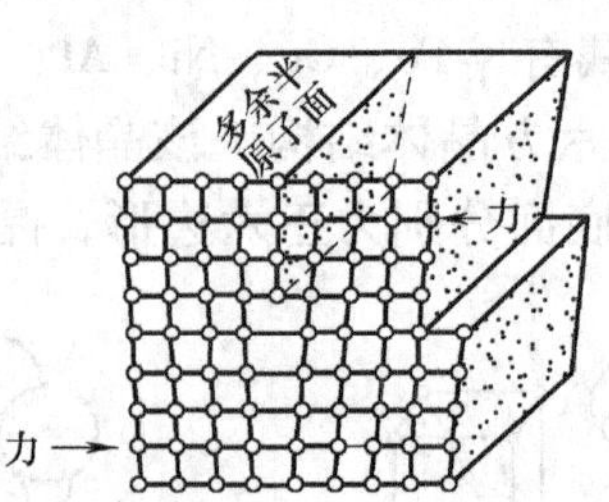

图 1-17 刃型位错示意图

近区域产生晶格畸变，导致金属强度变大。事实上，金属材料之所以能塑性变形，位错的存在和运动起到至关重要的作用。

（3）面缺陷　面缺陷是指在两个方向上尺寸很大，而第三个方向的尺寸很小。晶体的面缺陷主要有晶界和亚晶界两种，如图 1-18 所示。晶界是由于相邻两晶粒的位向不同，从一种位向晶粒向另一种位向晶粒过渡时产生的空中网状区域，原子排列的总特点是采取两相邻晶粒的折中位置，使晶格上一个晶粒的位向，通过晶界的协调逐步过渡为相邻晶粒的位向（图 1-18a）。晶粒也不是完全理想的晶体，而是许多位向相差很小的所谓亚晶粒组成的。两个相邻亚晶粒的边界即为“亚晶界”（图 1-18b）。

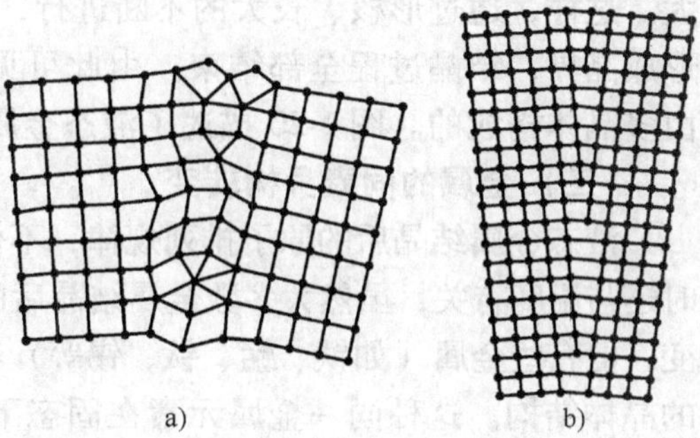

图 1-18　面缺陷示意图
a）晶界　b）亚晶界

晶界、亚晶界处由于原子排列不规则，处于畸变状态，存在畸变能，使金属的强度提高，同时还使塑性、韧性得到改善。晶粒越细，金属的晶界面积越大，金属的强度越高，塑性也越好。因此，细化晶粒是同时提高金属强度及塑性的有效途径。

（二）金属的结晶过程

在实际生产中，金属要经过熔炼或铸造之后才能制成某种制品。液态金属中的原子是无序排列的，而固态金属的原子是有序排列的，所以在冷却时，金属将由液态向固态转变，该过程称为结晶。从原子排列规则性看，结晶就是原子排列从无规则状态向规则状态转变的过程。

金属的结晶过程，可用冷却曲线描述。图 1-19a 所示为纯金属的冷却曲线，它表明了熔融金属经缓慢冷却所表现出的温度随时间的变化规律，其中 T_m 为金属的理论结晶温度，T_1 为金属的实际结晶温度。由图可知，结晶并不是瞬间完成的。在结晶前，随着温度连续下降，液态金属冷却到理论结晶温度时并未开始结晶，而是在 T_m 以下的 T_1 温度才开始（$T_1 < T_m$），这种理论结晶温度与实际结晶温度之差称为过冷度，用 ΔT 表示：

$$\Delta T = T_m - T_1 \tag{1-10}$$

过冷度的大小与冷却速度有关，冷却速度越大，过冷度越大，实际结晶温度越低。

此外，纯金属的结晶过程也是一个热平衡的过程，当液态金属冷却到结晶温度 T_1 时，会放出结晶潜热。结晶潜热的释放将补偿散失到周围的热量，如完全补偿会使冷却曲线出现平台。

合金（或非纯金属）的结晶不同于纯金属，图 1-19b 所示为 Cu-Ni 系列合金的结晶过程示意图。纯金属的冷却曲线都有一水平线段，表示结晶始终在同一温度下进行；而合金的冷却曲线不同，它没有水平线段，但最少可以出现两次转折，表示这些合金是在某个温度范围内进行结晶的。温度较高的折点是结晶开始温度，称为上相变点；温度较低的折点是结晶终了温度，称为下相变点。冷却曲线中出现上下相变点

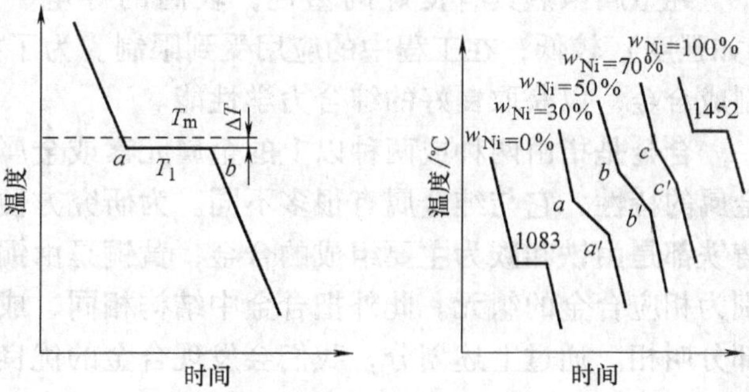

图 1-19　金属的冷却曲线
a）纯金属　b）Cu-Ni 系列合金

是因为结晶潜热不足以补偿散失到周围的热量。

金属的结晶过程实际上是晶核形成与长大的过程。结晶时，首先围绕短程有序的液态原子团簇形成某一临界尺寸的晶核，然后金属原子以晶核为核心，按一定位向和几何形状在晶核上排列，使晶核不断长大。与此同时，在液相的其他部位也产生类似晶核，并以同样的机制长大。这样，通过形核、长大的不断进行，最终各晶核相互接触，形成晶界，结晶过程全部结束。由此可见，固态金属大部分是由多晶体构成的。图1-20描述了液态金属的结晶全过程。

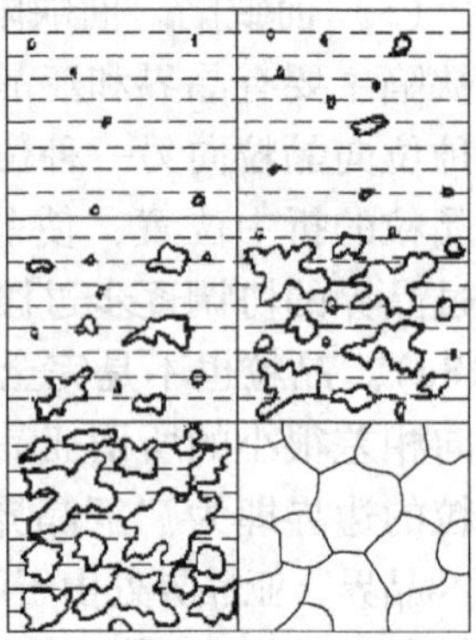

图1-20 液态金属的结晶过程示意图

（三）金属的同素异构转变

液态金属结晶后的原子排列规律，不仅与金属元素有关，有时还与温度有关，虽然大多数金属结晶后的晶体结构类型保持不变，但有些金属（如铁、锰、钛、锡等）在不同温度下具有不同的晶体结构。这种同一金属元素在固态下由于温度改变而发生晶体结构类型变化的现象，称为金属的同素异构转变。图1-21所示为纯铁的结晶冷却曲线。

当铁自液态结晶后，在1538～1394℃的温度范围内具有体心立方晶体结构，此时的铁称为δ-Fe。在1394℃时发生同素异构转变，由体心立方晶体结构的δ-Fe进一步转变为面心立方晶体结构的γ-Fe。温度进一步降低到912℃时，面心立方晶体结构的γ-Fe重又转变为体心立方晶体结构的铁，为区别起见，称该温度下的铁为α-Fe。α-Fe与δ-Fe的体心立方晶体结构的区别是棱长不同。

固态下的同素异构转变与液态结晶类似，也是形核与长大交替并存的过程，也会放出结晶潜热。为与液态结晶进行区分，固态下的结晶过程又称为相变重结晶。

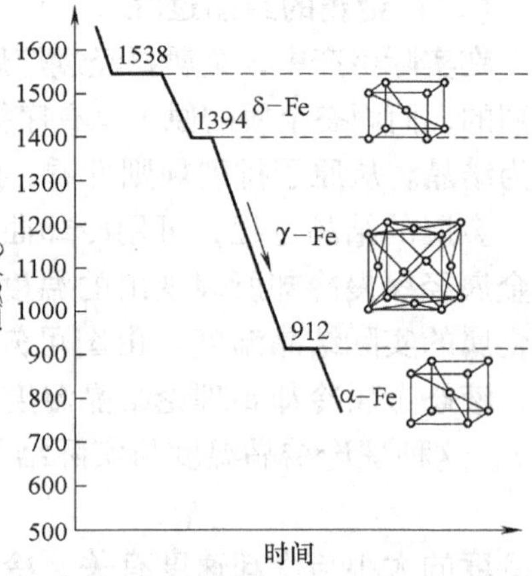

图1-21 铁的同素异构转变冷却曲线

（四）合金的相与相结构

纯金属虽然具有良好的塑性，较高的导电、导热等性能，但是由于它们的力学性能（如强度）较低，在工程中的应用受到限制。为了提高强度，人们常将几种元素组合在一起制成合金，以获取良好的综合力学性能。

合金是指由两种或两种以上的金属元素或金属元素与非金属元素组成的材料，而且具有金属的特性，它与纯金属有很多不同。为研究方便，把组成合金的元素叫做组元。例如钢和铸铁都是由铁和碳为主要组成的合金，黄铜是由铜和锌组成的合金，其中铁、碳、铜、锌分别为相应合金的组元。此外把合金中结构相同、成分和性能均一，并以界面相互隔开的组成部分叫相。通过上述划分，我们会发现合金的优良特性是由它内部组织和相结构决定的。而合金中的相结构对合金的性能起决定性作用，合金组织的变化对合金性能也有很大的影响。

需要注意的是合金中不同的相具有不同的晶体结构。按其晶体结构的基本属性，固态合金中的相可分为固溶体和金属化合物两类。

1. 固溶体

当合金组元之间以不同比例相互混合后，若所形成的固相晶体结构与组成合金的某一组元相同，这种固相晶体结构称为固溶体。其中体现这种晶体结构的组元称为溶剂，而其他组元则称为溶质。例如铁素体 F 即为铁与碳组成的固溶体，其晶体结构为体心立方结构，与溶剂 α-Fe 结构相同，而溶质碳原子则固溶于 α-Fe 晶体结构间。

固溶体的固溶方式按溶质原子在溶剂晶格中所处的位置，又可分为间隙固溶体和置换固溶体。间隙固溶体是指溶质原子位于溶剂原子点阵的间隙位置中，置换固溶体是指溶质原子占据溶剂原子的点阵位置。固溶体晶体结构示意图如图 1-22 所示。

分析图 1-22 可知，无论何种固溶体，由于溶质与溶剂的原子半径存在差异，必然导致固溶体点阵结构的畸变。并且原子尺寸差别越大，这种点阵畸变越大。在间隙固溶体中，虽然一般溶质的原子尺寸比溶剂的原子尺寸要小得多，但也同样会导致固溶体的点阵畸变。

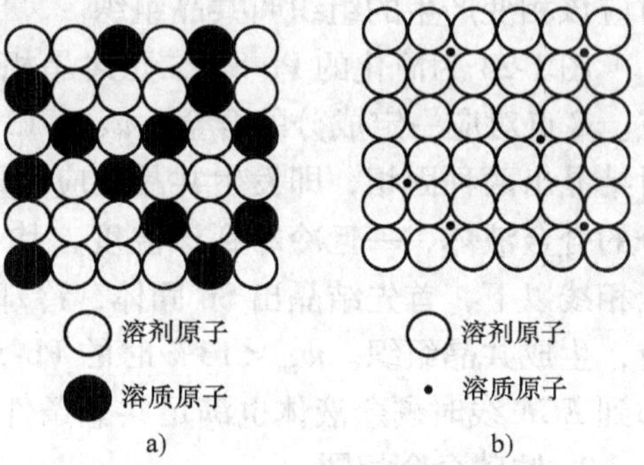

图 1-22　固溶体晶体结构示意图
a）置换固溶体　b）间隙固溶体

点阵畸变并非完全不利，虽然它能使合金塑性变形更加困难，但却能通过提高抵抗变形的能力，来增强合金的强度和硬度。通常，将这种由于溶质原子的引入而使合金强度得到提高的强化方法称为固溶强化。

2. 金属间化合物

与固溶体不同，金属间化合物是合金组元间发生相互作用而形成的一种新相，晶体结构类型和性能不同于任一组元，但具有金属性质。金属间化合物的特点是晶体结构复杂、熔点高、硬而脆，在合金中起强化相作用。它的存在和分布对合金的强度、硬度和耐磨性产生很大的影响。例如，铁碳合金中的渗碳体（Fe_3C），硬度高，脆性很大，塑性几乎为零，它的存在使钢的强度、硬度增加，而塑性、韧性下降。

（五）合金相图

合金相图是表示合金系结晶过程的简明图解，它是研究合金成分、温度和结晶组织之间变化规律极其重要的工具图，不同系列的合金具有不同的相图。

1. 合金相图的建立

相图通常是用试验的方法建立的，热分析法是最常用的方法之一。现以铜镍（Cu-Ni）合金为例，说明相图建立的基本步骤。

1）配制一系列成分不同的（Cu-Ni）合金，如配制含镍的质量分数分别为 0%、30%、50%、70%、100% 的合金。配制合金越多，建立的相图越精确。

2）作出各种不同成分合金的冷却曲线，并找出冷却曲线上相变点（转折点）的温度，如图 1-23a 所示。

图 1-23　相图建立过程示意图
a）不同成分 Cu-Ni 合金的冷却曲线　b）Cu-Ni 合金相图

3）以温度为纵坐标、成分为横坐标建立一个直角坐标系，将相变点分别标在该坐标系上。

4）把具有相同意义的各相变点连成曲线，则构成了图 2-23b 所示的 Cu-Ni 二元合金相图。

Cu-Ni 合金相图是一种最简单的二元合金相图，大部分合金相图要比 Cu-Ni 合金相图复杂，在分析相图时，可以把复杂的相图看做是由几个简单的相图组成的。

2. 共晶合金的概念

共晶合金的特点是两组元在液态时能无限互溶，但在固态下则有限固溶，且结晶时还能够发生共晶相变。所谓共晶相变，是指具有一定成分的液相在一定的温度下，同时结晶出两种具有不同成分固相的相变（在共晶相图中一定有一个由共晶成分和温度组成的共晶点），对应该相变产生的组织叫共晶组织。

图 1-24 为简化的 Pb-Sn 二元共晶相图。它的共晶点为 *C* 点，它是液相线 *AC*、*DC* 的交点。*C* 点对应一定成分的合金，$w_{Sn}=13\%$。当液体冷却到 *C* 点对应的温度时，从液相中同时结晶出两种固相，即发生共晶反应，即 $L_C = Pb + Sn$。图中 *ECF* 线为共晶反应线，任何成分的合金液体，一旦冷却到该温度，均有共晶反应出现。$w_{Sn}>13\%$ 时的 Pb-Sn 合金冷却到液相线以下，首先结晶出 Sn 固体，冷却到 *ECF* 线时，剩余液体满足共晶条件，发生共晶反应，生成共晶组织。$w_{Sn}<13\%$ 时的 Pb-Sn 合金冷却到液相线以下，首先结晶出 Pb 固体，冷却到 *ECF* 线时剩余液体也满足共晶条件，发生共晶反应，生成共晶组织。

3. 铁碳合金相图

铁碳合金相图是研究钢和铁的成分、温度和组织之间的关系图。它既是研究铁碳合金成分、组织和性能之间关系的基础，也是制定各种加工工艺（热锻、铸造和热处理）的基本依据。通常说的铁碳合金相图是指 $w_C<6.69\%$ 的部分，因为 $w_C>6.69\%$ 的铁碳合金中会形成大量的脆性 Fe_3C，没有实用价值。由于 $w_C=6.69\%$ 的 Fe_3C 是一个亚稳定的化合物，可以将其看做一个组元。因此，铁碳合金相图实际上也可以看成是 Fe 与 Fe_3C 两组元所构成的相图。

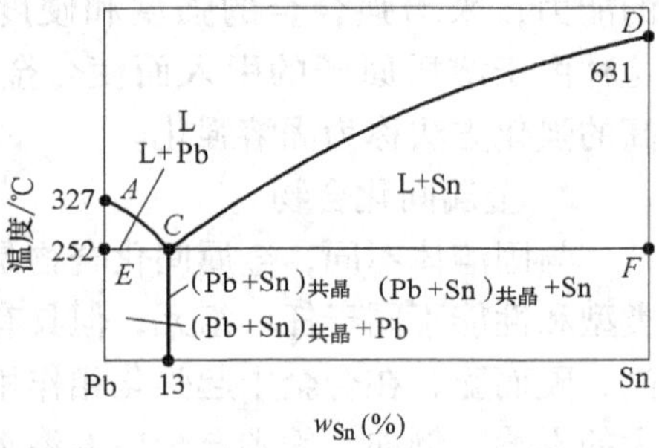

图 1-24　简化的 Pb-Sn 二元共晶相图

（1）铁碳合金的基本相与组织

1）铁素体。铁素体是碳原子溶于 α-Fe 中形成的间隙固溶体，原子排列仍为体心立方晶格，用 F 或 α 表示。由于碳原子在 727℃时，α-Fe 中的最大溶解度仅为 0.0218%（质量分数），固溶强化效果有限，因此，铁素体的性质与纯铁相近，强度、硬度较低，塑性很好。铁素体是铁碳合金的重要基本相。

2）奥氏体。奥氏体是碳原子溶于 γ-Fe 中形成的间隙固溶体，保持面心立方晶体结构，用 A 或 γ 表示。奥氏体的含碳量随温度升高而增大，在 727℃时，$w_C=0.77\%$，到 1148℃时，碳的质量分数达到最大值为 2.11%。奥氏体的强度、硬度较低，但塑性良好。奥氏体也是铁碳合金的重要基本相。

3）渗碳体（Fe_3C）。渗碳体是铁和碳的化合物（Fe_3C），$w_C=6.69\%$，是 Fe-Fe_3C 系中的组元，又是铁碳合金中的重要基本相。Fe_3C 晶体结构复杂，其特点是硬度高（约 800HBW），塑性很差（$\psi\approx0$，$\delta\approx0$，$a_K\approx0$），是一种硬而脆的组织，但它是钢和铸铁中的主要强化相。Fe_3C 在铁碳合金中的含量、形状和分布情况对合金性能有很大的影响。根据理论计算结果，Fe_3C 的熔点为1227℃。

4）珠光体。珠光体是铁素体与渗碳体的机械混合物（$F+Fe_3C$），用符号P表示。在缓慢冷却条件下，$w_C=0.77\%$。珠光体的力学性能介于铁素体和渗碳体之间，即综合性能良好。

5）莱氏体。莱氏体是 $w_C=4.3\%$ 的合金，缓慢冷却到1148℃时，从液相中同时结晶出奥氏体和渗碳体的共晶组织，用符号Ld表示。冷却到727℃时，奥氏体将转变为珠光体组织。所以，室温下莱氏体由珠光体和渗碳体组成，成为低温莱氏体，用符号L′d表示。莱氏体中有大量渗碳体存在，其性能与渗碳体相似，即硬度高，塑性差。

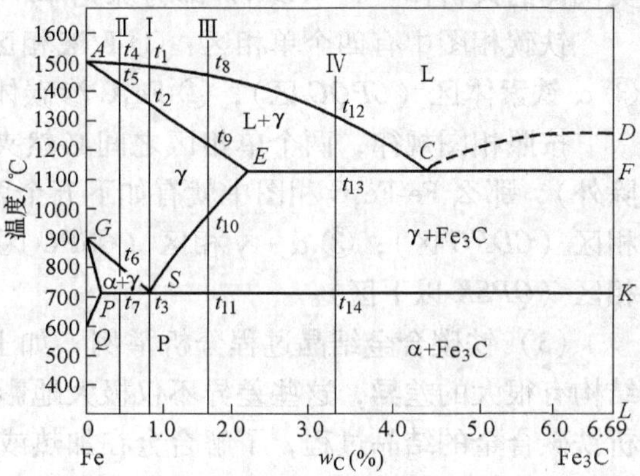

图1-25　铁碳合金相图

（2）铁碳合金相图分析　图1-25所示为一简化的铁碳合金相图。图中横坐标表示碳含量，纵坐标表示温度。相图中各主要特征点均具有重要含义。连接各特征点将组成特征线。特征线则将相图分成不同的特征区。

相图中各点的含义见表1-2。

表1-2　铁碳合金相图点的含义

点的符号	温度/℃	w_C(%)	物理意义
A	1538	0	纯铁熔点
C	1148	4.3	共晶点，$Lc \rightleftharpoons \gamma+Fe_3C$
D	1227	6.69	渗碳体（Fe_3C）熔点（计算值）
E	1148	2.11	碳在γ-Fe中的最大溶解度
F	1148	6.69	共晶渗碳体成分点
G	912	0	α-Fe和γ-Fe同素异构（晶）转变点
P	727	0.0218	碳在α-Fe中的最大溶解度
S	727	0.77	共析点，$\gamma=\alpha+Fe_3C$
K	727	6.69	727℃时共晶 Fe_3C 成分点
Q	600	0.0057	600℃时碳在α-Fe中的溶解度

相图中，*ACD* 为液相线，合金在冷却过程中冷却至此线时开始结晶。*AECF* 线为固相线，在该线以下各对应成分的合金均为固态，其中 *ECF* 为共晶线，凡在此成分范围内的合金冷却到共晶温度时都会发生共晶相变。

GS 线（也称 A_3 线）是合金在冷却过程中奥氏体析出铁素体的开始线，或者是加热过程中铁素体溶入奥氏体的终了线。

ES 线是碳在奥氏体中的溶解度曲线，随着温度升高，奥氏体中碳的含量增加；当温度低于 *ES* 线时，奥氏体过饱和的碳以渗碳体的形式析出，通常将这个过程中析出的渗碳体称为二次渗碳体，记为 Fe_3C_{II}。*ES* 线也称为 A_{cm} 线。

PQ 线是碳在铁素体中的溶解度曲线，随着温度的降低，多余的碳以渗碳体的形式析出。这一过程析出的渗碳体常称为三次渗碳体，记为 Fe_3C_{III}。

PSK 线为共析线，也称 A_1 线。与共晶线类似，它是由 *PS* 线和 *SK* 线组成，其中 *S* 点为

共析点，当奥氏体温度降至该线时，都会发生共析反应。所谓共析反应，是指由一种确定成分的固态同时分解为两种不同成分固态的反应。如：

$$\gamma = \alpha + Fe_3C$$

奥氏体的共析体（$F + Fe_3C$）即为珠光体。

铁碳相图中有四个单相区：① L 液相区（*ACD* 以上区）；② γ 奥氏体区（*AESGA* 区）；③ α 铁素体区（*GPQG* 区）；④ Fe_3C 渗碳体区（*DFKL* 区）。

按照相图规律，两个单相区之间必然夹有一个两相区作为这两个相的过渡区（点接触除外），那么 $Fe\text{-}Fe_3C$ 相图中就有如下五个两相区：① L + γ 相区（*ACEA* 区）；② L + Fe_3C 相区（*CDFC* 区）；③ α + γ 相区（*GSPG* 区）；④ γ + Fe_3C 相区（*EFKSE* 区）；⑤ α + Fe_3C 相区（*QPSK* 以下区）。

（3）铁碳合金结晶过程分析举例　如上所述，铁碳合金对应不同的温度和成分，组织结构有很大的差异，这些差异不仅极大地影响了材料的性能，还将影响材料的加工，因此分析铁碳合金的结晶过程，了解合金在加热或冷却过程中的组织转变过程，具有重要的实际应用价值，特别是对制定正确的热加工工艺有很大的帮助。为此，特以几种典型成分合金为例分析其结晶过程及组织转变规律。

1）共析钢。成分对应于共析点 *S* 的铁碳合金为共析钢（图 1-25）。在 t_1 点温度以上时，合金为液态。当温度达到 t_1 点后，液相中开始析出奥氏体。随着温度降低，奥氏体的数量将逐渐增多。达到温度 t_2 时，液相全部结晶为奥氏体。当温度下降到 $t_2 \sim t_3$ 之间时，奥氏体不发生组织变化；而降到 *S* 点时，奥氏体将发生共析转变，此时全部转变为珠光体组织。温度继续下降，珠光体不再发生变化。因此，共析钢的室温平衡结晶组织为珠光体。图 1-26 所示为共析钢组织转变示意图，图 1-27 所示为共析钢的显微组织。

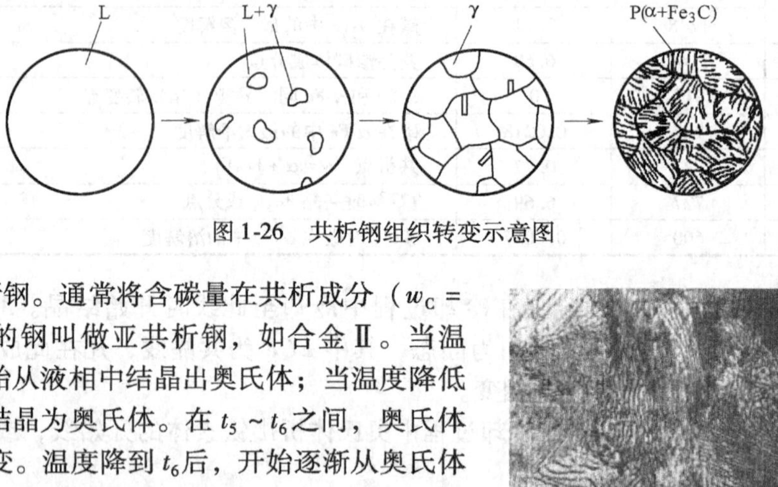

图 1-26　共析钢组织转变示意图

2）亚共析钢。通常将含碳量在共析成分（w_C = 0.77%）以下的钢叫做亚共析钢，如合金Ⅱ。当温度降至 t_4 时开始从液相中结晶出奥氏体；当温度降低到 t_5 时，全部结晶为奥氏体。在 $t_5 \sim t_6$ 之间，奥氏体不发生组织转变。温度降到 t_6 后，开始逐渐从奥氏体中析出铁素体，并且随着温度的降低，铁素体的数量逐渐增多，而奥氏体的数量逐渐减少，其成分也沿着 *GS* 线变化。当冷却到温度 t_7 时，剩余奥氏体成分变得与 *S* 点成分相同，此时将发生共析转变，生成珠光体。继续冷却直到室温，不再发生组织变化。所以亚共析钢的室温组织为铁素体 + 珠光体。亚共析钢结晶过程的组织转变如图 1-28 所示。

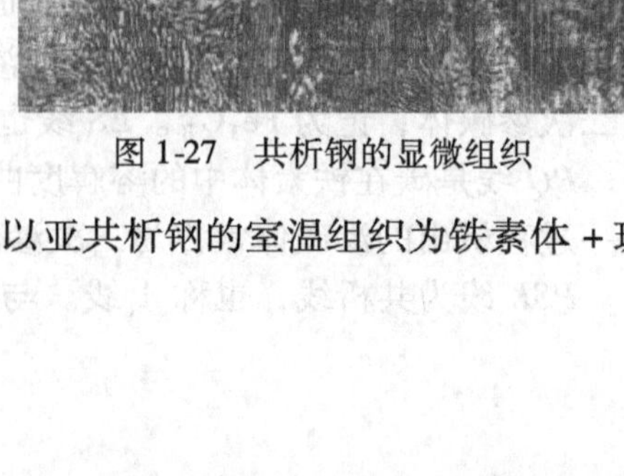

图 1-27　共析钢的显微组织

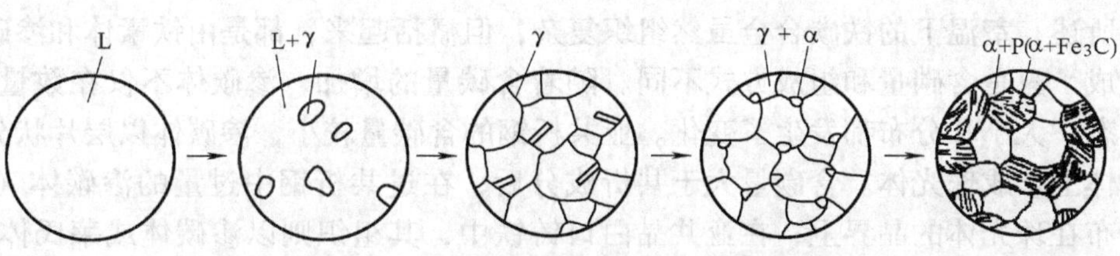

图 1-28　亚共析钢的结晶过程的组织转变

3）过共析钢。将 0.77% < w_C < 2.11% 的铁碳合金称为过共析钢，如合金Ⅲ。该合金在 t_8 温度以上为液体，在 t_8 温度以下开始结晶出奥氏体，到达 t_9 温度时全部结晶完毕。在 t_9 ~ t_{10} 之间，奥氏体不发生组织转变。当温度降低到 t_{10} 后，由于奥氏体的成分沿 *ES* 线变化，所溶解的多余碳以二次渗碳体形式析出。冷却到 t_{11} 时，即共析温度时，剩余奥氏体的成分将变得与共析成分相同，从而发生共析转变，生成珠光体。因此过共析钢的室温组织为珠光体 + 二次渗碳体。这类合金的二次渗碳体通常呈网络状分布在珠光体周围。图 1-29 所示为过共析钢的结晶过程组织转变示意图。

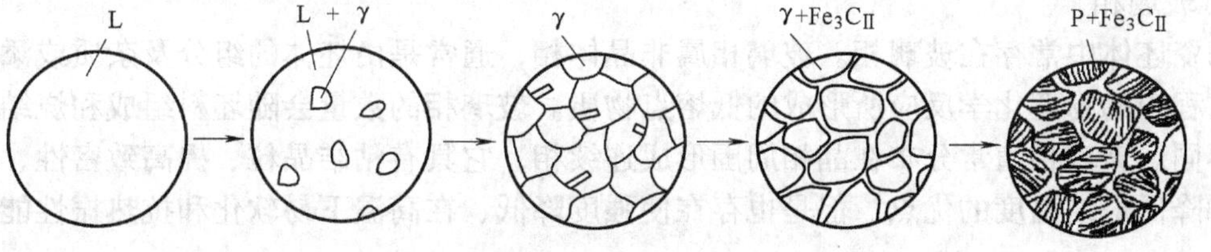

图 1-29　过共析钢的结晶过程组织转变示意图

4）白口铸铁。w_C = 4.3% 的铁碳合金叫共晶白口铸铁，由莱氏体组成，它是共晶产物。以此为分界，w_C > 4.3% 的铁碳合金叫过共晶白口铸铁，w_C = 2.11% ~ 4.3% 的铁碳合金叫亚共晶白口铸铁。它们的组织虽不相同，性能也各有差异，但分析方法一致，下面以亚共晶白口铸铁为例，分析其结晶过程与相结构组成。这类合金的结晶过程比较复杂，以合金Ⅳ为例。

冷至 t_{12} 温度时，首先结晶出一部分初晶奥氏体，未结晶的液相冷却到 t_{13} 温度时成分变得与 *C* 点的共晶成分相同，这时剩余液体将发生共晶相变，即 $L = \gamma + Fe_3C$，这种共晶产物即为莱氏体。温度继续降低时，初晶奥氏体与莱氏体中的奥氏体转变过程完全相同，即先析出 Fe_3C_{II}，达到 t_{14} 之后，成为 w_C = 0.77% 的奥氏体再通过共析反应变为珠光体。这样，莱氏体组织变为（$P + Fe_3C_{II} + Fe_3C$），通常把这种组织称为低温莱氏体或变态莱氏体。为了方便，莱氏体和低温莱氏体分别用符号 Ld 和 L′d 表示。图 1-30 所示为亚共晶白口铸铁的结晶过程示意图。

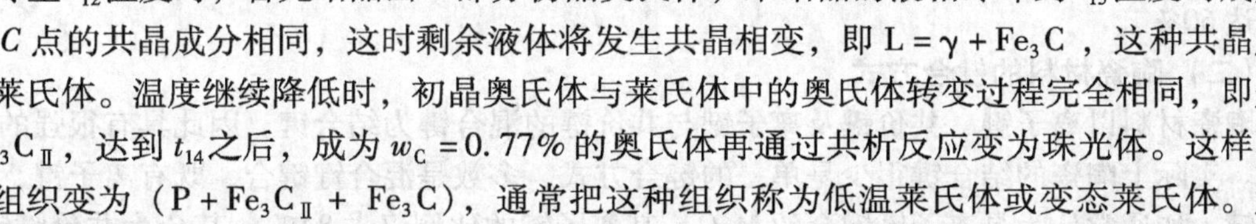

图 1-30　亚共晶白口铸铁的结晶过程示意图

综上所述，室温下的铁碳合金虽然组织复杂，但概括起来，都是由铁素体和渗碳体两种相结构组成，只是含碳量和组成方式不同。随着含碳量的增加，渗碳体不仅在数量上增多，而且其形态、大小和分布都发生了变化。亚共析钢的含碳量较小，渗碳体以层片状分布在铁素体的基体上形成珠光体。含碳量大于共析成分后，在过共析钢中过量的渗碳体（Fe_3C_{II}）呈网状分布在珠光体的晶界上；在亚共晶白口铸铁中，其组织则以渗碳体或莱氏体为基体，基体上分布着珠光体。这些特征决定了铁碳合金的力学性能和可加工性能有很大不同。

二、陶瓷材料学简介

（一）陶瓷材料的相组成

与金属不同，无机非金属材料除玻璃材料是通过液态浇注成形外，大部分是由粉体经过高温烧结而成。因此，组成陶瓷材料的基本相及其结构比金属材料要复杂得多。其组成相通常由晶相、玻璃相和气相（气孔）组成。

1. 晶相

晶相是陶瓷材料中最主要的组成相，由固熔体和化合物组成，一般为多晶体。陶瓷中的晶相主要有硅酸盐、氧化物和非氧化物。

2. 玻璃相

陶瓷坯体中常存在玻璃相。玻璃相属非晶体相，通常是由坯体的组分及杂质或添加剂在烧结过程中的物理化学反应所形成的低熔点物质。玻璃相的数量会随坯料组成和烧结工艺不同而不同。玻璃相通常分布在晶相周围形成连续相，它具有粘结晶粒、提高致密性、增加透明度和降低烧结温度的优点。但是也存在使强度降低、在高温下易软化和抗热振性能下降等缺点。

3. 气相

由于陶瓷通常是由粉体烧结而成，陶瓷结构中就不可避免地存在气孔，成为组织中的气相。气孔既可分布于玻璃相中，也可包含在大颗粒晶体中。气孔的存在不仅影响材料的致密程度，也影响材料强度，并使陶瓷材料的介电损耗增大，抗电击穿强度下降。因此，力求降低气孔的大小和数量，并使其均匀分布，是陶瓷制备工艺的重要研究内容之一。但在某些情况下，如用作保温材料和化工用过滤材料的陶瓷，则需要有控制地增加气孔量，有时气孔率需高达60%。

（二）陶瓷材料的键合方式

陶瓷材料以离子键、共价键及离子键与共价键的混合键为结合键，因此具有很强的结合强度。实际上陶瓷的结合键很少是单一的键合方式，多数是混合键键合，既有离子键，又有共价键。如通常认为是离子键键合的 MgO，其离子键的比例仅占84%，其余为共价键键合；通常认为是共价键键合的 SiC，也有18%的离子键键合。

三、高分子材料学简介

高分子材料包括塑料、橡胶、合成纤维、油漆和胶粘剂等五种。通常相对分子质量大于10000的物质称为高分子化合物。塑料的相对分子质量一般由几万到几百万，橡胶的相对分子质量在十万以上，合成纤维的相对分子质量也在一万以上。

（一）高分子化合物的组成

1. 单体

尽管高分子化合物的相对分子质量很大，但其化学组成一般较简单，它的每个分子都是由一种或几种简单的低分子一个一个连接起来组成的。这类能组成高分子化合物的低分子化合物称为单体。例如，聚乙烯（PE）是由许多个乙烯分子 $CH_2=CH_2$ 组成，即聚乙烯的单体为 $CH_2=CH_2$；聚氯乙烯（PVC）是由许多个氯乙烯分子 $CH_2=CHCl$ 组成，同样，聚氯乙烯的单体为 $CH_2=CHCl$。

2. 链节

一种或几种简单的低分子化合物通过共价键重复连接而成的链称为分子链或大分子链。大分子链极长，可达几百纳米以上，是由许许多多结构相同的基本单元重复连接构成的。组成大分子链的这种特定的结构单元称为链节。例如，聚乙烯大分子链的结构式为：

$$\cdots—CH_2—CH_2—CH_2—CH_2—CH_2—\cdots$$

可以简写为 $\left[—CH_2—CH_2—\right]_n$。它是由多个 $—CH_2—CH_2—$ 结构单元重复连接而成的，这个结构单元就是聚乙烯的链节。链节的结构和成分代表了高分子化合物的结构和成分。

3. 聚合度

高分子化合物的大分子链是由大量链节连成的。大分子链中链节的重复次数称为聚合度。所以，高分子化合物的相对分子质量 M 等于链节的相对分子质量 m 与聚合度 n 的乘积，即 $M=m\times n$。聚合度反映了大分子链的长短和相对分子质量的大小。

高分子材料是由大量的大分子聚集而成，每个大分子链的长短并不一样，其数值呈统计规律分布。所以，高分子材料的相对分子质量是大量大分子链相对分子质量的平均值。

（二）高分子材料的合成

高分子材料的合成是指把低分子化合物（单体）聚合起来形成高分子化合物的过程，这个过程也称为聚合反应。目前，合成或生产高分子材料最常用的化学反应有两类：① 加成聚合反应，简称加聚反应；② 缩合聚合反应，简称缩聚反应。

1. 加聚反应

由一种或多种单体相互加成而连接成聚合物的反应称为加聚反应，其生成物称为加聚物。加聚物的化学组成与单体的化学组成基本相同。其中由一种单体经加聚反应生成的加聚物称为均聚物，而由两种或两种以上单体经过加聚反应生成的加聚物称为共聚物。共聚是对聚合物实行改性、制造新品种高聚物的重要途径。

2. 缩聚反应

由一种或多种单体相互缩合生成聚合物，同时析出（缩去）其他低分子化合物（如水、氨、醇、卤化氢等）的反应称为缩聚反应，其生成物称为缩聚物。与加聚反应类似，由一种单体进行的缩聚反应称为均缩聚反应，由两种或两种以上的单体进行的缩聚反应称为共缩聚反应。

（三）高分子化合物的结构

高分子化合物的结构比低分子化合物的结构要复杂得多，但按其研究单元可分为高分子链的结构和高分子的聚集态结构。

1. 高分子链的结构

高分子链的结构是指高分子链的化学组成、形态、键连接方式、空间构型、构象及柔顺性等。

（1）高分子链的化学组成　根据链节中主链化学组成的不同，高分子链主要有以下几种类型：

1）碳链高分子。高分子主链是由相同的碳原子以共价键连接而成：—C—C—C—C—C—或—C—C＝C—C—。前者主链中无双键，为饱和碳链；后者主链中有双键，为不饱和碳链。它们的侧基可以是各种各样的，如氢原子、有机基团或其他取代基。碳链高分子材料产量最大、应用最广。

2）杂链高分子。高分子主链是由两种或两种以上的原子构成的，即除碳以外，还有氧、氮、硫、磷、氯、氟等原子。例如：—C—C—O—C—C—，—C—C—N—C—C—，—C—C—S—C—C—。杂原子的存在能大大地改变聚合物的性能。这类分子链的侧基往往较简单。

3）元素有机高分子。高分子主链一般有无机元素硅、钛、硼等原子和有机元素氧原子组成，例如—O—Si—O—Si—O—。它的侧基一般为有机基团。有机基团使聚合物具有高的强度和弹性；无机原子则能提高耐热性。

由于不同元素间的结合力大小不同，所以高分子链的化学组成不同，则性能不同。化学组成是高分子结构的基础。

（2）高分子链的形态　高分子链可有不同的几何形态，如图1-31所示。

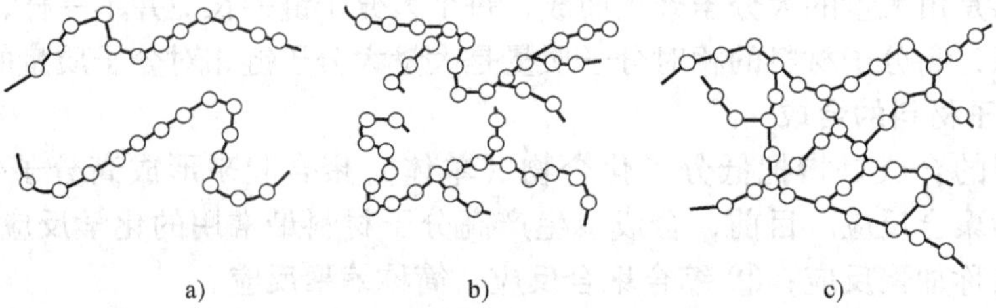

图1-31　高分子链的形态
a）线型　b）带有支链　c）体型

1）线型分子链。整个分子链呈细线条状，可呈直线型、螺旋型、折叠型等不同形状，通常卷曲成线团状。这类结构的高分子材料的特点是弹性、塑性好，硬度低，是热塑性材料的典型结构。

2）支链型分子链。在大分子主链上接有一些或长或短的支链，如图1-31b所示。这类结构的高分子材料的性能和加工接近线型分子链的高分子。

3）体型分子链。分子链之间通过化学键相互连接而形成交联结构，如图1-31c所示，在空间呈三维网状。具有这类结构的高分子材料硬度高、脆性大、无弹性和塑性，是热固性材料的典型结构。

（3）高分子链中结构单元的键连接方式　结构单元在高分子链中的连接方式和顺序有许多变化。以下举例说明。

1）高分子中乙烯单体的连接方式

头—头（尾—尾）连接：

$$-CH_2-\underset{R}{\underset{|}{CH}}-\underset{R}{\underset{|}{CH}}-CH_2-CH_2-\underset{R}{\underset{|}{CH}}-\underset{R}{\underset{|}{CH}}-CH_2-$$

头—尾连接：

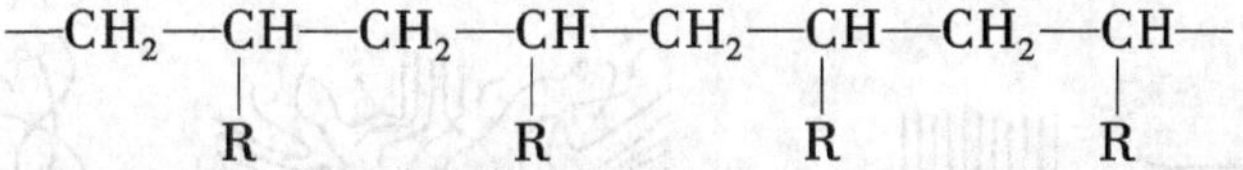

其中，头—尾连接的结构最规整，强度较高。

2）共聚物中单体的连接方式。共聚物是由两种或两种以上单体共同聚合制得。其单体连接的方式有：无规共聚、交替共聚、嵌段共聚和接枝共聚等方式，如图 1-32 所示。其中，工业生产中普遍存在的是无规共聚结构。

（4）高分子链的空间构型　高分子链的空间构型是指高分子中由化学键所固定的原子在空间的排列方式，即链结构。要改变构型必须经过化学键的断裂和重组。按取代基 R 在空间所处位置及规律的不同，可有以下三种立体构型：

1）全同立构。取代基 R 全部处于主链的同侧。

2）间同立构。取代基 R 相间地分布在主链的两侧。

3）无规立构。取代基 R 在主链的两侧无规则分布。

高分子链的空间构型不同则其性能也不同。全同立构和间同立构的聚合物易结晶，是很好的纤维材料和定向聚合材料；无规立构的聚合物很难结晶，缺乏使用价值。

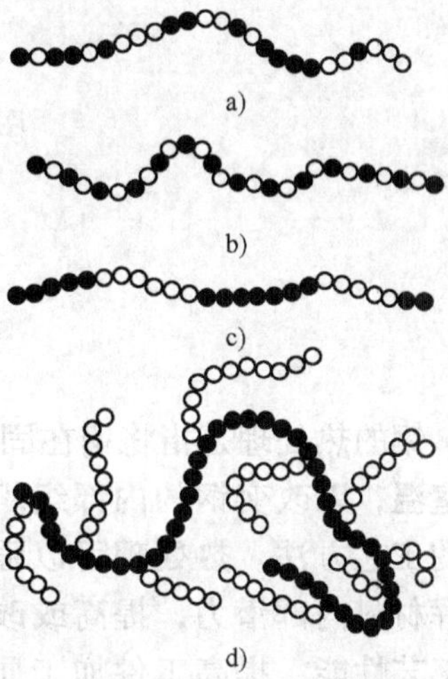

图 1-32　二元共聚物单体的连接方式
a）无规共聚　b）交替共聚
c）嵌段共聚　d）接枝共聚

（5）高分子链的构象及柔顺性　大多数高分子的主链完全是由 C—C 单键（共价键）组成，每个单键都有一定的键长和键角，并且能在保持键长和键角不变的情况下任意旋转。每一个单键围绕其相邻单键按一定角度进行的旋转称为单键的内旋转。图 1-33 所示为 C—C 单键的内旋转示意图。这种内旋转的结果，使原子的排列位置不断变化。大分子链很长，每个单键都在不断地进行内旋转，这就必然造成整个大分子链的形状瞬息万变。这种由于单键内旋转引起原子在空间占据不同位置所构成的分子键的各种形象，称为高分子的构象。大分子链时而卷曲、时而伸展的特性称为高分子链的柔顺性。它是高分子许多基本性能不同于低分子物质，也不同于其他固体材料的根本原因。

2. 高分子的聚集态结构

高分子的聚集态结构是指高分子内部大分子链的几何排列和堆砌结构，也称超分子结构。按照高分子的几何排列特点，固态高分子的结构分为晶态、部分晶态和非晶态（无定型）三类，如图 1-34 所示。

高分子的实际聚集态结构多为非晶态。晶态部分在高分子中所占的质量分数或体积分数称为结晶度。结晶度对高分子的性能有很大的影响。一般来说，结晶度越高，分子间作用力越强，其熔点、密度、强度、刚性、硬度越高，耐热

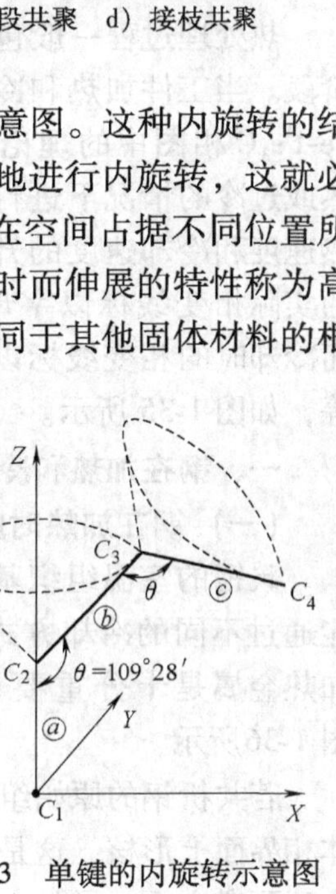

图 1-33　单键的内旋转示意图

性、化学稳定性越好，但与键运动有关的性能如弹性、伸长率、冲击韧度越低。

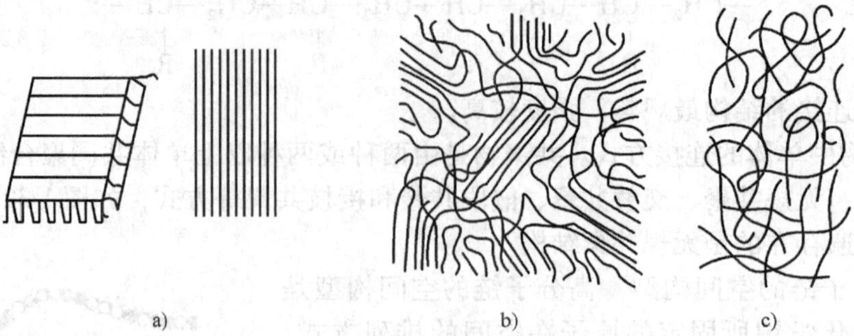

图 1-34　高分子的三种聚集态结构示意图

a）晶态　b）部分晶态　c）非晶态

第三节　钢的热处理

钢的热处理是指将钢在固态下加热到一定的温度，保温一段时间，并以适当的速度冷却至室温，以改变钢的内部组织，从而得到所需性能的工艺方法。热处理可以强化金属材料，充分发挥材料内部潜力，提高或改善工件的使用性能和工艺性能，提高工件加工质量，延长工件和刀（工）具的使用寿命。所以，重要的金属零件一般都要通过热处理来提高其质量和性能。

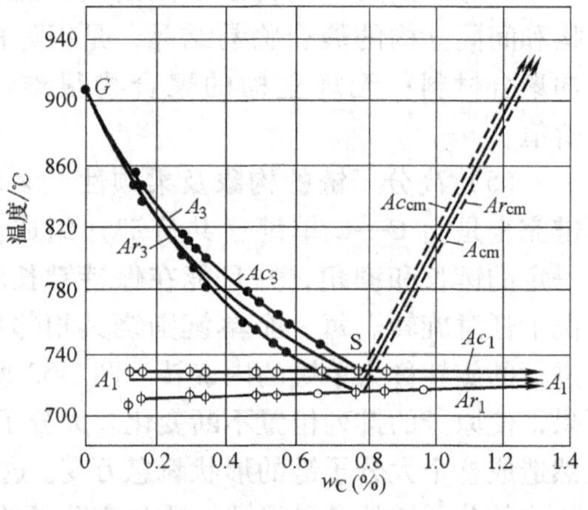

图 1-35　加热和冷却时 $Fe\text{-}Fe_3C$ 相图中相变线的移动

热处理过程一般包括加热、保温和冷却几个阶段。当工件加热和冷却时，实际相变往往偏离 $Fe\text{-}Fe_3C$ 相图中的理论相变温度，而是在一定过热或过冷的情况下进行的，过热度和过冷度随加热速度和冷却速度的升高而增大。通常把加热时的实际相变线标以字母 c，如 Ac_1、Ac_3、Ac_{cm} 等；而冷却时的相变线标以字母 r，如 Ar_1、Ar_3、Ar_{cm} 等，如图 1-35 所示。

一、钢在加热和冷却时的组织转变

（一）钢在加热时的组织转变

碳钢的室温组织基本上是由铁素体和渗碳体两相组成，只有将钢加热到奥氏体状态才能通过不同的冷却方式获得不同的组织，从而得到所需的性能。所以，热处理时合理地加热金属是十分重要的。以共析钢为例讨论钢在加热过程中奥氏体的形成过程，如图 1-36所示。

若共析钢的原始组织为片状珠光体，当温度升高到 Ac_1 时，奥氏体优先在铁素体与渗碳体相界面上形核，这是由于铁素体的含碳量很小，渗碳体的含碳量很高，而奥氏体的含碳量介于两者之间。另外，相界面上的原子是以铁素体与渗碳体两种晶格的过渡结构排列的，原

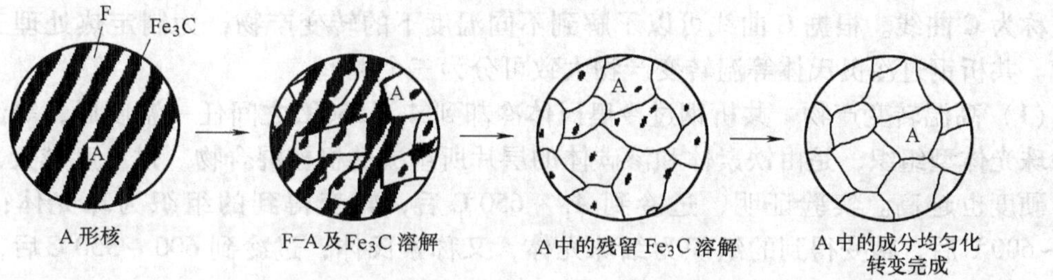

图 1-36 共析钢中奥氏体形成过程示意图

子排列紊乱，因而易形成新相。形核后晶粒的长大是通过原子扩散使铁素体晶格逐渐变成奥氏体晶格，使渗碳体向奥氏体熔解，最后使整个奥氏体的成分达到均匀。奥氏体晶粒形成后，随着温度的升高，晶粒会逐渐长大。粗大的奥氏体晶粒会引起室温下组织结构的粗大，给力学性能带来不利影响。同样，奥氏体保温时间过长也会出现晶粒粗大现象。

当亚共析钢加热至 Ac_1 以上时，珠光体转变为奥氏体，此时的组织为奥氏体和铁素体。若继续升温，铁素体也逐渐转变为奥氏体。在温度超过 Ac_3，时，铁素体完全消失，全部组织为细而均匀的单一奥氏体。而过共析钢在 Ac_1 至 Ac_{cm} 的升温过程中，二次渗碳体逐渐溶入奥氏体中，直到温度超过 Ac_{cm} 时，全部组织为奥氏体。

（二）钢在冷却时的组织转变

大多数钢制零件都是在室温下工作的，室温时钢的力学性能不仅与经过加热、保温后获得的奥氏体晶粒的大小有关，而且也决定于过冷奥氏体经冷却转变后所获得的组织。而冷却方式和冷却速度对奥氏体的组织转变有直接影响。钢的热处理工艺有连续冷却和等温冷却两种冷却方式。

1. 连续冷却

连续冷却就是使加热到奥氏体的钢，在温度连续下降的过程中发生组织转变。这在热处理生产上经常使用，例如在水中、油中或空气中冷却都是连续冷却方式。

2. 等温冷却

等温冷却就是使加热到奥氏体的钢，先以较快的冷却速度冷至 A_1 线以下某一温度，这时奥氏体尚未转变，成为过冷奥氏体。然后进行保温，使奥氏体在等温状态下发生组织转变。转变完成后再冷却到室温。例如等温退火、等温淬火等热处理操作，都采用等温冷却方式。

等温冷却方式对研究冷却过程中的组织转变较为方便。现在仍以共析钢为例，进行一系列不同过冷度的等温冷却实验，可以测出过冷奥氏体在恒温下转变开始和转变终了的时间，若绘制在转变温度和时间坐标上，再把转变开始的时间和转变终了的时间分别连接起来，即得到共析钢的奥氏体等温转变曲线，如图 1-37 所示。奥氏体等温转变曲线颇似“C”字，

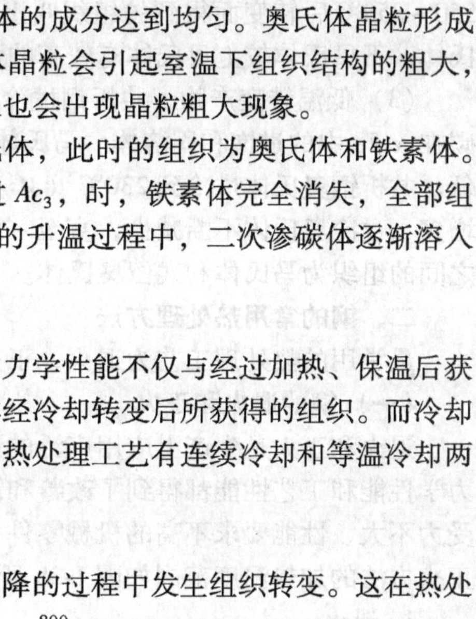

图 1-37 共析钢过冷奥氏体等温转变图

故又称为C曲线。根据C曲线可以了解到不同温度下的转变产物，为制定热处理工艺提供参考。共析钢过冷奥氏体等温转变产物大致可分为三个类型。

（1）高温转变产物　共析钢过冷奥氏体冷却到A_1～550℃之间任一温度后，等温转变产物为珠光体型组织，是由铁素体和渗碳体的层片所组成的机械混合物。过冷度越大，层片越薄，硬度也越高。实验证明，过冷到A_1～650℃后，转变得到的组织为珠光体；过冷到650～600℃后，转变得到的组织为细珠光体，又称索氏体；过冷到600～550℃后，转变得到的组织为极细珠光体，又叫托氏体。

（2）中温转变产物　共析钢奥氏体过冷到550～230℃后等温转变的产物属于贝氏体型组织，是由铁素体和微小的渗碳体混合而成。贝氏体比珠光体硬度更大，如果将过冷到550～350℃后转变而得到的组织叫上贝氏体，过冷到350～230℃后转变而得到的则为下贝氏体。下贝氏体较上贝氏体有较高的强度和硬度，塑性和韧度也较好。

（3）低温转变产物　共析钢过冷奥氏体冷却到230℃以下后转变为马氏体。它实质上是碳在α-Fe中的过饱和固溶体。马氏体是一种不稳定组织，有很高的硬度，但塑性、韧度很低。共析钢奥氏体过冷到230℃（*Ms*）时，开始转变为马氏体，随着温度下降，马氏体逐渐增多，过冷奥氏体不断减少，直至－50℃（*Mf*）时，过冷奥氏体才转变完了。所以*Ms*和M_f之间的组织为马氏体和残留奥氏体。

二、钢的常用热处理方法

最常用的热处理工艺为退火、正火、淬火、回火。

（一）钢的退火和正火

退火和正火是生产上应用广泛的预备热处理工艺。大部分钢制构件经退火和正火后，其力学性能和工艺性能都得到了改善和调整，从而为后续工序作好组织、性能准备。对于一些受力不大、性能要求不高的机械零件，如铸件，退火和正火可作为最终热处理。各种退火、正火方法的加热温度范围如图1-38所示。

1. 退火

退火是将钢材或钢件加热到适当温度，保温一定时间后缓慢冷却以获得接近平衡状态组织的热处理工艺。

（1）完全退火　将钢材或钢件加热至Ac_3以上20～30℃，经完全奥氏体化后进行缓慢冷却，以获得近于平衡组织的热处理工艺。完全退火使钢的组织全部进行了重结晶，主要用于亚共析钢，其目的是通过完全重结晶，使铸造、锻造或焊接所造成的粗大晶粒细化，并可使产生的不均匀组织得到改善。通过退火可使中碳以上的钢件获得接近平衡状态的组织，以降低硬度，便于切削加工。由于退火时冷却缓慢，因此也可以消除内应力。

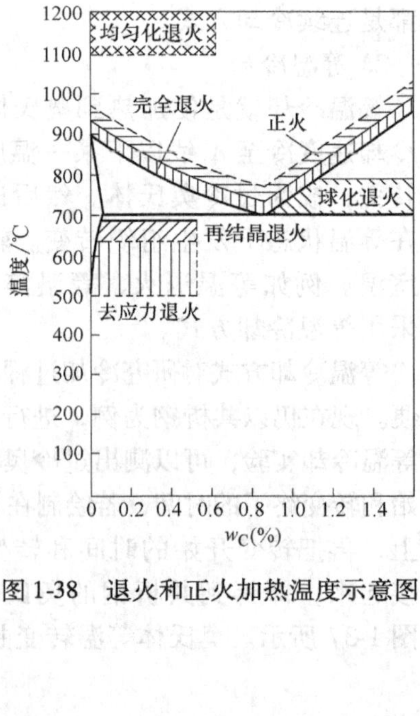

图1-38　退火和正火加热温度示意图

（2）球化退火　球化退火是不完全退火的一种。将过共析钢加热到Ac_1以上10～20℃，保温一定时间后缓慢冷却，使过共析钢中碳化物球化，获得粒状珠光体的一种热处理工艺，目的在于降低硬度，改善切削加工性能，提高塑性，为淬火作组织准备。

（3）均匀化退火 均匀化退火又称扩散退火。它是将钢锭、铸件加热至略低于固相线的温度，并长时间保温，然后缓慢冷却以消除化学成分不均匀的热处理工艺。其目的是消除铸锭或铸件在凝固过程中产生的枝晶偏析及区域偏析，使成分和组织均匀化。

（4）去应力退火 去应力退火又称低温退火。即将钢加热至低于 Ac_1 的某一温度（一般为500～600℃），经保温后缓慢冷却。低温退火主要用来消除铸件、锻件和焊接件等的残留内应力，在低温退火过程中无组织变化。

（5）再结晶退火 再结晶退火也是一种低温退火，用于处理冷轧、冷拉、冷压等发生加工硬化的钢材。把这类钢材加热到再结晶温度以上150～250℃，即650～750℃，保温后空冷。钢材通过再结晶，使其塑性恢复到冷变形以前的状态。

2. 正火

正火是将钢加热到 Ac_3（或 Ac_{cm}）以上30～50℃，保温适当的时间后，在空气中冷却的热处理工艺。与完全退火相比，二者加热温度相同，但正火冷却速度较快，转变温度较低，相同钢材正火后获得的珠光体组织较细，钢的强度、硬度也较高，同时生产周期也短。因此，生产中对于中、低碳钢常常以正火代替退火。

正火最常用的冷却方式是将钢件从加热炉中取出，在空气中自然冷却。对于大型工件，也可采用吹风、喷雾和调节钢件堆放距离等方法来控制钢件的冷却速度，以达到要求的组织和性能。

（二）淬火与回火

淬火与回火是热处理工艺中最重要，也是用途最广泛的工序。通过淬火可以显著提高钢的强度和硬度，而通过回火可以消除淬火钢的残留内应力，稳定钢的组织，所以淬火和回火工艺是密不可分的。

1. 淬火

将钢加热到 Ac_3（亚共析钢）或 Ac_1（过共析钢）以上一定温度，保温后以大于临界冷却速度的冷速得到马氏体（或下贝氏体）的热处理工艺叫淬火。淬火的目的是使奥氏体化后的工件获得尽量多的马氏体，以提高工件的硬度，并配以不同温度回火，以获得各种需要的性能。

在淬火时，冷却所使用的介质叫做淬火冷却介质。水是最便宜而且冷却能力较强的淬火冷却介质，适合于尺寸不大、形状简单的碳素钢工件的淬火。体积分数为10%的 NaCl 和10%的 NaOH 的水溶液与纯水相比，能提高冷却能力。油也是一种常用的淬火冷却介质。早期采用动、植物油脂，目前工业上主要采用矿物油，如锭子油、全损耗系统用油（机油）、柴油等，多用于合金钢的淬火。

2. 回火

回火是将淬火后的钢加热到 A_1 以下温度，保温一段时间，然后置于空气或水等介质中冷却的热处理工艺，故回火总是在淬火之后进行的。

根据回火温度的不同，可分为低温回火、中温回火和高温回火等。

（1）低温回火 低温回火温度约为150～250℃，回火组织为回火马氏体。与淬火马氏体相比，回火马氏体既保持了钢的高强度、高硬度和良好的耐磨性，又适当提高了韧度。因此，低温回火特别适用于刀具、量具、滚动轴承、渗碳件及高频感应淬火工件。低温回火钢大部分是淬火高碳钢和高碳合金钢，经淬火并低温回火得到回火马氏体和均匀细小的粒状碳化物组织，具有很高的硬度和耐磨性，同时显著降低了钢的淬火应力和脆性。

（2）中温回火　中温回火温度一般为250～500℃，回火组织为回火托氏体。对于一般的碳钢和低合金钢，该温度下碳化物开始聚集，淬火应力基本消失。钢经中温回火后具有高的弹性极限、较高的硬度和强度、良好的塑性和韧性。因此，适用于各种弹簧和冲模等。

（3）高温回火与调质处理　高温回火温度为500～650℃，回火组织为回火索氏体。淬火和高温回火的复合热处理工艺叫调质处理。经调质处理后，具有优良的综合力学性能，主要用于中碳结构钢或低合金结构钢，用来制作曲轴、连杆、连杆螺栓、汽车半轴等主要的机器零件。

工件回火一般在空气中冷却。一些主要的机器零件和工模具，为了防止重新产生内应力、变形和开裂，通常采用缓慢的冷却方式，对于有可逆回火脆性的钢件，回火应进行油冷和水冷，以抑制回火脆性。

三、其他热处理方法

在实际生产中，一些机器零件在复杂应力条件下工作，其表面和心部承受不同的应力状态，因此要求零件表面和心部具有不同的性能。为此，发展了表面热处理技术，包括表面淬火工艺和化学热处理工艺。为得到高强度与高塑性的良好配合，简化金属材料或零件的生产流程，有时还把两种或几种加工工艺混合在一起，构成复合加工工艺，例如形变热处理等。

（一）表面淬火

表面淬火是将工件表面快速加热到淬火温度，然后迅速冷却，仅使表面层获得淬火组织的热处理方法。淬火的目的在于获得高硬度的表面层和有利的残留应力分布，以提高工件的耐磨性或疲劳强度。像齿轮、凸轮、曲轴及各种轴类零件在扭转、弯曲等交变载荷作用下工作并承受摩擦和冲击，其表面要比心部承受更高的应力。因此，要求零件表面具有高的强度、硬度和耐磨性，要求心部具有一定的强度、足够的塑性和韧性。一般采用表面淬火工艺可达到这种要求。

钢的表面淬火加热方法有多种，例如电感应加热、火焰加热、电接触加热、电解质加热以及激光加热等。我国目前应用较多的是电感应加热法和火焰加热法。

1. 感应加热表面淬火法

感应加热就是在一个感应器中通过一定频率的交流电（有高频、中频、工频三种），在感应器周围产生一个频率相同的交变磁场。将工件置于磁场中，工件内部就会产生频率相同、方向相反的封闭的感应电流，这个电流叫涡流。涡流主要集中在工件表面（集肤效应），而且频率越高，电流集中的表面层越薄。由于电能变成热能，工件表面很薄的一层被迅速加热到淬火温度，再进行快速冷却，如立即喷水冷却，即可达到表面淬火的目的。

2. 火焰加热表面淬火

应用氧乙炔（或其他可燃气）火焰对工件表面进行加热，随之喷水冷却的工艺为火焰加热表面淬火。

火焰加热表面淬火法适于处理异型、大型或特大型工件，淬透层深度一般为3～6mm，所需设备比较简单。但易过热，淬火效果不好。

（二）化学热处理

将金属工件放入一定温度的活性介质中保温，使一种或几种元素渗入表层，以改变其化学成分、组织和性能的热处理工艺叫做化学热处理。与表面淬火不同，化学热处理后的工件表面不仅有组织的变化，而且也有化学成分的变化。即钢的化学热处理是改变其表层化学成分及性能的一种热处理工艺。

通过化学热处理，钢件表面可以获得更高的硬度、耐磨性和疲劳强度，心部具有良好塑性和韧性的同时，还具有较高的强度。通过适当的化学热处理还可使钢件表层具有减摩、耐蚀等特殊性能。

根据渗入元素的不同，化学热处理可分为渗碳、渗氮和碳氮共渗等。

以气体渗碳为例，其工艺简介如下：将低碳钢件放入密封很好的渗碳炉中，通入气体渗碳剂（如煤油、苯或甲醇等），加热到900～950℃，保温一段时间，使工件表层增碳后再进行淬火并低温回火。

气体渗碳分为三个阶段：① 渗碳剂在900～950℃的高温下分解出活性碳原子；② 活性碳原子被工件表面吸收，熔入表层的奥氏体中；③ 高温下熔解在奥氏体中的碳原子由表面不断向深处扩散。由渗碳工件表面向内至规定碳浓度处的垂直距离称为渗碳层厚度。在一定的渗碳温度下，加热时间越长，渗碳层越厚。根据零件要求的不同，渗碳层的厚度一般为0.5～2mm。

（三）形变热处理

形变热处理是将塑性变形和热处理工艺有机结合，以提高材料力学性能的复合工艺。根据形变温度不同，可分为高温形变热处理和低温形变热处理。

高温形变热处理是将钢加热至 Ac_3 以上，在稳定的奥氏体温度范围内进行变形，然后立即淬火，使之发生马氏体转变并回火至需要的性能。高温形变热处理适用于一般碳钢、低合金钢结构零件以及机械加工量不大的锻件或轧材。

低温形变热处理是将钢加热至奥氏体状态，迅速冷却至过冷奥氏体亚稳温度范围（A_1 点以下、Ms 点以上）进行塑性变形，然后立即淬火并回火至所需的性能。该工艺特点是在钢的塑性和韧性不降低或降低不多的情况下，显著提高钢的强度和疲劳极限，提高钢的抗磨损和抗回火的能力。低温形变热处理可用于结构钢、弹簧钢、轴承钢及工具钢。

第四节　工程材料的分类、编号及用途

如前所述，工程材料包括金属材料、陶瓷（无机非金属材料）、高分子材料（聚合物）和复合材料四大类。本节将重点介绍一些常用工程材料。

一、金属材料

金属材料中95%为钢铁。钢铁的工程性能比较优越，价格便宜，是机械制造中应用最广泛的工程金属材料。非铁金属及其合金是以非铁金属为基础，加入其他元素熔炼而成的，具有许多特殊的物理、化学和力学性能，工业中最常用的是铝合金和铜合金。

（一）钢铁

如前所述，根据材料内部的组织结构铁碳合金分为钢和铁，其中 $w_C < 2.11\%$ 的铁碳合金叫碳素钢，简称碳钢，组织主要是由铁素体与珠光体组成，该组织决定了钢不仅具有强

度，同时还具有良好的塑性。当铁碳合金 $w_C > 2.11\%$ 时，它的组织结构以莱氏体和珠光体（或渗碳体）为主，该类材料抗拉强度低，脆性大，断口呈银白色，用途不大，但铸造性能好。该类材料又叫白口铸铁。但白口铸铁又不完全等同于铸铁，因为采用不同的制备工艺，加入各种有益元素，可使白口铸铁的组织发生各种变化。例如，白口铸铁中的碳会以石墨的方式析出并分布于基体中，这种含有石墨的铁碳材料为铸铁。根据石墨形状的不同（片状、团絮状或球状），铸铁可分为灰铸铁、可锻铸铁、球墨铸铁三种。

钢铁在制造业应用范围非常广泛，但是实际应用中发现，铁碳合金尚不能适用于各种场合。为此，在铁碳合金的基础上，人们在冶炼时有目的地加入一种或数种合金元素，生产出性能更好的合金钢，用途有了很大的拓展。目前，钢的种类很多，按化学成分可分为碳素钢和合金钢两大类；按用途可分为结构钢、工具钢和特殊性能钢三类；按质量可分为普通钢、优质钢和高级优质钢三类。

1. 普通碳素结构钢

普通碳素结构钢的牌号由 QXXX—YZ 四部分组成。“Q”为钢材屈服强度“屈”字汉语拼音首字母、XXX 为屈服强度值，例如，Q235 表示屈服强度为 235MPa；Y 代表质量等级符号，用字母 A、B、C、D 标注，其中，A 级钢硫、磷质量分数最高，D 级钢硫、磷质量分数最低，即 A、B、C、D 表示钢材质量依次提高；Z 代表脱氧方法，“F”为沸腾钢，“Z”为镇静钢，“TZ”为特殊镇静钢，一般“Z”与“TZ”符号可以省略。例如 Q235AF 表示屈服强度为 235MPa 的 A 级沸腾钢；Q235C 表示屈服强度为 235MPa 的 C 级镇静钢。

普通碳素结构钢主要保证力学性能。一般情况下，在热轧状态下使用，不再进行热处理。但对某些零件，也可以进行正火、调质、渗碳等处理，以提高其使用性能。普通碳素结构钢的牌号、化学成分及其用途见表 1-3 所示。

表 1-3　普通碳素结构钢的牌号、化学成分与用途

牌　号	等级	化学成分（%），不大于					脱氧方法	应用举例
		w_C	w_{Mn}	w_{Si}	w_S	w_P		
Q195	—	0.12	0.50	0.30	0.040	0.035	F、Z	塑性较好，有一定的强度，通常轧制成钢筋、钢板、钢管等，可用于桥梁、建筑物等构件，也可用于制造受力不大的零件，如螺栓、螺母、钉子、铆钉、垫圈等
Q215	A	0.15	1.20	0.35	0.050	0.045	F、Z	
	B				0.045			
Q235	A	0.22	1.4	0.30	0.050	0.045	F、Z	
	B	0.20			0.045			
	C	0.17		0.30	0.040	0.040	Z	
	D				0.035	0.035	TZ	
Q275	A	0.24	1.50	0.35	0.050	0.045	F、Z	强度高，用于制作承受中等载荷的零件，如拉杆、连杆、转轴、心轴、齿轮和键等
	B	0.21			0.045	0.045	Z	
	C	0.22			0.040	0.040	Z	
	D	0.20			0.035	0.035	TZ	

2. 优质碳素结构钢

优质碳素结构钢的牌号由两个数字 XX 组成，以平均万分数表示碳的质量分数。例如，

20 钢即表示 $w_C=0.20\%$ （万分之二十）的优质碳素结构钢。若钢中锰质量分数较高，则在这类钢号后附加符号“Mn”，如 15Mn、45Mn 等。

优质碳素结构钢的特点是有害杂质硫、磷的含量低，均限制在 0.04% （质量分数）以下，强度、塑性、韧性均比普通碳素结构钢好，主要用于制造较重要的零件。优质碳素结构钢的牌号和用途见表 1-4。

表 1-4 优质碳素结构钢的牌号和用途

牌号	用途举例
08 08F	用于制作薄板，制造深冲制品、油桶、高级搪瓷制品，也用于制成管子、垫片及心部强度要求不高的渗碳和碳氮共渗零件等
10 10F	用来制造锅炉管、油桶顶盖、钢带、钢板和型材，也可制作机械零件
15 15F	用于制造渗碳零件、紧固零件、冲锻模件及无需热处理的低负荷零件，如螺栓、螺钉、拉条、法兰盘及化工机械用贮器、蒸汽锅炉等
25	用于热锻和热冲压的机械零件，机床上的渗碳及碳氮共渗零件，以及重型和中型机械制造中负荷不大的轴、辊子、连接器、垫圈、螺栓、螺母等，还可用作铸钢件
30	用于热锻和热冲压的机械零件，冷拉丝，重型和一般机械用的轴、拉杆、套环以及机械上用的铸件，如气缸、气轮机机架、飞轮等
35	用于热锻和热冲压的机械零件，冷拉和冷顶镦钢材、无缝钢管，机械制造中的零件，如转轴、曲轴、轴销、杠杆、连杆、横梁、星轮、套筒、轮圈、钩环、垫圈、螺钉、螺母等；还可用来铸造气轮机机身，轧钢机机身、飞轮、均衡器等
40	用来制造机器的运动零件，如辊子、轴、曲柄销、传动轴、活塞杆、连杆、圆盘等以及火车的车轴
45	用来制造蒸汽轮机、压缩机、泵的运动零件，还可以用来代替渗碳钢制造齿轮、轴、活塞等零件，但零件需经高频或火焰表面淬火，并可用作铸件
50	用于耐磨性高、动载荷及冲击作用不大的零件，如铸造齿轮、拉杆、轧辊、轴摩擦盘、次要的弹簧、农机上的掘土犁铧、重负荷的心轴和轴等
55	用于制造齿轮、连杆、轮面、轮缘、扁弹簧及轧轮等，也可作铸件
60	用于制作轧轮、轴、偏心轴、弹簧圈、弹簧、各种垫圈、离合器、凸轮、钢丝绳等
65	用于制造气门弹簧、弹簧圈、轴、轧辊、各种垫圈、凸轮及钢丝绳等
70 80	用于制造弹簧
15Mn 20Mn	用于制造中心部分力学性能要求高且需渗碳的零件
30Mn	用于制造螺栓、螺母、螺钉、杠杆、刹车踏板；还可以制造在高应力下工作的细小零件，如农机钩环、链等

3. 碳素工具钢

碳素工具钢的牌号由 T XX 两部分组成，即钢号前冠以“T”，表示碳素工具钢，其后为一组数字，以名义千分数表示碳的质量分数。例如，T8 表示 $w_C=0.8\%$ （即千分之八）的碳素工具钢。

碳素工具钢碳的质量分数为 0.65%～1.35%，特点是材料硬度较高，韧性较差，有害杂质少。常见碳素工具钢的牌号、化学成分及用途见表 1-5。

表 1-5 碳素工具钢的牌号、化学成分及用途

牌号	化学成分（%）					应用举例
	w_C	w_{Mn}	w_{Si}	w_S	w_P	
T7 T7A	0.65～0.74 0.65～0.74	0.20～0.40 0.15～0.30	0.15～0.35 0.15～0.30	≤0.030 ≤0.020	≤0.035 ≤0.030	制造承受振动与冲击载荷，要求较高韧性的工具，如凿子、各种锤子等
T8 T8A	0.75～0.84 0.75～0.84	0.20～0.40 0.15～0.30	0.15～0.35 0.15～0.30	≤0.030 ≤0.020	≤0.035 ≤0.030	制造承受振动与冲击载荷，要求足够韧性和较高硬度的工具，如简单模具、冲头、剪切金属用剪刀、木工工具等
T10 T10A	0.95～1.04 0.95～1.04	≤0.40 ≤0.40	≤0.35 ≤0.35	≤0.030 ≤0.020	≤0.035 ≤0.030	硬度较高，但仍要求一定韧性的工具，如手工锯条、小冲模、丝锥、板牙等。
T12 T12A	1.15～1.24 1.15～1.24	≤0.40 ≤0.40	≤0.35 ≤0.35	≤0.030 ≤0.020	≤0.035 ≤0.030	适用于不受冲击的耐磨工具，如钢锉、刮刀、铰刀等。

4. 合金结构钢

合金结构钢是制作机器和工程结构的重要钢种，用于制造碳素结构钢的性能不能满足要求的零件。合金结构钢按用途可分为工程结构钢和机器结构钢。

（1）工程结构钢　工程结构钢主要是低合金结构钢，主要作为建筑、桥梁、锅炉、车辆、船舶、高压锅炉、高压容器、军工等方面的工程结构材料。其成分特点是低碳（$w_C \leq 0.20\%$）、低合金以及加入以锰为主的合金元素。锰除了产生较强的固溶强化效果外，因它能大大降低奥氏体分解温度，细化铁素体晶粒，并使珠光体片变细，消除晶界上的粗大片状碳化物，提高钢的强度和韧性。钢中加入铌、钛或钒等辅加元素，主要是细化晶粒、提高钢的强度和韧性。此外，加入少量铜（$w_{Cu} \leq 0.4\%$）和磷（w_P 约为 0.1%）等，可提高耐蚀性能。加入少量稀土元素，可以脱硫、去气，使钢材净化，改善韧性和工艺性能。

低合金结构钢通常在热轧退火或正火状态下使用，成形后不再进行淬火、调质等热处理。与含碳量相同的碳素钢相比，具有较高的强度、塑性、韧性，焊接性能也较好，用它来制造工程结构时，可减轻重量，从而节省钢材、降低成本。这类钢具有代表性的牌号、成分、性能及用途列见表 1-6。

表 1-6 常用低合金结构钢的牌号、成分、性能及用途

牌号	化学成分（%）							厚度或直径/mm	力学性能				应用举例
	w_C	w_{Mn}	w_{Si}	w_V	w_{Nb}	w_{Ti}	其他		σ_s/MPa	σ_b/MPa	δ_s(%)	a_{KV}/J	
Q345	≤0.20	≤1.70	0.50	≤0.15	≤0.07	≤0.20	w_{Cr}≤0.30 w_{Ni}≤0.50	≤16 16～40 >40～63	≥345 ≥335 ≥325	470～630	≥20 ≥19	≥34	桥梁，车辆，船舶，压力容器，建筑结构
Q390	≤0.20	≤1.70	≤0.50	≤0.20	≤0.07	≤0.20	w_{Cr}≤0.30 w_{Ni}≤0.50	≤16 16～40 >40～63	≥390 ≥370 ≥350	490～650	≥20 ≥19	≥34	桥梁，船舶，起重设备，压力容器

（续）

牌号	化学成分（%）							厚度或直径/mm	力学性能				应用举例
	w_C	w_{Mn}	w_{Si}	w_V	w_{Nb}	w_{Ti}	其他		σ_s/MPa	σ_b/MPa	δ_s（%）	a_{KV}/J	
Q420	≤0.20	≤1.70	≤0.50	≤0.20	≤0.07	≤0.20	w_{Cr}≤0.30 w_{Ni}≤0.80	≤16 16～40 >40～63	≥420 ≥400 ≥380	520～680	≥19 ≥18	≥34	桥梁，高压容器，大型船舶，电站设备，管道
Q460	≤0.20	≤1.80	≤0.60	≤0.20	≤0.11	≤0.20	w_{Cr}≤0.30 w_{Ni}≤0.80	≤16 16～40 >40～63	≥460 ≥440 ≥420	550～720	≥17 ≥16	≥34	中温高压容器（<120℃），锅炉，化工、石油高压厚壁容器（<100℃）

（2）机器结构钢　机器结构钢是最常用的合金结构钢之一，按照用途及热处理工艺的不同，可以分为调质钢、渗碳钢和弹簧钢几个钢种。

调质钢是指经过调质处理后使用的钢。调质钢具有高的强度和良好的塑性与韧性，广泛用于制造汽车、拖拉机、机床和其他机器上的各种重要零件，如齿轮、轴类件、连杆、螺栓等。调质钢的成分特点是碳的质量分数一般在0.25%～0.50%之间，以0.4%居多。含碳量过低，不易淬硬，回火后强度不够；含碳量过高，则韧性不够。钢中加入的主要元素，如Cr、Mn、Ni、Si、B等能提高淬透性；加入的元素，如Mo、W等能防止第二类回火脆性。

渗碳钢是指经渗碳、淬火、低温回火后使用的钢，主要用于制造在工作中遭受强烈的摩擦磨损、同时又承受较大的交变载荷，特别是冲击载荷的零件，如汽车、拖拉机中的变速齿轮，内燃机上的凸轮轴、活塞销等。合金渗碳钢的成分特点是碳的质量分数一般在0.10%～0.25%之间，以保证零件心部有足够的塑性和韧性；加入提高淬透性的合金元素Cr、Ni、Mn等，经热处理后能提高心部的强度和韧性；加入Ti、V、W、Mo等元素，能增加渗碳层硬度，提高耐磨性。

弹簧钢是一种专用结构钢，主要用于制造各种弹簧和弹性元件。为了保证合金弹簧钢的高弹性极限和疲劳极限，其碳质量分数比调质钢高，一般为0.50%～0.70%。含碳量过低，强度不足；含碳量过高时，塑性、韧性降低，疲劳抗力也下降。钢中还加入Si、Mn等元素以提高其淬透性，加入Cr、V、W等元素，以强化铁素体和细化晶粒，提高其弹性极限和屈强比。此外，弹簧的冶金质量对疲劳强度有很大影响，所以合金弹簧钢均为优质钢或高级优质钢。

这类合金结构钢的牌号编排原则是采用“数字＋化学元素＋数字”的方法。前面的数字以平均含碳量的万分之几表示碳的质量分数，化学元素以其元素符号表示，合金元素后面的数字表示合金元素的质量分数，一般以百分之几表示，当平均质量分数小于1.5%时，钢号中一般只标出元素符号而不标明含量，当平均质量分数为1.5%、2.5%、3.5%…时，则在元素后面相应地标出2、3、4…

表1-7、表1-8、表1-9所示分别为调质钢、渗碳钢、弹簧钢的牌号与用途。

表1-7 调质钢的牌号与用途

牌号	用途
40Cr	齿轮、花键轴、后半轴、连杆、主轴
45Mn2	齿轮、齿轮轴、连杆盖、螺栓
35 Cr Mo	大电动机轴、锤杆、连杆、轧钢机曲轴
30CrMnSi	飞机起落架、螺栓
40MnVB	代替40Cr，汽车、机床的轴、齿轮
30CrMnTi	汽车主动锥齿轮、后主齿轮、齿轮轴
38CrMoAlA	磨床主轴、精密丝杠、量规、样板

表1-8 渗碳钢的牌号与用途

牌号	试样毛坯尺寸/mm	用途
20Cr	15	齿轮、齿轮轴、凸轮、活塞销
20MnVB	15	重型机床的齿轮和轴、汽车后桥齿轮
20CrMnTi	15	汽车、拖拉机上变速齿轮、传动轴
12CrNi3	15	重负荷下工作的齿轮、轴、凸轮轴
20Cr2Ni4	15	大型齿轮和轴，也可用作调质件

表1-9 弹簧钢的牌号与用途

牌号	化学成分（%）					用途
	w_C	w_{Si}	w_{Mn}	w_{Cr}	w_V	
65Mn	0.62~0.70	0.17~0.37	0.90~1.20	≤0.25		制作ϕ8~15mm以下小型弹簧
55SiMnVB	0.52~0.60	0.70~1.00	1.00~1.30	≤0.35	0.08~0.16	制作ϕ20~25mm弹簧，可用于230℃以下温度
60Si2Mn	0.56~0.64	1.50~2.00	0.70~1.00	≤0.35		制作ϕ25~30mm弹簧，可用于230℃以下温度
50CrVA	0.46~0.54	0.17~0.37	0.50~0.80	0.80~1.10	0.10~0.20	制作ϕ30~50mm弹簧，可用于210℃以下温度
60Si2CrVA	0.56~0.64	1.40~1.80	0.40~0.70	0.90~1.20	0.10~0.20	制作ϕ<50mm弹簧，可用于250℃以下温度

5. 合金工具钢

合金工具钢的牌号编排原则与合金结构钢基本相似，但是规定如果工具钢中的w_C>1.00%时不予标出，w_C<1.00%时，以名义千分数表示碳的质量分数。高速钢和高铬钢无论含碳量多少一律不标出。表1-10所示为低合金工具钢的牌号、化学成分及用途。

表 1-10　低合金工具钢的牌号、化学成分及用途

牌号	化学成分（%）					用途
	w_C	w_{Cr}	w_{Si}	w_{Mn}	其他	
9SiCr	0.85～0.95	1.20～1.60	0.30～0.60	0.95～1.25		冷冲模、板牙、丝锥、钻头、铰刀、拉刀、齿轮铣刀
8MnSi	0.75～0.85	0.30～.0.60	0.80～1.10			木工凿子、锯条或其他工具
9Mn2V	0.85～0.95	≤0.40	1.70～2.40		w_V=0.10～0.25	量规、块规、精密丝杠、丝锥、板牙
CrWMn	0.90～1.05	≤0.40	0.80～1.10	0.90～1.20	w_W1.20～1.60	用作淬火后变形小的工具（如拉刀、长丝杠、量规）以及形状复杂的冲模

6. 灰铸铁

灰铸铁牌号由“灰铁”二字汉语拼音首字母“HT”和后续三个数字组成，数字表示抗拉强度。例如灰铸铁 HT200 表示抗拉强度为 200MPa。一般情况下，牌号为 HT100 的灰铸铁可用于制造端盖、外罩、支架等低载荷的零件；牌号为 HT150 的灰铸铁可用来制造支柱、底座、齿轮箱、工作台等承受中等载荷的零件；牌号为 HT200 的灰铸铁可用来制造气缸套、活塞、齿轮等承受较大载荷的零件。在灰铸铁中，石墨以片状形式分布于材料基体中，由于石墨强度很低，片状石墨对基体有严重的割裂作用，导致材料的强度远比碳钢要低，因此改变石墨在材料基体中的形状就成为改善材料性能的重要方法，通过向灰铸铁中加入孕育剂，可使石墨细小、分散，减轻片状石墨对金属基体的割裂作用，提高力学性能，该铸铁称为孕育铸铁，牌号为 HT300～HT400。表 1-11 为灰铸铁的牌号、化学成分及用途。

表 1-11　灰铸铁的牌号、化学成分及用途

铸铁类别	牌号	力学性能			用途示例
		抗拉强度 σ_b/MPa	抗弯强度 σ_{bb}/MPa	硬度（HBW）	
		不小于			
铁素体灰铸铁	HT100	100	260	143～229	低载荷和不重要的部件，如盖、外罩、手轮、支架等
铁素体-珠光体灰铸铁	HT150	150	330	163～229	承受中等应力的零件，如底座、床身、工作台、阀体、管路附件及一般工作条件要求的零件
珠光体灰铸铁	HT200 HT250	200 250	400 470	170～241 170～241	承受较大应力和较重零件，如气缸体、齿轮、机座、床身、活塞、齿轮箱等
孕育铸铁	HT300	300	540	187～255	床身导轨，车床、压力机床等受力较大的床身、机座、主轴箱、卡盘、齿轮等
	HT350 HT400	350 400	610 680	197～269 207～269	高压液压缸、泵体、衬套、凸轮、大型发动机的曲轴、气缸体、气缸盖等

7. 可锻铸铁

可锻铸铁是将白口铸铁坯件通过石墨化或氧化脱碳热处理，改变其金相组织或成分，而获得具有较高韧性的铸件。可锻铸铁根据化学成分、热处理工艺以及由此导致的性能和金相组织的不同分为两类。一类是黑心可锻铸铁和珠光体可锻铸铁，另一类是白心可锻铸铁。黑心可锻铸铁和珠光体可锻铸铁的组织特点是基体上分布有团絮状石墨，是白口铸铁长时间退火后获得的。团絮状石墨对基体的割裂作用明显减小，材料性能提高明显。黑心可锻铸铁的基体金相组织是铁素铁，珠光体可锻铸铁的基体金相组织是珠光体。白心可锻铸铁断面呈银白色，是一类组织不均匀的可锻铸铁。其金相组织取决于断面尺寸，对于小断面尺寸的白心可锻铸铁，其金相组织是铁素体（+珠光体+退火碳），对于大断面尺寸，其表面区域为铁素体，中间区域为珠光体+铁素体+退火碳，心部区域为珠光体（+铁素体）+退火碳，其中括号内表示少量的，也可能有时不存在的组织。黑心可锻铸铁、珠光体可锻铸铁和白心可锻铸铁的牌号分别用“KTH”、“KTZ”和“KTB”符号表示，其后的两项数字分别表示最低抗拉强度和伸长率。表1-12所示为可锻铸铁的常用牌号、性能和应用举例。

表1-12　可锻铸铁的牌号、性能和应用举例

牌　号	基体类型	试样毛坯直径/mm	抗拉强度 σ_b /(N/mm²)	伸长率 δ(%) ($L_0=3d$)	应用举例
KTH300-06	铁素体	12或15	≥300	≥6	汽车、拖拉机零件，如后桥壳、轮毂、转向机构壳体、弹簧钢板支座等；机床附件，如钩形扳手、绞杠等；各种管接头、低压阀门、农具等
KTH330-08			≥330	≥8	
KTH350-10			≥350	≥10	
KTH370-12			≥370	≥12	
KTZ450-06	珠光体	12或15	≥450	≥6	曲轴、连杆、齿轮、凸轮轴、摇臂、活塞环等
KTZ550-04			≥550	≥4	
KTZ650-02			≥650	≥2	
KTZ700-02			≥700	≥2	
KTB350-04	铁素体或珠光体	9 12 15	≥340 ≥350 ≥360	≥5 ≥4 ≥3	水暖配件等
KTB380-12	铁素体或珠光体	9 12 15	≥320 ≥380 ≥400	≥15 ≥12 ≥8	
KTB400-05	铁素体或珠光体	9 12 15	≥360 ≥400 ≥420	≥8 ≥5 ≥4	
KTB450-07	铁素体或珠光体	9 12 15	≥400 ≥450 ≥480	≥10 ≥7 ≥4	

8. 球墨铸铁

球墨铸铁用“QT”符号表示，牌号中数字的意义与可锻铸铁牌号相同。其组织特点是基体上分布有球状石墨。球状石墨是通过加入球化剂等工艺方法获得的。球状石墨是最理想的形态之一，因此材料的性能可与中碳钢媲美。表1-13所示为球墨铸铁的牌号和应用举例。

表 1-13　球墨铸铁的牌号和应用举例

牌　号	应用举例
QT350-22 QT400-18 QT400-15 QT450-10	汽车、拖拉机的牵引框、轮毂、离合器、差速器及减速器的壳体等；农机具的犁铧、犁柱、犁托、犁侧板及牵引架；高压阀门的阀体、阀盖及支架等
QT500-7 QT550-5	内燃机的机油泵齿轮、水轮机的阀门体、铁路机车车辆的轴瓦等
QT600-3 QT700-2 QT800-2	柴油机和汽油机的曲轴、连杆、凸轮轴、气缸套、进排气门座；脚踏脱粒机的齿条、轻载齿轮；畜力犁铧；空气压缩机及冷冻机的缸体、缸套及曲轴；球磨机齿轮轴；矿车轮及桥式起重机的大小车滚轮等
QT900-2	汽车弧齿锥齿轮、拖拉机减速齿轮、柴油机凸轮轴及犁铧、耙片等

（二）非铁金属及其合金

非铁金属及其合金又称有色金属，包括金、银、铜、铝、镁、钛、镍、钼等多种，工业中常用的是铝及铝合金与铜及铜合金。

1. 铝及铝合金

铝及铝合金在电气工程、航空及宇航工业、一般机械和轻工业中都有广泛的用途，用量仅次于钢铁，其特点是密度小、比强度高、导电性好、抗大气腐蚀能力强。

（1）工业纯铝　纯铝呈银白色，有金属光泽，密度小（2.72g/cm^3），仅为铁的1/3，熔点为660℃。纯铝强度比较低，塑性好，具有良好的导电、导热性，因此可以用来制造电线、电缆等各种导电材料和各种散热器等导热元件。工业纯铝中含有铁、硅、铜、锌等杂质元素，随着杂质质量分数的增加，其强度提高，塑性、导电性和耐蚀性降低。

（2）铝合金　铝中加入合金元素后，可获得较高的强度，并保持良好的加工性能。许多铝合金不仅可通过冷变形提高强度，而且可用热处理来大幅度地改善性能。因此铝合金可用于制造承受较大载荷的机器零件和构件。按成分和加工方法，铝合金可以分为变形铝合金和铸造铝合金。

1）变形铝合金。是指通过塑性成形方法（如轧制、拉拔、挤压等）获得各种型材或构件的铝合金材料。主要的变形铝合金有 Al-Mg 系、Al-Si 系、Al-Cu 系、Al-Mn 系等。变形铝合金有退火状态和时效状态，不同状态的铝合金的力学性能不同。

2）铸造铝合金　是指适于铸造成形的铝合金，简称铸铝。铸造铝合金具有良好的铸造性能、耐蚀性能和切削加工性能，可制成各种形状复杂的零件，并可通过热处理改善铸件的力学性能。根据主加合金元素的不同，铸造铝合金一般分为 Al-Si 系、Al-Cu 系、Al-Mg 系、Al-Zn 系。

2. 铜及铜合金

（1）工业纯铜　工业纯铜按所含杂质的多少分为四级，编号方法以“T”（铜的汉语拼音字头）为首，其后再附以级别数字，数字越小，则纯度越高。纯铜的新鲜表面呈玫瑰红色，表面氧化后呈紫色，习惯上称紫铜。纯铜的导电性、导热性、抗氧化性、耐蚀性很好，具有优良的塑性，易于加工成各种板、线、管材，大量应用于制造各种电器设备。

（2）铜合金

1）黄铜。黄铜是以锌为主要合金元素的铜合金，呈金黄色。黄铜中可含有或不含有其他合金元素。不含其他合金元素的黄铜称普通黄铜；含有其他合金元素的黄铜称特殊黄铜，或依据第二合金元素命名，如镍黄铜、铅黄铜、锡黄铜、铝黄铜、锰黄铜、铁黄铜、硅黄铜等。普通黄铜的编号方法是以汉语拼音“H”表示，后面的两位数字表示合金中铜的质量分数，例如H80，即表示 $w_{Cu}=80\%$。特殊黄铜的编号方法是以“H××× - ×”表示，“H”后面的字母代表第二合金元素，该元素符号后面的两位数字代表含铜的质量分数，最后一位数字代表含第二合金元素的质量分数。黄铜的耐蚀性比较好，与纯铜接近，超过铁、碳钢及许多合金钢。黄铜不仅有良好的变形加工性能，而且有优良的铸造性能，可以制作冷轧板材、冷拉线材、管材及形状复杂的深冲零件，也可以热轧成棒材、板材，还可用于铸造。

2）白铜。白铜是以铜为基体金属，由铜和镍组成的合金。白铜中可含有或不含有其他合金元素。普通白铜编号用代号B（白铜汉语拼音字首）+镍元素的质量分数表示，如B0.6。特殊白铜的编号用B+第二合金元素符号+镍元素的质量分数+第二合金元素的质量分数表示，如锰白铜BMn40 - 1.5。白铜较其他铜合金的力学性能、物理性能都较好，延展性好、硬度高、色泽美观、耐蚀、富有深冲性能，被广泛使用于造船、石油化工、电器、仪表、医疗器械、日用品、工艺品等领域，还是重要的电阻及热电偶合金。白铜的缺点是主要添加元素镍属于稀缺的战略物资，价格比较昂贵。

3）青铜。青铜是指除以锌、镍为主要合金元素以外的铜合金，其编号用代号Q（青铜汉语拼音字首）+主要元素符号+主加元素的质量分数。例如，QSn7为 $w_{Sn}=7\%$ 的锡青铜。青铜主要包括锡青铜、铝青铜、铍青铜。锡青铜可用来制造弹簧、耐磨零件等；铝青铜主要用来制造弹簧、船用零件等；铍青铜用来制造各种重要弹性元件、耐磨零件及防爆工具等。

二、陶瓷材料

陶瓷材料、金属材料与高分子材料构成了现代工程材料的三大支柱。因此，陶瓷材料的应用也十分广泛，尤其在近几十年来它已成为现代工业中不可缺少的材料之一。

（一）陶瓷材料的性能特征

1. 力学性能

陶瓷材料具有工程材料中最高的弹性模量和硬度。陶瓷受力后可产生一定的弹性变形，其弹性模量为 $10^3 \sim 10^5$MPa；其硬度大多在1500HV以上。尤其是硬度极高的金刚石，其维氏硬度>6000HV。氮化硅和立方氮化硼具有接近金刚石的硬度。这主要是因为陶瓷材料结合键的键合能很高的原因。

陶瓷材料的理论强度很高，但由于其组织中晶界和非晶相的影响，例如大量气孔等的存在，在拉伸状态下很容易扩展形成裂纹，而使其抗拉强度降低，其实际强度仅为其理论强度的1/100～1/200。但是它的抗压强度较高，故受压时不致使裂纹扩展。

陶瓷在拉伸时几乎没有塑性，在拉应力作用下产生一定的弹性变形后直接脆断。这是因为它的滑移系很少，共价键有明显的方向性和饱和性；又当同号离子键相互接近时斥力很大，当产生滑移时极易造成键的断裂，加之陶瓷存在大量气孔，因而陶瓷材料呈现出很明显的脆性特征，断裂韧度极低。

2. 物理性能

（1）热性能　陶瓷材料由于强有力的离子键结合，外层电子处于稳定的结构状态，使它具有熔点高的优点，大多数陶瓷材料的熔点在2000℃以上，这是陶瓷比金属和高分子材料更为突出的优点，它在1000℃以上能保持高温强度和抗氧化能力。大多数陶瓷材料在低温下热容小，高温下热容大，达到一定温度后热容与温度无关。热容对气孔率敏感，气相越多，热容量越小。除碳化硅、碳化硼等外，陶瓷材料的热导率比金属低。陶瓷材料的热胀系数比高分子材料、金属低，一般为 $10^{-5} \sim 10^{-6}K^{-1}$。陶瓷材料的抗热振性低，温度急剧变化易破裂。

（2）电性能　陶瓷材料的导电性变化范围很宽。由于离子晶体无自由电子，所以大多数陶瓷是良好的绝缘体。但也有不少陶瓷既是离子绝缘体，又有一定的电子导电性。此外，最近几年出现的超导材料，大多数也是陶瓷材料。因此，大部分陶瓷材料可做绝缘材料，但有的可作半导体材料、压电材料、热电材料和磁性材料。

（3）光学性能　某些陶瓷具有特殊的光学性能，利用这种性能，陶瓷可用作激光材料、光导纤维材料、光存储材料、荧光物质等。有些陶瓷，如氧化铝，具有很好的透光性，1mm厚材料的透光率可达80%以上。

3. 化学性能

陶瓷的组织结构非常稳定，这是由于它不仅键结合力强，而且在离子晶体中金属原子被包围在非金属原子的间隙中，形成稳定的化学结构，不能再与介质中的氧发生氧化，即使在高温1000℃下也不氧化。因此，陶瓷材料具有良好的抗氧化性和不可燃烧性。此外，陶瓷对酸、碱、盐等介质均具有极好的耐蚀能力，与许多金属熔体也不发生作用，因而是极好的耐蚀材料和坩埚材料。

（二）工业陶瓷及其应用

陶瓷材料的种类很多。一般来说，按原料来源（是否为硅酸盐）可分为普通陶瓷和特种陶瓷；按用途分类，可分为日用陶瓷、结构陶瓷和功能陶瓷。

1. 普通陶瓷

普通陶瓷（也称传统陶瓷）指的是粘土陶瓷，它以高岭土（$Al_2O_2 \cdot 2SiO_2 \cdot 2H_2O$）、长石［钾长石（$K_2O \cdot Al_2O_3 \cdot 6SiO_2$）和钠长石（$Na_2O \cdot Al_2O_3 \cdot 6SiO_2$）］、石英（$SiO_2$）为原料烧制而成的。这类陶瓷质地坚硬，耐蚀，不氧化，不导电，能耐一定的高温，成本低，加工成形性好。但由于玻璃相的含量较高，结构疏松，故强度低，而且在一定温度下会软化，耐高温性能不如高技术陶瓷，使用温度一般为1200℃左右。普通陶瓷的种类、性能和应用见表1-14。

表1-14　普通陶瓷的种类、性能和应用

名　称	密度 /(g/cm^3)	抗弯强度 /MPa	抗拉强度 /MPa	抗压强度 /MPa	线胀系数 /$10^{-6}℃^{-1}$	应用举例
普通工业陶瓷	2.3~2.4	65~85	26~36	460~680	3~6	绝缘子，绝缘的机械支撑件，静电纺织导纱器
化工陶瓷	2.1~2.3	30~60	7~12	80~140	4.5~6	受力不大、工作温度低的酸碱容器、反应塔、管道

2. 特种陶瓷

特种陶瓷是经人工提炼、纯度较高的金属氧化物、碳化物、氮化物、硅酸盐等化合物，经配料、烧结而成的陶瓷材料。部分特种陶瓷的种类、性能和应用见表1-15。

表 1-15 部分特种陶瓷的种类、性能和应用

名称		密度 /(g/cm³)	抗弯强度 /MPa	抗拉强度 /MPa	抗压强度 /MPa	线胀系数 /10⁻⁶℃⁻¹	应用举例
氧化铝陶瓷		3.2～3.9	250～450	140～250	1200～2500	5～6.7	切削刀具、高温炉炉管、坩埚、内燃机火花塞，以及拉丝模、量具测量部分的镶块，热电偶绝缘套管，钠蒸气照明灯泡，火箭、导弹导流罩
氮化硅陶瓷	反应烧结	2.4～2.6	166～206	141	1200	2.99	耐磨、耐蚀、耐高温零件，热电偶套管，转子发动机刮片，高温轴承，刀具等
	热压烧结	3.10～3.18	490～590	150～275	—	3.28	
氮化硼陶瓷		2.15～2.2	53～109	25 (1000℃)	233～315	1.5～3	坩埚、绝缘零件、高温轴承、玻璃制品成形模等
氧化镁陶瓷		3.0～3.6	160～280	60～80	780	13.5	熔炼 Fe、Cu、Mo、Mg 等金属的坩埚及熔化高纯度 U、Th 及其合金的坩埚
氧化铍陶瓷		2.9	150～200	97～130	800～1620	9.5	高温绝缘电子元件、核反应堆中子减速剂和反射材料、高频电炉坩埚等
氧化锆陶瓷		5.5～6.0	1000～1500	140～500	1440～2100	4.5～11	熔炼 Pt、Pd、Rh 等金属的坩埚、电极、气敏元件、高温燃料电池固体电解质隔膜、钢液的氧探测头等

三、高分子材料

（一）高分子材料的分类及其命名

1. 分类

高分子材料的类型有很多，常用的分类方法有以下几种：

1）按合成反应分加聚聚合物和缩聚聚合物，所以高分子化合物常称为聚合物或高聚物，高分子材料又称高聚物材料。

2）按高分子的热性能及成形工艺特点分为热固性和热塑性两大类。加热加压成形后不能再熔融或改变形状的高分子称为热固性高分子。相反，加热软化或熔融后，冷却固化过程可反复进行的高分子称为热塑性高分子。这种分类便于认识高分子的特性。

3）按用途分有塑料、橡胶、合成纤维、胶粘剂、涂料等。

2. 命名

目前，高分子材料常见的命名形式有三种。

1）天然高分子通常有专用名称，如纤维素、淀粉、蛋白质、天然橡胶等。

2）简单高分子材料命名常根据原料名称，在前面加上“聚”字，如聚苯乙烯、聚丙烯。缩聚物及共聚类高分子材料常在原料名称后加上“树脂”、“橡胶”等，如苯酚和甲醛的缩聚物，称酚醛树脂。

3）有一些结构复杂的高分子，往往采用商品牌号，如聚酯纤维名为“涤纶”，聚酰胺名为“尼龙”；还可以根据其特征命名，如有机玻璃、电木等；用符号表示或以英文名称的首字母表示，如 PF 表示聚乙烯，PVC 表示聚氯乙烯。

（二）常用的高分子材料

1. 塑料

塑料是以合成树脂为主要成分的高分子材料，另外还含有添加剂。添加剂主要包括一些用来改善使用性能和工艺性能的填充剂、增塑剂、稳定剂、润滑剂、染料和固化剂等。

（1）塑料的性能特征　这里只简述塑料的物理性能、化学性能和力学性能，成形工艺性能见高分子材料的成形部分。

1）物理性能。① 密度小。塑料的密度均较小，一般为 $0.9\sim2.0\mathrm{g/cm^3}$，相当于钢密度的 1/4 ~ 1/7，可以大大减轻零部件的重量。② 塑料的热导率较小，一般为金属的 1/500 ~ 1/600，所以具有良好的绝热性。但塑料的热胀系数比较大，是钢的 3 ~ 10 倍，所以塑料零件的尺寸精度不够稳定。③ 由于塑料遇热易老化、分解，故其耐热性较差，大多数塑料只能在 100°C 左右长期使用。④ 由于塑料分子的化学键为共价键，不能电离，没有自由电子，因此是良好的电绝缘体。

2）化学性能。塑料的化学性能主要是指塑料的耐蚀性。由于塑料大分子链是共价键结合，不存在自由电子或离子，不发生电化学过程，其化学稳定性很高，能耐酸、碱、油、水及大气等物质的侵蚀。其中聚四氟乙烯还能耐强氧化剂“王水”的侵蚀。因此工程塑料特别适合于制作化工机械零件及在腐蚀介质中工作的零件。

3）力学性能。① 塑料的强度、刚度和韧性都很低，其 σ_b 为 30 ~ 150MPa，而其刚度仅为金属的 1/10。所以塑料只能制作承载不大的零件；塑料没有加工硬化现象，且温度对性能影响很大，温度有微小差别，同一塑料的强度与塑性就有很大不同。② 抗蠕变与应力松弛性较差。③ 塑料的硬度虽低于金属，但摩擦因数小。

（2）塑料的分类　塑料的品种很多，分类方法也多种多样，目前常用的塑料分类方法有以下两种：

1）根据塑料中树脂的分子结构及热性能分类，将塑料分为热塑性塑料和热固性塑料两类。① 热塑性塑料也称热熔性塑料，常用的热塑性塑料有聚氯乙烯、聚苯乙烯、ABS、有机玻璃、尼龙等；② 常用的热固性塑料有酚醛塑料、氨基塑料、环氧树脂塑料、呋喃树脂、有机硅塑料、聚邻苯二甲酸二烯丙酯、硅酮等。

2）根据塑料性能及用途，常把塑料分为通用塑料、工程塑料等。① 通用塑料。通用塑料是一种非结构材料，指那些产量大、用途广、价格低、性能一般的常用塑料。主要包括聚乙烯、聚氯乙烯、聚苯乙烯、聚丙烯、酚醛塑料和氨基塑料六大品种，其产量占塑料总产量的一半以上，用作日用生活用品、包装材料以及一些小型零件，构成了塑料工业主体。② 工程塑料。这是指在工程技术中用作结构材料的塑料。这类塑料一般具有较高的机械强度，还具有很好的耐磨性、耐蚀性、自润滑性及尺寸稳定性等。和通用塑料相比，它们产量较小，价格较高。但由于它既具有一定的金属特性又具有塑料的优良性能，因而可代替金属制作某些机械构件，在机械制造、轻工、电子、日用品、导弹、原子能等领域得到广泛应用。常用的几种工程塑料是聚碳酸酯、聚酰胺、聚甲醛、聚砜、ABS、聚甲基丙烯酸甲酯、聚四氟乙烯和环氧树脂等。

从广义上来说，几乎所有的热塑性塑料甚至热固性塑料都可作为工程塑料。但实际上目前常用的工程塑料仅包括聚酰胺、聚甲醛、聚碳酸酯、ABS、聚砜、聚苯醚、聚四氟乙烯等几种。

2. 橡胶

橡胶是另一类重要的高分子材料，是在室温下具有高弹性的材料。当施加外力时有很大的变形，外力去除后能迅速复原，永久变形极小，伸长率可达100%~1000%，所以又称为弹性体，在国防、交通运输、机械制造、农业、医学卫生、日常生活方面都有着广泛的用途。

橡胶工业制品包括除轮胎、胶管、胶带、胶鞋外的许多制品，如油封、胶辊、空气弹簧、离合器、胶布、胶板等，是各种重要设备和现代化精密仪器必不可缺的配件，渗透到各行各业，地位与日俱增。

（1）橡胶材料的组成　橡胶材料主要是由生胶、再生胶、各种配合剂和增强材料等组成。

1）生胶。为没有加工过的原料橡胶，包括天然橡胶和丁苯、顺丁、氯丁等合成橡胶。生胶是制造橡胶制品的主要组分，使用不同的生胶，可以制成不同性能的橡胶制品。

2）再生胶。为经热、机械、化学塑化处理过的硫化胶，通常指用废旧橡胶制品和硫化胶边角料经再生处理制成的能重新加工的橡胶。主要用做橡胶稀释剂、增量剂等配合剂。

3）配合剂。为加到橡胶或胶乳中以形成混合物的物质。配合剂的加入，可以提高橡胶制品的使用性能和改善加工工艺性能。常用的配合剂有硫化剂、增塑剂、塑解剂、填料、防老化剂、着色剂、硫化促进剂等。

4）增强材料。主要作用是增加橡胶制品的强度并限制其变形。常用的增强材料有各种纤维织品、帘布及钢丝等，如轮胎中的帘布。

（2）橡胶的分类　可按原料来源和应用范围进行分类。

按照原料的来源，橡胶可分为天然橡胶和合成橡胶两大类。天然橡胶是以天然橡胶树或植物上流出的乳液，经过凝固、干燥、压制成片状生胶，再经硫化处理后制成可以使用的橡胶制品。天然橡胶有较好的弹性，抗拉强度可达25~35MPa，有较好的耐碱性能，为电绝缘体。但耐油和耐溶剂性能差，耐臭氧老化较差，使用温度在-70~110℃范围。天然橡胶广泛应用于制造轮胎、胶带、胶管、胶鞋等。合成橡胶是用人工的方法将单体聚合而成的。

按应用范围，橡胶可分为通用橡胶和特种橡胶。通用橡胶是指天然橡胶以及能够用来代替天然橡胶制造轮胎、工业用品、日常生活用品和其他大宗橡胶制品的合成橡胶，如丁苯橡胶、顺丁橡胶等。特种橡胶是指在特殊条件（如高温、低温、酸、碱、油、辐射等）下使用的橡胶材料，如硅橡胶、聚硫橡胶等。

3. 有机纤维

纤维是指长度与直径之比大于100甚至1000，并具有一定柔韧性的物质。有机纤维可分为天然纤维和化学纤维。天然纤维包括棉花、羊毛、蚕丝、麻等；化学纤维又分为人造纤维和合成纤维。人造纤维是利用自然界中的纤维素或蛋白质作为原料，经过化学处理与机械加工制得的纤维；合成纤维是利用煤、石油、天然气、水等不含天然纤维的物质作为原料，经过化学合成与机械加工等制得的纤维。合成纤维与天然纤维相比，具有强度高、重量轻、易洗快干等特点，应用范围较广。

4. 胶粘剂

胶粘剂又称粘合剂，是一类能将同种或不同种材料胶合在一起，并在交接面有足够强度的物质。它能起胶接、固定密封、浸渗补漏和修复的作用。胶粘剂是以粘料为主剂或基料，配合各种固化剂、增塑剂、稀释剂、填料以及其他助剂等配制而成。

胶粘剂的分类方法有两种：① 按胶接强度分类，可分为结构型胶粘剂、非结构型胶粘剂和次结构型胶粘剂三类，其胶接强度以结构型最高，次结构型次之，非结构型最差。② 按主要组成成分分类，可分为有机胶粘剂和无机胶粘剂两大类，有机胶粘剂又分为天然胶粘剂和合成胶粘剂两类。天然胶粘剂如动物性骨胶、植物性淀粉，用水作为溶剂，组分简单，使用范围窄；合成胶粘剂包括树脂型胶粘剂、橡胶型胶粘剂和复合型胶粘剂，是应用最广泛的一种胶粘剂。

四、复合材料

国际标准化组织对复合材料的定义是：由两种或两种以上在物理和化学性质上不同的物质组合起来而得到的一种多相固体材料。而且复合材料还应满足以下几点：① 由两种或两种以上物质（材料）构成，不同物质之间有明显的界面；② 复合材料设计时，其中各组分是有意识选择的，这些组成物的形状、比例和分布可以人为地加以控制；③ 复合材料具有其中各组成物所不具备的优异性能，即能产生复合化效果。

复合材料的全部相分为两类：一类相为基体，其作用是形成几何形状并起粘结剂作用；另一类为增强相，其作用是提高强度或韧性。现代复合材料主要以金属、陶瓷、树脂为基体，增强相包括颗粒材料与纤维材料。

（一）复合材料的分类

复合材料的种类千差万别，分类方法很多，常用的分类方法如下：

1. 按材料的作用分类

按材料的作用，可将复合材料分为结构复合材料和功能复合材料。前者用于工程结构上承受载荷的复合材料，如玻璃钢、碳纤维增强复合材料等；后者是具有特殊物理性能的复合材料，如换能特性、阻尼特性、摩擦特性和隐身特性等。

2. 按基体材料分类

按基体材料的种类可将复合材料分为树脂基复合材料、金属基复合材料、陶瓷基复合材料和碳/碳复合材料等。在该分类方法中，增强体与基体用“/”号分开，分子部分表示增强体，分母部分表示基体。

3. 按增强材料的性质和形态分类

按增强材料的性质和形态可将复合材料分为层叠复合材料、细粒复合材料、连续纤维复合材料、短切纤维复合材料、碎片增强复合材料和骨架复合材料等。

（二）复合材料的性能特征

由于复合材料是由多种材料复合而成，组成部分能够发挥其各自的性能优点，并且能够进行优化设计，因而具有许多优良的性能和特点。

1. 比强度和比刚度高

在多数情况下，复合材料基体和增强材料的密度都小，或其中之一的密度较小，因而复合材料的比强度和比刚度都很高。

2. 抗疲劳性好

实验证明，复合材料较金属材料或陶瓷有较高的疲劳强度。其中缺陷少的纤维制成的复合材料的抗疲劳性好；基体的塑性好，能消除或减小应力集中，使疲劳源难以形成微裂纹。这是由于塑性好的材料能使裂纹尖端钝化，减缓裂纹的扩展。此外在有些复合材料中密布着大量的纤维，裂纹的扩展非常困难，因而复合材料的疲劳强度很高。如碳纤维/树脂复合材料的疲劳强度为抗拉强度的70%~80%，而一般金属材料的疲劳强度仅为抗拉强度的30%~50%。

3. 高温性能好

增强纤维一般具有较高的熔点、高温强度及弹性模量。例如一般玻璃纤维增强树脂复合材料的工作温度可达200~300℃。铝合金在400~500℃时，几乎完全丧失强度，但用连续硼纤维增强的铝基复合材料时，在这个温度下仍有较高的强度；用钨纤维增强的镍基复合材料的使用温度可达1000℃。

4. 减振性能好

构件的自振频率与结构有关，同时与材料的弹性模量、密度之比的平方根成正比。由于复合材料的弹性模量很大，因而它的自振频率很高，在一般的加载频率条件下，不易产生共振。在复合材料中，有大量基体和纤维界面，这些界面对振动有吸收和反射作用，同时基体阻尼较大，因此复合材料的振动衰减较快。

5. 断裂安全性高

在纤维复合材料每平方厘米的截面上有很多细纤维，当它受力时，材料处于静不定状态。过载时，部分纤维断裂，然后载荷重新分布于更多的未断裂纤维上，因而不会在瞬间造成构件的断裂，工作安全性高。

6. 可设计性好

复合材料具有良好的可设计性，能够根据材料的不同用途，灵活方便地进行设计，从而满足实际生产对产品的要求。例如，设计、制造化工管道、塔器等在腐蚀性工况下工作的复合材料产品时，就可以选用耐蚀性能好的基体树脂和增强材料，从而大大提高其使用寿命和性能。

（三）典型的复合材料

复合材料中以纤维增强树脂基（或称聚合物基）复合材料应用最广，其适用温度范围一般小于300℃，以玻璃纤维增强塑料所占比例最高。玻璃纤维增强热塑性塑料和玻璃纤维增强热固性塑料，均已广泛应用于机电、汽车、建筑、化工、轻工、造船、运输、冶炼、石油等行业。在航空工业中，新型飞机中使用碳纤维、硼纤维等高性能复合材料的多少，已成为衡量飞机先进程度的主要标志之一。

金属基复合材料可分为连续增强型复合材料、非连续增强型复合材料两种，其使用温度为300~1200℃。金属基复合材料性能高、重量轻，连续增强型复合材料造价高，主要应用于航空航天飞行器、发动机和某些高技术军工产品，能大幅度提高整机性能。非连续增强型复合材料造价较低，除应用于航空航天产品外，多用于民用部门，特别是在汽车工业，具有重要用途。

陶瓷基复合材料是指在陶瓷基体中引入第二相材料而构成的多相复合材料。陶瓷基复合材料的使用温度超过1200 ℃。依第二相形态，陶瓷基复合材料包括连续纤维增强陶瓷基复合材料、异相颗粒弥散强化多相复合材料、自补强复合材料以及梯度功能复合材料。

复合材料的牌号、用途、选用可参见机械工业出版社出版的《机械工程材料手册》第7版。

复习思考题

1. 说明下列力学性能指标的意义，σ_b，$\sigma_{0.2}$，Ψ，HBW，K_{IC}。
2. 比较金属与高分子材料拉伸曲线的特征，分析其异同点。
3. 简述过冷度的含义，并简述结晶基本过程。
4. 金属的常见晶格有哪三种？它们的原子排列和晶格参数有何特点？
5. 纯金属与合金的晶体结构有何异同？
6. 说明铁素体、奥氏体、渗碳体、珠光体和莱氏体在晶体结构、组织形态及性能方面的特点。
7. 根据铁碳合金相图，说明主要点、线的含义，写出共晶反应和共析反应。简述碳的质量分数分别为0.3%，0.77%，1.2%，2.6%的合金从高温冷却，其组织的基本变化过程。
8. 陶瓷材料的主要结合键是什么键？试从结合键的角度来解释陶瓷材料的性能特点。
9. 陶瓷结构中的晶相、玻璃相和气相对陶瓷材料的性能各起什么作用？
10. 高分子材料的分子结构有几种？各有何特征及性能特点？
11. 何谓高分子材料的结晶度？其大小对高分子材料的性能有何影响？
12. 什么是热处理？有什么用途？
13. 简述常用热处理工艺的原理与特点。
14. 退火与正火的主要区别是什么？生产中如何选择退火与正火？
15. 材料淬火处理一定能提高硬度和强度吗？为什么？
16. 感应淬火的原理是什么？有何特点？
17. 什么是化学热处理？其基本过程是什么？常用的化学热处理方法有哪几种？
18. 下列牌号是何材料？说明其符号、数字所代表的意义。

T10A、55、Q235、ZG270-500、40Cr、20CrMnTi、60Si2Mn、9CrSi

19. 试述石墨形态对铸铁性能的影响。
20. 白口铸铁、灰铸铁和钢，这三者的成分、组织和性能有何主要区别？
21. 为什么一般机器的支架、机床的床身常用灰铸铁制造？
22. 举例说明灰铸铁、可锻铸铁和球墨铸铁牌号的意义。
23. 按用途的不同，陶瓷材料有哪几类？举例说明。
24. 简述常用工程陶瓷的力学性能、物理化学性能特点。
25. 简述常用工程陶瓷的种类、性能特点及应用。
26. 工程塑料与金属材料相比，在性能与应用上有哪些差别？
27. 试述常用工程塑料的种类、性能特点及应用。
28. 试述常用合成橡胶的种类、性能特点及应用。
29. 何谓复合材料？复合材料常用的分类方法有哪些？
30. 复合材料有何特点？
31. 复合材料常用的基体材料和增强材料有哪些？
32. 为什么纤维与陶瓷复合可以提高其韧性和强度？

第二章　金属材料的成形工艺

第一节　金属材料的液态成形工艺

液态成形是指将液态（或熔融态、浆状）材料注入一定形状和尺寸的铸型（或模具）型腔中，凝固后获得固态毛坯或零件的方法，如金属的铸造工艺、陶瓷的注浆成形、塑料的注射成形等。本节主要介绍金属的铸造工艺，其他材料的成形工艺将在后续相关内容中加以介绍。

一、金属铸造工艺简介

金属铸造是指将固态金属熔炼成液态，浇入与零件形状相适应的铸型型腔中，冷凝后获得铸件的工艺过程。作为一种历史悠久的材料成形方法，铸造在现代机械制造工业中仍占有重要的地位。这是因为该方法适应性强，适用于各种金属材料，可制成各种尺寸和形状的铸件，并使其形状和尺寸尽量与零件接近，从而节省金属，减少加工余量，降低成本。特别是对于具有复杂形状内腔的大型箱体件，铸造工艺有着其他成形方法无法比拟的优势。但液态金属在冷却凝固过程中形成的晶粒较粗大，也容易产生气孔、缩孔和裂纹等缺陷，所以铸件的力学性能不如相同材料的锻件好。而且铸造生产存在生产工序多、铸件质量不稳定、废品率高和劳动强度较高等问题。随着生产技术的不断发展，铸件性能和质量正在进一步提高，劳动条件正逐步得到改善。

根据造型材料不同，可将铸造方法分为砂型铸造和特种铸造两类。砂型铸造是以型砂作为主要造型材料的铸造方法；而特种铸造是指除砂型铸造以外的所有铸造方法的总称。常用的特种铸造方法有熔模铸造、金属型铸造、压力铸造、低压铸造、离心铸造和消失模铸造等。

随着科学技术的发展以及现代化建设的需要，现代铸造技术发展的趋势，是在加强铸造基础理论研究的同时，发展和革新铸造新工艺及新设备。在提高铸件性能、精度和表面质量的前提下发展专业化生产，实现铸造生产过程的自动化以及计算机辅助设计和制造，减少污染，节约能源，降低成本，使铸造技术成为可与其他成形工艺相竞争的少余量、无余量成形工艺。概括起来讲，铸造生产应该在优质、精化的前提下，实现高产、低耗、无害和价廉。

二、铸造工艺基础知识

合金在铸造生产过程中表现出来的工艺性能称为合金的铸造性能，如流动性、收缩性、吸气性、偏析性（指铸件各部位的成分不均匀性）等。合金的铸造性能好，是指熔化时合金不易氧化，熔液不易吸气；浇注时合金液易充满型腔；凝固时铸件收缩小，且化学成分均匀；冷却时铸件变形和开裂倾向小等。合金的铸造性能好则容易保证铸件的质量，铸造性能差的合金容易使铸件产生缺陷，须采取相应的工艺措施才能保证铸件的质量，但却增加了工艺难度，提高了生产成本。

（一）液态金属的充型能力

液态金属的充型能力是指液态金属充满铸型型腔，获得形状完整、轮廓清晰铸件的能力。液态金属的充型能力强，则能浇注出壁薄而形状复杂的铸件；反之则易产生冷隔、浇不足等缺陷。充型能力主要受金属液本身的流动性、性质、浇注条件及铸型特性等因素的影响。

1. 液态金属的流动性

液态金属的流动性是指金属液的流动能力。流动性越好的金属液，充型能力越强。流动性通常用在特定情况下金属液浇注螺旋形试样的长度来衡量，如图 2-1 所示，试样长度大，说明金属液的流动性好。

纯金属和二元共晶成分的合金是在恒温下结晶，流动性好；共晶成分的合金往往熔点低，在相同的浇注温度下，保持液态的时间较长，其流动性最好。而其他成分合金的结晶是在一定的温度范围内进行，存在固-液两相共存区，在此区域内，已结晶的固相多以树枝晶的形式在液体中伸展，阻碍了液体的流动，故其流动性差。合金的结晶温度范围越大，枝晶越发达，其流动性越差。图 2-2 所示为铁-碳合金的流动性与成分的关系。

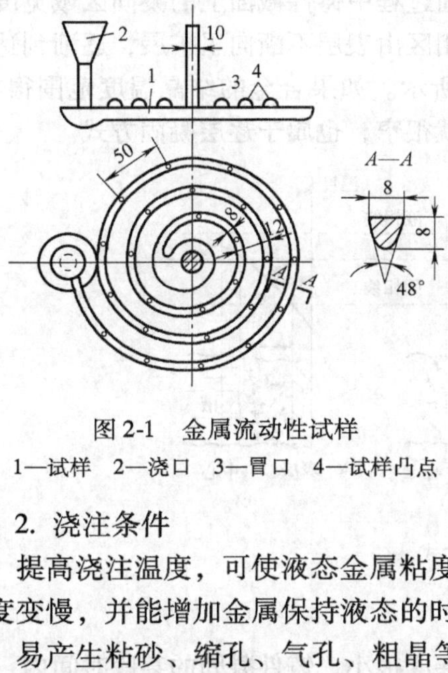

图 2-1　金属流动性试样

1—试样　2—浇口　3—冒口　4—试样凸点

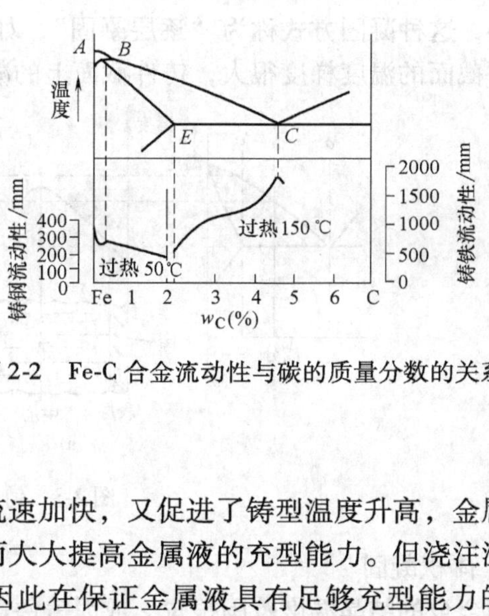

图 2-2　Fe-C 合金流动性与碳的质量分数的关系

2. 浇注条件

提高浇注温度，可使液态金属粘度下降，流速加快，又促进了铸型温度升高，金属散热速度变慢，并能增加金属保持液态的时间，从而大大提高金属液的充型能力。但浇注温度过高，易产生粘砂、缩孔、气孔、粗晶等缺陷。因此在保证金属液具有足够充型能力的前提下，浇注温度应尽量降低。

增加金属液的充型压力（如压铸）、提高直浇道高度等，会使其流速加快，有利于充型能力的提高。

3. 铸型特性

铸型结构和铸型材料均影响金属液的充型。铸型中增加金属液的流动阻力、降低流动速度、加快冷却速度的因素，如型腔复杂、直浇道过低、浇口截面积小或不合理、型砂水分过多、铸型排气不畅和铸型材料热导率过大等，均会降低金属液的充型能力。为改善铸型的充填条件，在设计铸件时必须保证其壁厚不小于规定的“最小壁厚”（表 2-1）。对于薄壁铸件，要在铸造工艺上采取措施，如加外浇口、适当增加浇注系统的截面积、采用特种铸造方法等。

表 2-1 一般砂型铸造条件下铸件的最小壁厚 (mm)

铸件尺寸/mm×mm	铸钢	灰铸铁	球墨铸铁	可锻铸铁	铝合金	铜合金
<200×200	8	4~6	6	5	3	3~5
200×200~500×500	10~12	6~10	12	8	4	6~8
>500×500	15~20	15~20	—	—	6	—

(二) 合金的凝固特性

合金从液态到固态的状态转变称为凝固或一次结晶。许多常见的铸造缺陷，如缩孔、缩松、热裂、气孔、夹杂、偏析等，都是在凝固过程中产生的，因此认识铸件的凝固特点对获得优质铸件有着重要意义。

在铸件凝固过程中，其断面上一般存在固相区、凝固区和液相区三个区域，其中凝固区是液相与固相共存的区域。凝固区的大小对铸件质量的影响较大。按照凝固区的宽窄，分为以下三种凝固方式：

1. 逐层凝固

纯金属、二元共晶成分合金在恒温下结晶时，凝固过程中铸件截面上的凝固区域宽度为零，截面上固液两相界面分明。随着温度的下降，固相区由表层不断向里扩展，逐渐到达铸件中心，这种凝固方式称为“逐层凝固”，如图 2-3a 所示。如果合金的结晶温度范围很窄，或铸件截面的温度梯度很大，铸件截面上的凝固区域就很窄，也属于逐层凝固方式。

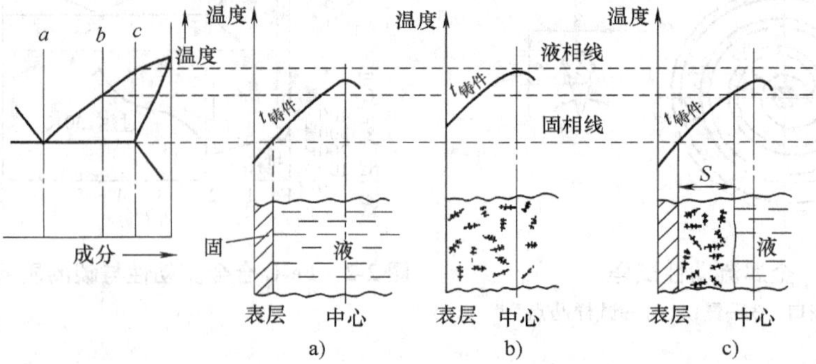

图 2-3 铸件的凝固方式

2. 体积凝固

当合金的结晶温度范围很宽，或因铸件截面温度梯度很小，铸件凝固的某段时间内，其液固共存的凝固区域很宽，甚至贯穿整个铸件截面，这种凝固方式称为“体积凝固”（或称糊状凝固），如图 2-3b 所示。

3. 中间凝固

金属的结晶范围较窄，或结晶温度范围虽宽，但铸件截面温度梯度大，铸件截面上的凝固区域宽度介于逐层凝固与体积凝固之间，称为“中间凝固”方法，如图 2-3c 所示。

合金的凝固方式影响铸件质量。通常逐层凝固的合金充型能力强，补缩性能好，产生冷隔、浇不足、缩孔、缩松、热裂等缺陷的倾向小。因此，铸造生产中应优先使用铸造性能较好、结晶温度范围窄的合金。当采用结晶温度范围宽的合金（如高碳钢、球墨铸铁等）时，应采取适当的工艺措施，增大铸件截面的温度梯度，减小其凝固区域，减少铸造缺陷的产生。

影响铸件凝固方式的主要因素是合金的结晶温度范围（取决于合金成分）和铸件的温度梯度。合金的结晶温度范围越窄，凝固区域越窄，越倾向于逐层凝固；对于一定成分的合金，结晶温度范围已定，凝固方式取决于铸件截面的温度梯度，温度梯度越大，对应的凝固区域越窄，越趋向于逐层凝固，如图 2-4 所示。温度梯度又受合金性质、铸型的蓄热能力、浇注温度等因素影响。合金的凝固温度越低、热导率越高、结晶潜热越大，铸件内部温度均匀倾向越大，而铸型的冷却能力下降，铸件温度梯度越小；铸型的蓄热系数大，则激冷能力强，铸件温度梯度大；浇注温度越高，铸型吸热越多，冷却能力降低，铸件温度梯度减小。

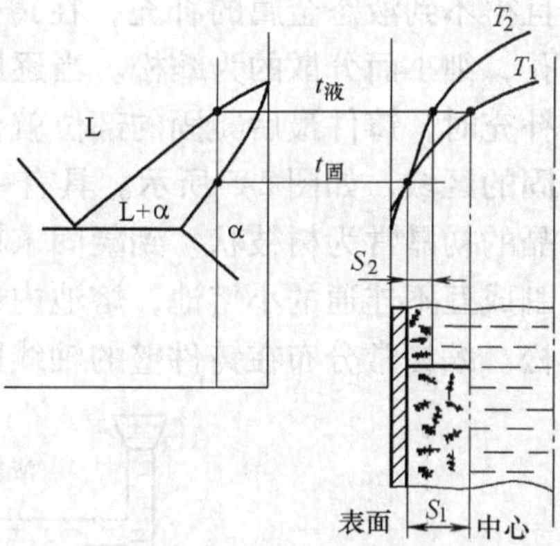

图 2-4　温度梯度对凝固区域的影响

（三）合金的收缩性

铸件在冷却过程中，其体积和尺寸缩小的现象称为收缩，它是铸造合金固有的物理性质。金属从液态冷却到室温，要经历三个相互联系的收缩阶段：① 液态收缩，从浇注温度冷却至凝固开始温度之间的收缩；② 凝固收缩，从凝固开始温度冷却到凝固结束温度之间的收缩；③ 固态收缩——从凝固完毕时的温度冷却到室温之间的收缩。

金属的液态收缩和凝固收缩，表现为合金体积的缩小，使型腔内金属液面下降，通常用体收缩率来表示，它们是铸件产生缩孔和缩松缺陷的根本原因。固态收缩虽然也会引起体积的变化，但在铸件各个方向上都表现出线尺寸减小，对铸件的形状和尺寸精度影响最大，故常用线收缩率来表示，它是铸件产生内应力以至引起变形和产生裂纹的主要原因。

1. 影响收缩的因素

影响铸件收缩的主要因素有化学成分、浇注温度、铸件结构与铸型条件等。

不同成分合金的收缩率不同，表 2-2 列出了几种铁碳合金的收缩率。碳素铸钢和白口铸铁的收缩率比较大，灰铸铁和球墨铸铁较小。这是因为灰铸铁和球墨铸铁在结晶时析出石墨所产生的膨胀抵消了部分收缩原因。灰铸铁中碳、硅含量越高，石墨析出量就越大，收缩率越小。

表 2-2　几种铁碳合金的收缩率

合金种类	碳素铸钢	白口铸铁	灰铸铁	球墨铸铁
体积收缩率（%）	10～14	12～14	5～8	—
线收缩率（自由状态）（%）	2.17	2.18	1.08	0.81

浇注温度主要影响液态收缩。浇注温度升高，液态收缩增加，则总收缩量相应增大。

铸件的收缩并非自由收缩，而是受阻收缩。其阻力来源于两个方面：① 铸件壁厚不均匀，各部分冷却速度不同，收缩顺序不一致，而相互制约，产生阻力；② 铸型和型芯对收缩的机械阻力。铸件收缩时受阻越大，实际收缩率就越小。因此，在设计和制造模样时，应根据合金种类和铸件的受阻情况，采用合适的收缩率。

2. 收缩导致的铸件缺陷

（1）缩孔和缩松　铸件在凝固过程中，由于金属液态收缩和凝固收缩造成的体积减小且得不到液态金属的补充，在铸件最后凝固的部位形成孔洞。其中容积较大而集中的为缩孔，细小而分散的为缩松。当逐层凝固的铸件在结晶过程中凝固壳内部的金属液收缩得不到补充时，铸件最后凝固的部位就会产生缩孔。缩孔常集中在铸件的上部或厚大部位等最后凝固的区域，如图2-5所示。具有一定凝固温度范围的合金，存在着较宽的固液两相区，已结晶的初晶常为树枝状。到凝固末期，铸件壁的中心线附近尚未凝固的液体会被生长的枝晶分割成互不连通的小熔池，熔池内部的金属液凝固收缩时得不到补充，便形成分散的孔洞即缩松。缩松常分布在铸件壁的轴线区域及厚大部位，如图2-6所示。

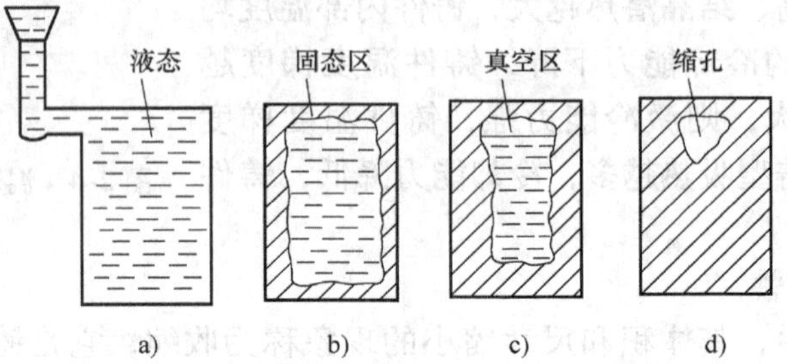

图2-5 缩孔形成示意图

a）金属液充满型腔 b）铸件表层凝固 c）液面下降 d）缩孔形成

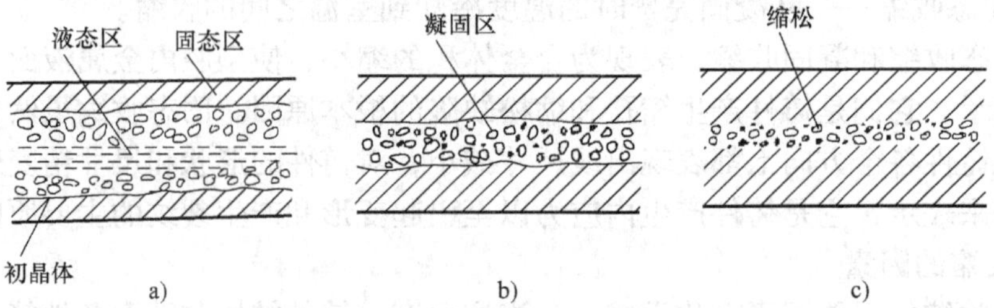

图2-6 缩松形成示意图

a）凝固初期 b）宽的固液共存区 c）中心线缩松形成

缩孔和缩松会减小铸件的有效截面积，并在该处产生应力集中，降低其铸件的力学性能。缩松还会严重影响铸件的气密性。防止铸件产生缩孔、缩松的基本方法是采用顺序凝固原则，即针对合金的凝固特点制定合理的铸造工艺，使铸件在凝固过程中建立良好的补缩条件，尽可能使缩松转化为缩孔，并使缩孔出现在最后凝固的部位，在此部位设置冒口补缩，使铸件的凝固按照薄壁-厚壁-冒口的顺序进行，让缩孔移入冒口中，从而获得致密的铸件，如图2-7所示。

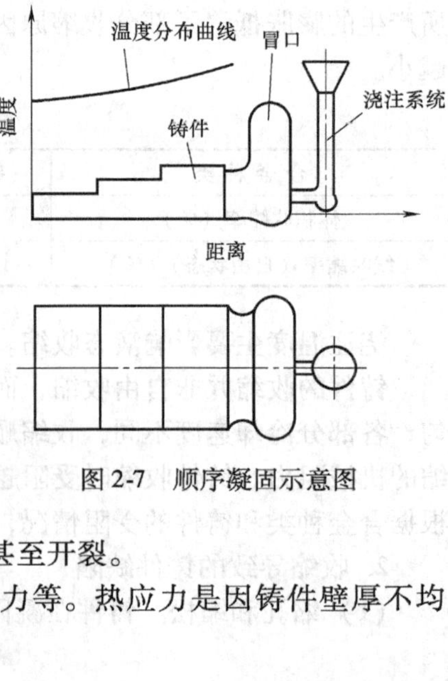

图2-7 顺序凝固示意图

（2）铸造应力、变形和裂纹 在冷凝过程中，由于铸件各部分金属冷却速度不同，使得各部位的收缩不一致，又由于铸型和型芯的阻碍作用，使铸件的固态收缩受到制约而产生内应力，在内应力作用下铸件容易变形，甚至开裂。

铸造应力按其形成原因的不同，分为热应力、机械应力等。热应力是因铸件壁厚不均匀，各部位冷却速度不同，以致在同一时期内铸件各部分收缩不一致而相互制约引起的，一经产生就不会自行消除，故又称为残留内应力。机械应力是由于合金固态收缩受到铸型或型芯的机械阻碍作用而形成的，铸件落砂之后，随着这些阻碍作用的消除，应力也自行消除，因此，机械应力是暂时的。但当它与其他应力相互叠加时，会增大铸件产生变形与裂纹的倾向。

减少铸造应力就应设法减少铸件冷却过程中各部位的温差，使各部位收缩一致，如将浇口开在薄壁处，在厚壁处安放冷铁，即采取同时凝固的原则，如图2-8所示。此外，改善铸型和砂芯的退让性，如在混制型砂时加入木屑等，可减少机械阻碍作用，降低铸件的机械应力。此外，还可以通过热处理等方法减少或消除铸造应力。

铸造应力是导致铸件变形和开裂的根源。图2-9所示为“T”形铸件在热应力作用下的变形情况，双点画线表示变形方向。防止铸件变形的方法除减少铸造内应力这一根本措施外，还可以采取一些工艺措施，如增大加工余量，采用反变形法等，消除或减少铸件变形对质量的影响。

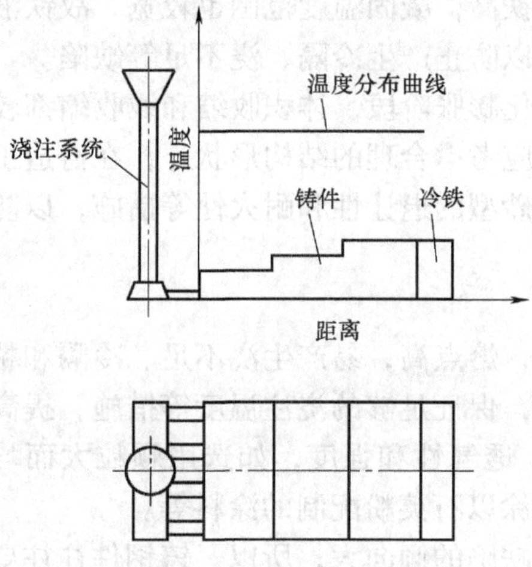

图2-8　同时凝固示意图

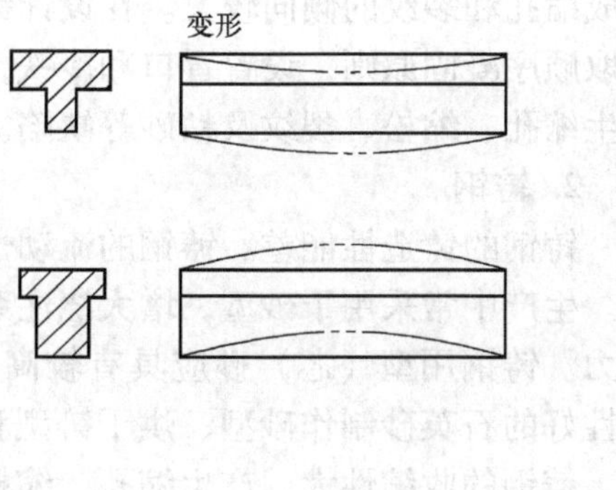

图2-9　热应力引起的变形

当铸造应力超过材料的强度极限时，铸件会产生裂纹。裂纹有热裂纹和冷裂纹两种。热裂纹是在铸件凝固末期的高温下形成的，其形状特征是：裂纹短，缝隙宽，形状曲折，缝内呈氧化色。铸件的结构不合理，合金的结晶温度范围宽、收缩率高，型砂或芯砂的退让性差，合金的高温强度低等，均易使铸件产生热裂纹。冷裂纹是较低温度下形成的裂纹，常出现在铸件受拉伸的部位，其形状细长，呈连续直线状，裂纹断口表面具有金属光泽或轻微氧化色。壁厚差别大、形状复杂的铸件，尤其是大而薄的铸件易发生冷裂。凡是减少铸造内应力或降低合金脆性的因素，都有利于防止裂纹的产生。

（四）常用铸造合金的铸造性能特点

常用的铸造合金有铸铁、铸钢、铸造有色合金等，其中以铸铁应用最广。

1. 铸铁

常用的铸铁材料有灰铸铁、可锻铸铁和球墨铸铁等。

（1）灰铸铁　灰铸铁中的碳当量（$C.E = w_C + w_{Si}/3$）接近共晶成分，熔点较低，铁液流动性好，可以浇注形状复杂的大、中、小型铸件。由于石墨化膨胀使其收缩率小，故灰铸铁不易产生缩孔、缩松缺陷，也不易产生裂纹，因而灰铸铁具有良好的铸造性能。

孕育铸铁是铁液经硅铁等孕育剂处理后获得的高强度灰铸铁。与普通灰铸铁相比，它的流动性较差，收缩率较高，故应适当提高浇注温度，在铸件热节处设置补缩冒口。

（2）球墨铸铁　球墨铸铁的铸造性能比灰铸铁差但好于铸钢。其流动性与灰铸铁基本相同。但因球化处理时铁液温度有所降低，故易产生浇不足、冷隔缺陷。为此，必须适当提高铁液的出炉温度，以保证必需的浇注温度。

球墨铸铁的结晶特点是在凝固收缩前有较大的膨胀（即石墨化膨胀），当铸型刚度小时，铸件的外形尺寸会胀大，从而增大缩孔和缩松倾向，特别易产生分散缩松。应采用提高铸型刚度，增设冒口等工艺措施，来防止缩孔、缩松缺陷的产生。

另外，由于球化处理时加入 Mg，铁液中的 MgS 与砂型中的水分作用生成 H_2S 气体，使球墨铸铁易产生皮下气孔。因此，必须严格控制型砂的水分，并适当提高型砂的透气性，并在保证球化的前提下，尽量少用 Mg。

（3）可锻铸铁　可锻铸铁是先浇注出白口铸坯，再通过长时间的石墨化退火使石墨呈团絮状的铸铁。其碳、硅含量较低，熔点比灰铸铁高，凝固温度范围也较宽，故铁液的流动性差。铸造时，必须适当提高铁液的浇注温度，以防止产生冷隔、浇不足等缺陷。

可锻铸铁的铸态组织为白口组织，没有石墨化膨胀阶段，体积收缩和线收缩都较大，故形成缩孔和裂纹的倾向较大。在设计铸件时，除应考虑合理的结构形状外，在铸造工艺上应采取顺序凝固原则，设置冒口和冷铁，适当提高砂型的退让性和耐火性等措施，以防止铸件产生缩孔、缩松、裂纹及粘砂等缺陷。

2. 铸钢

铸钢的铸造性能差。铸钢的流动性比铸铁差，熔点高，易产生浇不足、冷隔和粘砂等缺陷。生产中常采用干砂型，增大浇注系统截面积，保证足够的浇注温度等措施，提高其充型能力。铸钢用型（芯）砂应具有较高的耐火性、透气性和强度，如选用颗粒大而均匀、耐火性好的石英砂制作砂型、烘干铸型和铸型表面涂以石英粉配制的涂料等。

铸钢的收缩性大，产生缩孔、缩松、裂纹等缺陷的倾向大，所以，铸钢件往往要设置数量较多、尺寸较大的冒口，采用顺序凝固原则，以防止缩孔和缩松的产生，并通过改善铸件结构，增加铸型（型芯）的退让性和溃散性，增设防裂筋，降低钢液中硫、磷含量等措施，防止裂纹的产生。

3. 铸造有色金属

常用的铸造有色金属有铸造铝合金、铸造铜合金等。它们大都具有流动性好，收缩性大，容易吸气和氧化等特点，特别容易产生气孔、夹渣缺陷。有色合金的熔炼，要求金属炉料与燃料不直接接触，以免有害杂质混入以及合金元素急剧烧损，所以大都在坩埚炉内熔炼。所用的炉料和工具都要充分预热，去除水分、油污、锈迹等杂质，尽量缩短熔炼时间。不宜在高温下长时间停留，以免氧化和过多地吸收气体。浇注前常需对金属液进行特殊处理，减少熔液中的气体和熔渣。

三、砂型铸造及其常见缺陷

砂型铸造是最常用、最基本的铸造方法，目前我国砂型铸件约占全部铸件产量的 80% 以上。它是将液态金属浇入砂型的铸造方法，其基本过程如图 2-10 所示。

砂型铸造所用的砂型可用手工制造，也可用机器造型。造型所用的型（芯）砂通常是由石英砂、粘土（或其他粘结材料）和水按一定比例混制而成。型（芯）砂要具有“一强三性”，即一定的强度、透气性、耐火性和退让性。

砂型铸造的造型材料来源广，价格低廉，所用设备简单，操作方便灵活，不受铸造合金种类、铸件形状和尺寸的限制，并适合于各种生产规模。

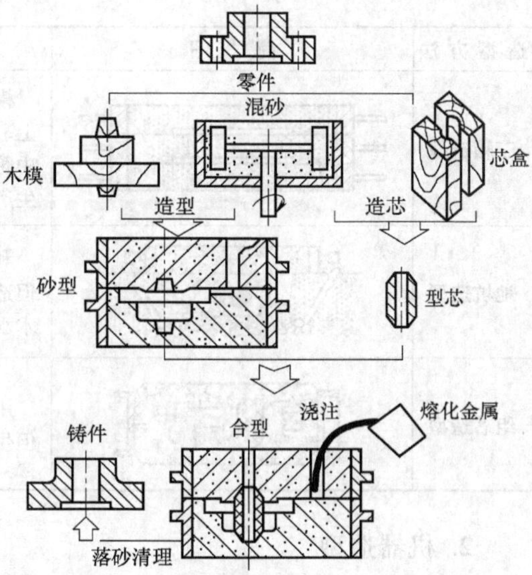

图 2-10　砂型铸造基本工艺过程

（一）造型方法的选择

造型方法的选择具有较大灵活性，一个铸件往往可用多种方法进行造型，应根据铸件结构特点、形状和尺寸、生产批量及车间具体条件等，进行分析比较，以确定最佳方案。

1. 手工造型

全部用手工或手动工具完成的造型称为手工造型。手工造型操作灵活，工艺装备简单，适应性强，铸型成本低。但铸件质量差，劳动强度大，生产率低，主要用于单件和小批量的铸件生产。手工造型的方法很多，按模样特征分为：整模造型、分模造型、活块造型、刮板造型、假箱造型和挖砂造型等；按砂箱特征分为：两箱造型、三箱造型、地坑造型、组芯造型等。各种手工造型方法的特点及其应用范围见表 2-3。

表 2-3　常用手工造型方法的特点及其应用范围

造型方法	简　　图	主要特点	适用范围
整模造型	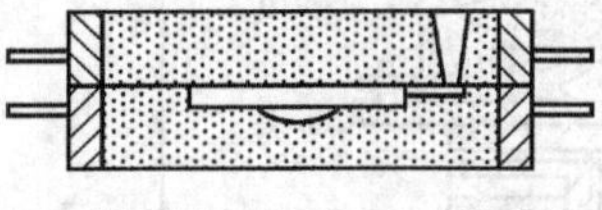	模样是整体的，铸件的型腔在一个砂箱中，分型面为平面。造型简单，不会错箱	最大截面在端部、且为平面的铸件
分模造型	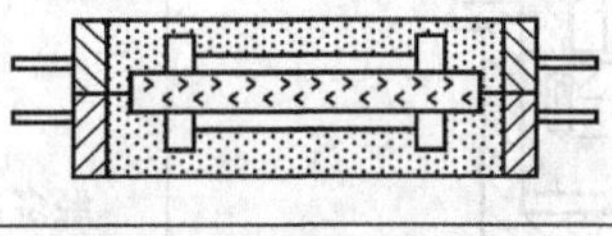	模样在最大截面处分开，型腔位于上、下两箱中。造型方便，但模型制造复杂	最大截面在中部的铸件
挖砂造型	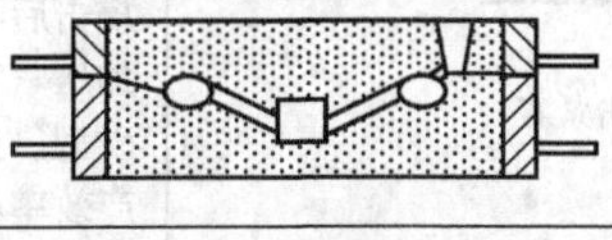	整模造型，将阻碍起模的型砂挖掉，分型面是曲面。造型费时，生产率低，对工人的技术水平要求高	单件、小批量、分型面不是平面的铸件
假箱造型		在造型前预制一个底胎（假箱），然后在底胎上造下型，底胎不参加浇注。比挖砂造型简便。无需挖砂且分型面整齐	批量生产需挖砂的铸件
活块造型	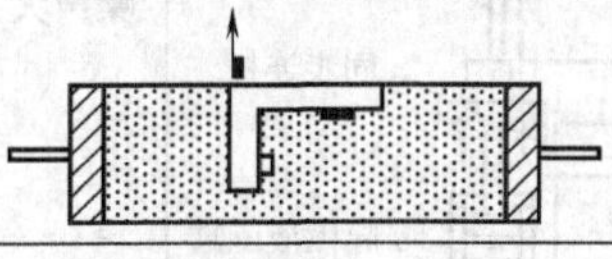	将妨碍起模的部分做成活块，起模时先起出主模，再从侧面起出活块。造型费工，活块不易定位，操作水平要求高	单件、小批量、带有小凸台等不易起模的铸件
刮板造型	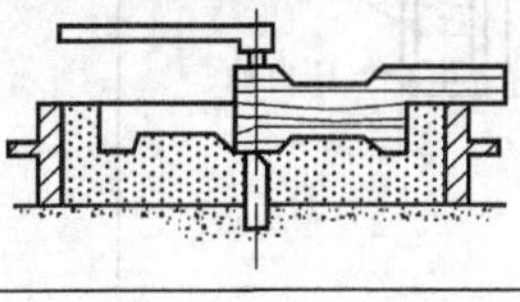	用刮板刮制出砂型，可节省制模材料，缩短生产准备期。但操作费时，对工人的技术水平要求高，铸件精度低	单件、小批量、等截面的回转体铸件

（续）

造型方法	简图	主要特点	适用范围
三箱造型	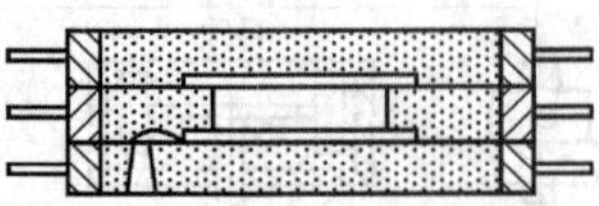	模型由上、中、下三型组成，中箱的上、下两面均为分型面，且中箱高度与中箱中的模型高度相适应。操作复杂，生产率低，且需要合适的砂箱	单件、小批量、具有两分型面的铸件
地坑造型	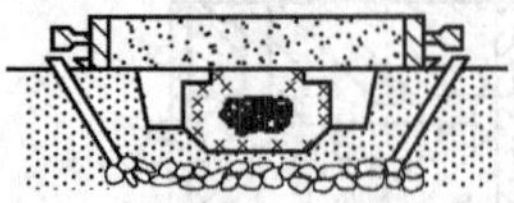	利用地坑作为下箱，节约生产成本。但造型费工，生产率低，要求工人的技术水平高	单件、小批量，质量要求不高的大、中型铸件
组芯造型	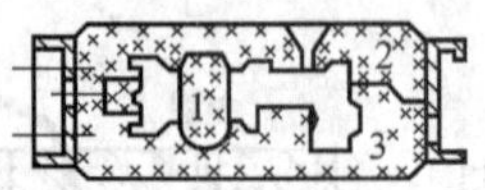	用砂芯组成铸型，可提高铸件精度。但生产成本高	大批量、形状复杂的铸件

2. 机器造型

机器造型是现代化车间的基本造型方法，是用机器来完成填砂、紧实和起模等造型的操作过程。与手工造型相比，可以提高生产率和铸型质量，减轻劳动强度。但设备及工装模具投资较大，生产准备周期较长，主要用于成批大量生产。其造型方法、特点和应用见表2-4。

表2-4　各种机器造型方法的特点及其应用范围

方法		简图	特点	应用范围
造型	震压式造型	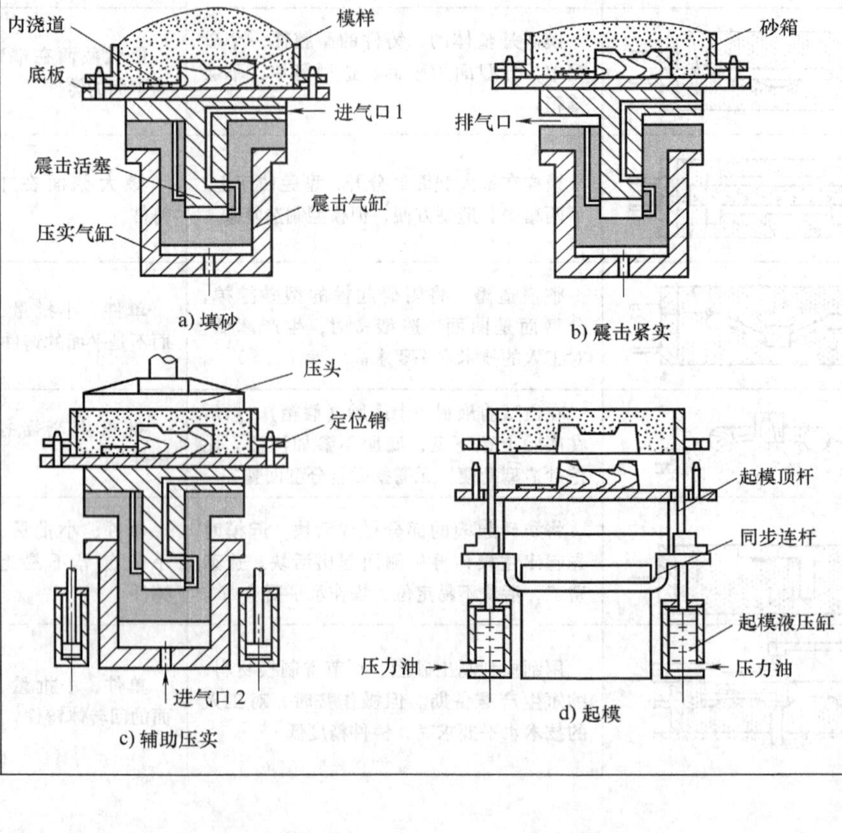	经多次震击后再加压紧实砂型。生产效率不高，砂型紧实度较均匀。但噪声大	广泛应用于成批生产，中小型铸件

（续）

方法		简　　图	特　　点	应用范围
造型	射压造型	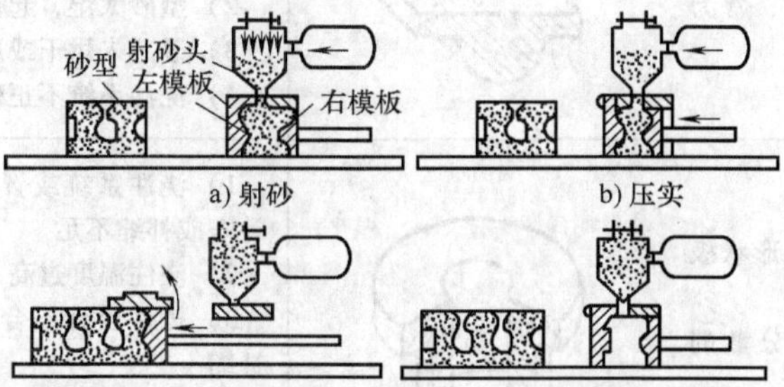 a) 射砂　b) 压实 c) 合型　d) 复位	利用压缩空气使型砂射入造型室内，再压实砂型。无需砂箱，生产率高。因需垂直分型，下芯困难	用于大量生产小型件和单件
	抛砂造型	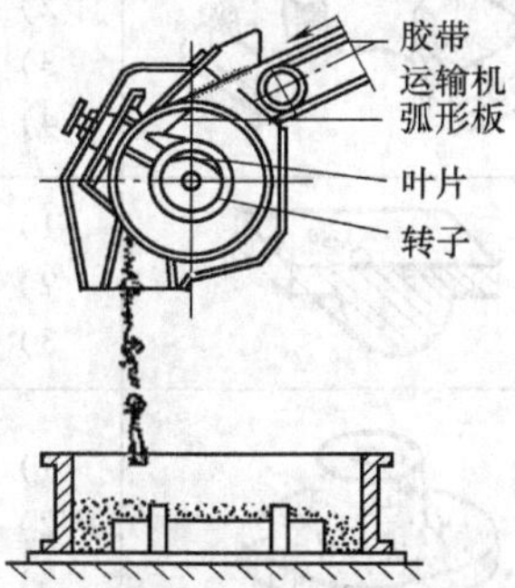	用机械的力量，将砂团高速抛入砂箱，同时完成填砂和紧实。生产率高，噪声小，适应性广	适用于大中型铸件的生产
制芯	射砂制芯	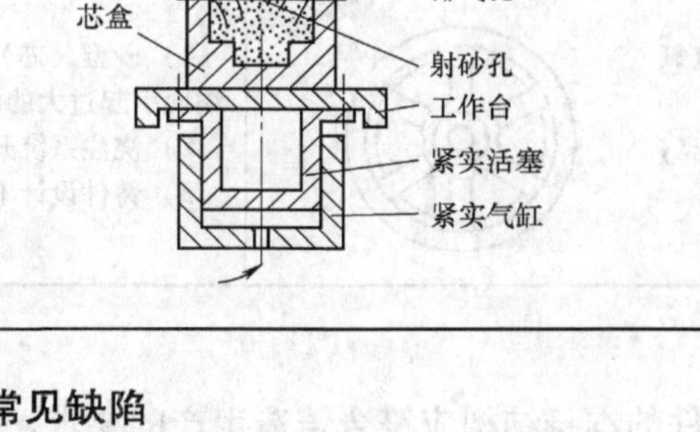	利用压缩空气使芯砂射入芯盒并紧实，生产效率高	高精度优质砂芯

（二）砂型铸造常见缺陷

铸造生产工序繁多，铸件缺陷的种类很多，产生的原因也很复杂。表2-5列出了铸件常见的几种缺陷及其产生的主要原因。

表 2-5 铸件常见缺陷及其原因

类别	缺陷名称和特征	主要原因分析
孔洞	气孔：铸件内部出现的孔洞，常为梨形、圆形，孔的内壁较光滑 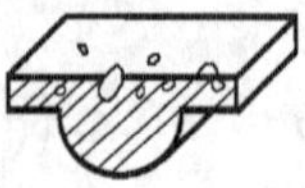	1）砂型紧实度过高 2）型砂太湿，起模、修型时刷水过多 3）砂芯未烘干或通气道堵塞 4）浇注系统不正确，气体排不出去
	缩孔：铸件厚截面处出现的形状极不规则的孔洞，孔的内壁粗糙 缩松：铸件截面上细小而分散的缩孔 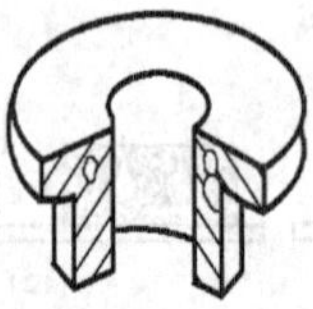	1）浇注系统或冒口设置不正确，无法补缩或补缩不足 2）浇注温度过高，金属液收缩过大 3）铸件设计不合理，壁厚不均匀无法补缩 4）与金属液化学成分有关，铸铁中 C 与 Si 含量少、合金元素多时易出现缩松
	砂眼：铸件内部或表面带有砂粒的孔洞 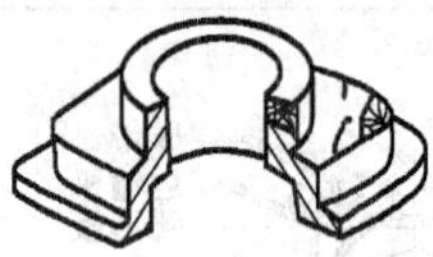	1）型砂强度不够或局部没舂紧，掉砂 2）型腔、浇口内散砂未吹净 3）合箱时砂型局部挤坏，掉砂 4）浇注系统不合理，冲坏砂型（芯）
	渣气孔：铸件浇注时上表面充满熔渣的孔洞，常与气孔并存，大小不一、成群集结 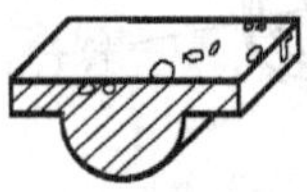	1）浇注温度太低，熔渣不易上浮 2）浇注时没挡住熔渣 3）浇注系统不正确，挡渣作用差
表面缺陷	机械粘砂：铸件表面粘附着一层砂粒和金属的机械混合物，使表面粗糙 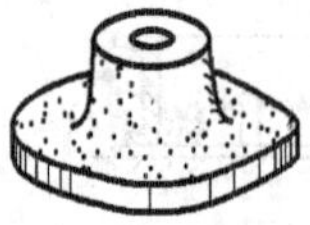	1）砂型舂得太松，型腔表面不致密 2）浇注温度过高，金属液渗透力大 3）砂粒过粗，砂粒间空隙过大
	夹砂：铸件表面产生的疤片状金属突起物。表面粗糙，边缘锐利，在金属片和铸件之间夹有一层型砂 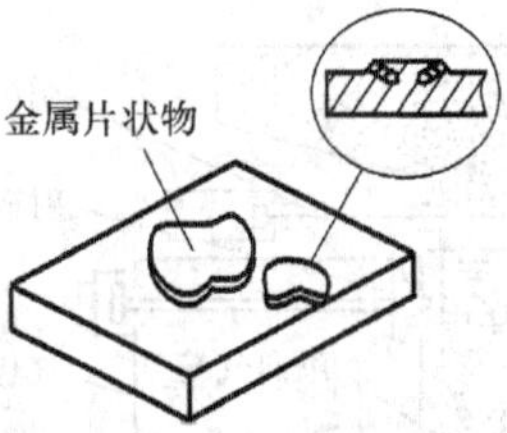	1）型砂热湿强度较低，型腔表层受热膨胀后易鼓起或开裂 2）砂型局部紧实度过大，水分过多，水分烘干后，易出现脱皮 3）内浇道过于集中，使局部砂型烘烤 4）浇注温度过高，浇注速度过慢
裂纹	热裂：铸件开裂，裂纹断面严重氧化，呈暗蓝色，外形曲折而不规则 冷裂：裂纹断面不氧化，并发亮，有时轻微氧化，呈连续直线状 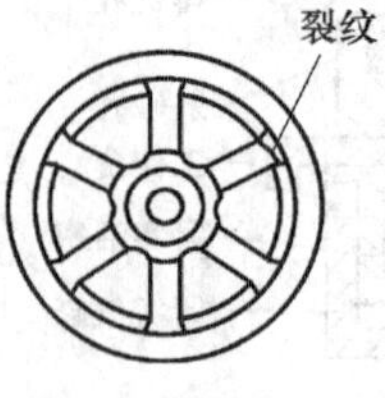	1）砂型（芯）退让性差，阻碍铸件收缩而引起过大的内应力 2）浇注系统开设不当，阻碍铸件收缩 3）铸件设计不合理，薄厚差别大

四、铸件结构工艺性

铸件结构工艺性通常是指铸件的本身结构应符合铸造生产的要求，既便于整个工艺过程的进行，又利于保证产品质量。铸件结构是否合理，对简化铸造生产过程、减少铸件缺陷、节省金属材料、提高生产率和降低成本等具有重要意义，并与铸造合金、生产批量、铸造方法和生产条件有关。

1. 铸件结构应利于避免或减少铸件缺陷

铸件的许多缺陷，如缩孔、缩松、裂纹、变形、浇不足、冷隔等，有时是由于铸件结构不合理而引起的。因此，设计铸件结构时，应首先从保证产品质量的角度出发，尽量做到以下几点：

（1）壁厚合理　铸件壁厚大，有利于金属液充型。但随着壁厚的增加，金属液冷速降低，铸件晶粒变粗大，力学性能下降。所以从细化结晶组织和节省金属材料考虑，应尽量减小铸件壁厚。但铸件壁厚太小又易导致冷隔、浇不足或白口等缺陷，故各种不同的合金视铸件大小、铸造方法不同，其最小壁厚应受到限制（参见表 2-1）。

通常情况下，设计铸件壁厚时应首先保证金属液的充型能力，在此前提下尽量减小铸件壁厚。若铸件壁的承载能力或刚度不能满足要求时，可采用加强筋等结构。图 2-11 所示为台钻底板设计中采用加强筋的例子，采用加强筋后，可避免铸件厚大截面，防止某些铸造缺陷产生。但设计加强筋时要注意热节的出现。

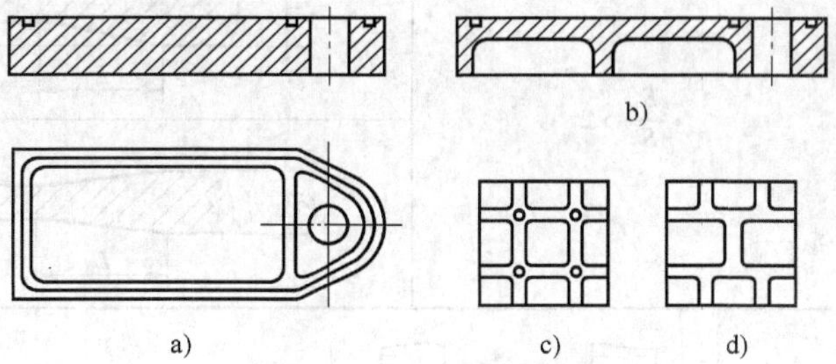

图 2-11　加强筋设计

a）原板结构（无筋板）　b）筋板结构

c）直方格形筋板　d）交错方格形筋板

（2）铸件壁厚力求均匀　铸件壁厚均匀，可防止形成热节而产生缩孔、缩松、晶粒粗大等缺陷，并能减少铸造热应力及因此产生的变形和裂纹等缺陷。图 2-12 所示为铸件的结构设计，图 2-12a 所示为在厚壁处易产生缩孔，在过渡处易产生裂纹。改进为图 2-12b 所示，可防止上述缺陷的产生。铸件上的筋条分布应尽量减少交叉，以防形成较大的热节，如图 2-13 所示。将图 2-13a 交叉接头改为图 2-13b 所示的交错接头结构，或采用图 2-13c 的环形接头，以减少金属的积聚，避免缩孔、缩松缺陷的产生。

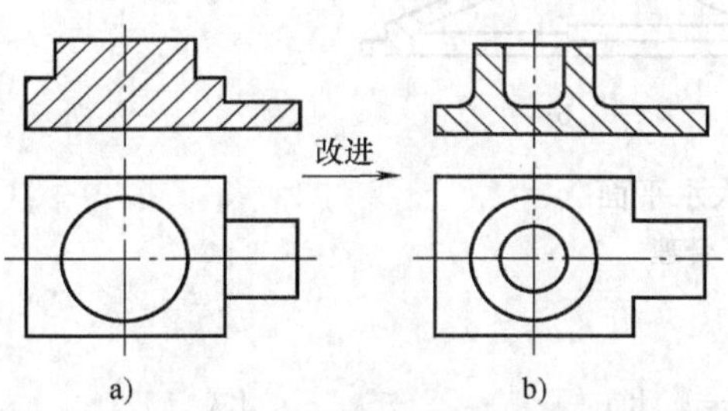

图 2-12　铸件壁厚设计实例

a）不合理　b）合理

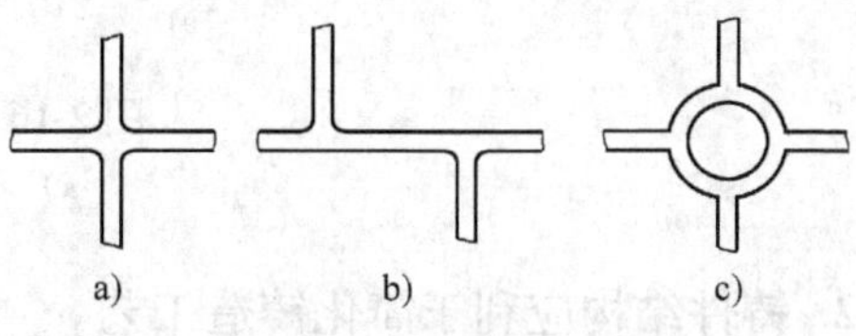

图 2-13　筋条的分布

a）交叉接头　b）交错接头　c）环形接头

（3）铸件壁的连接　不同壁厚铸件的连接处应逐渐过渡（表 2-6）。拐弯和交接处应采用较大的圆弧连接（图 2-14），避免锐角结构而采用大角度过渡（图 2-15），以避免因应力集中而产生开裂。

（4）避免较大水平面　铸件上水平方向上的较大平面，在浇注时，金属液上升较慢，长时间烘烤铸型表面，使铸件容易产生夹砂、浇不足等缺陷，也不利于夹渣、气体的排除，因此，应尽量用倾斜结构代替过大水平面，如图 2-16 所示。

表 2-6 铸件壁的过渡形式和尺寸

壁厚比	壁的过渡形式	尺寸关系
$\frac{S_1}{S_2} \leqslant 2$	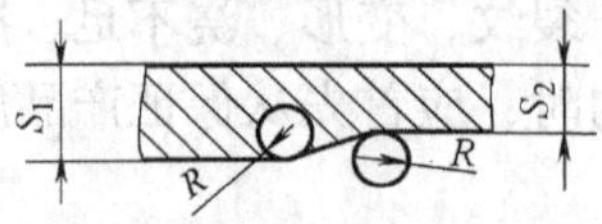	$R=(0.15\sim0.25)(S_1+S_2)$
	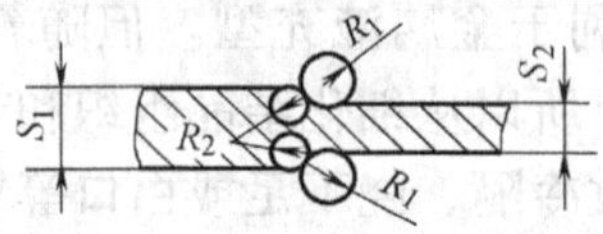	$R_1=(0.15\sim0.25)(S_1+S_2)$ $R_2=S_1/4$
$\frac{S_1}{S_2}>2$	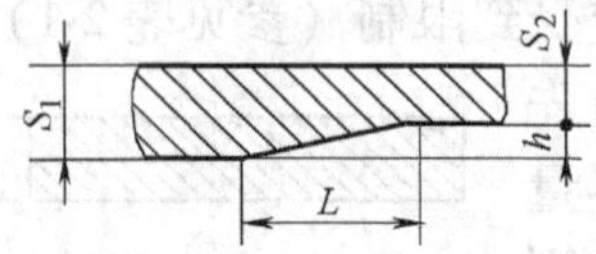	$h=S_1-S_2$ $L\geqslant4h$
	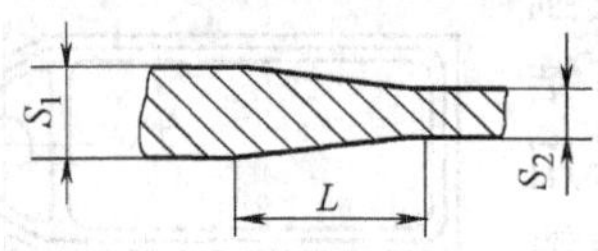	$L\geqslant3\ (S_1-S_2)$

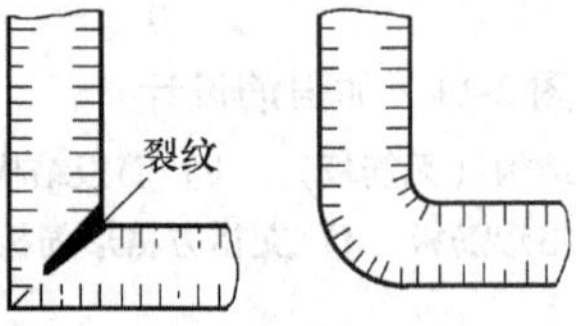

a) b)

图 2-14 圆角连接

a) 尖角连接 b) 圆角连接

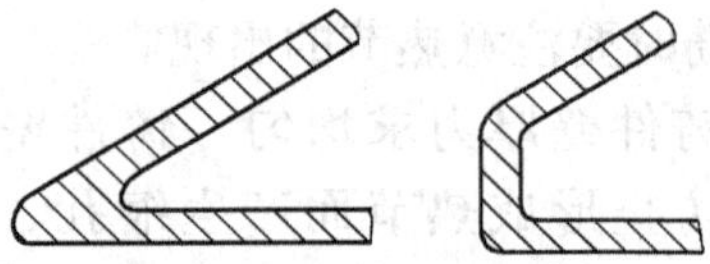

a) b)

图 2-15 避免锐角结构

a) 锐角结构 b) 过渡结构

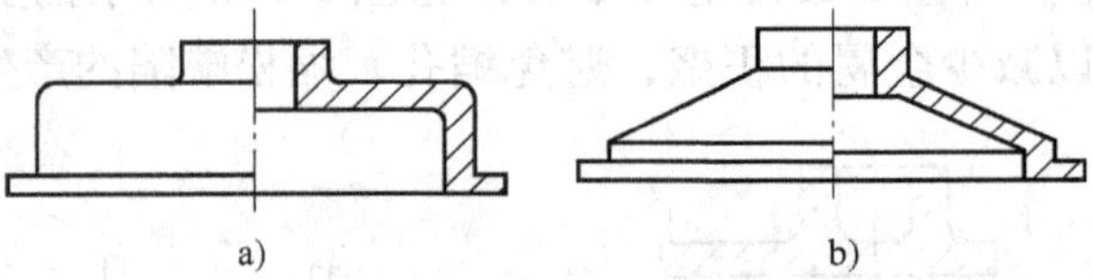

a) b)

图 2-16 避免较大水平面

a) 不合理 b) 合理

2. 铸件结构应利于简化铸造工艺

为简化造型、制芯及减少工装制造工作量，便于下芯和清理，对铸件结构有如下要求：

（1）铸件外形应尽量简单 在满足铸件使用要求的前提下，应尽量简化外形，减少分型面，以便于造型，获得优质铸件。图 2-17a 所示铸件水平方向分型时有两个分型面，要采用三箱造型或者增设外部环形砂芯然后再用两箱造型，使造型工艺复杂。若改为图 2-17b 的设计，取消了底部凸缘，使铸件只有一个分型面，即可用两箱造型进行生产，

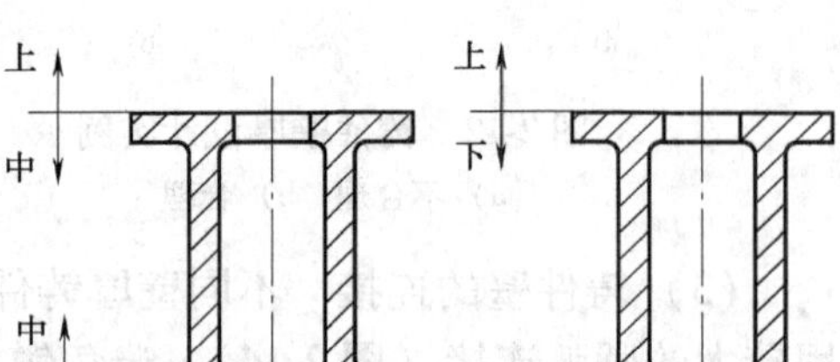

a) b)

图 2-17 铸件外形的设计

a) 不合理 b) 合理

大大简化了造型工艺。

铸件上的凸台、加强筋等要方便造型，尽量避免使用活块。图 2-18a 所示的凸台通常采用活块（或外壁型芯）才能起模，要求操作者技术水平高，消耗工时多，在机器造型的流水线上无法采用。如改为图 2-18b 的结构可避免采用活块。

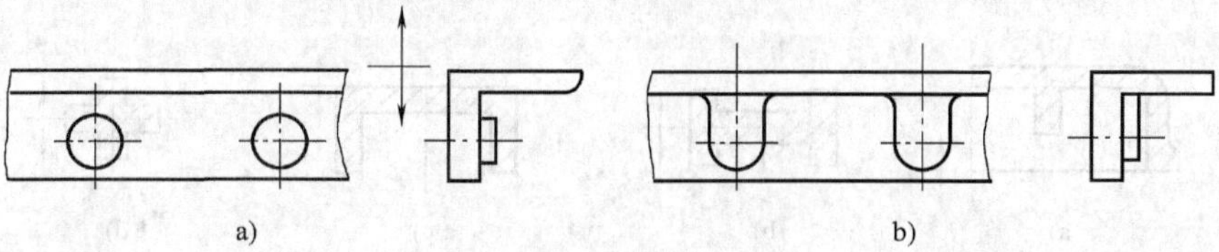

图 2-18 凸台的设计
a）不合理 b）合理

铸型的分型面若不平直（图 2-19a），造型时必须采用挖砂（或假箱）造型，操作复杂，生产率低。若改为图 2-19b 所示的结构，可采用整模造型，简化了造型过程。

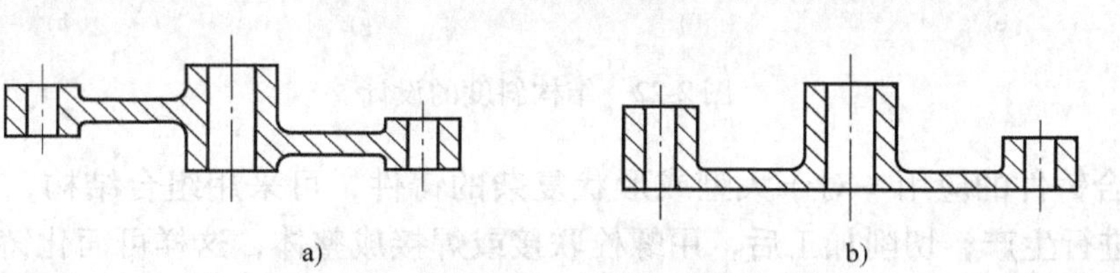

图 2-19 使分型面平直的铸件结构
a）不合理 b）合理

（2）铸件内腔结构应符合铸造工艺要求 铸件的内腔结构采用型芯来成形，这将延长生产周期、增加成本，因此，设计铸件结构时，应尽量不用或少用型芯。图 2-20 所示为悬臂支架的两种设计方案，图 2-20a 采用方形空心截面，需用型芯，图 2-20b 改为工字形截面，可省掉型芯。

在必须采用型芯的情况下，应尽量做到便于下芯、安装、固定以及排气和清理。如图 2-21 所示的轴承架铸件，图 2-21a 需要两个型芯，其中大的型芯呈悬臂状态，装配时必须用型芯撑 A 辅助支撑。如改为图 2-21b 所示的结构，成为一个整体型芯，其稳定性大大提高，并便于安装，易于排气和清理。

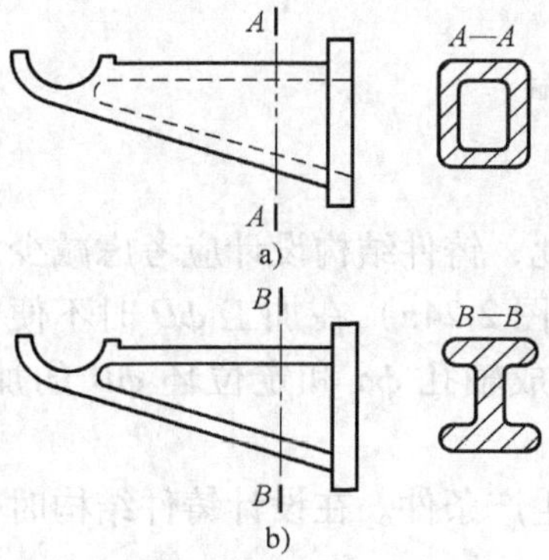

图 2-20 悬臂支架结构
a）不合理 b）合理

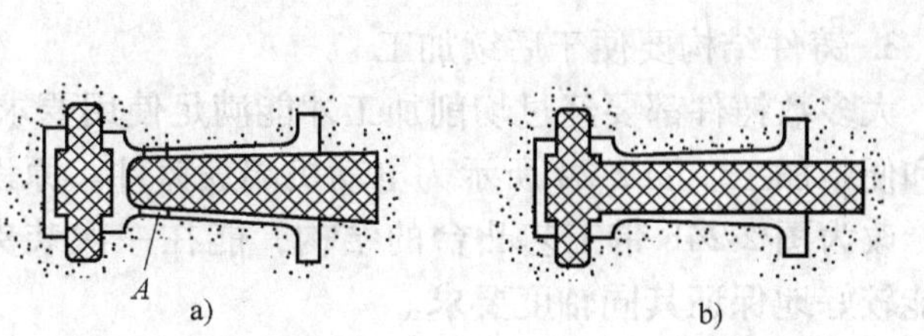

图 2-21 轴承架结构
a）不合理 b）合理

（3）铸件的结构斜度　铸件上垂直于分型面的不加工面最好具有一定的结构斜度，以利于起模，同时便于用砂垛代替型芯（称为自带型芯），以减少型芯数量。图 2-22a ~ d 中各件不带结构斜度，不便起模，应相应改为图 2-22e ~ h 带一定斜度的结构。对不允许有结构斜度的铸件，应在模样上留出起模斜度。

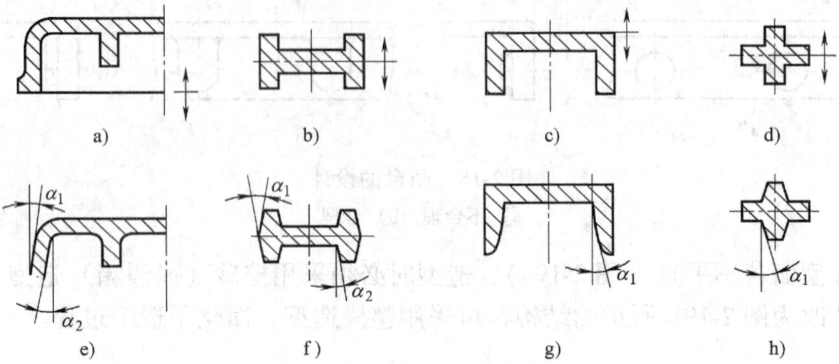

图 2-22　结构斜度的设计

（4）组合铸件的应用　对于大型或形状复杂的铸件，可采用组合结构，即先设计成若干个小铸件进行生产，切削加工后，用螺栓联接或焊接成整体，这样可简化铸造工艺，便于保证铸件质量。图 2-23 所示为大型坐标镗床床身（图 2-23a）和水压机工作缸（图 2-23b）的组合结构示意图。

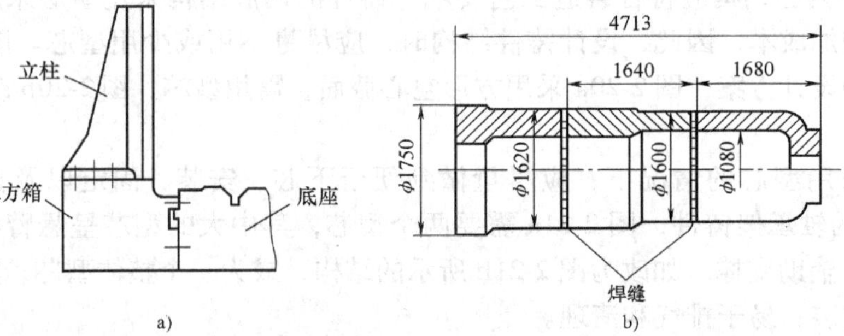

图 2-23　组合结构铸件

a）坐标镗床床身　b）水压机工作缸

3. 铸件结构要便于后续加工

大多数铸件都要经过切削加工才能满足使用要求。因此，铸件结构设计应考虑减少加工量和便于加工。图 2-24 所示为电动机端盖铸件。原设计（图 2-24a）在加工 ϕD 时不便于装夹。改为图 2-24b 带工艺凸台的结构，能在一次装夹中完成轴孔 ϕd 和定位环 ϕD 的加工，并能较好地保证其同轴度要求。

铸件结构工艺性内容丰富，以上原则都离不开具体的生产条件。在设计铸件结构时，应善于从生产实际出发，具体分析，灵活运用这些原则。

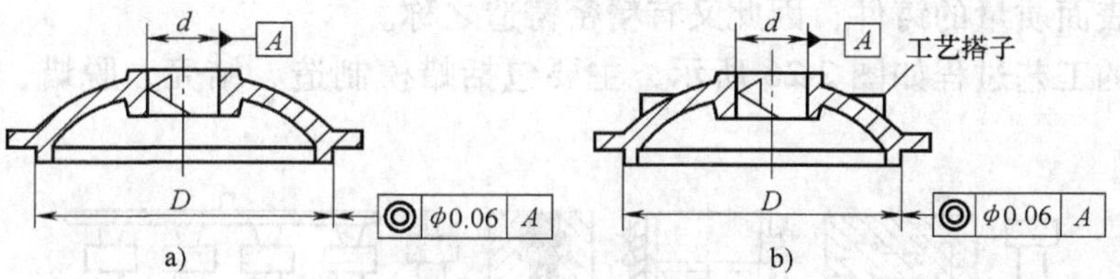

图 2-24　端盖设计

a）改进前　b）改进后

五、特种铸造方法

砂型铸造的工艺灵活性是其他铸造方法无法比拟的，但也存在一些难以克服的缺点，如一型一件、生产率低、铸件表面粗糙、加工余量较大、废品率较高、工艺过程复杂和劳动条件差等。为了克服上述缺点，在生产实践中发展出一些区别于砂型铸造的其他铸造方法，统称为特种铸造。特种铸造方法很多，不同的方法往往在某种特定条件下适应不同铸件生产的特殊要求，以获得更好的质量或更高的经济效益。以下介绍几种常用的特种铸造方法。

（一）金属型铸造

金属型铸造是将液态金属浇入金属铸型，以获得铸件的铸造方法。由于金属型可重复使用，所以又称永久型铸造。

根据铸件的结构特点，金属型可采用多种形式。图 2-25 所示为活塞的金属型铸造示意图。该金属型由左半型 1 和右半型 2 组成，采用垂直分型，活塞的内腔由组合式型芯构成。铸件冷却凝固后，先取出中间型芯 4，再取出左、右两侧型芯 3，然后沿水平方向拔出左右销孔型芯 5，最后分开左右两个半型，即可取出铸件。

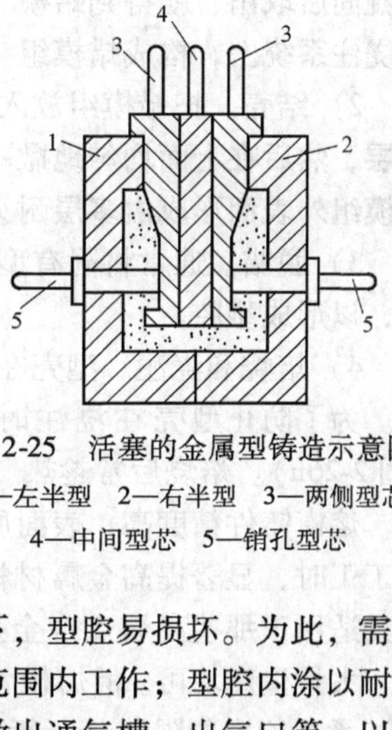

图 2-25　活塞的金属型铸造示意图

1—左半型　2—右半型　3—两侧型芯

4—中间型芯　5—销孔型芯

金属型铸造为“一型多铸”，工序简单，生产率高，劳动条件好。

金属型内腔表面光洁，刚度大，因此，铸件精度高，表面质量好。金属型导热快，铸件冷却速度快，凝固后铸件晶粒细小，从而提高了铸件的力学性能。

金属型导热快，无退让性和透气性，铸件容易产生浇不足、冷隔、裂纹、气孔等缺陷。此外，在高温金属液的冲刷下，型腔易损坏。为此，需要采取如下工艺措施：浇注前预热铸型，使金属型在一定的温度范围内工作；型腔内涂以耐火涂料，以减慢铸型的冷却速度，并延长铸型寿命；在分型面上做出通气槽、出气口等，以利于气体的排出；掌握好开型时间，以利于取件和防止铸铁件产生白口。

金属型的成本高，制造周期长，铸造工艺规程要求严格，铸铁件还容易产生白口组织。因此，金属型铸造主要适用于大批量生产形状简单的有色合金铸件，如铝活塞、气缸、缸盖、液压泵壳体以及铜合金轴瓦、轴套等。

（二）熔模铸造

熔模铸造是用易熔材料制成模样，造型之后将模样熔化，排出型外，从而获得无分型面的型腔。由于熔模广泛采用蜡质材料制成，故又称“失蜡铸造”。这种铸造方法能够获得具有较高精度和表面质量的铸件，因此又有精密铸造之称。

熔模铸造的工艺过程如图 2-26 所示，主要包括蜡模制造、结壳、脱蜡、焙烧和浇注等过程。

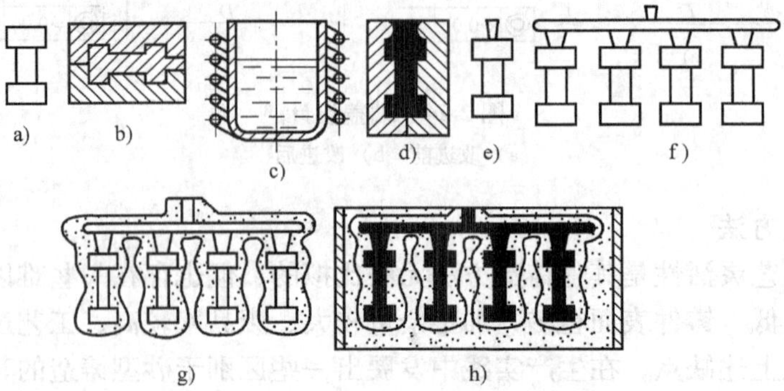

图 2-26 熔模铸造工艺过程

a）母模 b）压型 c）熔蜡 d）制造蜡模 e）蜡模 f）蜡模组 g）结壳，脱蜡 h）填砂，浇注

1）蜡模制造。通常根据零件图制造出与零件形状尺寸相符的母模（图 2-26a），再由母模形成一种模具（称压型）的型腔（图 2-26b），把熔化成糊状的蜡质材料压入压型，等冷却凝固后取出，就得到蜡模（图 2-26c～e）。在铸造小型零件时，常把若干个蜡模粘结在一个浇注系统上，构成蜡模组（如图 2-26f），以便一次浇出多个铸件。

2）结壳。把蜡模组放入粘结剂和石英粉配制的涂料中浸渍，使涂料均匀地覆盖在蜡模表层，然后在上面均匀地撒一层石英砂，再放入硬化剂中硬化。如此反复 4～6 次，最后在蜡模组外表面形成由多层耐火材料组成的坚硬的型壳（如图 2-26g）。

3）脱腊。通常将附有型壳的蜡模组浸入 85～95℃的热水中，使蜡料熔化并从型壳中脱除，以形成型腔。

4）焙烧和浇注。型壳在浇注前，必须在 800～950℃下进行焙烧，以彻底去除残蜡和水分。为了防止型壳在浇注时发生变形或破裂，可将型壳排列于砂箱中，周围用砂填紧（图 2-26h）。焙烧后常趁热（600～700℃）进行浇注，以提高充型能力。

熔模铸件精度高，表面质量好，无分型面，可铸出形状复杂的薄壁铸件，大大减少机械加工工时，显著提高金属材料的利用率。熔模铸造的型壳耐火性强，适用于各种合金材料，尤其适用于那些高熔点合金及难切削加工合金的铸造。并且生产批量不受限制，单件、小批、大量生产均可。但熔模铸造工序繁杂，生产周期长，铸件的尺寸和重量受铸型（砂壳体）承载能力的限制（一般不超过 25kg）。主要用于成批生产形状复杂、精度要求高或难以进行切削加工的小型零件，如汽轮机叶片和叶轮、大模数滚刀等。

（三）压力铸造

压力铸造是在压铸机上将熔融金属于高压下快速压入金属型，并在压力下凝固，以获得铸件的方法。

压铸机分为立式和卧式两种。图 2-27 所示为立式压铸机工作过程示意图。合型后，用定量勺将金属液注入压室中（图 2-27a），压射活塞向下推进，将金属液压入铸型（图 2-27b），金属凝固后，压射活塞退回，下活塞上移顶出余料，动型移开，取出铸件

(图 2-27c)。

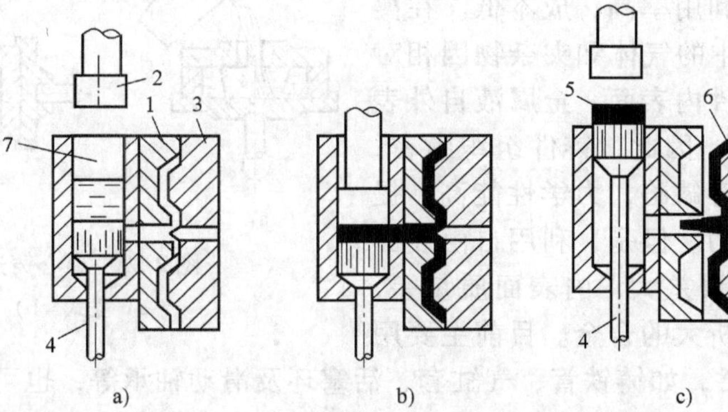

图 2-27 压铸机工作过程示意图

a) 浇注 b) 压射 c) 开型

1—定型 2—压射活塞 3—动型 4—下活塞 5—余料 6—压铸件 7—压室

压力铸造在高速、高压下成形，可铸出形状复杂、轮廓清晰的薄壁铸件，铸件的尺寸精度高，表面质量好，一般无需机械加工即可直接使用，而且组织细密，力学性能好；在压铸机上生产，生产率高，劳动条件好。

但是，压铸设备投资大，压型制造成本高，周期长，工作条件恶劣，易损坏。因此，压力铸造主要用于大批量生产低熔点合金的中小型铸件，在汽车、拖拉机、航空、仪表、电器、纺织、医疗器械、日用五金及国防等部门获得广泛的应用。

(四) 低压铸造

低压铸造是介于金属型铸造和压力铸造之间的一种铸造方法，在较低的压力下，将金属液注入型腔，并在压力下凝固，以获得铸件的方法，如图 2-28 所示。在一个密闭的保温坩埚中，通入压缩空气，使坩埚内的金属液在气体压力下，从升液管内平稳上升充满铸型，并使金属在压力下结晶。当铸件凝固后，撤除压力，使升液管和浇口中尚未凝固的金属液在重力作用下流回坩埚。最后开启铸型，取出铸件。

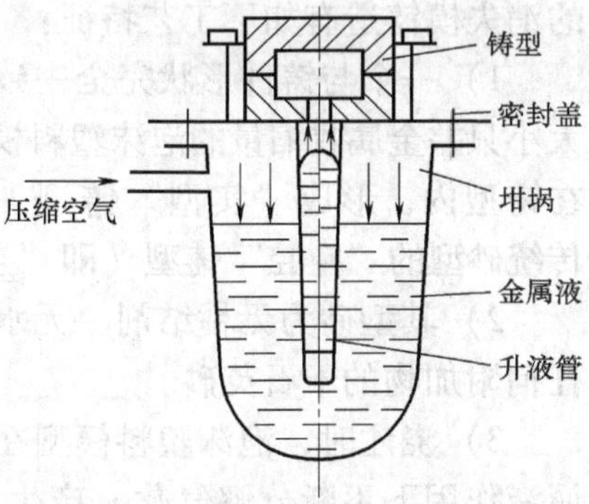

图 2-28 低压铸造工作原理图

低压铸造充型时的压力和速度容易控制，充型平稳，对铸型的冲刷力小，故可适用于各种不同的铸型；金属在压力下结晶，而且浇口有一定的补缩作用，故铸件组织致密，力学性能高。另外，低压铸造设备投资较少，便于操作，易于实现机械化和自动化。因此，低压铸造广泛应用于大批量生产铝合金和镁合金铸件，如发动机的缸体和缸盖、内燃机活塞、带轮、粗纱锭翼等，也可用于球墨铸铁、铝合金等较大铸件的生产。

(五) 离心铸造

离心铸造是将熔融金属浇入高速旋转的铸型中，使其在离心力作用下填充铸型并结晶，从而获得铸件的方法。离心铸造必须在离心铸造机上进行，按铸型旋转轴线空间位置的不同，离心铸造分为立式和卧式两种，如图 2-29 所示。

离心铸造不用型芯，无需浇冒口，工艺简单，生产率和金属的利用率高，成本低。在离心力作用下，金属液中的气体和夹杂物因相对密度较小而集中在铸件内表面，金属液自外表面向内表面顺序凝固，因此，铸件组织致密，无缩孔、气孔、夹渣等缺陷，力学性能高，提高了金属液的充型能力。但是，利用自由表面所形成的内孔，尺寸误差大，内表面质量差，且不适于相对密度偏析大的合金。目前主要用于生产空心回转体铸件，如铸铁管、气缸套、活塞环及滑动轴承等，也可用于生产双金属铸件。

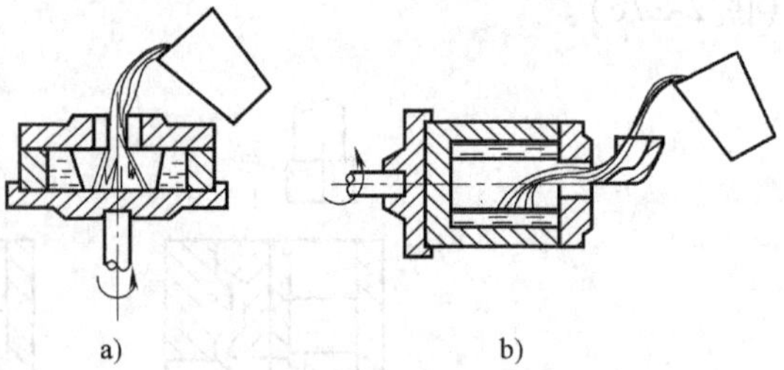

图 2-29 离心铸造示意图

a）立式 b）卧式

（六）消失模铸造

消失模铸造技术是将发泡塑料制成的模样粘结组合成模样组，刷涂耐火涂层并烘干后，埋在干石英砂中振动造型，在一定条件下浇注液体金属，使模样气化并占据模型位置，凝固冷却后形成所需铸件的方法（图 2-30）。

根据其铸型材料分类，消失模铸造可分为自硬砂消失模铸造和无粘结剂干砂消失模铸造。根据浇注条件分类，可分为普通消失模铸造和负压消失模铸造。

与传统的砂型铸造相比，大量生产的消失模铸造有如下工艺特征：

1）一个与铸件形状完全一致、尺寸大小只差金属收缩量的泡沫塑料模样保留在铸型内，形成“实型”铸型，而不是传统砂型的“空腔”铸型（即“空型”）。

2）其型砂为无粘结剂、无水分、无任何附加物的干石英砂。

3）浇注时，泡沫塑料模型在高温金属液作用下不断分解气化，产生金属-模样的置换过程，而不像传统的“空型”铸造那样是一个金属液的填充过程。制作一个铸件，就要“消失”掉一个泡沫塑料模样。

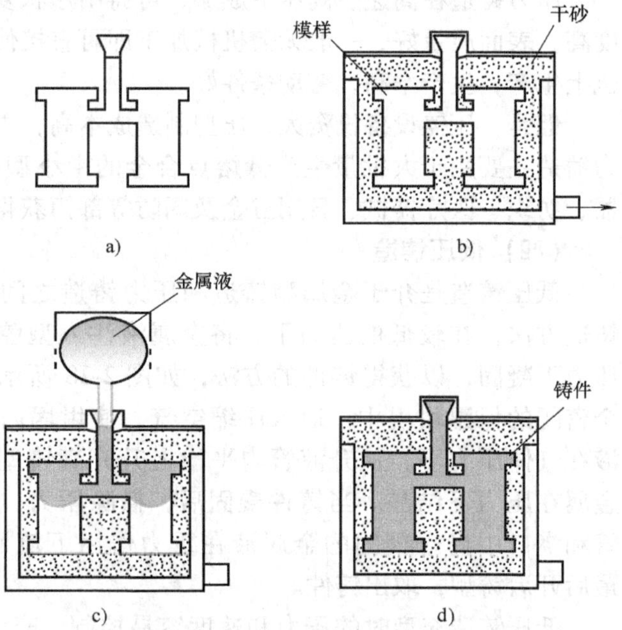

图 2-30 消失模铸造原理图

a）模样组 b）造型 c）浇注 d）充型

4）泡沫塑料模样可以分块成形再进行粘结组合。模样形状（即铸件形状）基本不受任何限制。

六、铸造方法的选择

各种铸造方法均有其优缺点，选用哪种铸造方法，必须依据生产的具体特点来定，既要保证产品质量，又要考虑产品的成本和现场设备、原材料供应情况等，要全面进行分析比较，以选定最适当的铸造方法。表 2-7 列出了几种常用铸造方法的比较，供选择时参考。

表 2-7　几种常用铸造方法的比较

比较项目＼铸造方法	砂型铸造	熔模铸造	金属型铸造	压力铸造	低压铸造	离心铸造
适用金属	任意	不限制，以铸钢为主	不限制，以有色合金为主	铝、锌等低熔点合金	以有色合金为主	以铸铁、铜合金为主
适用铸件大小	任意	一般小于25kg	以中小铸件为主，也可用于数吨大件	一般为10kg以下小件，也可用于中等铸件	中、小铸件为主	不限制
生产批量	不限制	成批、大量也可单件生产	大批、大量	大批、大量	成批、大量	成批、大量
铸件尺寸精度	IT14～IT15	IT11～IT14	IT12～IT14	IT11～IT13	IT12～IT14	IT12～IT14（孔径精度低）
表面粗糙度 $Ra/\mu m$	粗糙	12.5～1.6	12.5～6.3	3.2～0.8	12.5～3.2	12.5～6.3（内孔粗糙）
铸件内部质量	粗结晶	粗结晶	细结晶	细结晶，内部多有气孔	细结晶	缺陷很少
铸件加工余量	大	小或不加工	小	不加工	小	内孔加工量大
生产率（一般机械化程度）	低、中	低、中	中、高	最高	中	中、高
应用举例	机床床身、轧钢机机架、带轮等一般铸件	刀具叶片、自行车零件、机床零件、刀杆、风动工具等	铝活塞、水暖器材、水轮机叶片、一般有色合金铸件	汽车化油器、喇叭、电器、仪表、照相机零件	发动机缸体、缸盖、壳体、箱体、船用螺旋桨、纺织机零件	各种铁管、套筒、环、辊、叶轮、滑动轴承等

七、计算机在铸造生产中的应用简介

随着计算模拟、几何模拟和数据库的建立及其相互联系的扩展，数值模拟已迅速发展为铸造工艺CAD（计算机辅助设计）、CAE（计算机辅助工程），并将实现铸造生产的CAM（计算机辅助制造）。计算机的广泛应用，促进了铸造过程的各个方面，如工厂（车间）管理、参数测试、过程控制和过程模拟等。图2-31所示为传统的铸造过程与实现了CAD、CAM铸造过程的比较。本节仅介绍微型计算机对铸造生产过程进行控制的简单系统的组成和作用。

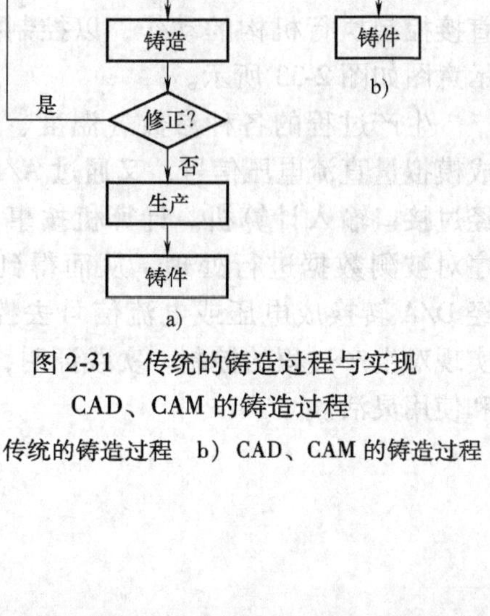

图 2-31　传统的铸造过程与实现CAD、CAM的铸造过程
a）传统的铸造过程　b）CAD、CAM的铸造过程

（一）系统组成

微型计算机测试与控制系统的组成如图2-32所示。除微型计算机本身外，还包括以下几个部分：

1）传感器。将生产中变化的各种物理量转换成电信号（模拟量）。

2）A/D。将传感器输入的模拟量（通常是电压信号）转换成计算机能接受的数字信息。

3）D/A。计算机作出的控制决定，用二进制数字形式输出，通过 D/A 就可将输出的数字信息转换成模拟量信号。

4）执行机构。用于对生产过程参数进行调节的执行装置。常用的有步进电动机、电磁阀、电动执行机构等。

5）数据输入设备。用于输入程序和有关数据，如键盘等。

6）数据输出设备。用于提供控制过程各参数的动态信息，如打印机、CRT 显示器等。

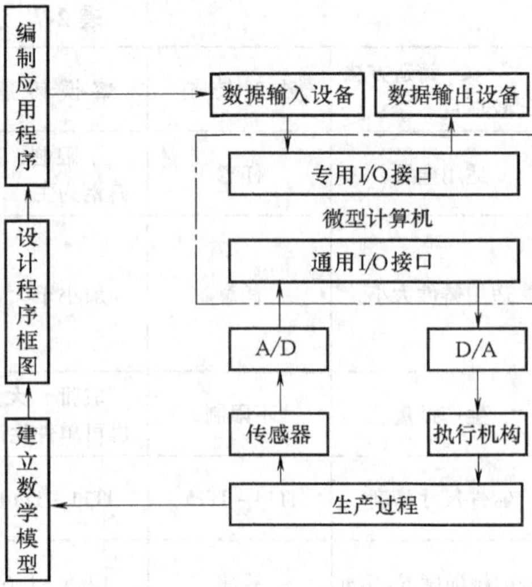

图 2-32 微型计算机测试与控制系统

由图 2-32 可知，计算机测试系统的工作过程是当被测参数经过传感器转变为电信号输入 A/D 时，在事先存在计算机内的应用程序控制下，启动 A/D 转换，等 A/D 转变完后，将转换得到的数字量读入计算机进行数据处理，最后将测量结果通过打印机或显示器输出。

（二）控制系统

微型计算机控制系统是实现节约能源、控制过程最优化和综合自动化的有力工具，应用它可以实现对冲天炉熔炼过程中各种参数的检测和控制，以及实现铸造生产中砂处理、造型线、热处理、特种铸造等方面的过程优化。

1. 控制方式

（1）离线控制　也称开环控制，是指计算机测量数据的计算结果仅作为操作人员控制生产过程的参考，而不直接介入生产过程。介入时，一般要经人工干预。

（2）在线控制　也称闭环控制，是指计算机用测量数据的计算结果直接改变常规调节器的给定值或直接操纵执行机构，去控制生产过程，利用计算机直接参与控制。

2. 直接数字控制系统（DDC）

DDC 系统是当前计算机控制的主要形式之一。生产过程中各参数经计算机测量运算后，以数字形式输出，直接控制执行机构的动作，以控制生产过程。DDC 系统示意图如图 2-33 所示。

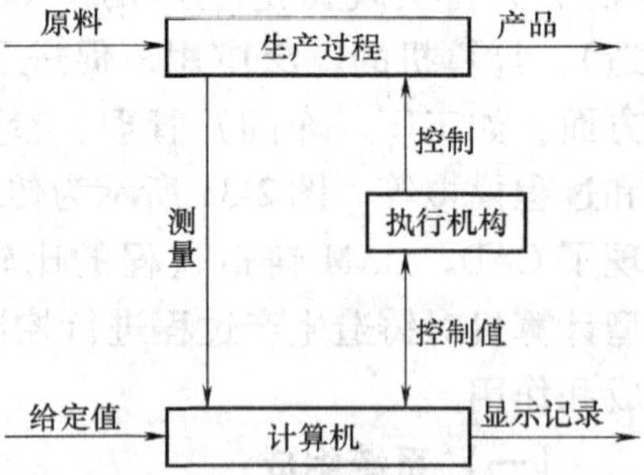

图 2-33 DDC 系统示意图

生产过程的各种参数（温度、压力）通过传感器变成模拟量直流电压信号，又通过 A/D 转换成二进制信息，经过接口输入计算机。计算机按事先存入内部的应用程序对被测数据进行处理，从而得到执行机构的控制量，经 D/A 转换成电压或电流信号去控制执行机构的动作，实现对生产过程的控制。实践证明，这种方法控制精度高，重现性好，工艺稳定，安全可靠和使用灵活。

第二节　金属材料的塑性成形工艺

塑性成形是指对金属材料施加外力，在该力作用下产生塑性变形，从而获得具有一定形状、尺寸、组织和性能的工件或毛坯的加工方法，也称为塑性加工或压力加工。与金属切削加工、铸造、焊接等加工工艺相比，塑性成形使金属组织致密、晶粒细小、力学性能提高。常见的塑性成形方法有锻造（自由锻、模锻)、冲压、挤压、轧制、拉拔等。塑性成形的基本方法如图 2-34 所示。

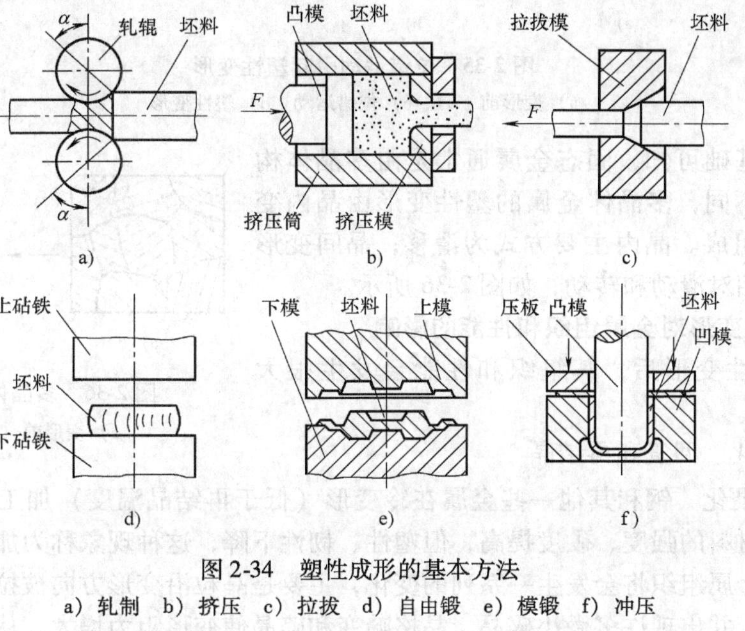

图 2-34　塑性成形的基本方法

a）轧制　b）挤压　c）拉拔　d）自由锻　e）模锻　f）冲压

用于塑性成形的金属材料包括黑色金属和有色金属，大多数金属及其合金均具有一定的塑性，可在热态或冷态下进行各种塑性成形。

金属塑性成形中作用在金属坯料上的外力主要有两种：冲击力和压力。锤类设备产生冲击力使金属变形；压力机和轧机对金属坯料施加静压力使金属变形。

金属塑性成形的适用范围非常广泛，是许多型材和重要构件的主要成形方法。但塑性成形方法与液态成形方法相比，所允许构件的复杂程度不及后者。

一、塑性成形理论基础

金属物体在外力作用下，产生与外力相平衡的内应力，当外力增大到使金属产生的内应力超过材料的弹性极限时，即使外力去除，物体也不会恢复原来的形状，此时金属产生了永久变形，即塑性变形。

（一）塑性变形机理

经典理论认为，单晶体的塑性变形是金属内部原子沿着某些晶面相对移动了一个或若干个原子距离。在外力去除后，原子间的距离恢复正常，原子在新的平衡位置上稳定下来，其弹性变形随之消失，而塑性变形部分保留了下来。近代物理学理论证明，晶体内部存在缺陷（如位错)，在切应力作用下位错运动，运动到晶体表面就实现了晶体的宏观塑性变形，如

图 2-35 所示。

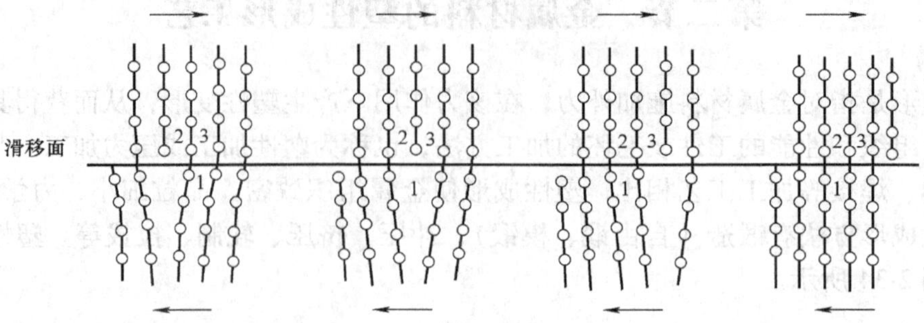

图 2-35 位错运动引起塑性变形

a) 变形前 b)、c) 位错运动 d) 塑性变形

由材料学基础可知，固态金属通常是由多晶体构成。与单晶体不同，多晶体金属的塑性变形由晶内变形和晶间变形组成。晶内主要方式为滑移；晶间变形包括晶粒间的相对滑动和转动，如图 2-36 所示。

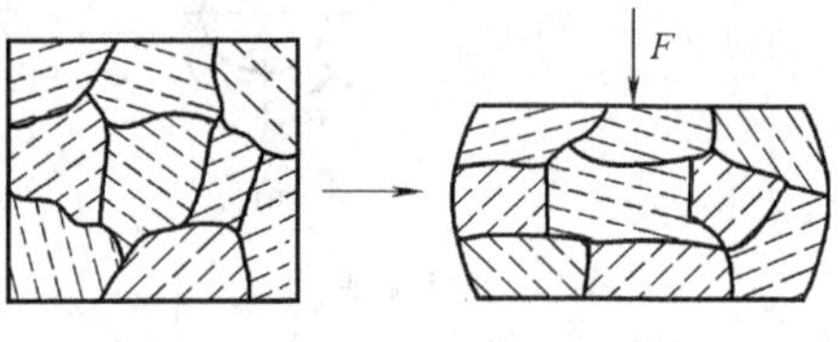

图 2-36 多晶体的塑性变形

a) 变形前 b) 变形后

（二）塑性变形对金属组织和性能的影响

金属经塑性变形后，其组织和性能会发生很大变化。

1. 加工硬化、回复和再结晶

（1）加工硬化 钢和其他一些金属在冷变形（低于再结晶温度）加工时，随着变形量的增加，金属材料的强度、硬度提高，但塑性、韧性下降，这种现象称为加工硬化。在塑性变形过程中，金属组织将会发生一系列的变化，主要是晶粒沿变形方向被拉长，滑移面附近晶格产生畸变，并出现许多微小碎晶。晶格畸变和碎晶使变形阻力增大，从而使金属的强度和硬度提高，塑性和韧性下降。加工硬化是强化金属的重要方法之一，尤其适合于那些不能用热处理方法强化的金属材料，例如纯金属、奥氏体不锈钢、变形铝合金等。但是，加工硬化使金属的进一步变形产生了困难，给生产带来一定的麻烦。

（2）回复和再结晶 加工硬化使金属处于不稳定的应力状态，被扭曲的晶格中处于高位能的金属原子，力图恢复到平衡位置。当适当加热时，原子活动能力增强，从而自发地恢复到规律排列的位置，消除晶格畸变，使加工硬化得到部分消除，这种现象称为回复，如图 2-37c 所示。产生回复的温度约为（0.25 ~0.3）$T_{熔}$。回复使晶格畸变减轻或消除，但晶粒的大小和形状并无改变，在生产中用于使制件保持较高的强度且脆性降低的场合。如冷拔

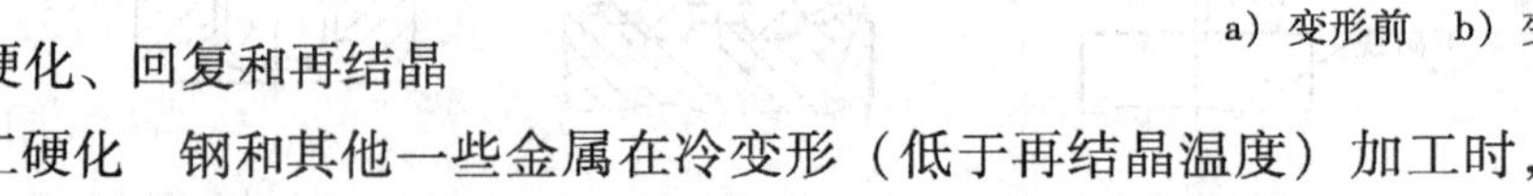

图 2-37 回复和再结晶过程

a) 原始组织 b) 塑性变形后的组织 c) 回复组织 d) 再结晶组织

钢丝经冷卷成形后再低温退火，可使弹簧定形且仍保持良好的弹性。

当继续提高温度时，金属内部原子的活动能力进一步提高，以某些碎晶或杂质为核心重新生核、长大，形成等轴晶粒，从而使金属的组织和性能恢复到变形前的状况，加工硬化现象完全消失，这个过程称为再结晶，如图 2-37d 所示。再结晶温度一般为 $0.4T_{熔}$ 以上。再结晶在塑性成形中广泛应用，如线材的多次拉拔和板料的多次拉深时，常需在工序间穿插再结晶退火，以使工件顺利成形。

2. 冷变形和热变形

由于金属在不同的温度下变形后获得的组织和性能不同，通常以再结晶温度为界，将金属的塑性变形分为冷变形和热变形。

（1）冷变形　金属在回复温度以下进行的塑性变形称为冷变形，变形过程中会出现加工硬化。冷变形是一种精密成形方法，有利于提高金属的强度和表面质量。但变形程度不宜过大，否则会产生裂纹。冷变形在生产中的应用如冷轧、冷锻、冷冲压、冷拔、冷挤等，常用于制造半成品或成品。

冷变形使金属变形抗力升高、塑性下降，难以进一步变形，因此，在某些冷变形加工过程中，必须增加中间退火工艺，以保证冷变形过程的继续进行，但会使生产率降低、成本增加。

（2）热变形　在再结晶温度以上进行的塑性变形称为热变形。在热变形过程中，既有加工硬化又有再结晶，但加工硬化会被回复和再结晶完全消除，获得综合力学性能良好的再结晶组织。因此，热变形的变形抗力小，塑性高，变形程度大，在生产中广泛应用，如热轧、热锻、热冲压、热拔等，常用于毛坯或半成品的制造。但表面容易形成氧化皮，若加热温度过高或保温时间过长，晶粒还会聚合长大，使力学性能降低，称为二次再结晶，在生产中应予避免。

3. 锻造比与锻造流线

（1）锻造比　在塑性成形时，常用锻造比（Y）来表示变形程度。锻造比的计算公式与变形方式有关，通常用变形前后的截面比、长度比或高度比来表示：

拔长时的锻造比：
$$Y_{拔} = F_0/F \tag{2-1}$$

镦粗时的锻造比：
$$Y_{镦} = H_0/H$$

式中，F_0、F 为毛坯变形前后的截面积；H_0、H 为毛坯变形前后的高度。

在锻造过程中，锻造比对锻件的力学性能有直接影响。随着锻造比的增加，金属的力学性能显著提高，这是由于组织致密程度和晶粒细化程度提高所致。结构钢钢锭的锻造比一般为 2 ~ 4，各类钢坯和轧材的锻造比一般为 1.1 ~ 1.3。

（2）锻造流线　锻造时，金属的脆性杂质被打碎，顺着金属主要伸长方向，呈碎粒状或链状分布；随着金属变形塑性杂质沿主伸长方向呈带状分布，热锻后的金属组织就具有一定的方向性，通常称为锻造流线，也称流纹。当达到一定的锻造比后，由于锻造流线明显形成，金属沿锻造流线纵向上的力学性能，尤其是塑性和韧性，将显著高于锻造流线横向。因此，热成形时应力求使工件上的锻造流线分布合理。图 2-38a 所示的锻

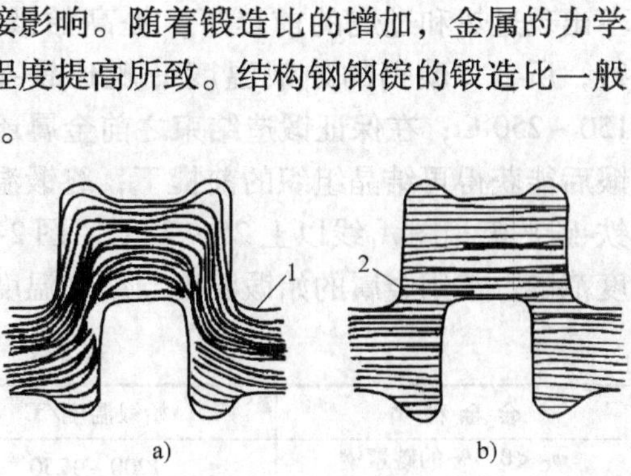

图 2-38　曲轴流线分布图
a）锻造成形　b）切削成形
1—轴肩　2—裂纹

造曲轴的锻造流线分布较合理，工作时的最大正应力方向与锻造流线方向一致，切应力方向与锻造流线方向垂直，且其沿零件轮廓分布而不被切断。图 2-38b 所示为切削成形的曲轴，其锻造流线分布不合理，易沿轴肩产生裂纹。

（三）材料的塑性成形性

材料的塑性成形性是指材料经过塑性变形而不产生裂纹和破裂以获得所需形状的性能。材料塑性成形性能的优劣是以材料的塑性和变形抗力来综合评定的。金属对变形的抵抗力，称为变形抗力。塑性反映了金属塑性变形的能力，而变形抗力反映了金属塑性变形的难易程度。塑性越好，变形抗力越低，则塑性成形性越好。材料的塑性成形性取决于材料的性质和变形条件。

1. 材料性质方面的影响

材料性质方面的影响因素有化学成分、金属的组织等。

（1）化学成分的影响　不同化学成分的金属其塑性成形性不同。一般来说，纯金属的塑性成形性优于合金，钢中合金元素含量越多，合金成分越复杂，越易引起固熔强化或形成硬、脆的碳化物，其塑性越差，变形抗力也越大，塑性成形性越差。例如纯铁、低碳钢和高合金钢，它们的塑性成形性是依次下降的。

（2）金属组织的影响　同样的化学成分，其内部组织结构不同，塑性成形性有很大差别。固熔体组织的塑性成形性优于金属间化合物，细晶组织的塑性成形性优于粗晶组织，热成形组织的塑性成形性优于冷成形组织和铸态组织。

2. 变形条件的影响

变形条件的影响因素有变形温度、变形速度和应力状态等。

（1）变形温度的影响　一般来说，在一定的温度范围内，随着变形温度的提高，金属的塑性成形性提高。这是由于原子的动能增加，从而塑性提高，变形抗力减小，有利于滑移变形和再结晶。但过高的变形温度会使金属的加热缺陷和烧损增多，金属材料的力学性能降低，甚至使工件报废，所以应控制锻造温度范围。

锻造温度范围是锻件由始锻温度到终锻温度的温度区间。一般情况下，碳钢的锻造温度范围由铁-碳平衡相图直接确定。在不出现过热和过烧的前提下，提高始锻温度，有利于锻造的进行，所以，碳钢的始锻温度一般比铁-碳平衡相图的固相线低 150～250℃；在保证锻造结束之前金属还具有足够的塑性，以及锻后能获得再结晶组织的前提下，终锻温度应该低些，一般约在铁-碳平衡相图 A_1 线以上 25～75℃。图 2-39 所示为碳钢的锻造温度范围。常用金属的始锻温度与终锻温度见表 2-8。

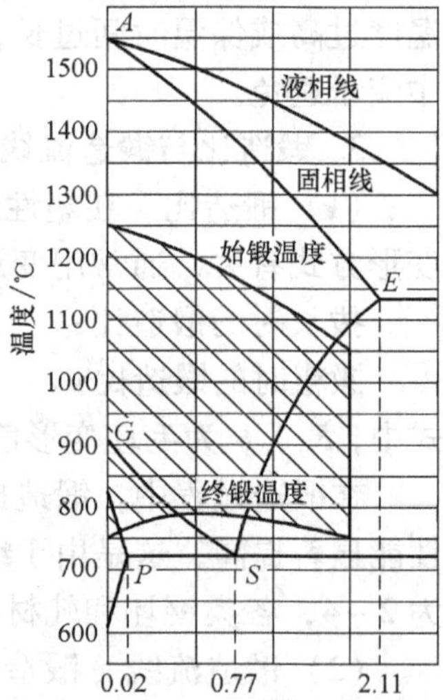

图 2-39　碳钢的锻造温度范围

表 2-8　常用金属的锻造温度

合金种类	始锻温度/℃	终锻温度/℃	锻造温度范围/℃
w_C < 0.3% 的碳素钢	1200～1250	750～800	450
w_C = 0.3～0.5% 的碳素钢	1150～1200	750～800	400
w_C = 0.5%～0.9% 的碳素钢	1100～1150	800	300～350
w_C > 0.9% 的碳素钢	1050～1100	800	250～300

（续）

合金种类	始锻温度/℃	终锻温度/℃	锻造温度范围/℃
合金结构钢	1150～1200	800～850	350
低合金工具钢	1100～1150	850	250～300
高速钢	1100～1150	900	200～250
硬铝	470	380	90
铝铁青铜	850	700	150

（2）变形速度的影响　变形速度即单位时间内的变形程度。它对金属塑性成形性的影响是复杂的，如图2-40所示。一方面由于变形速度的增大，回复和再结晶不能及时克服加工硬化现象，金属表现出塑性下降、变形抗力增大，而使塑性成形性变坏。另一方面，在变形过程中，消耗于塑性变形的能量有一部分转化为热能，使金属温度升高（称为热效应现象），变形速度越大，热效应现象越明显，使金属的塑性提高、变形抗力下降（图中自 a 点以后），塑性成形性变好。但热效应现象只有在高速锤上锻造、爆炸成形时等才能实现，在一般设备上都不可能超过 a 点的变形速度，故塑性较差的材料（如高速钢等）或大型锻件，应采用较小的变形速度。

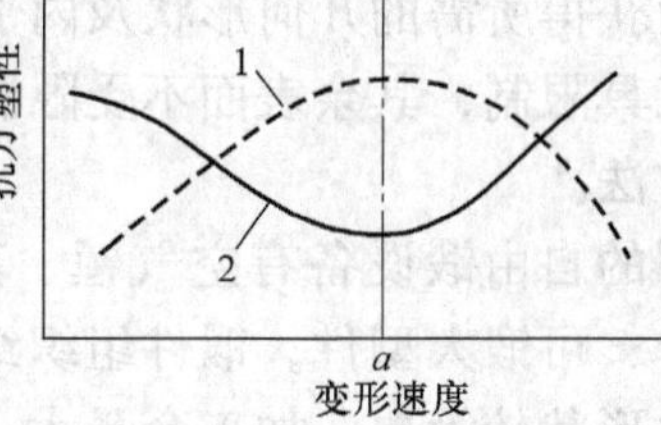

图2-40　变形速度对金属塑性与变形抗力的影响
1—变形抗力曲线　2—塑性变化曲线

（3）应力状态的影响　在进行不同方式的变形时，所产生的应力大小和性质（压应力或拉应力）是不同的。例如，挤压变形时（图2-41）为三向受压状态，而拉拔时则为两向受压一向受拉的状态。理论和实践证明，压应力有利于防止裂纹的产生和扩展，故在三向应力状态图中，压应力的数量越多，数值越大，则其塑性越好；拉应力的数量越多、数值越大，则其塑性越差。因此，在选择具体加工方法时，应考虑应力状态对金属塑性成形性的影响。对于塑性较低的金属，应尽量在三向压应力下变形，以免产生裂纹。

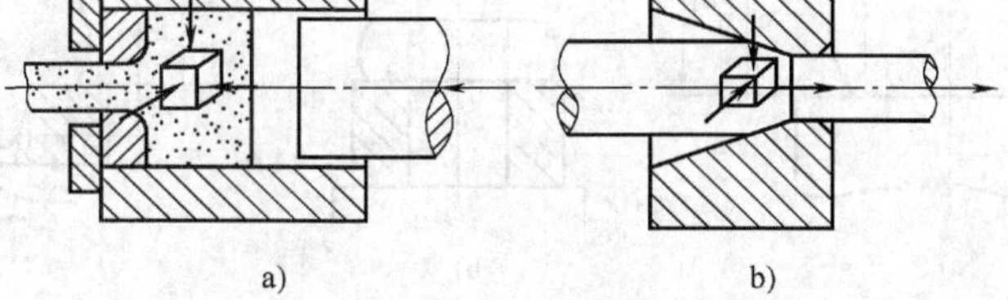

图2-41　应力状态示意图
a）挤压　b）拉拔

综上所述，影响金属塑性变形的因素是很复杂的。在塑性成形加工中，要综合考虑所有因素，根据具体情况采取相应的措施，力求创造出最有利的变形条件，充分发挥金属的塑性，降低变形抗力，降低设备吨位，减少能耗，使变形进行得充分，达到优质低耗的要求。

二、金属塑性成形方法

常用的金属塑性成形方法有锻造、冲压、挤压、轧制和拉拔等。此外，一些新型的塑性成形技术也正在得到开发和应用。本部分主要讨论锻造和冲压方法。

锻造是利用工（模）具在冲击力或静压力的作用下，使金属材料产生塑性变形，从而获得一定尺寸、形状和质量的锻件的加工方法。根据所用设备和工具的不同，锻造分为自由锻造（简称自由锻）和模型锻造（简称模锻）两类。

（一）自由锻

自由锻是在自由锻设备上利用简单的通用性工具（如砧子、型砧、胎模等）直接使坯料变形而获得所需的几何形状及内部质量的锻件的加工方法。自由锻时，金属坯料只有部分表面受工具限制，其余表面不受限制。自由锻主要用于单件、小批量生产，是大型锻件的唯一生产方法。

常用的自由锻设备有空气锤、蒸汽-空气自由锻锤和液压机等。自由锻设备通用性好、工具简单；可锻大型件，锻件组织细密、力学性能好。但其操作技术要求高，生产效率低；自由锻件形状较简单，加工余量大，精度低。一般小型锻件以成形为主，大型锻件（尤其是重要件）和特殊钢则以改善内部质量为主。

1. 自由锻基本工序

自由锻的工序包括基本工序、辅助工序和修整工序。改变毛坯的形状和尺寸以获得锻件的工序称为基本工序，包括镦粗、拔长、冲孔、扩孔、芯轴拔长、弯曲、扭转和切割等。辅助工序是为了配合基本工序使坯料预先变形的工序，如压钳口、倒棱和压痕等。修整工序安排在基本工序之后用来修整锻件尺寸和形状的工序，如弯曲校正、鼓形滚圆、平整等，变形量一般较小。

生产中最常用的自由锻的基本工序是镦粗、拔长和冲孔三种。

（1）镦粗　使坯料高度减小而截面积增大的锻造工序称为镦粗。镦粗的主要方法有平砧镦粗、垫环镦粗和局部镦粗，如图2-42所示。

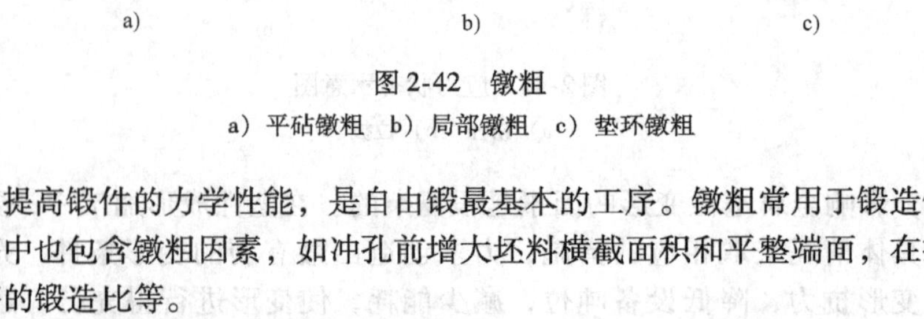

图2-42　镦粗

a）平砧镦粗　b）局部镦粗　c）垫环镦粗

镦粗可以提高锻件的力学性能，是自由锻最基本的工序。镦粗常用于锻造饼类锻件，在其他锻造工序中也包含镦粗因素，如冲孔前增大坯料横截面积和平整端面，在拔长时提高下一道拔长工序的锻造比等。

（2）拔长　使坯料横截面积减小而长度增加的锻造工序叫拔长，包括平砧上拔长、带芯棒拔长和芯棒上扩孔。平砧上拔长主要用于制造长度较大的轴（杆）类锻件，如主轴、传动轴等，如图 2-43 所示；带芯棒拔长和芯棒上扩孔主要用于制造空心件，如炮筒、圆环和套筒等，如图 2-44 所示。

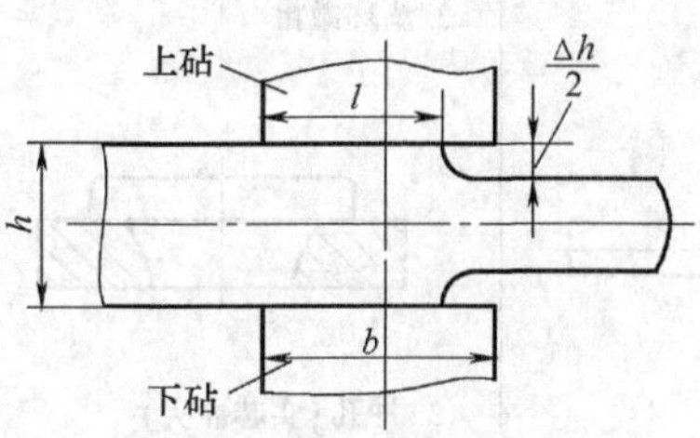

图 2-43　平砧拔长

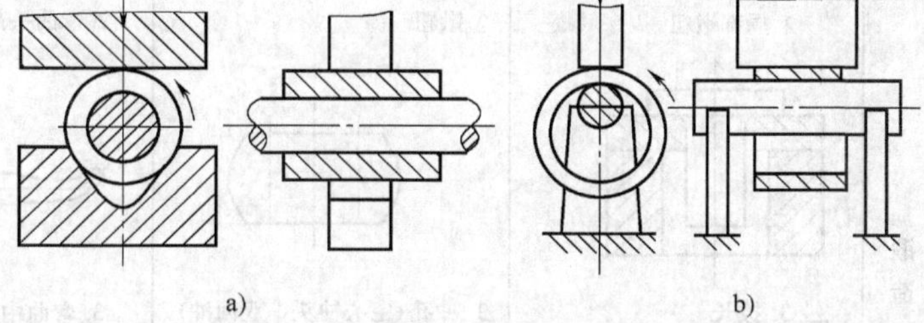

图 2-44　带芯棒拔长及芯棒上扩孔

a）芯棒上拔长　b）芯棒上扩孔

拔长除了用于轴杆锻件成形外，还常用来改善锻件内部质量。由于拔长是通过逐次送进和反复转动毛坯进行压缩变形，所以它是锻造生产中耗费工时最多的一种锻造工序。

（3）冲孔　将坯料冲出通孔或不通孔的锻造工序称为冲孔。锻造各种带孔锻件和空心锻件时都需要冲孔。常用的冲孔方法有实心冲子冲孔、空心冲子冲孔和垫环冲孔三种。

实心冲子冲孔如图 2-45 所示。冲子从毛坯的一面冲入，当孔冲到深为毛坯高度的70% ~80% 时，将毛坯翻转 180°，再用冲子从另一面把孔冲穿，因此又叫双面冲孔。

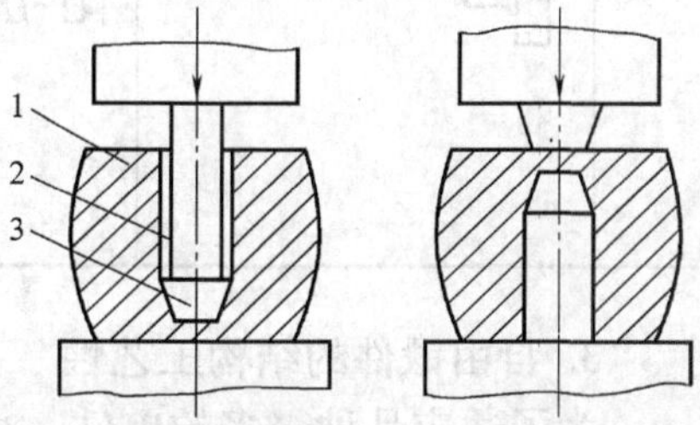

图 2-45　实心冲子冲孔

1—毛坯　2—冲子　3—冲子端头

2. 典型锻件工艺举例

自由锻通常是依据锻件图样用多个工序使坯料逐步变形而获得锻件。锻件图样是根据零件图经添加余块并考虑加工余量和锻造公差绘制而成的。表 2-9 列出了几种常见锻件的锻造工艺过程。

表 2-9　几种常见锻件的锻造工艺过程

锻件	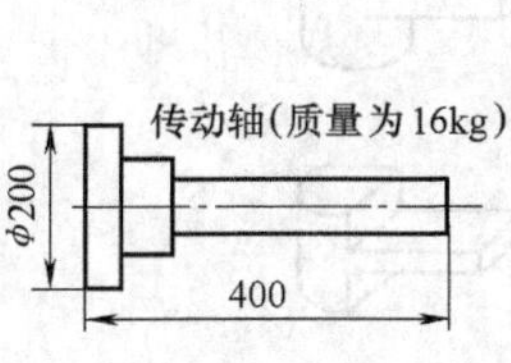 传动轴(质量为16kg) φ200 400	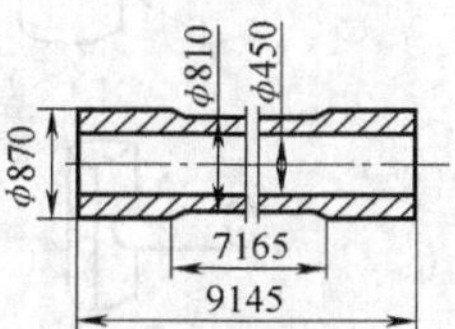 φ810 φ450 φ870 7165 9145 筒体(质量为28000kg)	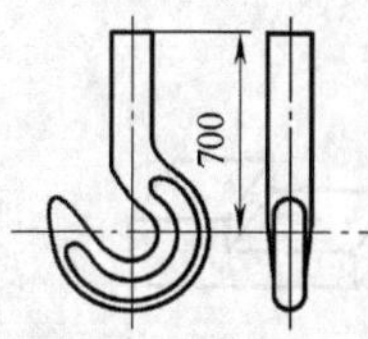 700 吊钩(质量为100kg)	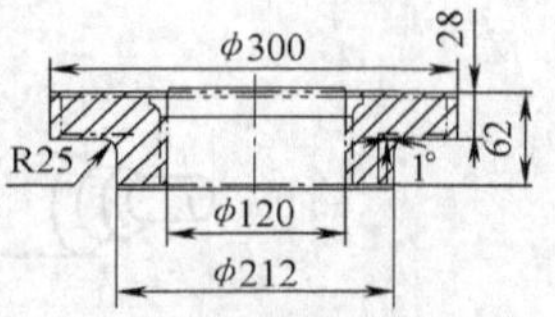 φ300 28 R25 1° 62 φ120 φ212 凸肩齿轮坯(质量为18.5kg)
坯料	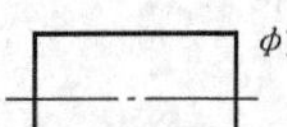 φ140×170 棒料(质量为20kg)	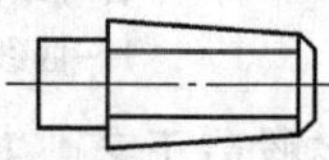 钢锭(质量为49000kg)	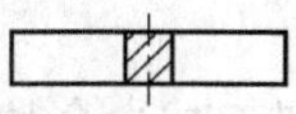 150×150 方钢(质量为105kg)	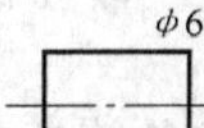 φ60×65 棒料(质量为19kg)

（续）

锻造工序	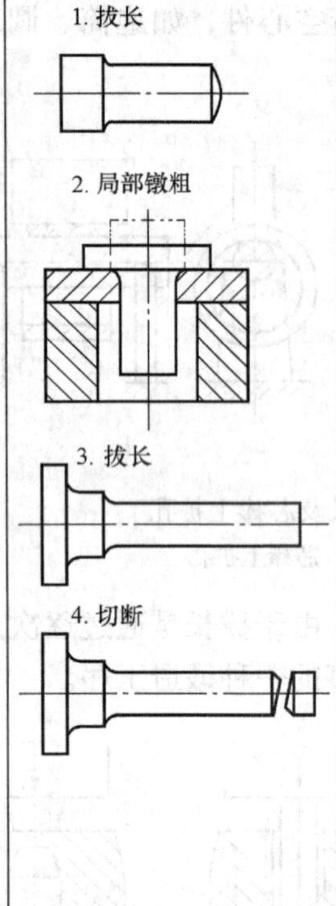 1. 拔长 2. 局部镦粗 3. 拔长 4. 切断	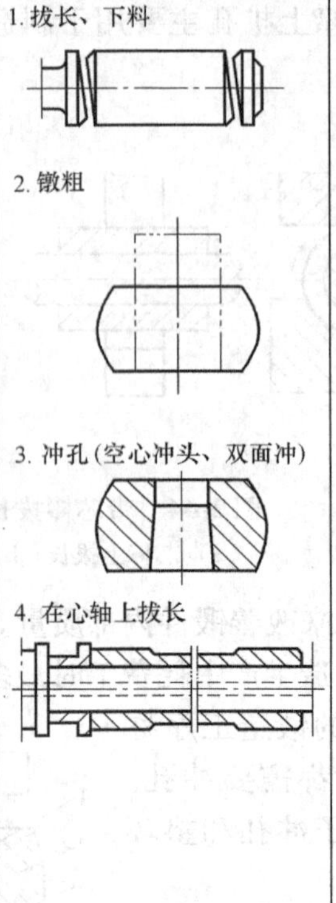 1. 拔长、下料 2. 镦粗 3. 冲孔（空心冲头、双面冲） 4. 在心轴上拔长	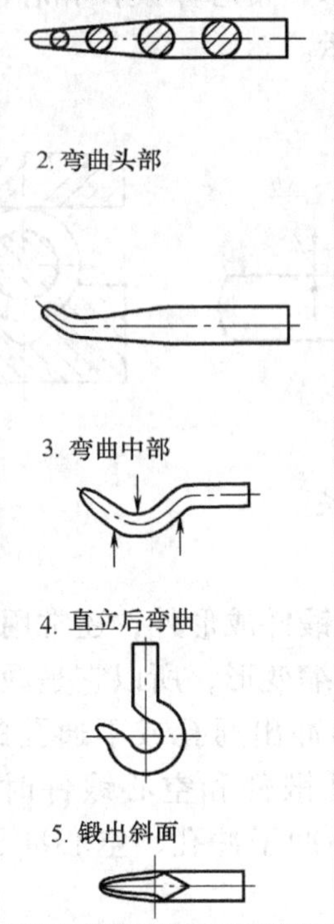 1. 拔长杆部、头部 2. 弯曲头部 3. 弯曲中部 4. 直立后弯曲 5. 锻出斜面	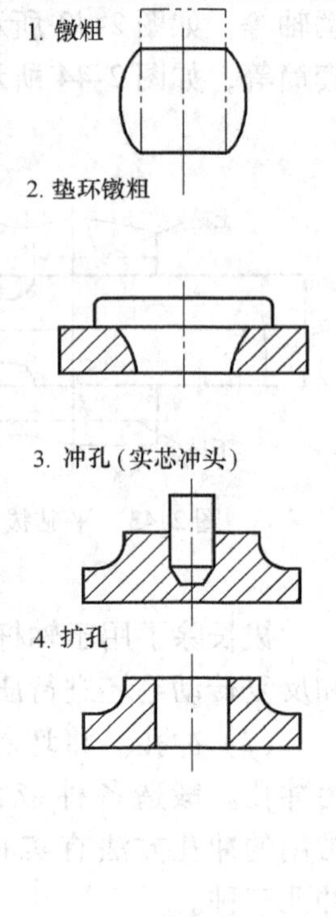 1. 镦粗 2. 垫环镦粗 3. 冲孔（实芯冲头） 4. 扩孔

3. 自由锻件的结构工艺性

为了适应品种繁多的单件、小批量生产，自由锻只限于使用简单的通用性工具，或在锻造设备的上、下砧间直接使坯料成形，锻件形状主要靠人工操作技术锻出，难以锻出形状复杂的锻件，因此自由锻件结构设计的原则是：在满足使用性能的条件下锻件形状应尽量简单，以减少工艺余块和简化锻造工艺，易于锻造。为此，在设计零件结构时应注意下列问题：

1）避免锥面或楔形，尽量采用圆柱面或平行平面，以利于锻造，如图 2-46 所示。

2）各表面交接处应避免弧线或曲线，尽量采用直线或圆，以利于锻制，如图 2-47 所示。

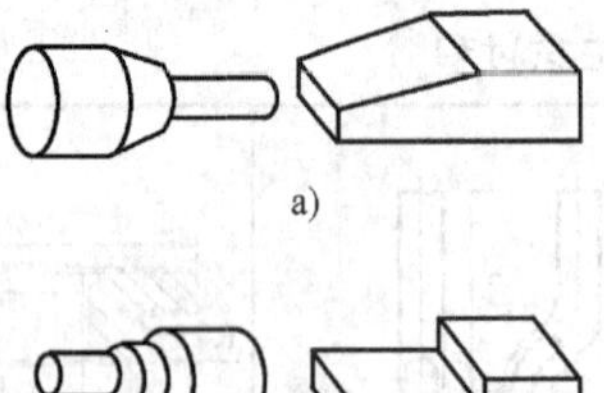

图 2-46 避免锥面和楔形

a）不合理结构 b）合理结构

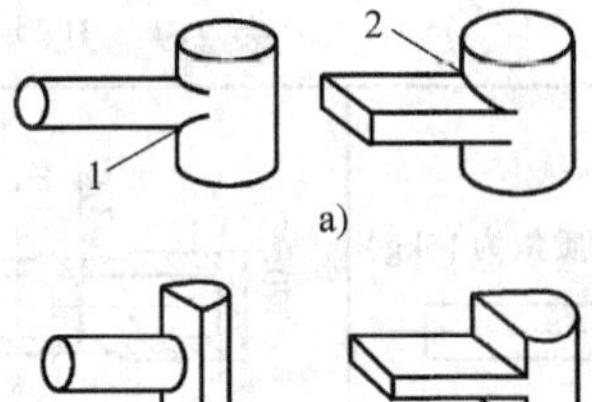

图 2-47 避免弧线和曲线

a）不合理结构 b）合理结构

1—曲线 2—弧线

3）避免筋板或凸台，以利于减少余块和简化锻造工艺，如图 2-48 所示。

4）大件和形状复杂的锻件，可采用锻-焊、锻-螺纹联接等组合结构，以利于锻造和机械加工，如图 2-49 所示。

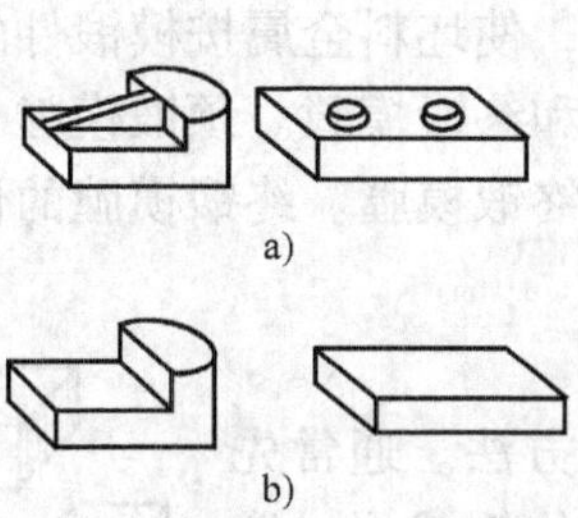

图 2-48　避免肋板或凸台

a）不合理结构　b）合理结构

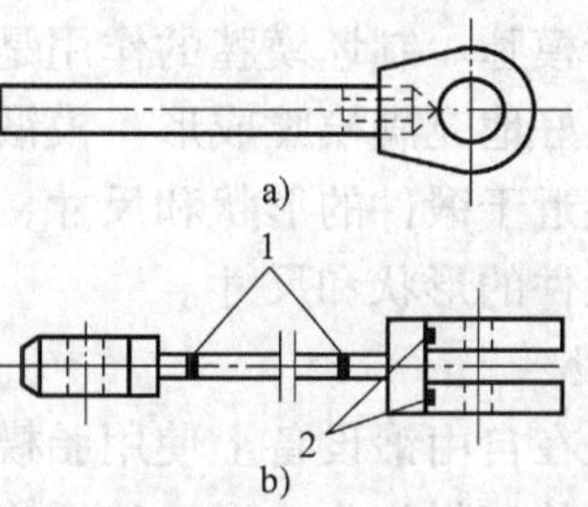

图 2-49　组合结构

a）锻-螺纹联接结构　b）锻-焊结构

1、2—焊缝

（二）模锻

利用模具使毛坯变形以获得锻件的锻造方法称为模型锻造，简称为模锻。模锻的优点是生产效率高，锻件的形状和尺寸精确，且锻造流线比较完整，有利于提高零件的力学性能和使用寿命，机械加工余量少，节省加工工时，材料利用率高，操作简单，劳动强度低。但模锻需要专用设备和模具，投资较大，锻件重量较小，锻模成本高。因此，模锻适用于中小型锻件的成批、大量生产，目前已广泛应用于汽车、航空航天、国防工业和机械制造业中。模锻成形的典型零件如图 2-50 所示。

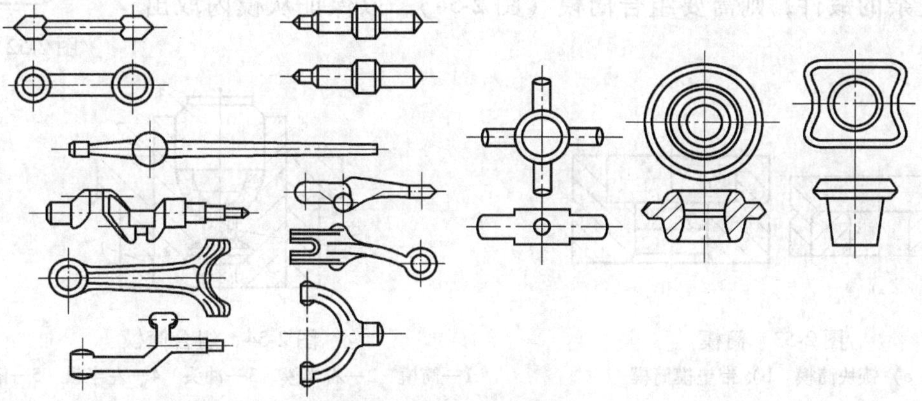

图 2-50　典型模锻件

模锻按所用设备分类，有锤上模锻、压力机上模锻和胎模锻等。

1. 锤上模锻

锤上模锻是指在蒸汽-空气锤、高速锤等模锻锤上进行的模锻。锤上模锻锻模由开有模膛的上下模两部分组成，如图 2-51 所示。上模和下模分别通过楔铁和键块固定在锤头下端和模座的燕尾槽内。模锻成形时，上、下模合在一起，金属在模膛内成形。形状复杂的锻件往往需要用几个模膛使坯料逐步变形，最后在终锻模膛中得到锻件的最终形状。每个模膛中的锻打变形称为一个工步。按照模膛作用不同，模膛分为制坯模膛、模

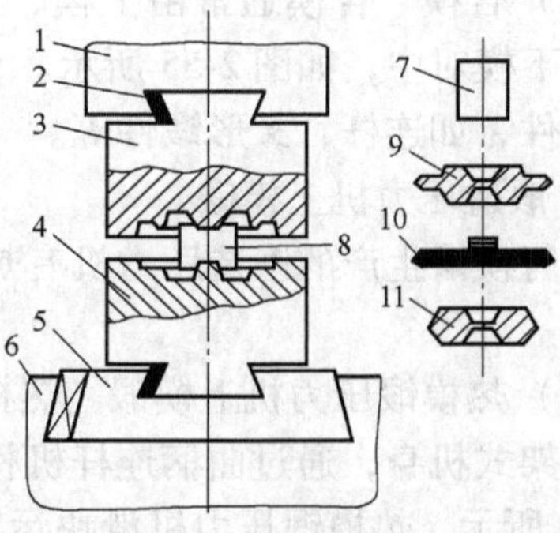

图 2-51　模锻成形示意图

1—锤头　2—楔铁　3—上模　4—下模　5—模座

6—砧铁　7—坯料　8—锻造中的坯件

9—带飞边和连皮的锻件　10—飞边和连皮

11—完成的锻件

锻模膛和切断模膛。制坯模膛的作用是改变原毛坯的形状，使坯料金属按模锻件的形状合理分布，以便更好地充满模膛成形。模锻模膛分为预锻模膛和终锻模膛。预锻模膛的作用是使坯料变形到接近于锻件的形状和尺寸，以使金属易于充满终锻模膛。终锻模膛的作用是最终获得所要求锻件的形状和尺寸。

2. 胎模锻

胎模锻是在自由锻设备上使用胎模生产模锻件的工艺方法。通常先用自由锻方法使坯料初步成形，然后将坯料放在胎模腔中终锻成形。胎模一般不固定在锤头和砧座上，而是用工具夹持，平放在锻锤的下砧上。胎模锻虽不及锤上模锻的生产率高，精度也较低，但它灵活，适应性强，无需昂贵的模锻设备，所用模具也较简单。因此，一些生产批量不大的中小型锻件，尤其在没有模锻设备的中小型工厂中被广泛采用。

胎模按其结构分为扣模、套筒模（简称筒模）及合模三种类型。

（1）扣模　扣模如图 2-52 所示，主要用于非回转体锻件的扣形或制坯。

（2）筒模　为圆筒形锻模，主要用于锻造齿轮、法兰盘等回转体盘类锻件。形状简单的锻件，只用一个筒模就可进行生产（图 2-53）。对于形状复杂的锻件，则需要组合筒模（图 2-54），以保证从模内取出锻件。

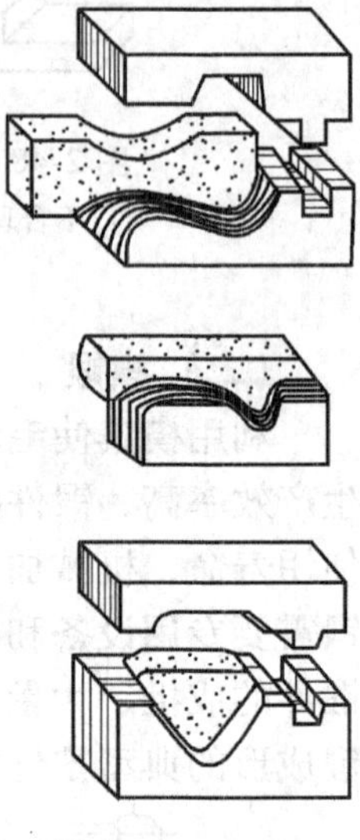

图 2-52　扣模

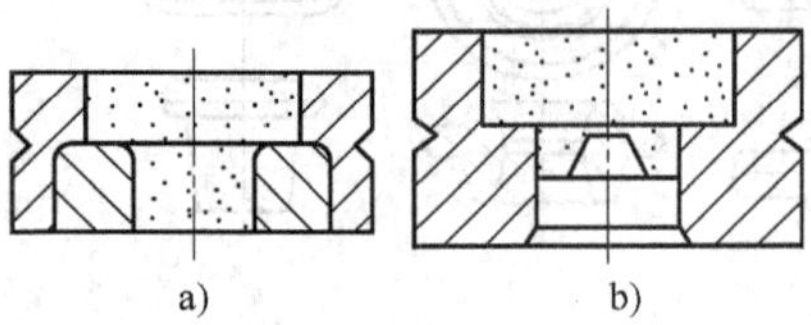

图 2-53　筒模

a）镶块筒模　b）带垫模筒模

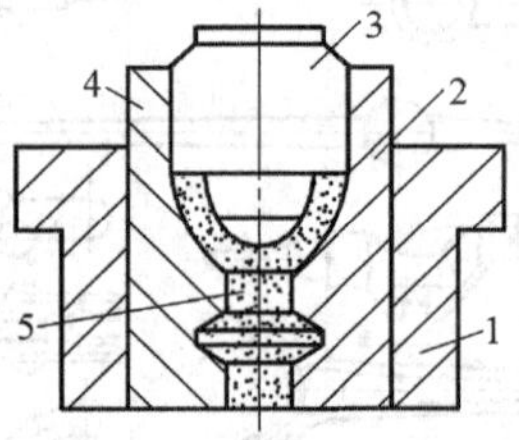

图 2-54　组合筒模

1—筒模　2—右半模　3—冲头　4—左半模　5—锻件

（3）合模　合模通常由上模、下模组成，依靠导柱、导销定位，使上、下模对中，如图 2-55 所示。合模主要用于生产形状复杂的非回转体锻件，如连杆、叉形锻件等。

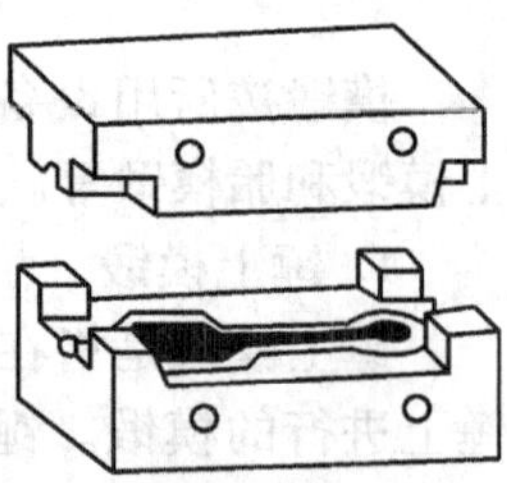

图 2-55　合模

3. 锻造压力机上模锻

进行模锻生产的锻造压力机有热模锻压力机、螺旋压力机和平锻机等。

（1）热模锻压力机上模锻　热模锻压力机采用整体床身或有预应力的框架式机身，通过曲柄连杆机构使滑块往复运动以进行模锻，如图 2-56 所示。热模锻压力机滑块运动精确，模具有导向装置，分为预成形、预锻、终锻等工步（图 2-57）。每个工步中金属变形均为一次行程完成，变形较均匀且生产效率高；有顶出机构，锻件的模锻斜度可较小，且可直立镦锻“头杆形”锻件；锻造力是压力而非冲击力，有利于提高金属塑性。它具有刚性好、锻件精度高、能安排多模膛模锻和一模多件、滑块行程一定、速度低、操作简单并容易实现自动化生产等特点。但由于热模锻压力机的滑块行程和速度固定，故不适于拔长和滚压工步，且设备和模具复杂、造价高，仅适用于大批量生产。

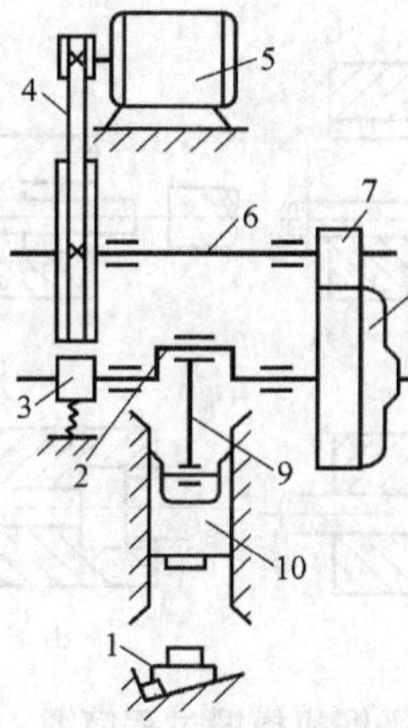

图 2-56　热模锻压力机原理图

1—楔形工作台　2—偏心轴　3—制动器　4—带　5—电动机　6—传动轴　7—齿轮　8—摩擦离合器　9—连杆　10—滑块

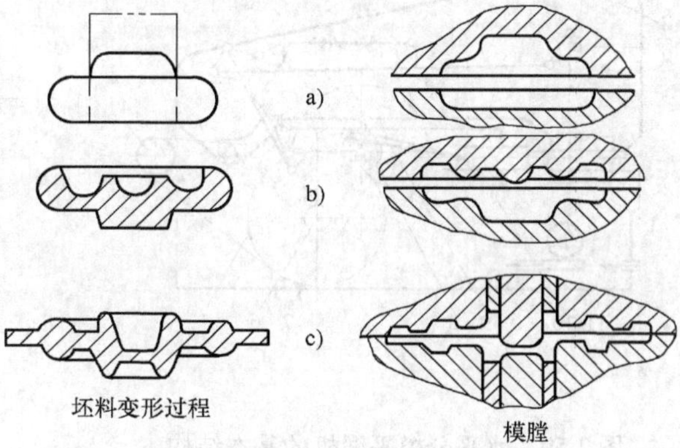

图 2-57　热模锻压力机上齿轮模锻工步

a）预成形　b）预锻　c）终锻

（2）螺旋压力机上模锻　螺旋压力机是利用飞轮旋转积蓄的能量，靠主螺杆的旋转带动滑块上、下运动，而使坯料模锻成形的。螺旋压力机根据驱动方式不同分为摩擦压力机、电动螺旋压力机和液压螺旋压力机三类。图 2-58 所示为摩擦螺旋压力机的工作原理图。

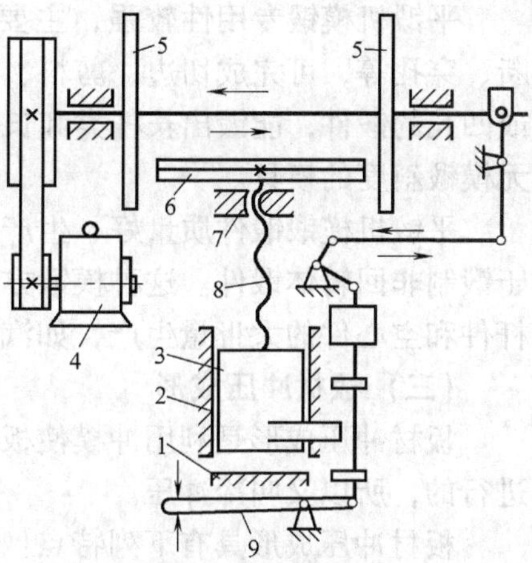

图 2-58　摩擦螺旋压力机工作原理

1—工作台　2—导轨　3—滑块　4—电动机　5—摩擦轮　6—飞轮　7—固定螺母　8—螺杆　9—操纵杆

螺旋压力机具有锻锤和压力机的双重特性，其滑块行程不固定，可多次锻打且打击力可控制，工艺适应性强；滑块速度低，较适合要求变形速度低的有色合金的模锻；可采用组合式模具锻制两个方向上均有凹坑、凸台的锻件；机架刚性好，有顶出装置，适合成形模锻锤上难以完成的有头部的长杆件、筒形件和精密模锻件。传动螺杆对偏载敏感，只能用单膛锻模进行模锻，故形状复杂的锻件需在其他设备上制坯。

摩擦螺旋压力机模锻设备投资较少，工艺适应性强，但生产效率较低，适合于中、小型锻件的中、小批量生产，如阀体、螺钉和齿轮等。

（3）平锻机模锻　平锻机是具有镦锻滑块和夹紧滑块的卧式压力机，其主滑块水平运动，故称之为平锻机。图 2-59 所示为水平分模平锻机的基本结构，其模锻过程如图 2-60 所示。

平锻机有两个互相垂直的分模面，主分模面在冲头与凹模之间，另一个分模面在活动凹模与固定凹模之间。曲柄连杆机构带动镦锻滑块作直线往复运动，通过杠杆系统带动上机身

（夹紧滑块）上下摆动，当活动凹模与固定凹模夹紧坯料后，冲头前行镦锻，金属充满模膛。随后，冲头退回，凹模分开，即可取出坯料放入下一个模膛。重复以上过程，直至完成全部锻造工作。

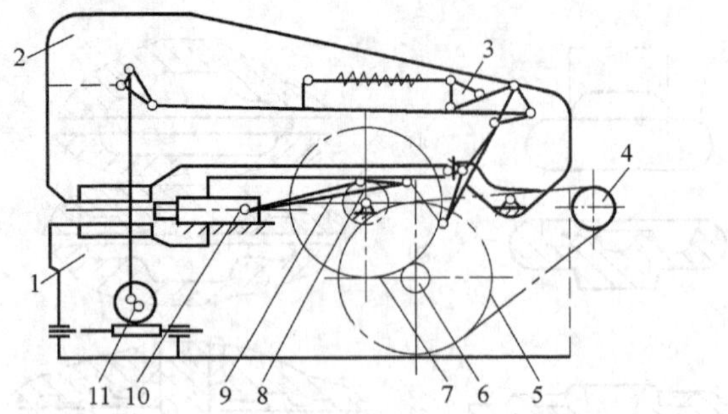

图 2-59 水平分模平锻机的基本结构

1—下机身 2—上机身（夹紧滑块） 3—夹紧机构 4—电动机 5—大带轮 6—小齿轮 7—大齿轮 8—曲轴 9—连杆 10—镦锻滑块 11—偏心调节机构

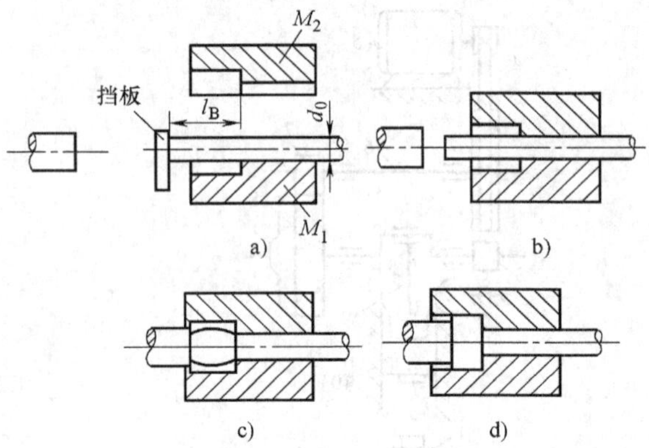

图 2-60 平锻机模锻过程简图

a）棒料定位 b）棒料夹紧 c）镦粗 d）充满模膛

平锻机模锻专用性较强，主要锻造工序有局部镦粗（聚集）、终锻、冲孔、切边、剪断、穿孔等，可完成切边、剪料、弯曲、热精压等组合工序，能锻出两个不同方向上有凹槽或凹孔的锻件，能锻出长杆类和长杆空心锻件等热模锻压力机上无法锻出的锻件，且可采用无模锻斜度的模具。

平锻机模锻锻件质量好、生产效率高、振动和噪声小。但设备较复杂、投资较大，并难于锻制非回转体锻件。这种模锻方式多采用长棒料直接模锻且为无飞边成形，主要用于带头杆件和空心件的大批量生产，如汽车半轴、齿轮等。

（三）板材冲压成形

板材冲压成形是利用冲模使板料分离或变形的加工方法。这种加工方法通常是在常温下进行的，所以又叫冷冲压。

板材冲压成形具有下列特点：

1）板材冲压生产主要依靠冲模和冲压设备来完成加工，工艺过程便于实现机械化和自动化，生产率很高，操作简便，故零件成本低。

2）可以冲压出形状复杂的零件，一般无需再进行切削加工，且废料较少，因而节省原材料和能源消耗。

3）板材冲压常用的原材料有低碳钢以及塑性高的合金钢和有色金属，多是表面质量好的板料、条料或带料，产品重量轻、材料消耗少、强度高、刚性好。

4）冲压件的尺寸公差主要由冲模来保证，因此产品具有足够高的精度和较小的表面粗糙度值，尺寸稳定，互换性好。

但冲模制造复杂、成本高，只在大批量生产条件下，其优越性才显得突出。

正是板材冲压成形具有上述独到的特点，在各种制造金属成品的工业部门中，都广泛应用着板材冲压成形。特别是在汽车、拖拉机、航空、电器、仪表、国防及日用品等工业中，冲压件所占比例都相当大。我国目前已开发出了计算机辅助设计（CAD）和计算机辅助制造（CAM）模具系统并得到了广泛的应用，促进了板材冲压技术的快速发展。

冲压生产中常用的设备是剪床和压力机。剪床用来把板料剪切成一定宽度的条料，以供下一步冲压工序用。压力机用来实现冲压工序，以制成所需形状和尺寸的成品零件。压力机的最大标称压力已达40000kN。

冲压生产可以进行很多种工序，其基本工序有分离工序和变形工序两大类。

1. 分离工序

分离工序是使坯料的一部分与另一部分相互分离的工序。如冲裁、切断和修整等。

（1）冲裁 冲裁是使坯料按封闭轮廓分离的工序，主要用于落料和冲孔。落料时被分离的部分为成品，周边为废料；冲孔是为了获得带孔的冲裁件，被分离的部分为废料，而周边为成品。例如冲制平面垫圈，制取外形的冲裁工序称为落料，而制取内孔的工序称为冲孔。

落料和冲孔中坯料变形过程都是一样的，可分为如下三个阶段（图2-61）：

1）弹性变形阶段。由于内应力较小，板料仅产生弹性压缩与弯曲变形，并略挤入凹模洞口，但材料的内应力未超过材料的弹性极限（图2-61a）。

2）塑性变形阶段。当板料中的内应力值达到屈服极限时，板料产生塑性弯曲和挤压变形。当变形达到一定程度时，位于凸凹模刃口处的金属硬化加剧，在拉应力的作用下出现微裂纹（图2-61b）。

3）断裂分离阶段。已形成的上下裂纹沿最大切应力方向逐渐扩展。上下裂纹重合后，板料便被剪断分离（图2-61c）。

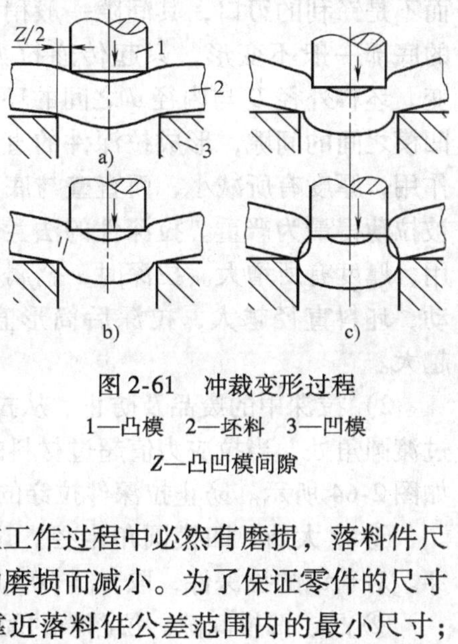

图2-61 冲裁变形过程
1—凸模 2—坯料 3—凹模
Z—凸凹模间隙

落料和冲孔所用冲模的结构也都一样，只不过冲模在工作过程中必然有磨损，落料件尺寸会随凹模刃口的磨损而增大，而冲孔件尺寸则随凸模的磨损而减小。为了保证零件的尺寸要求，提高模具的使用寿命，落料时凹模刃口的尺寸应靠近落料件公差范围内的最小尺寸；冲孔时凸模刃口尺寸应取靠近孔的公差范围内的最大尺寸。

（2）切断 切断是用剪刃或冲模将板料沿不封闭轮廓进行分离的工序。剪刃安装在剪床（或称剪板机）上，把大板料剪切成一定宽度的条料，供下一步冲压工序用；冲模安装在压力机上，多用于加工形状简单、精度要求不高的平板零件。

（3）修整 修整是利用修整模沿冲裁件外缘或内孔刮削一薄层金属，从而提高冲裁件的尺寸精度（IT6～IT7）和降低表面粗糙度值（$Ra0.8 \sim 1.6\mu m$）的一种工艺。修整冲裁件的外形称外缘修整，修整冲裁件的内孔称内孔修整，如图2-62所示。

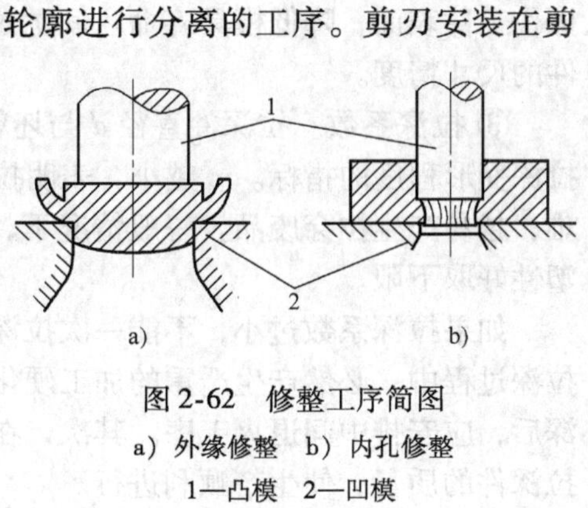

图2-62 修整工序简图
a）外缘修整 b）内孔修整
1—凸模 2—凹模

修整的原理与冲裁完全不同，而与切削加工相似。修整时应合理确定修整余量及修整次数。对大间隙冲裁件，单边修整量一般为板料厚度的10%；对小间隙冲裁件，单边修整量应小于板料厚度的8%。当冲裁件的修整总量大于一次修整量或板材厚度大于3mm时，均需多次修整。但修整次数越少越好。

外缘修整模的凸凹模间隙，单边约取0.001～0.01mm。也可以采用负间隙修整，即凸模刃口尺寸大于凹模刃口尺寸的修整工艺。

2. 变形工序

变形工序是使坯料的一部分相对于另一部分产生位移而不破裂的工序，如拉深、弯曲、翻边、成形等。

(1) 拉深　拉深是利用拉深模具使冲裁后得到的平板坯料变形成开口空心件的冲压工序。拉深可以制成筒形、阶梯形、盒形、球形、锥形及其他复杂形状的薄壁零件。

1) 拉深过程。拉深过程如图2-63所示。把直径为D的平板坯料放在凹模上，在凸模作用下，坯料被拉入凸模和凹模的间隙中，形成空心拉深件。与冲裁模不同，拉深模的凸模和凹模都有一定的圆角而不是锋利的刃口，其间隙一般稍大于板料厚度。拉深件的底部一般不变形，只起传递拉力的作用，厚度基本不变。坯料外径D与内径d之间的环形金属部分进入凸模和凹模之间的间隙，形成拉深件的直壁，主要受轴向拉应力作用，厚度有所减小，而直壁与底部之间的过渡圆角部分被拉薄得最为严重。拉深件的法兰部分，切向受压应力作用，厚度有所增大。拉深时，金属材料产生很大的塑性流动，坯料直径越大，拉深后筒形直径越小，则变形程度越大。

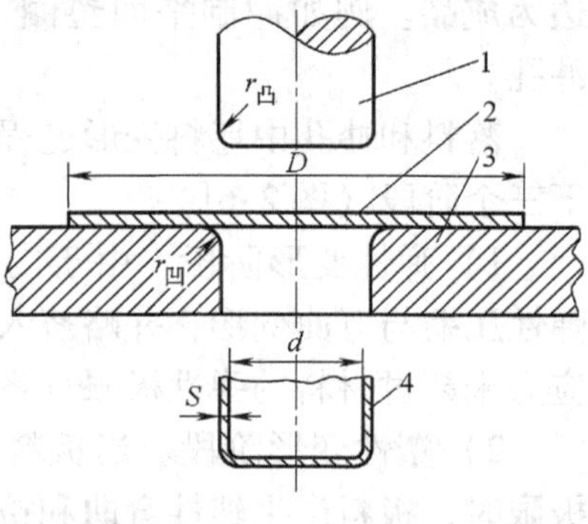

图2-63　筒形件拉深

1—凸模　2—毛坯　3—凹模　4—工件

2) 拉深中的废品及防止。从拉深过程中可以看出，拉深件最危险部位是直壁与底部的过渡圆角处，当拉应力值超过材料的强度极限时，工件将被拉穿而形成废品，如图2-64所示。防止拉深件拉穿的措施是：

① 增大凸、凹模圆角半径。这两个圆角半径过小时，则容易将板料拉穿。对于钢的拉深件，取$r_凹=10S$，而$r_凸=(0.6\sim1)r_凹$。

② 凸、凹模间隙。拉深模的间隙远比冲裁模大，一般取单边间隙$Z/2=(1.1\sim1.2)S$。间隙过小，模具与拉深件间的摩擦力增大，容易拉穿工件和擦伤工件表面，降低模具寿命。间隙过大，又容易使拉深件起皱，影响拉深件的尺寸精度。

图2-64　拉穿

③ 拉深系数。拉深件直径d与坯料直径D的比值称为拉深系数，用m表示。它是衡量拉深变形程度的指标。m越小，表明拉深件直径越小，变形程度越大，坯料被拉入凹模越困难，越易产生拉穿废品。一般情况下，拉深系数m为0.5～0.8。坯料塑性差取上限，坯料塑性好取下限。

如果拉深系数过小，不能一次拉深成形时，则可采用多次拉深工艺（图2-65）。在多次拉深过程中，必然产生严重的加工硬化现象。为了保证坯料具有足够的塑性，经过一两次拉深后，应安排中间退火工序。其次，在多次拉深中，拉深系数应一次比一次略大些，以确保拉深件的质量，使生产顺利进行。

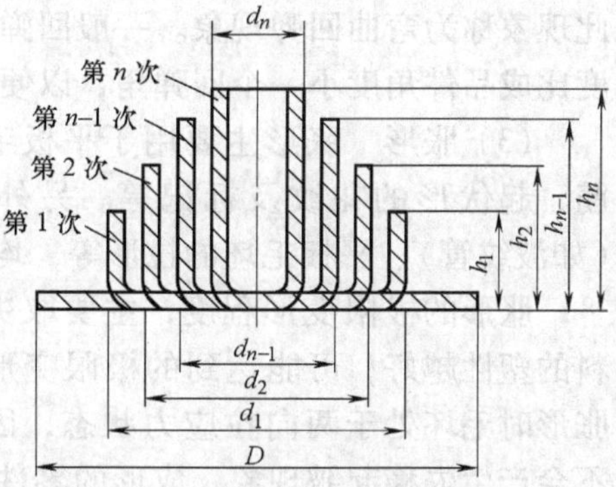

图 2-65　多次拉深时圆筒直径的变化

④ 注意润滑。为了减少摩擦、降低拉深件壁部的拉应力和减小模具的磨损，拉深时通常要加润滑剂或对坯料进行表面处理。

拉深过程中另一种常见缺陷是起皱（图 2-66）。当拉深变形程度较大，压应力增大，板料又比较薄时，则可使法兰部分材料增厚失稳而拱起，产生起皱现象。拉深件严重起皱后，法兰部分的金属更难以通过凸凹模间隙，使坯料被拉断而报废。轻微起皱，法兰部分勉强通过间隙，但也会在侧壁留下起皱痕迹，影响产品质量。因此，拉深过程中不允许出现起皱现象。起皱现象与毛坯的相对厚度和拉深系数有关，相对厚度越小或拉深系数越小，越容易起皱。为防止起皱，可采用设置压边圈来解决（图 2-67），也可以通过增大毛坯的相对厚度或拉深系数来解决。

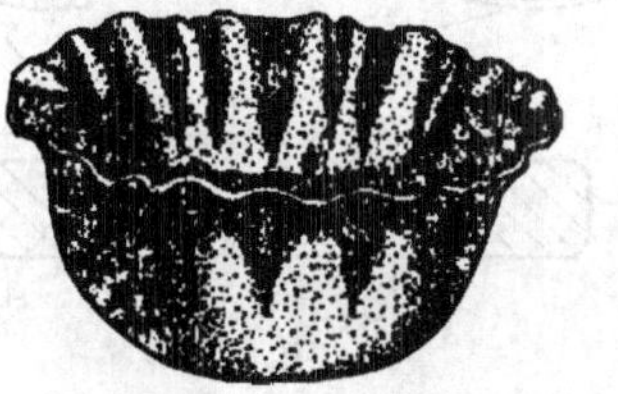
图 2-66　起皱拉深件

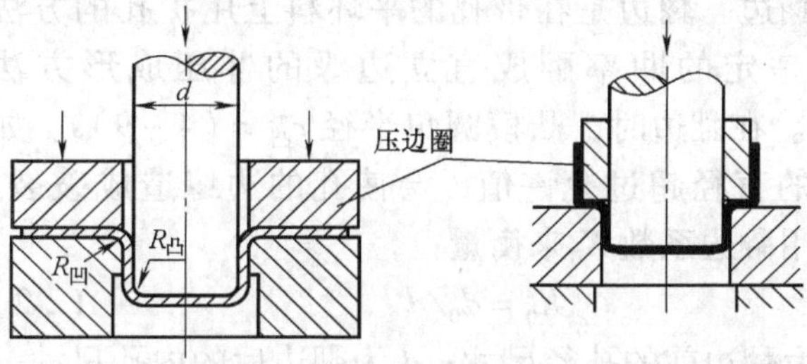

图 2-67　有压边圈的拉深

（2）弯曲　弯曲是将坯料弯成具有一定角度和曲率的变形工序（图 2-68）。弯曲时板料弯曲部分的内侧受压缩，外侧受拉伸。当外侧的拉应力超过板料的抗拉强度时，即会造成金属破裂。板料越厚，内弯曲半径 r 越小，则压缩及拉深应力越大，越易弯裂。为防止弯裂，最小弯曲半径应为 $r_{min}=(0.25\sim1)\delta$（$\delta$ 为金属板料的厚度）。若材料塑性好，则弯曲半径可小些。

弯曲时还应尽可能使弯曲线与板料纤维垂直（图 2-69）。若弯曲线与纤维方向一致，则容易产生破裂，此时应增大弯曲半径。

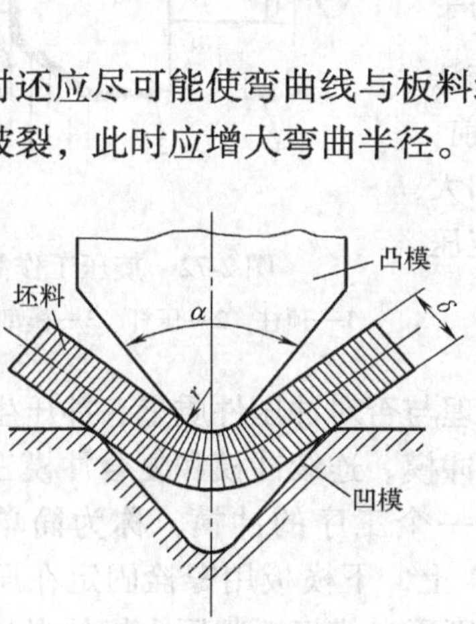

图 2-68　弯曲过程

图 2-69　弯曲时的纤维方向

弯曲结束后，由于弹性变形的恢复，弯曲件会产生略微的弹回，使被弯曲的角度增大，此现象称为弯曲回弹现象。一般回弹角为0°~10°。因此，在设计弯曲模时，必须使模具角度比成品件角度小一个回弹角，以便在弯曲后保证成品件准确的弯曲角度。

(3) 胀形　胀形主要用于平板毛坯的局部成形（或叫起伏成形），如压制凹坑、加强筋、起伏形的花纹及标记等。另外，管类毛坯的胀形（如波纹管）、平板毛坯的拉形等，均属胀形工艺。

胀形的极限变形程度，主要取决于材料的塑性。材料的塑性越好，可能达到的极限变形程度就越大。由于胀形时毛坯处于两向拉应力状态，因此，变形区的毛坯不会产生失稳起皱现象，成形的零件表面光滑，质量好。胀形所使用的模具可分为钢模和软模两类。图2-70所示为橡胶凸模软膜胀形。软模胀形时材料的变形比较均匀，易保证零件的精度，便于成形复杂的空心零件，在生产中广泛采用。

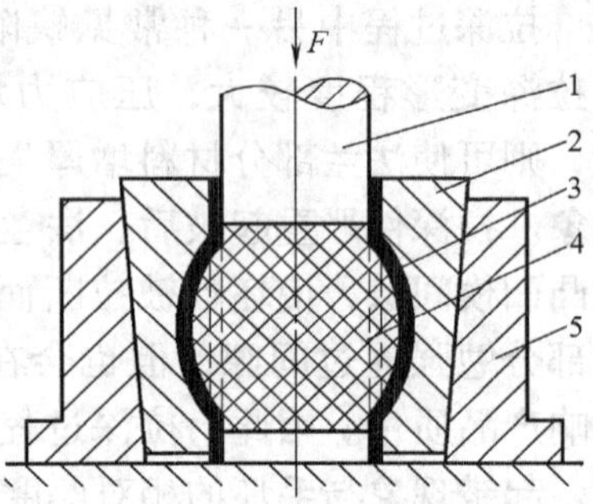

图2-70　橡胶凸模胀形
1—凸模　2—凹模　3—毛坯　4—橡胶　5—外套

(4) 翻边　翻边是在带孔的平坯料上用扩孔的方法使板料沿一定的曲率翻成直立边缘的冲压成形方法（图2-71）。在翻边时，凸模圆角半径 $r_{凸}=(4\sim9)s$。如果翻边孔的直径超过允许值，会使孔的边缘造成破裂。其允许值用翻边系数 K_0 来衡量：

$$K_0 = d_0/d \tag{2-2}$$

式中，d_0 为翻边前的孔径尺寸；d 为翻边后的内孔尺寸。

对于镀锡铁皮，K_0 不小于0.65~0.7；对于酸洗钢，K_0 不小于0.68~0.72。

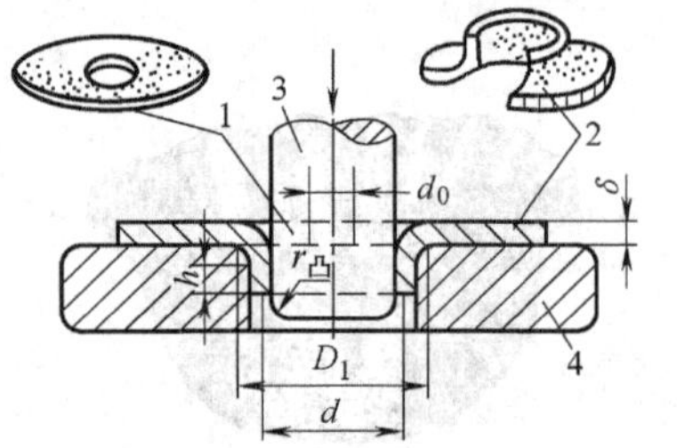

图2-71　翻边简图
1—坯料　2—翻边件　3—凸模　4—凹模

(5) 旋压　有的空心回转体件可以用旋压方法来制造。旋压是在专用旋压机上进行（图2-72），工作时先将冲裁后的坯料用顶柱1压在模型3的端部，模型通常固定在旋转卡盘4上，推动压杆2使坯料在压力作用下变形，最后获得与模型形状一样的成品。这种工艺方法无需复杂的冲模，变形力较小，但生产率较低。目前，除一般中小批量生产采用此种工艺外，某些厚板件和大型容器（锅炉、化工用的巨型罐等）的封头也采用旋压成形。

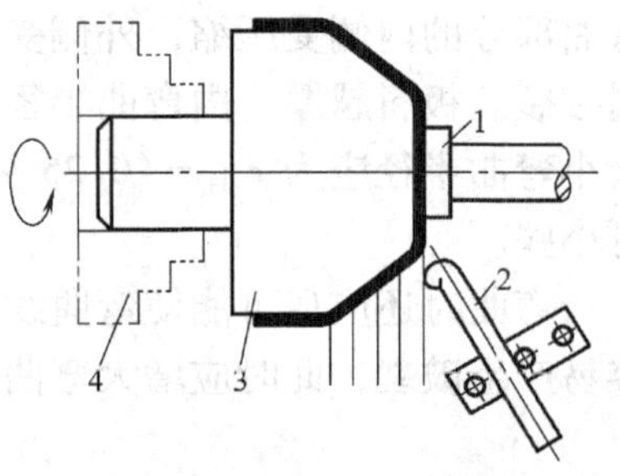

图2-72　旋压工作简图
1—顶柱　2—压杆　3—模型　4—卡盘

3. 冲模的分类和构造

冲模是冲压生产中必不可少的模具。冲模结构合理与否对冲压件质量、冲压生产的效率及模具寿命都有很大的影响。冲模基本上可分为简单冲模、连续冲模和复合冲模三种。

(1) 简单冲模　在压力机的一次冲程中只完成一个工序的冲模，称为简单冲模，如图2-73所示。冲模的凹模2用压板7固定在下模板4上，下模板用螺栓固定在压力机的工作台上。凸模1用压板6固定在上模板3上，上模板则通过模柄5与压力机的滑块连接，使凸模可随滑块作上下运动。为使凸模能对准凹模，并使凸凹模间隙保持均匀，通常设置有导柱12和导套11。条料在凹模上沿两个导板9之间送进，碰到定位销10为止。凸模冲下的零件（或废料）进人凹模孔落下，而条料则夹住凸模并随凸模一起回程向上运动。条料碰到卸料板8时（固定在凹模上）被推下。条料连续送进，重复上述动作，冲下第二个零件。

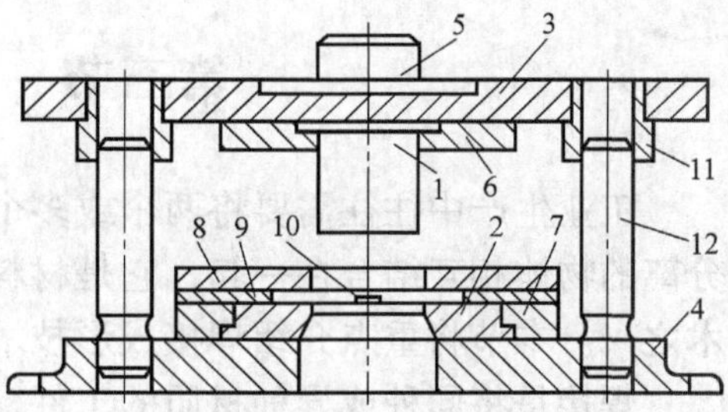

图2-73　简单冲模

1—凸模　2—凹模　3—上模板　4—下模板　5—模柄　6、7—压板　8—卸料板　9—导板　10—定位销　11—导套　12—导柱

（2）连续冲模　在压力机的一次冲程中，在模具的不同部位同时完成数道工序的模具（图2-74），称为连续冲模。工作时，上模向下运动，定位销2进入预先冲出的定位孔中使坯料定位，凸模1进行落料，凸模4进行冲孔。当上模回程时，卸料板6卸下废料。再将坯料7向前送进，进行第二次冲裁。每次送进的距离由挡料销控制。

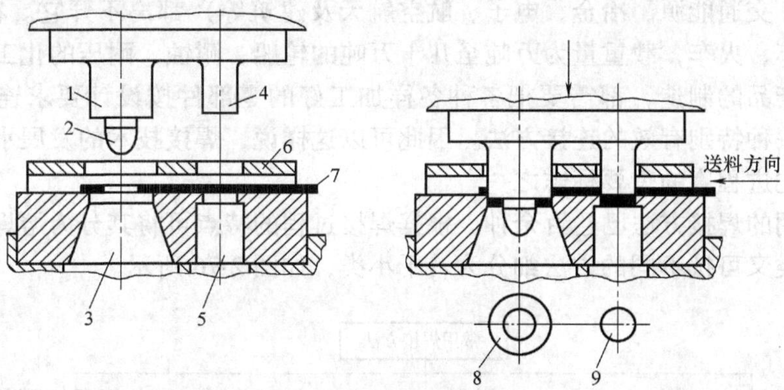

图2-74　连续冲模

1—落料凸模　2—定位销　3—落料凹模　4—冲孔凸模　5—冲孔凹模　6—卸料板　7—坯料　8—成品　9—废料

（3）复合冲模　在压力机的一次冲程中，在模具同一部位同时完成数道工序的模具（图2-75），称为复合模。复合模的最大特点是模具中有一个凸凹模1。其外圆是落料凸模刃口，内孔则成为拉深凹模。当滑块带着凸凹模向下运动时，条料首先在凸凹模和落料凹模4中落料。落料件被下模当中的拉深凸模2顶住。滑块继续向下运动时，凸凹模随之向下运动进行拉深。顶出块5和卸料板3在滑块的回程中把拉深件顶出，完成落料、拉深两道工序。复合模适用于生产批量大、精度要求较高的冲压件。

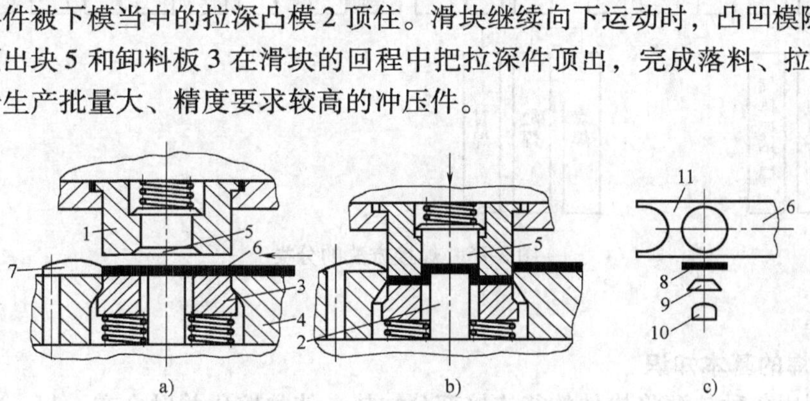

图2-75　落料拉深复合模

1—凸凹模　2—拉深凸模　3—压板（卸料板）　4—落料凹模　5—顶出块　6—条料　7—挡料销　8—坯料　9—拉深件　10—零件　11—切余坯料

第三节 金属材料的连接工艺

工业生产中往往需要将两个或多个坯料或零件连接成所需要的构件或部件。连接就是将分离的物体相互结合在一起，它是材料成形技术的重要组成部分。而焊接是连接最主要的技术之一。本节将重点介绍焊接成形技术，简要介绍其他连接技术。

焊接是将同种或异种材质的工件，通过加热、加压或二者并用，使工件达到原子间的结合而形成永久性结合的连接方法。被连接的两个物体可以是同类或不同类的金属、非金属（石墨、陶瓷、塑料等），也可以是金属与非金属。目前工业中最普遍应用的还是金属间的焊接。据不完全统计，目前全世界年产量45%的钢制件和大量的有色金属制件，都是通过焊接加工成形的。焊接技术发展到今天，几乎所有工业部门（如机械制造、造船、汽车制造、石油化工、交通能源、冶金、电子、航空航天及建筑等）都离不开它。在现代工业中，高速行驶的汽车、火车，载重量为万吨至几十万吨的轮船，耐蚀、耐压的化工设备乃至航天飞行器等工业产品的制造，都需要把各种各样加工好的零部件按设计要求连接起来制成产品，焊接就是一种特别有效的连接方法。因此可以这样说，焊接技术的发展水平是衡量一个国家科学技术先进程度的重要标志之一。

目前，常用的焊接方法已达百余种。根据焊接过程的特点可将其分为熔焊、压焊和钎焊三大类，每大类又可按不同的方法细分为若干小类，如图2-76所示。

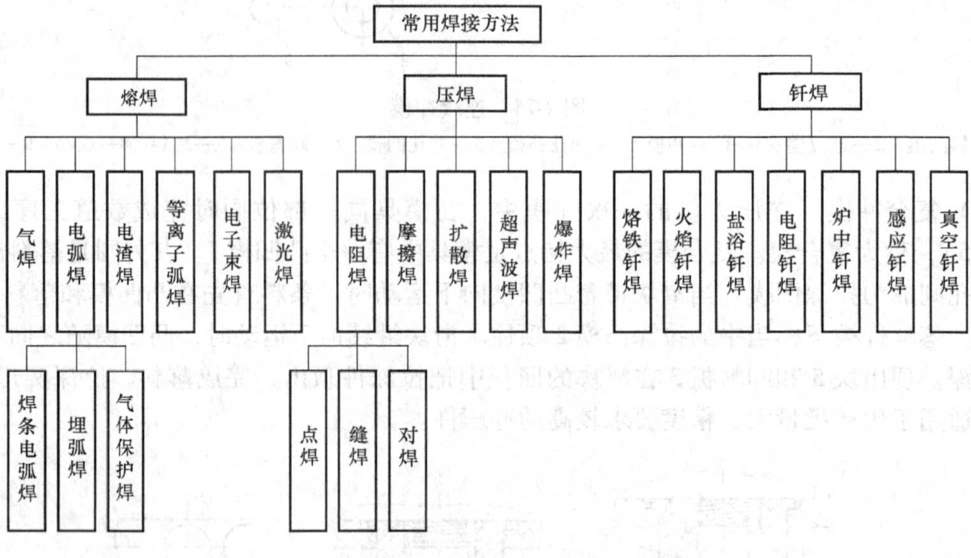

图2-76 焊接方法的分类

一、熔焊

（一）熔焊的基本知识

熔焊是利用各种热源将构件的待连接部分加热，使之熔化并融合在一起，冷却凝固后形成焊缝从而将构件连接起来的焊接方法。熔焊是最基本的焊接方法，适合于各种金属材料、任何厚度工件的焊接，焊接强度高，因而获得广泛应用，在焊接生产中占主导地位。

1. 焊接热源

焊接热源是进行焊接所必须具备的条件。现代焊接生产对于焊接热源的要求主要是：

1）能量密度高。现代焊接生产要求所用热源能量密度高，能产生足够高的温度，可以使焊接加热区域尽可能小，热量集中，并实现高速焊接，提高生产率。

2）热源性能稳定，易于调节和控制。热源性能稳定是保证焊接质量的基本条件。

3）高的热效率，降低能源消耗。尽可能提高焊接热效率、节约能源消耗有着重要的技术与经济意义。

2. 焊接热过程的特点

熔焊时对焊接区域进行加热和冷却的过程称为焊接热过程。它贯穿于焊接过程始终，对于焊接冶金、焊缝凝固结晶、母材热影响区的组织和性能、焊接应力变形以及焊接缺陷（如气孔、裂纹等）的产生都有着重要的影响。

焊接热过程包括工件的加热、热传递及冷却三个阶段，具有如下特点：

1）加热的局部性。熔焊过程中，高度集中的热源仅作用在焊接接头部位。工件上受到热源直接作用的范围很小。由于焊接加热的局部性，工件上的温度分布很不均匀，特别是在焊缝附近，温差很大，会带来热应力和变形等问题。

2）焊接热源的移动性。焊接时热源沿着一定方向移动而形成焊缝，焊缝处的金属被连续加热熔化，又不断冷却凝固。因此，焊接熔池的冶金过程和结晶过程均不同于炼钢和铸造时的金属熔炼和结晶过程。同时，移动热源在工件上所形成的是一种准稳定温度场，理论计算也比较困难。

3）极高的加热速度和冷却速度。由于焊接加热的局部性，在高度集中热源作用下，瞬时可将大量热能传给工件，加热速度极快，该区温度迅速升高。而由于热源的移动性和周围冷金属的作用，当焊接热源逐渐远离时，该区又会迅速冷却降温，冷却速度也很高。

（二）熔焊方法

1. 电弧焊

电弧焊包括焊条电弧焊、埋弧焊和气体保护焊。它是利用电弧产生的热量使工件结合处的金属成熔化状态，互相融合，冷凝后结合在一起的一种焊接方法。所需设备简单，操作灵活，是生产中使用最广泛的一种焊接方法。

（1）焊接电弧　所谓焊接电弧，是指在具有一定电压的两电极间或电极与工件之间的气体介质中产生的强烈而持久的放电现象，即在局部气体介质中有大量电子流过的导电现象。

1）电弧的产生。产生电弧的电极可以是金属丝、焊条、钨丝、碳棒。焊接电弧的构造如图 2-77 所示。焊接电弧由阳极区、阴极区和弧柱组成。阳极区和阴极区在电弧长度方向上的尺寸均很小（10^{-4}~10^{-5} cm），故电弧长度也称弧柱长度。

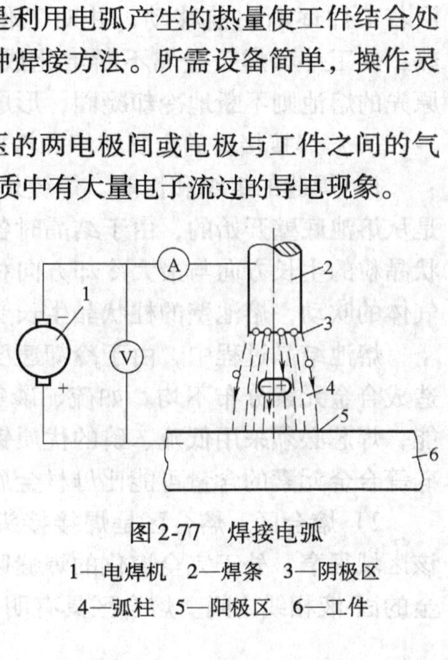

图 2-77　焊接电弧

1—电焊机　2—焊条　3—阴极区　4—弧柱　5—阳极区　6—工件

焊接时，由于焊条（或焊丝）与工件之间具有电压，当它们相互接触时，相当于焊接回路短接，由于接触点很小，短路电流很大，产生大量电阻热，使金属熔化，甚至蒸发、汽化，引起强烈的电子发射和气体电离。此时，提起焊炬，使焊条（或焊丝）与工件之间有一段距离（3～4mm），由于电源电压的作用，能形成很强的电场，并促使电子发射产生；同时，加速气体的电离，使带电粒子在电场作用下，向两极运动。当电弧焊电源不断地供给电能，新的带电粒子不断得到补充，便形成连续燃烧的电弧。

2）电弧构造。引燃电弧后，弧柱中充满高温电离气体，并放出大量的热能和强烈的光。电弧的热量与焊接电流和电弧电压的乘积成正比，电流越大，电弧产生的热量就越大。在一般情况下，阴极区因放出大量的电子，消耗了一部分能量，所以产生的热量相对较少，约占36%；而阳极区因为阳极表面受到高速电子的撞击，电弧产生的热量较多，约占总热量的43%；其余21%的热量是在弧柱中产生的。如用碳钢焊条焊接钢材时，阳极区平均温度约为2600K，阴极区平均温度约为2400K，电弧中心区温度最高，可达6000～8000 K。

由于电弧产生的热量在阳极和阴极上有一定的差异，使用直流电源焊接时，有正接和反接两种接线方法。当工件厚度较大，要求较大热量、迅速熔化时，应将工件接电源正极，焊条接负极，这种接法称为正接法；当要求熔深较小，焊接薄钢板及有色金属时，宜采用反接法，即将焊条接正极，工件接负极。

使用交流电焊机（弧焊变压器）焊接时，因为电极每秒钟正负变化多达100次，所以两级加热温度一样，都在2500 K左右，不存在正接和反接问题。

（2）电弧焊焊接过程　典型焊条电弧焊的焊接过程如图2-78所示。焊条与被焊工件之间燃烧产生的电弧热使工件和焊条同时熔化成为熔池。药皮燃烧产生的CO_2气流围绕电弧周围，连同熔池中浮起的熔渣可阻挡空气中的氧、氮等的浸入，对熔池金属起保护作用。电弧焊的冶金过程如同在小型电弧炼钢炉中进行炼钢，焊接熔池中进行着熔化、氧化还原、造渣、精炼和渗合金等一系列的物理、化学过程。电弧焊过程中，电弧沿着工件逐渐向前移动，并对工件局部进行加热，使工件和焊条金属不断熔化成为新的熔池，原先的熔池则不断地冷却凝固，形成连续焊缝。

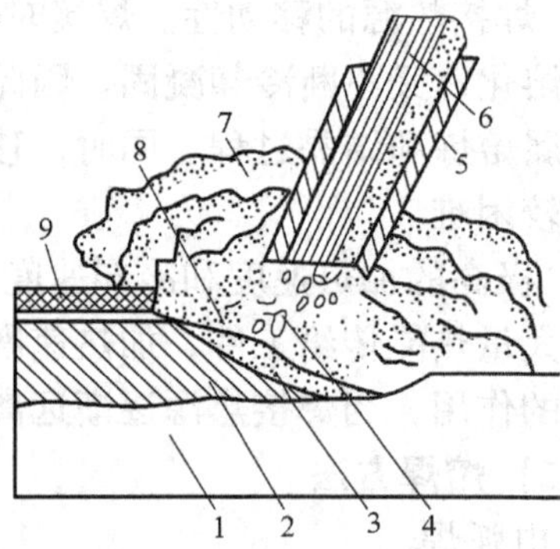

图2-78　低碳钢焊条电弧焊焊接过程

1—工件　2—焊缝　3—熔池　4—金属熔滴　5—药皮　6—焊芯　7—气体　8—熔融熔渣　9—固态渣壳

（3）焊接接头的金属组织和性能　熔焊的焊接接头由焊缝区、熔合区和热影响区组成。

1）焊缝的组织和性能。焊缝是由熔池金属结晶形成的工件结合部分。焊缝金属的结晶是从熔池底壁开始的，由于结晶时各个方向的冷却速度不同，因而形成的晶粒是柱状晶，柱状晶粒的生长方向与最大冷却方向相反，垂直于熔池底壁。由于熔池金属受电弧吹力和保护气体的吹动，熔池壁的柱状晶生长受到干扰，使柱状晶呈倾斜状，晶粒有所细化。

熔池结晶过程中，由于冷却速度很快，已凝固的焊缝金属中的化学成分来不及扩散，易造成合金元素分布不均。如硫、磷等有害元素易集中到焊缝中心区，将影响焊缝的力学性能，焊芯必须采用低硫、磷的优质钢材。此外由于焊接材料的渗合金作用，焊缝金属中锰、硅等合金元素的含量可能比母材金属要高，所以焊缝金属的力学性能可能高于母材金属。

2）熔合区。熔合区是焊接接头中焊缝金属向热影响区过渡的区域，又称为半熔化区。该区域很窄，处于完全熔化的焊缝区和完全不熔化的热影响区之间。熔合区的加热温度在合金的固-液相线之间。熔合区具有明显的化学不均匀性，会引起组织不均匀，其组织特征为少量铸态组织和粗大的过热组织，因而塑性差，强度低，脆性大，易产生焊接裂纹和脆性断裂，是焊接接头最薄弱的环节之一。

3）热影响区的组织和性能。热影响区是在电弧热的作用下，焊缝两侧处于固态的母材发生组织和性能变化的区域。由于焊缝附近各点受热情况不同，其组织变化也不同。不同类型的母材金属，热影响区各部位也会产生不同的组织变化。图 2-79 所示为低碳钢焊接时热影响区组织变化示意图。按组织变化特征，其热影响区可分为过热区、正火区和部分相变区。

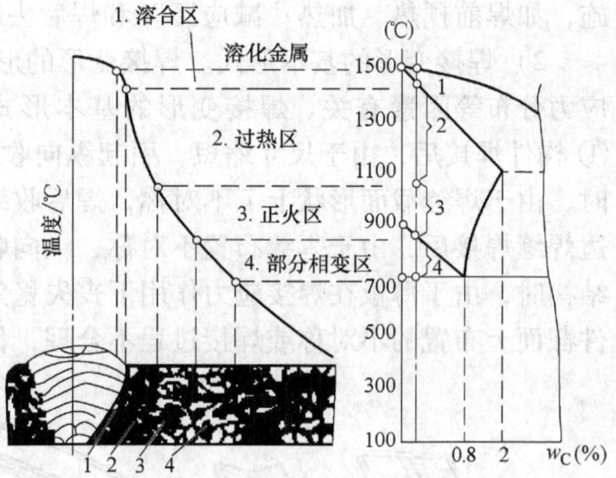

图 2-79　焊接接头的组织变化

过热区紧靠熔合区，低碳钢过热区的最高加热温度为 1100℃至固相线之间，母材金属加热到这个温度时，结晶组织全部转变成奥氏体，奥氏体急剧长大，冷却后得到过热粗晶组织，因而，过热区的塑性和冲击韧度很低。焊接刚度大的结构和碳质量分数较高的易淬火钢材时，易在此区产生裂纹。

正火区紧靠过热区，是焊接热影响区内相当于受到正火热处理的区域。一般情况下，焊接热影响区内正火区的力学性能高于未经热处理的母材金属。

部分相变区紧靠正火区，是母材金属处于 $Ac_1 \sim Ac_3$之间的区域，加热和冷却时，该区结晶组织中只有珠光体和部分铁素体发生重结晶转变，而另一部分铁素体仍为原来的组织形态。因此，已相变组织和未相变组织在冷却后晶粒大小不均匀对力学性能有不利影响。

4）改善焊接接头组织性能的方法。焊接热影响区在焊接过程中是不可避免的。低碳钢焊接时因其塑性很好，热影响区较窄，危害性较小，焊后不进行处理就能保证正常使用。但对于重要的碳钢结构件、低合金钢结构件，则必须注意热影响区带来的不利影响。为消除其影响，一般采用焊后正火处理，使焊缝和焊接热影响区的组织转变为均匀的细晶结构，以改善焊接接头的性能。对焊后不能进行热处理的金属材料或构件，则只能通过正确选择焊接材料、焊接方法与焊接工艺，来减少焊接接头内不利区域的影响，以达到提高焊接接头性能的目的。

（4）焊接应力与变形　焊接过程中的局部加热和冷却，使焊接区的膨胀和收缩受周围冷金属的制约，必然产生焊接应力、变形或裂纹等缺陷。

焊接应力与焊接变形是直接影响焊接结构性能、安全可靠性和制造工艺性的重要因素。它会导致在焊接接头中产生冷、热裂纹等缺陷，在一定的条件下还会对结构的断裂特性、疲劳强度和形状、尺寸精度有不利的影响。在构件制造过程中，焊接变形会引起正常工艺流程中断。因此掌握焊接应力与变形的产生规律，了解其作用与影响，采取措施控制或消除，对于焊接结构的完整性设计和制造工艺方法的选择以及运行中的安全评定都有重要意义。

在焊接过程中，对工件进行局部不均匀加热和冷却是产生焊接应力和变形的根本原因。

1）减少与消除焊接应力的措施。焊接时，工件不可避免要产生内应力。当焊缝及被焊工件的塑性较好时，如低碳钢结构件，焊接应力的危害是不大的。但当焊接中碳钢、合金钢、高合金钢或铸铁时，内应力将使焊缝及热影响区内产生裂纹。因此，必须采取技术措施以减少内应力。首先，在设计焊接结构时，应尽可能选用塑性好的材料，减少焊缝数量、长度和截面尺寸，避免焊缝密集和交叉；其次在施焊时应确定合理的焊接顺序及必要的工艺措施，如焊前预热、加热“减应区”和焊后去应力退火方法等措施。

2）焊接变形的基本形式。焊接变形的形式与焊接件结构形状、焊缝布置、焊接工艺及应力分布等因素有关。焊接变形的基本形式如图 2-80 所示，或者是这几种形式的组合：① 构件焊接后，由于尺寸缩短，引起纵向收缩和横向收缩（图 2-80a）；② V 形坡口对接焊时，由于焊缝截面形状上下不对称，焊后收缩不均而引起角变形（图 2-80b）；③ T 形和单边焊缝焊接后，由于焊缝布置不对称，纵向收缩引起弯曲变形（图 2-80c、d）；④ 焊接薄板结构时，由于薄板在焊接应力作用下丧失稳定性而引起波浪变形（图 2-80e）；⑤ 焊缝在构件截面上布置的不对称或焊接过程不合理，使工件产生扭曲变形（图 2-80f）。

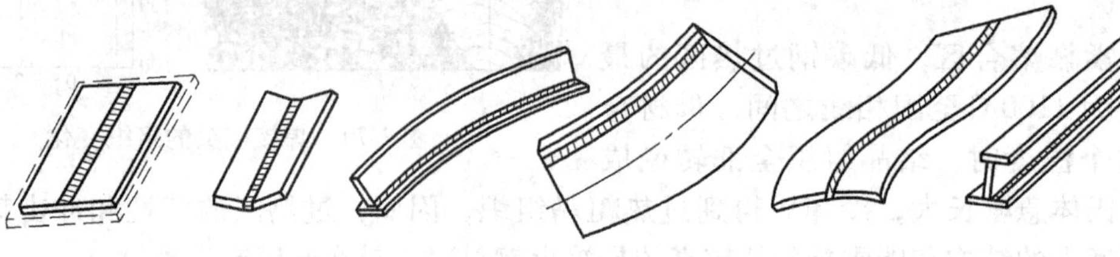

图 2-80 焊接变形的基本形式

a）纵向收缩和横向收缩 b）角变形 c）、d）弯曲变形 e）波浪变形 f）扭曲变形

3）防止和减少焊接变形的措施。工件设计时，在保证结构有足够承载能力的情况下，尽量减少焊缝数量、焊缝长度及焊缝截面积；要使结构中所有焊缝尽量处于对称位置。厚大件焊接时，应开两面坡口进行焊接，避免焊缝交叉或密集。尽量采用大尺寸板料及合适的型钢或冲压件代替板材拼焊，以减少焊缝数量，减少变形。

焊接工艺上，采用反变形法可有效地减小焊接变形，如图 2-81 所示；在焊接过程中，选择合理的焊接顺序也能大大减少变形。选择焊接顺序的主要原则是尽量使焊缝自由收缩而不受较大的拘束。主要选择方法有：先焊收缩量较大的焊缝；先焊工作时受力较大的焊缝，使其预承受压应力；拼焊时，先焊错开的短焊缝，后焊直通的长焊缝；对于对称焊缝的焊接，应设法使两侧焊缝的收缩能互相抵消或减弱。图 2-82 所示的拼板件，宜先焊错开的短焊缝，再焊直通的长焊缝，使短焊缝有较大的横向收缩余地，从而减小残留应力。

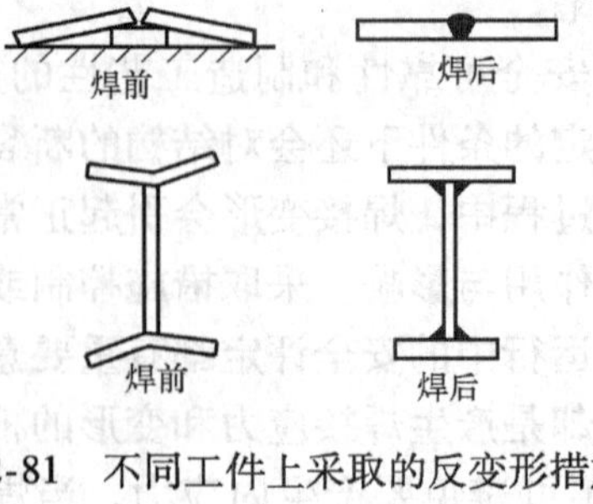

图 2-81 不同工件上采取的反变形措施

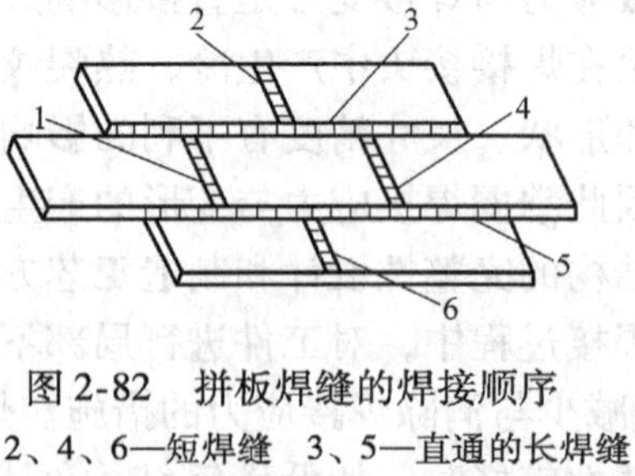

图 2-82 拼板焊缝的焊接顺序

1、2、4、6—短焊缝 3、5—直通的长焊缝

焊后对焊接构件局部火焰加热，可矫正焊接中的变形。在该方法中，加热部位金属的膨

胀受周围冷金属的约束，产生压缩塑性变形，在冷却过程中，加热部位的收缩将使工件产生挠曲，从而矫正工件变形。图 2-83 给出了在刚性较好的构件上（如焊接工字梁、带纵缝的管件）局部加热以矫正焊接变形的部位。

对某些刚度较大的焊接构件，除采用火焰矫正外，也可采用机械法矫正。机械矫正法利用外力使结构产生与焊接变形方向相反的塑性变形，使两者相抵消，达到消除焊接变形的目的。此法的缺点是引起冷作硬化，降低了材料的塑性。图 2-84 所示为采用加压机构矫正工字梁挠曲变形的例子。

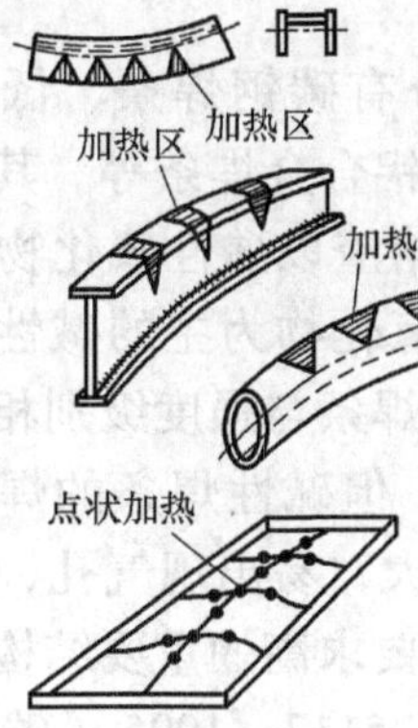

图 2-83　火焰局部加热矫正焊接变形

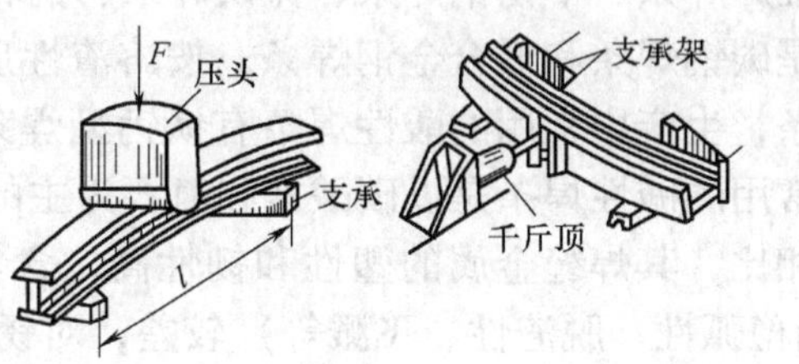

图 2-84　采用加压机构矫正工字梁的挠曲变形

（5）焊条电弧焊　焊条电弧焊是利用电弧作为热源，用手工操纵焊条进行焊接的方法，是工业生产中应用最广泛的焊接方法之一。与其他熔焊方法相比具有操作灵活、待焊接头装配要求低、可焊金属材料广、焊接生产率低和焊缝质量依赖性强等特点。

1）操作灵活。焊条电弧焊设备简单、移动方便，可实现平焊、立焊、横焊、仰焊等各种空间位置和对接、搭接、角接、T 形接头等各种接头的焊接。无论是在车间内，还是在野外施工现场均可采用。对于复杂结构、不规则形状的构件以及单件、非定型结构的制造，由于可以不用辅助工装、变位器、胎夹具等就可以焊接，故焊条电弧焊的优越性显得尤为突出。

2）待焊接头装配要求低。由于焊接过程由焊工手工控制，可以适时调整电弧位置和运条姿势，修正焊接参数，以保证跟踪接缝和均匀熔透。因此，对焊接接头的装配精度要求相对较低。

3）可焊金属材料广。焊条电弧焊广泛应用于低碳钢、低合金结构钢的焊接。如选配相应的焊条，焊条电弧焊也常用于不锈钢、耐热钢、低温钢等合金结构钢的焊接，还可用于铸铁、铜合金、镍合金等材料的焊接，以及耐磨损、耐蚀等特殊使用要求的构件进行表面层堆焊。

4）焊接生产率低。焊条电弧焊与其他电弧焊相比，由于其使用的焊接电流小，焊条需及时更换，以及因清渣需停止焊接等，故焊接生产率低，劳动强度大。

5）焊缝质量依赖性强。虽然焊接接头的力学性能可以通过选择与母材力学性能相当的焊条来保证，但焊缝质量很大程度上依赖于焊工的操作技能及现场发挥，甚至焊工的精神状态也会影响焊缝质量。

焊条的组成及其作用，焊条的种类、型号和牌号，以及焊条的选用原则如下：

1）焊条的组成及其作用。焊条由焊芯和涂层（药皮）组成。焊芯的作用一是作为电极，起导电作用，产生电弧提供焊接热源；二是作为填充金属，与熔化的母材共同形成焊缝。因此，可通过焊芯调整焊缝金属的化学成分。焊芯采用的是焊接专用金属丝（称焊丝），如结构钢焊条的焊芯应符合国家标准 GB/T 14957—1994《熔化焊用钢丝》的要求；焊条药皮对保证焊缝质量极为重要。药皮的组成物按其作用分，有稳弧剂、造气剂、造渣剂、脱氧剂、合金剂和粘结剂等，在焊接过程中能稳定电弧燃烧，防止熔滴和熔池金属与空气接触，防止高温的焊缝金属被氧化，进行焊接冶金反应，去除有害元素，增添有用元素等，以保证焊缝具有良好的成形性和合适的化学成分。

2）焊条的种类、型号和牌号。焊条的种类按化学成分划分有碳钢焊条、低合金钢焊条、堆焊焊条、不锈钢焊条、铸铁焊条、铜和铜合金焊条、铝和铝合金焊条等。其中应用最多的是碳钢焊条和低合金钢焊条。按熔渣性质分为两大类：① 熔渣以酸性氧化物为主的酸性焊条，生产中常用的酸性焊条有钛钙型焊条；② 熔渣以碱性氧化物为主的碱性焊条，生产中常用的碱性焊条是以碳酸盐和氟石为主的低氢型焊条。碱性焊条与强度级别相同的酸性焊条相比，其焊缝金属的塑性和韧性高，含氢量低，抗裂性强。但碱性焊条的焊接工艺性（包括稳弧性、脱渣性、飞溅等）较差，对锈、油、水的敏感性大，易出现气孔，并且产生的有毒气体和烟尘多。因此，碱性焊条适用于对焊缝塑性、韧性要求高的重要结构。

焊条型号是国家标准中的焊条代号。碳钢焊条型号见 GB/T 5117—1995《碳钢焊条》，如 E4303、E5015、E5016 等。“E” 表示焊条；前两位数字表示熔敷金属抗拉强度最小值，单位为 kgf/mm^2（$1kgf/mm^2=9.8MPa$）；第三位数字表示焊条的焊接位置，如“0”及“1”表示焊条适用于全位置焊接，“2”表示适用于平焊及平角焊，“4”表示适合于向下立焊；第三和第四位数字组合时表示焊接电流种类及药皮类型，如“03”为钛钙型药皮，交流或直流正、反接；“15”为低氢钠型药皮，直流反接。

3）焊条的选用原则。通常根据工件化学成分、力学性能、抗裂性、耐蚀性以及高温性能等要求，选用相应的焊条种类，再考虑焊接结构形状、受力情况、焊接设备条件和焊条售价来选定具体型号。① 低碳钢和低合金钢构件，一般都要求焊缝金属与母材的抗拉强度按“等强度”原则选用焊条；② 同一强度等级的酸性焊条或碱性焊条的选用，要根据工件的结构形状（简单或复杂）、钢板厚度、载荷性质（静载或动载）和钢材的抗裂性能而定。通常对于要求塑性好、冲击韧度高、抗裂能力强或低温性能好的结构，要选用碱性焊条。如果构件受力不复杂、母材质量好，应尽量选用较经济的酸性焊条；③ 低碳钢与低合金钢焊接，可按异种钢接头中强度较低的母材来选用相应的焊条；④ 焊接不锈钢或耐热钢等有特殊性能要求的钢材，应选用专用的不锈钢焊条和耐热钢焊条，以保证焊缝的主要化学成分和性能与母材相同。

（6）埋弧焊　埋弧焊是电弧在颗粒状焊剂层下燃烧的自动电弧焊接方法。埋弧焊是目前广泛使用的一种生产效率较高的机械化焊接方法。

埋弧焊的焊接过程如图 2-85 所示。焊接时电源的两极分别接在导电嘴和工件上，焊丝由送丝机构送进，通过导电嘴与工件接触，焊剂通过软管均匀撒落在焊缝上，掩盖住焊丝和工件接触处。接通电源后，向上抽回焊丝可引燃电弧。电流经过导电嘴、焊丝与工件构成焊接回路。电弧在焊剂层下燃烧，使焊丝、母材和部分焊剂熔化，形成一个较大的熔池，并进行冶金反应。电弧周围的颗粒状焊剂被熔化成熔渣，少量焊剂和金属蒸发形成蒸气，在蒸气压力作用下，气体将电弧周围的熔渣排开，形成一个封闭的熔渣泡，如图 2-86 所示。它有一定的粘度，能承受一定的压力。因此，被熔渣泡包围的熔池金属与空气隔离，同时也防止了金属的飞溅和电弧热量的损失。随着焊接的进行，电弧向前移动，焊丝不断送进，熔化后的金属逐渐冷却凝固形成焊缝。熔化的焊剂覆盖在焊缝金属上形成壳层。最后，断电熄弧，整个焊接过程完成。未熔化的焊剂经回收处理后，可重新使用。

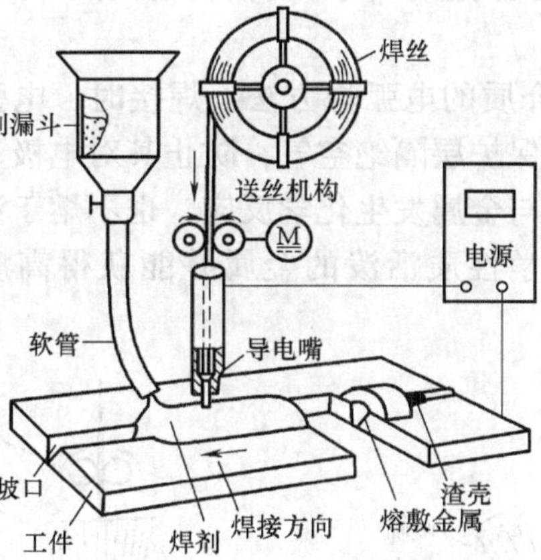

图 2-85　埋弧自动焊过程示意图

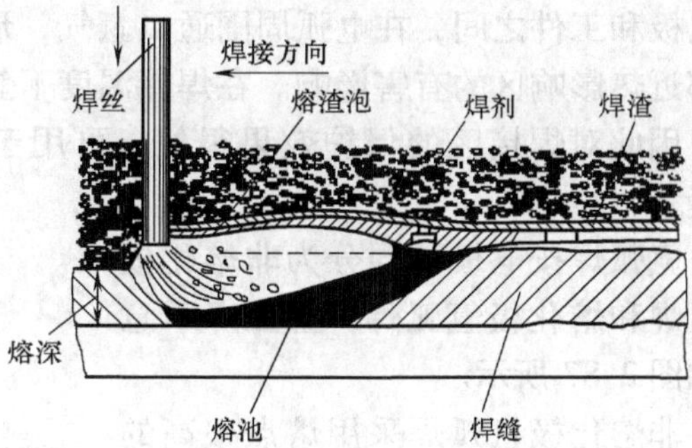

图 2-86　埋弧焊的纵截面图

与焊条电弧焊相比，埋弧焊具有如下特点：

1）生产率高。埋弧焊节省了更换焊条的时间，允许使用比焊条电弧焊大得多的电流，使其焊接速度大大提高，最高可达 60～150m/h，故埋弧焊与焊条电弧焊相比有更高的生产率。

2）焊缝质量高而且稳定。埋弧焊时电弧及熔池均处在焊剂与熔渣的保护之中，且焊剂的存在也使熔池金属凝固速度减缓，冶金过程进行得较为完善，气体与杂质易于浮出。此外，焊接参数自动控制调节，保持稳定，焊接质量高且稳定，焊缝成形美观。

3）焊接成本较低。埋弧焊使用的焊接电流大，可获得较大的熔深，20～25mm 以下的工件可不开坡口进行焊接。又由于焊接时金属飞溅极少，没有焊条头的损失，节约了填充金属。此外，埋弧焊的热量集中，热效率高，故在单位长度焊缝上所消耗的电能也大大减少。

4）劳动条件好。由于埋弧焊实现了焊接过程的机械化，操作较简便，大大减轻了焊工的劳动强度；另外，埋弧焊时电弧在焊剂层下燃烧，没有弧光的有害影响，焊接烟尘和有害气体也较少，所以焊工的劳动条件大为改善。

5）难以在空间位置施焊。因为采用颗粒状焊剂，而且埋弧焊的熔池也比焊条电弧焊要大得多，为保证焊剂、熔池金属和熔渣不流失，埋弧焊通常只适用于平焊或倾斜度不大的位置焊接。其他位置的埋弧焊须采用特殊措施保证焊剂能覆盖焊接区时才能进行焊接。

6）对焊件装配质量要求高。由于操作人员不能直接观察电弧与坡口的相对位置，当工件装配质量不好时易焊偏而影响焊接质量。因此，埋弧焊时工件装配必须保证接口中间隙均匀、工件平整无错边。

7）不适合焊接薄板和短焊缝。由于埋弧焊的焊接电流较大，因而不适合焊接太薄的工件；另外，埋弧焊受焊接小车的限制，机动灵活性差，一般只适合焊接长直焊缝或大圆弧焊缝，对于焊接弯曲、不规则焊缝或短焊缝则比较困难。

(7) 气体保护焊　气体保护焊是利用外加气体作为电弧介质并保护电弧和焊接区的电弧焊。用作保护介质的气体有氩气、氦气、二氧化碳以及这些气体的混合气。常用的是氩气和二氧化碳。

气体保护焊属明弧焊接，电弧和熔池可见性好，便于监视焊接过程，可进行全位置焊接，没有熔渣，多层焊时可节省大量清渣工作而大大提高生产率。另外，气体保护焊电弧热量集中，因而焊接热影响区窄，工件变形小。

1）氩弧焊。氩弧焊是以惰性气体氩气作为保护介质的电弧焊方法。焊接时，电弧发生在电极和工件之间，在电弧周围通以氩气，形成气体保护层隔绝空气，防止其对电极、熔池及邻近热影响区的有害影响。在焊接温度下氩气既不与金属发生化学反应，也不熔于液态金属，因此对焊接区的保护效果很好，可用于焊接化学性质活泼的金属并能获得高质量的焊缝。

氩弧焊按电极不同分为非熔化极氩弧焊和熔化极氩弧焊，氩弧焊示意图如图 2-87 所示。

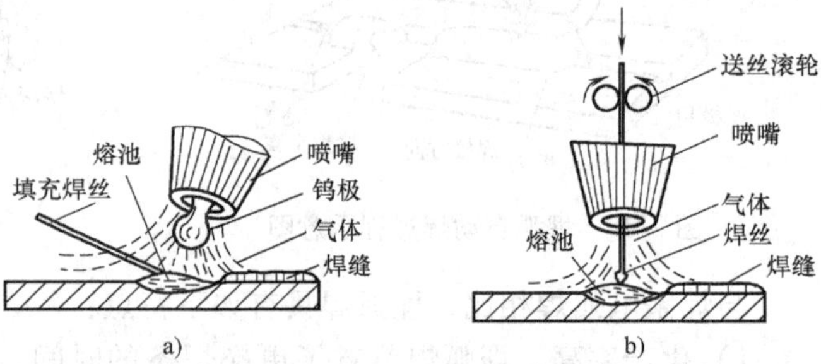

图 2-87　氩弧焊示意图
a）非熔化极　b）熔化极

非熔化极氩弧焊采用熔点很高的钍钨棒作为电极，所以又称钨极氩弧焊。焊接时钍钨棒本身不熔化，只起导电和产生电弧的作用，填充焊丝在电弧前方添加。使用非熔化极氩弧焊焊接钢材时，多用直流电源正接，以减少钨极的烧损。焊接铝、镁及其合金时，采用直流反接或交流电源，当铝工件为阴极时，因极间正离子撞击工件熔池表面，可使氧化膜破碎，有利于工件金属熔合和保证焊接质量。

与其他焊接方法相比，非熔化极氩弧焊除具有气体保护焊的共同优点外还具有如下特点：

① 可焊金属种类多。几乎可用于所有钢材、有色金属及其合金的焊接，特别适用于其他焊接方法不易焊接的化学性质活泼的金属及其合金的焊接。

② 适应能力强。钨极电弧稳定，即使在很小的焊接电流下也能稳定燃烧；不会产生飞溅，焊缝成形美观；热源和焊丝可分别控制，因而热输入量容易调节，特别适合于薄件、超薄件的焊接，容易实现单面焊双面成形，易于实现机械化和自动化焊接。

③ 焊接生产率低。钨极承载电流能力较差，过大的电流会引起钨极熔化和蒸发，其颗粒会进入熔池，造成夹钨。因而使用的电流小，焊缝熔深浅，熔敷速度慢，生产率低。一般只用于焊接厚度在 4mm 以下的焊件。

④ 生产成本较高。惰性气体较贵，与其他焊接方法相比生产成本较高。

熔化极氩弧焊用氩气作为保护气体，连续送进的焊丝既作为电极又作为填充金属，在焊接过程中焊丝不断熔化并过渡到熔池中而形成焊缝。由于用焊丝作为电极，可用较大的焊接电流，母材熔深较深，所以适于焊接厚度在 3～25mm 的工件。焊接过程可采用自动或半自动方式。自动焊适用于较规则的纵缝、环缝及水平位置的焊接；半自动焊大多用于定位焊、短焊缝、断续焊缝以及铝容器中封头、管接头、加强圈等工件的焊接。

与其他焊接方法相比，熔化极氩弧焊有如下特点：

① 焊接质量好。焊接过程稳定，变形小，飞溅极少或无飞溅。

② 焊接生产率高。由于是用焊丝作为电极，可采用大的电流密度焊接，母材熔深较深，焊丝熔化速度快，焊接大厚度铝、铜及其合金时比钨极氩弧焊的生产率高。与焊条电弧焊相比，能够连续送丝，节省材料加工工时，焊缝不需要清渣，因而生产效率更高。

③ 适用范围广。几乎所有的金属材料都可以用该方法焊接。

熔化极氩弧焊的缺点在于无脱氧去氢作用，因此对母材及焊丝上的油、锈很敏感，易形成缺陷，所以对焊接材料表面清理要求特别严格；抗风能力差，不适于在野外施焊；焊接设备也较复杂。

目前氩弧焊主要用于焊接易氧化的有色金属（如铝、镁、钛及其合金）、高强度合金、一些特殊性能合金（如不锈钢、耐热钢），以及一些要求较高的产品和厚件的打底焊。

2）二氧化碳气体保护焊（简称 CO_2焊）。这是以 CO_2气体作为保护介质的电弧焊方法。它以焊丝作为电极和填充金属，以自动或半自动方式进行焊接，实际生产中半自动 CO_2焊使用较多。CO_2气体保护焊的焊接装置如图 2-88 所示。

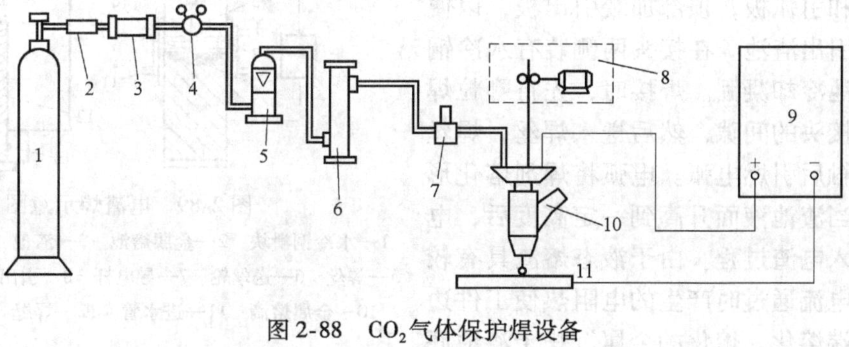

图 2-88　CO_2气体保护焊设备

1—CO_2气瓶　2—高压预热器　3—干燥器　4—减压器　5—流量计　6—低压干燥器　7—电磁气阀　8—送丝机构　9—电源控制　10—焊枪　11—工件

CO_2气体是氧化性气体，在高温下能使金属氧化，烧损合金元素，为了保证焊缝的合金成分，需要采用含锰、硅较多的焊接钢丝或含有相应合金元素的合金焊丝。如焊接低碳钢常选用 H08MnSiA 焊丝，焊接低合金钢则常选用 H08Mn2SiA 焊丝。

CO_2气体保护焊按使用焊丝直径的不同，可分为细丝 CO_2气体保护焊和粗丝 CO_2气体保护焊。细丝 CO_2气体保护焊的焊丝直径为 0.5 ~ 1.2mm，主要用于 0.8 ~ 4mm 的薄板焊接。粗丝 CO_2气体保护焊的焊丝直径为 1.6 ~ 5mm，主要用于 3 ~ 25mm 的中厚板焊接。

CO_2气体保护焊除具有气体保护焊的共同优点外，还具有如下主要特点：

① 焊接生产率高。由于焊丝送进是机械化或自动化进行，焊接电流密度较大，电弧热量利用率较高，以及焊后无需清渣，因此提高了生产率。CO_2气体保护焊的生产率比普通焊条电弧焊高 2 ~ 4 倍。

② 焊接成本低。CO_2气体来源广，价格便宜，电能消耗少，焊接成本降低。通常 CO_2气体保护焊的成本只有埋弧焊或焊条电弧焊的 40% ~ 50%。

③ 焊接变形小。由于电弧加热集中，工件受热面积小，同时 CO_2 气流有较强的冷却作用所以焊接变形小，特别适宜于薄板焊接。

④ 对铁锈敏感性小，焊缝含氢量少，抗裂性能好。

⑤ 飞溅率较大，焊缝表面成形较差。

⑥ 很难用交流电源进行焊接，焊接设备比较复杂。

⑦ 不能焊接易氧化的有色金属。

CO_2 气体保护焊是一种高效率、低成本的节能焊接方法，主要用于焊接低碳钢及低合金钢等黑色金属。目前 CO_2 气体保护焊已在汽车制造、机车和车辆制造、化工机械、农业机械、矿山机械等部门得到了广泛的应用。

2. 电渣焊

电渣焊是利用电流通过液态熔渣时所产生的电阻热作为热源，将工件和填充金属熔化，冷却凝固形成焊缝的一种熔焊方法。

电渣焊的焊接过程如图 2-89 所示。电焊前，先将工件垂直放置，在接触面之间预留 20～40mm 的间隙形成焊接接头。在接头底部加装引入板和引弧板，顶部加装引出板，以便引燃电弧和引出渣池。在接头两侧装有水冷铜滑块以利熔池冷却凝固。焊接时，先将颗粒焊剂放入焊接接头的间隙，然后送入焊丝，焊丝与引弧板接触后引燃电弧。电弧将焊剂熔化形成熔渣池。当渣池液面升高到一定高度后，电弧熄灭，进入电渣过程。由于液态熔渣具有较大的电阻，电流通过时产生的电阻热使工件边缘及焊丝末端熔化。熔化的金属沉积于渣池底部形成熔池。随着焊丝不断送进与熔化，金属熔池不断升高并将渣池上推，冷却滑块也同步上移，渣池底部则逐渐冷却凝固成焊缝。

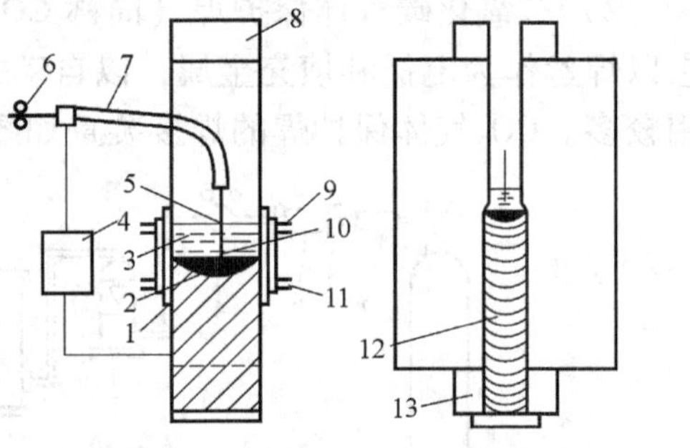

图 2-89 电渣焊示意图

1—水冷铜滑块 2—金属熔池 3—渣池 4—焊接电源 5—焊丝 6—送丝轮 7—导电杆 8—引出板 9—出水管 10—金属熔滴 11—进水管 12—焊缝 13—起焊槽

电渣焊具有生产效率高、成本低、焊接质量好、焊接应力小和热影响区大等特点。电渣焊主要用于焊接厚度大于 30mm 的厚大件。由于焊接应力小，它不仅适合于低碳钢、普通低合金钢的焊接，也适合于塑性较低的中碳钢和合金结构钢的焊接。目前电渣焊是制造大型铸-焊、锻-焊复合结构的重要技术方法。例如制造大吨位压力机、大型机座、水轮机转子和轴等。

3. 电子束焊接

电子束焊接是利用加速和聚焦的电子束轰击置于真空或非真空的工件所产生的热能进行焊接的方法。

真空电子束焊接示意图如图 2-90 所示。电子枪、工件及夹具全部装在真空室内。电子枪由加热灯丝、阴极、阳极及聚焦装置等组成。当阴极被灯丝加热到 2600K 时，能发出大量电子。这些电子在阴极与阳极（工件）间高压的作用下，经电磁透镜聚焦成电子流束，以极高速度（可达到 1.6×10^8m/s）射向工件表面，使电子的动能转变为热能，其能量密度（10^6～10^8W/cm^2）比普通电弧大 1000 倍，故使工件金属迅速熔化，甚至汽化。根据工件的熔化程度，适当移动工件，即得到要求的焊接接头。

真空电子束焊接的特点是：电子束能量密度很高，焊缝深而窄，工件热影响区、焊接变形极小；焊接质量好，焊接速度快；电子束可控性好、适应性强，既可以焊接低合金钢，不锈钢，铜、铝、钛及其合金，又可以焊接稀有金属、难熔金属、异种金属和非金属陶瓷等；大功率焊接可单道焊透200mm的钢板，也可以很小的功率焊接微小的工件。目前，真空电子束焊接的应用范围正日益扩大，从微型电子线路组件、真空膜盒、钼箔蜂窝结构，原子能燃料原件到大型导弹壳体都已采用电子束焊接。但真空电子束焊接设备复杂、造价高、使用与维护技术要求高，工件尺寸受真空室限制，对工件的清整与装配要求严格。因而，其应用也受到一定限制，一般用于有特殊要求构件的焊接。

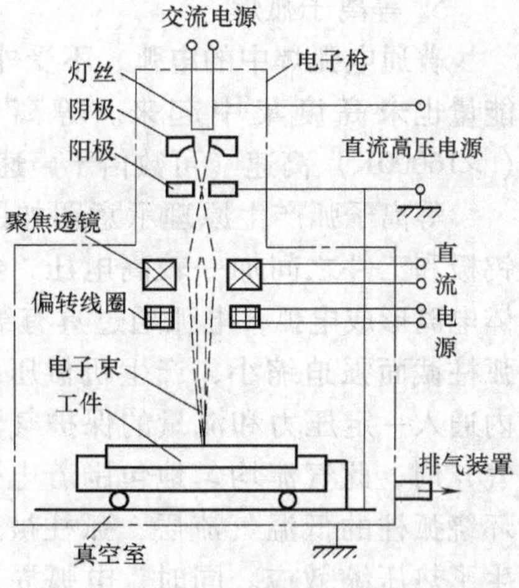

图 2-90 真空电子束焊接示意图

4. 激光焊接

激光焊接是以聚焦的激光束作为能源轰击工件所产生的热量进行熔焊的方法。激光焊接示意图如图2-91所示，其基本原理是：利用激光器受激产生的激光束，通过聚焦系统可聚焦到十分微小的焦点（光斑）上，其能量密度大于10^3 W/cm^2。当调焦到工件接缝时，光能转换为热能，使金属熔化形成焊接接头。

按激光器的工作方式，激光焊接可分为脉冲激光点焊和连续激光焊接两种。目前脉冲激光点焊已得到广泛应用。

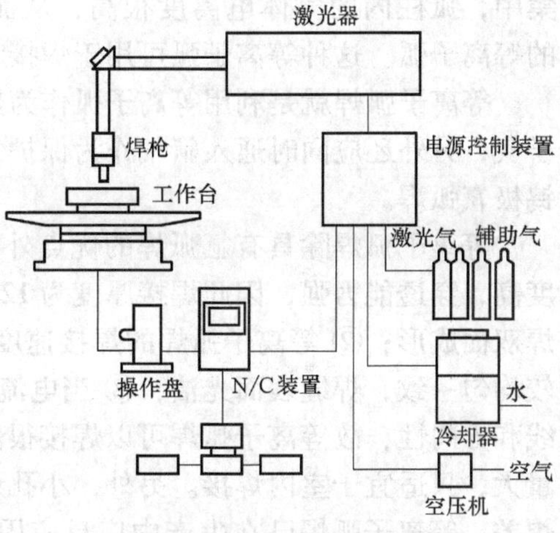

图 2-91 激光焊接示意图

激光焊接的特点是：① 激光辐射的能量释放极其迅速，点焊过程只有几毫秒。这不仅提高了生产率，而且被焊材料不易氧化。因此可以在大气中进行焊接，无需气体保护或真空环境。② 激光焊接的能量密度很高、热量集中、作用时间很短，所以焊接热影响区极小，工件不变形，特别适用于热敏感材料的焊接。③ 激光束可用反射镜或偏转棱镜将其在任何方向上进行弯曲或聚焦，可以用光导纤维引到难以接近的部位。激光还可以通过透明材料壁进行聚焦，因此可以焊接一般焊法难以接近或无法安置的焊点。④ 激光可对绝缘材料直接焊接，焊接异种金属材料也比较容易，甚至能把金属与非金属焊在一起。

激光焊接（主要是脉冲激光点焊）特别适合微型、精密、排列非常密集和热敏感材料的工件及微电子元件的焊接（如集成电路内外引线焊接，微型继电器、电容器、石英晶体的管壳封焊以及仪表游丝的焊接等）。但激光焊接设备复杂，投资大，功率较小，可焊接的厚度受到一定限制，而且操作与维护的技术要求较高，主要用于焊接不锈钢、硅钢、铜、镍、钛等金属及其合金。

5. 等离子弧焊

普通电弧焊中的电弧，不受外界约束，称为自由电弧，电弧区内的气体尚未完全电离，能量也未高度集中起来。等离子弧是经过压缩的高能量密度的电弧，它具有高温（>16000K）、高速（可数倍于声速）、高能量密度（可达 $10^5 \sim 10^6 W/cm^2$）的特点。

等离子弧产生原理示意图如图 2-92 所示。在钨极和工件之间加一较高电压，经高频振荡使气体电离形成电弧，电弧通过具有细孔道的喷嘴时，弧柱截面强迫缩小，产生机械压缩效应。向喷嘴内通入一定压力和流量的保护气流（如氮气或氩气）时，此气流均匀地包围着电弧，形成了一个环绕弧柱的低温气流层，弧柱被进一步压缩，产生了热压缩效应。同时，电弧周围存在磁场，电弧中定向运动的电子、离子流在自身磁场作用下，使弧柱被进一步压缩，这种作用为电磁压缩效应。在这三种压缩效应共同作用下，弧柱被压缩到很细的范围内，电流密度得到极大提高，能量高度集中，弧柱内的气体电离度很高，从而获得稳定的等离子弧。这种等离子弧可用于焊接和切割。

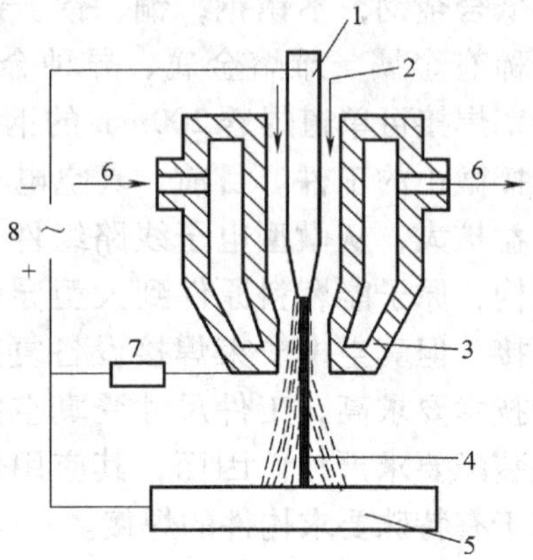

图 2-92 等离子弧产生原理示意图
1—钨极 2—等离子气 3—喷嘴 4—等离子弧 5—工件 6—冷却水 7—限流电阻 8—电源

等离子弧焊就是利用等离子弧作为热源进行焊接的一种熔焊方法。它采用氩气作为等离子气，另外还应同时通入氩气作为保护气体。因此，等离子弧焊实质上是一种有压缩效应的钨极氩弧焊。

等离子弧焊除具有氩弧焊的优点外，还有以下特点：① 等离子弧能量密度大，弧柱温度高，穿透能力强，因此焊接厚度为12mm 以下的工件可不开坡口，能一次焊透，实现单面焊双面成形；② 等离子弧焊的焊接速度高，生产率高，焊接热影响区小，焊缝宽度和高度较均匀一致，焊缝表面光洁；③ 当电流小到 0.1A 时，电弧仍能稳定燃烧，并保持良好的直线和方向性，故等离子弧焊可以焊接很薄的箔材。但是等离子弧焊设备比较复杂，气体消耗量大，只适宜于室内焊接。另外，小孔形等离子弧焊不适用于手工操作，灵活性比钨极氩弧焊差。等离子弧焊已在生产中广泛应用于铜合金、合金钢、钨、钼、钴、钛等金属工件的焊接。

二、压焊方法

利用加压（或同时加热）的方法使两工件的结合面紧密接触并产生一定的塑性变形，在原子之间结合力的作用下将它们牢固地连接起来，这类焊接方法称为压力焊。

1. 电阻焊

电阻焊又称接触焊，它是工件组合后通过电极施加压力，利用电流通过焊接接头的接触面及邻近区域时产生的电阻热将工件加热到局部熔化或塑性状态，在压力作用下形成焊接接头的压焊方法。

电阻焊按接头形式的不同，可分为定位焊、缝焊、对焊等类型。

（1）定位焊 定位焊是将工件装配成搭接接头，并压紧在两电极之间，利用电阻热熔化母材金属以形成焊点的方法。点焊时先加压使工件紧密结合，通电后在工件贴合处产生的电阻热使该处金属熔化，同时焊接区受压产生塑性变形，以阻止熔融金属流失，并使导电顺利。断电后继续保持或加大压力，使熔融金属在压力下凝固，形成组织致密的焊点，如图2-93所示。

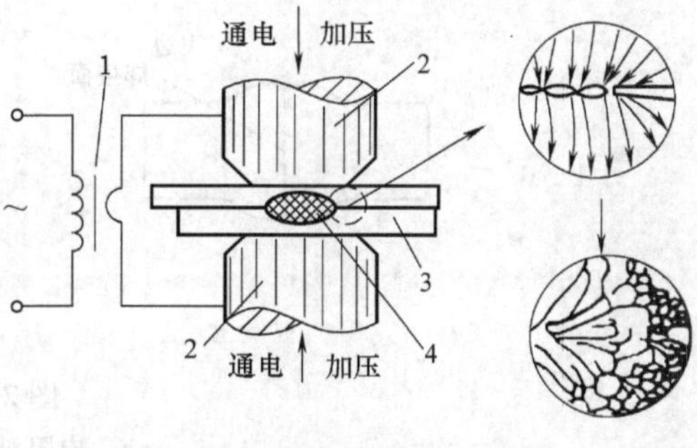

图2-93 电阻定位焊原理

1—电阻焊变压器 2—电极 3—工件 4—熔核

定位焊是一种高速、经济的焊接方法，主要用于焊接薄板冲压壳体结构及钢筋等。工件的厚度一般小于4mm，被焊钢筋直径小于25mm。定位焊可焊接低碳钢、不锈钢、铜合金及铝镁合金等材料，在飞机、汽车、火车车厢、钢筋构件、仪器、仪表等的制造中得到广泛应用。

(2) 缝焊 缝焊与定位焊原理相似，其电极为一对转动的铜滚轮。焊接时，将工件装配成搭接接头并置于两滚轮电极之间，边焊接边前进，滚轮加压工件并转动，连续或断续送电，形成一条连续焊缝，如图2-94所示。

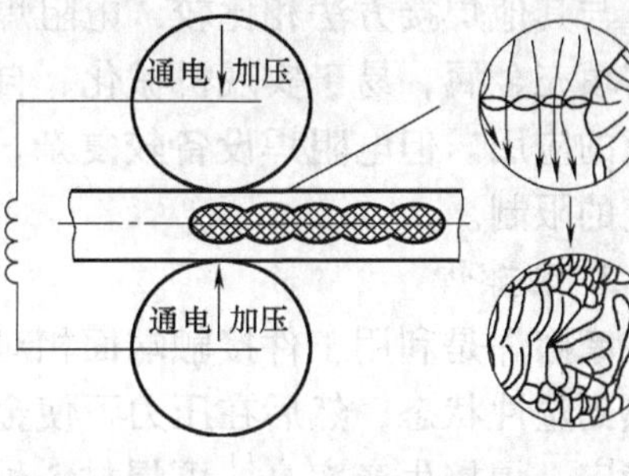

图2-94 缝焊原理

缝焊广泛应用于家用电器（电冰箱壳体等)、交通运输（汽车、拖拉机油箱等）及航空航天（火箭燃料贮箱等）工业中要求密封的薄壁结构件和管道接头的制造上，有时也用来连接普通板金件。被焊材料的厚度通常在0.1～4mm之间。

(3) 对焊 对焊是利用电阻热使两个工件以对接的形式，整个接触端面焊合的电阻焊方法。根据工艺过程的不同，又可分为电阻对焊和闪光对焊。

1) 电阻对焊。电阻对焊接头形成过程由预压、通电加热、顶锻等阶段组成。焊接时先将两个工件夹在对焊机的电极钳口中，施加预压力使两工件端面接触，并被压紧，然后通电加热。当电流通过工件和接触端面时产生电阻热，大部分热量集中在接触端面附近，因而迅速将工件接触处加热到塑性状态。断电同时对工件施加较大的顶锻力，在压力作用下使两工件的接触面产生一定量的塑性变形而焊接在一起。

电阻对焊的优点是操作过程简单，接头外形比较光滑匀称，毛刺较小（图2-95a)。缺点是接头强度和冲击值低，焊前准备工作要求高。所以一般只适用于焊接小尺寸、截面简单、强度要求不高的工件。

2) 闪光对焊。焊接时先将两工件装夹好（不接触)，再加电压，逐渐移动被焊工件使之轻微接触。由于接触面上只有某些点真正接触，当强大电流通过这些点，其电流密度很大，接触点金属被迅速熔化、蒸发，再加上电磁作用，金属液发生爆破，并以火花状射出，形成闪光现象。经多次闪光加热后，端面均匀达到半熔化状态，同时多次闪光把端面的氧化物已清除干净，这时断电加压顶锻，形成焊接接头。

闪光对焊接头的力学性能较高，焊前对端面加工要求较低，常用于焊接重要零件。闪光对焊接头外表有毛刺（图2-95b)，需焊后清理。闪光对焊可焊同种金属材料，也可以焊异种金属材料，如钢与铜、铝与铜等。可焊直径0.01mm的金属丝，也可焊截面积为0.1m^2的钢坯。

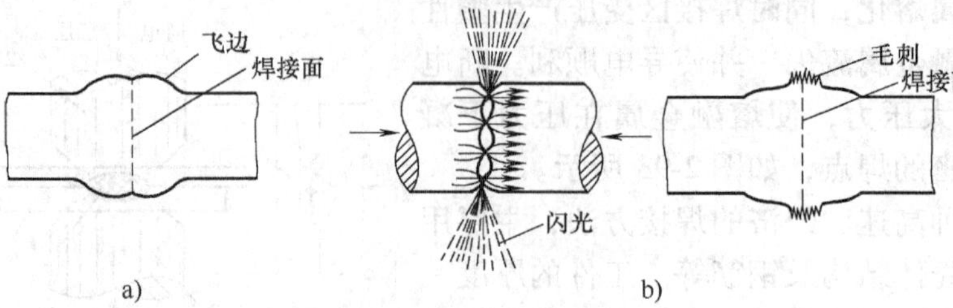

图 2-95 对焊接头形状
a）电阻对焊接头 b）闪光对焊接头

对焊主要用于刀具、钻头、钢筋、锚链、导线、车圈、钢轨、管道等的焊接。

与其他焊接方法相比较，电阻焊具有生产率高，被焊工件变形小，劳动条件好，焊接时无需填充金属，易于实现机械化、自动化等特点。因此，在成批生产的工业部门中得到日益广泛的应用。但电阻焊设备较复杂，耗电量大，对接头型式与可焊工件厚度（或断面）有一定的限制。

2. 摩擦焊

摩擦焊是利用工件接触端面相对旋转运动中的互相摩擦产生的热量为热源，将工件端面加热到塑性状态，然后在压力下使金属连接在一起的焊接方法。摩擦焊具有焊接接头质量好且稳定、焊接生产率高、可焊材料种类广泛、焊机设备简单、功率小和电能消耗低等特点。

摩擦焊的焊接过程如图 2-96 所示。焊接前，先把两工件同心地安装在焊机夹紧装置中，左工件被夹持在可旋转的夹头上高速旋转，右工件夹持在可沿轴向移动加压的夹头上向左工件靠近，与左工件端面紧密接触，并施加一定轴向压力，两工件接触面强烈相对摩擦产生热量，该表面金属加热到塑性状态时，利用制动装置使工件停止旋转，同时对接头施加较大的轴向压力进行顶锻，使两工件产生塑性变形而焊接在一起。

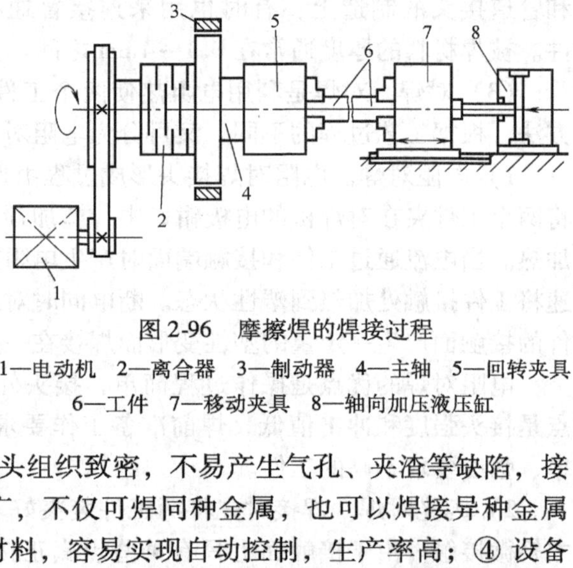

图 2-96 摩擦焊的焊接过程
1—电动机 2—离合器 3—制动器 4—主轴 5—回转夹具 6—工件 7—移动夹具 8—轴向加压液压缸

摩擦焊的特点为：① 在摩擦过程中，工件接触表面的氧化膜与杂质被清除，因此接头组织致密，不易产生气孔、夹渣等缺陷，接头质量好而且稳定；② 可焊接的材料范围较广，不仅可焊同种金属，也可以焊接异种金属和非金属材料；③ 焊接操作简单，无需焊接材料，容易实现自动控制，生产率高；④ 设备简单，电能消耗少（只有闪光对焊的 1/15 ~ 1/10），但要求制动及加压装置控制灵敏。

摩擦焊的焊接表面可以是轴对称的圆柱体端面或者圆锥体的锥表面，但非圆形截面工件的焊接困难，也不适于加工大型盘状工件、薄壁管件和摩擦因数小、易碎的材料。由于摩擦焊的一次性投资较大，因此更适合于大量生产，主要用于汽车、拖拉机工业中批量大的杆状零件以及圆柄刀具等的焊接。

三、钎焊方法

钎焊是用比母材熔点低的合金作钎料，将工件接头和钎料同时加热到钎料熔化，使液态钎料渗入接头间隙并向接头表面扩散以实现连接的方法。

钎焊多用搭接接头，图 2-97 所示为常见的钎焊接头型式。

根据钎料熔点的不同，钎焊可分为硬钎焊和软钎焊两大类。

1. 硬钎焊

硬钎焊的钎料熔点高于 450℃，此类钎料有铜基、银基、镍基等合金。钎剂常用硼砂、硼酸和氯化物等。硬钎焊接头强度高（可大于 200MPa），适用于受力较大或工作温度较高的钢铁和铜合金构件的焊接以及工具、刀具的焊接。加热方法有火焰加热、盐浴加热、电阻加热和高频感应加热等。

2. 软钎焊

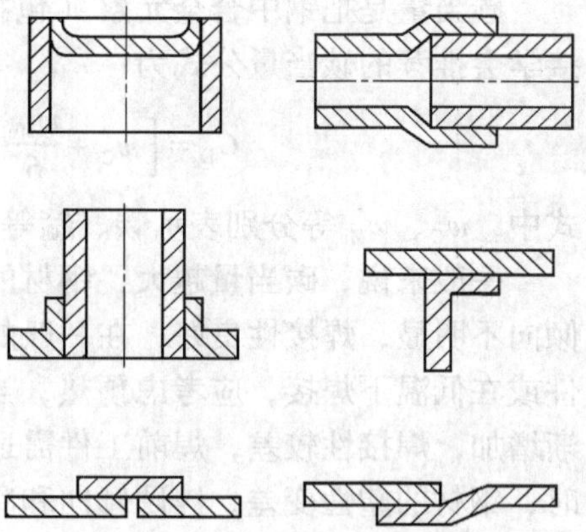

图 2-97　常见的钎焊接头型式

软钎焊的钎料熔点在 450℃以下，常用的钎料是锡铅合金，故又称锡焊，钎剂为松香或氯化锌溶液。焊接时常用烙铁或火焰加热。软钎焊接头强度低（低于 70MPa），适用于受力不大或工作温度较低的仪表、导电元件以及钢铁、铜及铜合金等制造的构件，如电子线路的焊接。

钎焊与熔化焊相比有如下优点：

1）焊接质量好。因加热温度低，工件的组织性能变化很小，工件的应力变形小，精度高，焊缝外形平整美观。适宜焊接小型、精密、装配件及电子仪表等工件。

2）生产率高。钎焊可以焊接一些其他焊接方法难以焊接的特殊结构（如蜂窝结构等）。可以采用整体加热，一次焊成整个结构的全部（几十条或成百条）焊缝。

3）用途广。钎焊不仅可以焊接同种金属，还可以焊接异种材料，甚至金属与非金属之间也可焊接（如原子反应堆中金属与石墨的钎焊，电子管的玻璃罩壳与可伐合金的钎焊等）。

钎焊也有本身的缺点，如接头强度比较低，耐热能力较差，钎焊前对工件的清洗和装配要求较高等。此外，钎料价格高，因此钎焊的成本较高。钎焊适宜于小而薄但角度要求高的零件，在机械、电机、无线电、仪表、航空、原子能、空间技术及化工、食品等部门都有应用。

四、金属材料的焊接性

（一）焊接性的概念

金属材料的焊接性是指金属材料对焊接加工的适应能力。它主要是指在一定焊接工艺条件下，一定的金属材料获得优质焊接接头的难易程度。

衡量焊接性的主要指标有两个：一是工艺焊接性，即在一定的焊接技术条件下接头产生缺陷的倾向，尤其是裂纹的倾向或敏感性；二是使用焊接性，即焊接接头在使用中的可靠性。

金属材料的焊接性与母材的化学成分、厚度、焊接方法及其他技术条件密切相关。同种金属材料采用不同的焊接方法、焊接材料、技术参数及焊接结构形式，其焊接性有较大差别。如铝及铝合金采用焊条电弧焊时，难以获得优质焊接接头，但如采用氩弧焊，则接头质量好，焊接性好。

金属材料的焊接性是生产设计、施工准备及拟定焊接过程技术参数的重要依据，因此，当采用金属材料尤其是新的金属材料制造焊接结构时，了解和评价金属材料的焊接性是非常重要的。影响金属材料焊接性的因素很多，焊接性的评价一般是通过估算或试验方法确定。对碳钢或普通低合金钢的焊接性的预测可以用碳当量等间接评价方法。

碳当量是把钢中合金元素（包括碳）的含量，按其作用换算成碳的相对含量。国际焊接学会推荐的碳当量公式为：

$$C_E = \left[w_C + \frac{w_{Mn}}{6} + \frac{w_{Cr} + w_{Mo} + w_V}{5} + \frac{w_{Ni} + w_{Cu}}{15} \right] \times 100\%$$

式中，w_C、w_{Mn}等分别表示碳、锰等相应成分的质量分数（%），取成分范围的上限。

一般来说，碳当量越大，钢材的焊接性越差。当 $C_E < 0.4\%$ 时，钢材的塑性良好，淬硬倾向不明显，焊接性良好，在一般的焊接技术条件下，焊接接头不会产生裂纹，但对厚大工件或在低温下焊接，应考虑预热；当 $C_E = 0.4\% \sim 0.6\%$ 时，钢材的塑性下降，淬硬倾向逐渐增加，焊接性较差，焊前工件需适当预热，焊后注意缓冷，才能防止裂纹；当 $C_E > 0.6\%$ 时，钢材的塑性变差，淬硬倾向和冷裂倾向大，焊接性更差，工件必须预热到较高的温度，要采取减少焊接应力和防止开裂的技术措施，焊后还要进行适当的热处理。

（二）碳钢的焊接

1. 低碳钢的焊接

低碳钢的 $w_C < 0.25\%$，塑性好，一般没有淬硬倾向，焊接性良好。通常情况下，焊接无需采取特殊技术措施，使用各种焊接方法都能容易获得优质焊接接头。但是，低温下焊接刚性较大的低碳钢结构时，由于工件各部分温差较大，变形又受到限制，焊接过程中容易产生较大的应力，有可能导致结构件开裂，应考虑焊前预热，以防止裂纹的产生。厚度大于50mm 的低碳钢结构或压力容器等重要构件，常采用大电流多层焊，焊后要进行去应力退火处理。电渣焊的工件，焊后要进行正火处理。

低碳钢焊接使用最广泛的焊接方法是焊条电弧焊、埋弧焊、气体保护焊和电阻焊。

2. 中、高碳钢的焊接

中碳钢的 $w_C = 0.25\% \sim 0.6\%$，随着 w_C 的增加，淬硬倾向明显，焊接性能逐渐变差。在生产中主要是焊接各种中碳钢的铸件与锻件，多采用焊条电弧焊。高碳钢的 w_C 一般大于0.6%，焊接性能更差，这类钢的焊接一般只用于修补工作。

焊接中、高碳钢存在的主要问题是：焊缝易形成气孔；焊缝及焊接热影响区易产生淬硬组织和裂纹。

为了保证中、高碳钢工件焊后不产生裂纹，并具有良好的力学性能，通常采取以下技术措施：

1）焊前预热、焊后缓冷。焊前预热和焊后缓冷的主要目的是减小焊接前后的温差，降低冷却速度，减少焊接应力，从而防止焊接裂纹的产生。预热温度取决于工件碳的质量分数、工件的厚度、焊条类型和焊接规范。焊条电弧焊时，35 钢和 45 钢的预热温度在 150 ~ 250℃之间，结构刚度较大或钢材碳当量高时，可适当提高预热温度，加热范围在焊缝两侧 150 ~ 200mm为宜。

2）尽量选用抗裂性好的碱性低氢焊条，也可选用比母材强度等级低一些的焊条，以提高焊缝的塑性。当不能预热时，也可采用塑性好、抗裂性好的不锈钢焊条。

3）选择合适的焊接方法和规范，降低工件冷却速度。应选用细焊条、小电流、开坡口进行多层焊，以防止工件材料过多地熔入焊缝，同时减小焊接热影响区的宽度。

3. 低合金结构钢的焊接

普通低合金钢在焊接生产中的应用较为广泛，主要用于建筑结构和工程结构，如压力容器、锅炉、桥梁、船舶、车辆和起重机械等。

对于强度级别低、屈服强度为 294 ~ 392MPa 的普通低合金钢，其 C_E 大多小于 0.4%，焊接性能接近低碳钢。焊缝及热影响区的淬硬倾向比低碳钢稍大。在常温下焊接时，无需复杂的技术措施，便可获得优质的焊接接头。当施焊环境温度较低或在大厚度、大刚度工件上进行小焊脚、短焊缝焊接时，要适当增大焊接电流、减慢焊接速度、选用抗裂性强的低氢型焊条。必要时需采取预热措施，预热温度应根据工件厚度和环境湿度进行考虑。焊接 16Mn 钢的预热条件见表 2-10。对锅炉、受压容器等重要构件，当厚度大于 20mm 时，焊后必须进行退火处理，以消除内应力。

表 2-10　焊接 16Mn 钢的预热条件

工件厚度/mm	不同气温 T 的预热温度	
<16	$T \geqslant -10$℃不预热	$T < -10$℃预热 100 ~ 150℃
16 ~ 24	$T \geqslant -5$℃不预热	$T < -5$℃预热 100 ~ 150℃
25 ~ 40	$T \geqslant 0$℃不预热	$T < 0$℃预热 100 ~ 150℃
>40	预热 100 ~ 150℃	

对于屈服强度≥392MPa 的低合金结构钢，其 $C_E = 0.4 \sim 0.6\%$，有一定的淬硬倾向，焊接性较差。应采取的技术措施是：尽可能选用低氢型焊条或使用碱度高的焊剂配合适当的焊丝；按规范对焊条进行烘干，仔细清理焊件坡口附近的油、锈、污物，防止氢进入焊接区；焊前预热，一般预热温度超过 150℃；焊接时调整焊接参数，以控制热影响区的冷却速度不宜过快；焊后应及时进行热处理以消除内应力，但不要立即热处理，可先进行消氢处理，即焊后立即将工件加热到 200 ~ 350℃，保温 2 ~ 6h，以加速氢扩散逸出，防止产生因氢引起的冷裂纹。

4. 铸铁的焊补

铸铁碳的质量分数高，组织不均匀，塑性很低，焊接性能差，所以应避免考虑铸铁材质的焊接件。但铸铁件生产中出现的铸造缺陷及铸件在使用过程中发生的局部损坏和断裂，如能焊补，其经济效益也是显著的。

铸铁焊补的主要困难是：焊接接头易产生白口组织，硬度很高，焊后很难进行机械加工；焊接接头易产生裂纹；铸铁中碳的质量分数高，焊接过程中熔池中的碳和氧发生反应，生成大量 CO 气体，若来不及从熔池中逸出而存留在焊缝中，焊缝易出现气孔。此外，铸铁的流动性好，立焊时熔池金属易流失，所以一般只应进行平焊操作。

根据铸铁的焊接特点，铸铁的焊补一般采用气焊、焊条电弧焊，对焊接接头强度要求不高时，也可采用钎焊，个别大件可采用电渣焊。根据焊前是否预热，铸铁的焊补可分为热焊法和冷焊法两类。

（1）热焊法　焊前将工件整体或局部加热到 600 ~ 700℃，焊补后缓慢冷却。热焊法能防止工件产生白口组织和裂纹，焊补质量较好，焊后可进行机械加工。热焊法采用气焊和焊条电弧焊进行焊补较为适宜。气焊火焰还可以用于预热工件和焊后缓慢冷却。气焊时，填充金属应使用特制的铸铁棒，并配以 CJ201 气焊焊剂，以保证焊接质量。焊条电弧焊时，应采用低碳钢芯铸铁焊条，药皮成分主要是石墨、硅铁、碳酸钙等，以补充焊补处碳和硅的烧损，并造渣清除杂质。

热焊法成本较高、生产率低，焊工劳动条件差。热焊适用于焊补形状复杂、焊后需进行加工的铸件，如床头箱、气缸体等。

(2) 冷焊法　焊补前工件不预热或只进行400℃以下的低温预热。焊补时常用焊条电弧焊进行铸铁冷焊，依靠焊条来调整焊缝的化学成分，防止白口组织和裂纹产生，焊接时应尽量用小电流、短电弧、窄焊缝、分段焊等工艺，焊后立即用锤轻击焊缝，以松弛焊接应力，待冷却后再继续焊接。

冷焊时，根据铸铁性能、焊后对机械加工的要求及铸件的重要性等来选定焊条，常用的有钢芯或铸铁芯铸铁焊条，适用于一般非加工面的焊补；镍基铸铁焊条，适用于重要铸件加工面的焊补；铜基铸铁焊条，用于焊后需要加工的灰铸铁件的焊补。

冷焊法生产率高，成本低，劳动条件好，尤其是不受焊缝位置的限制，故应用广泛。

5. 有色金属的焊接

(1) 铝及铝合金的焊接　工业纯铝和非热处理强化的变形铝合金的焊接性较好，而可热处理强化变形铝合金和铸造铝合金的焊接性较差。

铝及铝合金焊接的困难主要是铝容易氧化成 Al_2O_3。由于 Al_2O_3 氧化膜的熔点高(2050℃)而且相对密度大，在焊接过程中会阻碍金属间的熔合而进入焊缝形成夹渣。此外，铝及铝合金液态时能吸收大量的氢气，但在固态时几乎不溶解氢，使液态铝中的氢大量析出，焊缝易产生气孔；铝的热导率为钢的4倍，焊接时，热量散失快，需要能量大或密集的热源，同时铝的线胀系数为钢的2倍，凝固时收缩率达6.5%，易产生焊接应力与变形，并可能产生裂纹；铝及铝合金从固态转变为液态时，无塑性过程及颜色的变化，因此，在焊接操作时，很容易造成温度过高、焊缝塌陷和烧穿等缺陷。

铝和铝合金的焊接常用氩弧焊、气焊、电阻焊，偶尔也用钎焊。其中氩弧焊应用最广，气焊仅用于焊接厚度不大、要求不高的一般铝及铝合金构件。

氩弧焊电弧集中，操作容易，氩气保护效果好，且有阴极破碎作用，能自动除去氧化膜，所以焊接质量高，成形美观，被焊工件变形小。氩弧焊常用于焊接质量要求较高的构件。电阻焊时，应采用大电流，短时间通电，焊前必须彻底清除工件焊接部位和焊丝表面的氧化膜与油污。气焊时，一般采用中性火焰，焊接时，必须使用溶剂以溶解或消除覆盖在熔池表面的氧化膜，并在熔池表面形成一层较薄的熔渣，保护熔池金属不被氧化，排除熔池中的气体氧化物和其他杂质。

铝及铝合金的焊接无论采用哪种焊接方法，焊前都必须进行氧化膜和油污的清理。清理效果的好坏将直接影响焊缝质量。

(2) 铜及铜合金的焊接　铜及铜合金焊接性较差，焊接接头的各种性能一般均低于母材。

铜及铜合金焊接的主要困难是：① 铜及铜合金的导热性很强，焊接时热量很快从加热区传导出去，导致工件温度难以升高，金属难以熔化，以致填充金属与母材不能很好地熔合，容易造成焊不透的缺陷。② 铜及铜合金的线胀系数及收缩率都较大，并且由于导热性好，使焊接热影响区变宽，导致工件焊接应力大、易产生变形。③ 铜及铜合金在高温液态下极易氧化，生成的氧化铜与铜形成易熔共晶体，沿晶界分布，使焊缝的塑性和韧度显著下降，易引起热裂纹。④ 铜在液态时能溶解大量的氢，而凝固时，溶解度急剧下降，焊接熔池中的氢气来不及析出，在焊缝中形成气孔。同时，以溶解状态残留在固态金属中的氢与氧化亚铜发生反应，析出水蒸气，而水蒸气不溶于铜，但以很高的压力状态分布在显微空隙中导致裂缝产生，这就是所谓的氢脆。

目前焊接铜及其合金较理想的方法是氩弧焊。对质量要求不高时，也常采用气焊、焊条电弧焊和钎焊等。由于铜的电阻小，不能采用电阻焊。

采用各种方法焊接铜及铜合金时，焊前都要仔细清除焊丝、被焊工件坡口及附近表面的油污、氧化物等杂质。气焊、钎焊或电弧焊时，焊前应对焊剂、钎剂或焊条药皮作烘干处理。焊后应彻底清洗残留在工件上的熔剂和熔渣，以免引起焊接接头的腐蚀破坏。

五、焊接结构及工艺性

设计焊接结构时，除了考虑焊件的使用性能外，还应考虑各种焊接方法的工艺特点、被焊接材料、选用接头型式及结构工艺性等方面的内容，力求达到焊接工艺简单、焊接质量优良的目的。

（一）焊接结构材料的选择

选材是焊接结构设计中的重要一环，焊接结构材料选择的原则是：

1）在满足使用性能要求的前提下，首先要选择焊接性能较好、价格低廉的材料，如低碳钢和碳当量小于0.4%的低合金结构钢。

2）注重材料的冶金质量。重要的焊接结构应选用脱氧完全、组织致密、质量较高的镇静钢。沸腾钢中氧含量高，组织成分不均匀，焊接时易产生裂纹，厚板焊接时还可能出现层状撕裂，因此不宜用作承受动载荷或在严寒下工作的重要焊接结构件以及盛装易燃、有毒介质的压力容器。

3）异种材料焊接时必须注意它们的焊接性及其差异。一般要求接头强度不低于被焊钢材中的强度较低者，并应在设计中对焊接工艺提出要求，按焊接性较差的钢种采取措施，如预热或焊后热处理等。

4）焊接结构应尽量选用轧制的型材，以减少焊缝的数量和简化焊接工艺，增加结构件的强度和刚性。对于形状复杂的结构可采用铸钢件、锻钢件或冲压件焊接而成，组成铸-焊工艺、锻-焊工艺及冲-焊工艺。

5）焊接构件最好采用相等厚度的金属材料，以便获得优质的焊接接头。当两块厚度相差较大的金属材料进行焊接时，接头处会产生应力集中，而且接头两边受热不均，易产生焊不透等缺陷。不同厚度金属材料对接时，允许的厚度差见表2-11，如果两板厚度差超过规定值，应在较厚板料上加工出单面或双面斜边的过渡形式，如图2-98所示。

表2-11　不同厚度金属材料对接时允许的厚度差

较薄板的厚度/mm	2～5	6～8	9～11	≥12
允许厚度差/mm	1	2	3	4

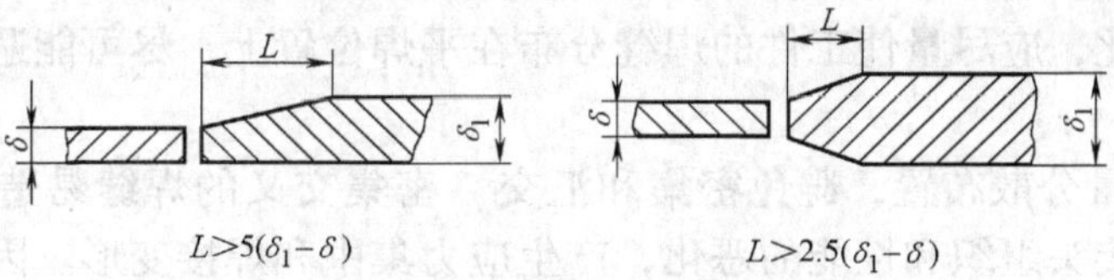

图2-98　不同厚度的金属材料对接接头的过渡形式

钢板厚度不同的角接接头与T形接头受力焊缝，可考虑采取图2-99所示的过渡形式。

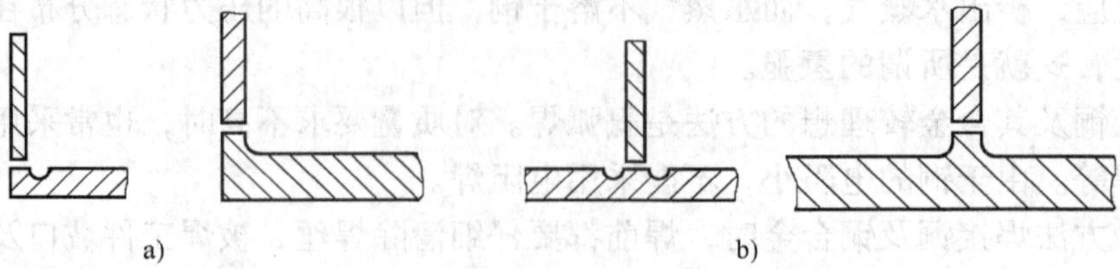

图2-99　不同厚度的角接接头与T形接头的过渡形式
a）角接接头　b）T形接头

（二）焊缝的布置

为简化焊接工艺和保证接头质量，应合理布置焊接结构中的焊缝位置。为此，要考虑以下因素。

（1）焊缝位置应方便焊接操作和检验　焊缝布置应考虑焊接操作时有足够的空间，以便于施焊和检验。如焊条电弧焊时需考虑留有一定焊接空间，以保证运条自如；气体保护焊时应考虑气体的保护作用；埋弧焊时应考虑施焊时接头处存放焊剂、保持熔融合金和熔渣；点焊与缝焊时，电极应能到达待焊部位。图2-100所示为上述几种焊接方法布置焊缝位置时合理与不合理的方案示例。

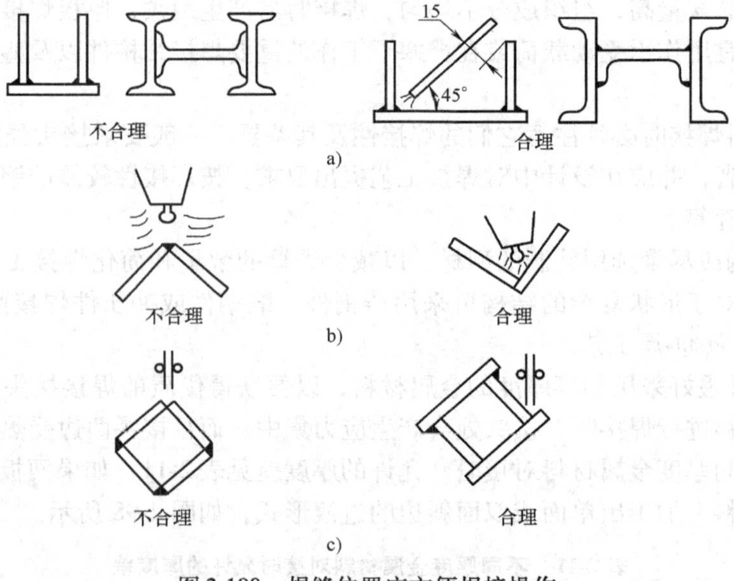

图2-100　焊缝位置应方便焊接操作
a）焊条电弧焊　b）气体保护焊　c）埋弧焊

另外，在焊接操作时，平焊操作方便，易于保证焊缝质量，立焊和横焊操作较困难，而仰焊最难操作。因此，应尽量使工件的焊缝分布在平焊位置上，尽可能避免仰焊焊缝，减少横焊焊缝。

（2）焊缝应尽量分散布置，避免密集和汇交　密集交叉的焊缝易造成金属过热；加大热影响区，会导致接头组织和性能的恶化，产生应力集中和焊接变形。因此，焊缝应尽量分散，两条焊缝的间距一般要大于三倍工件厚度且不小于100mm。图2-101a所示的焊缝布置不合理，应改为图 2-101b 所示的焊缝布置。

（3）焊缝布置应尽量对称　对称的焊缝布置，可使焊接变形互相约束、抵消而减轻变形程度。如图 2-102 所示的被焊工件。如果采用图 2-102a、b 所示的焊缝布置方案，使焊缝处于截面重心的一侧，当焊缝冷却收缩时，会造成较大的弯曲应力而形成大的弯曲变形。如果采用图 2-102c ~ e 所示的焊缝布置方案，使焊缝对称布置于重心，由于焊缝冷却收缩时造成的弯曲应力可以在最大程度上相互抵消，因此焊接变形不明显。

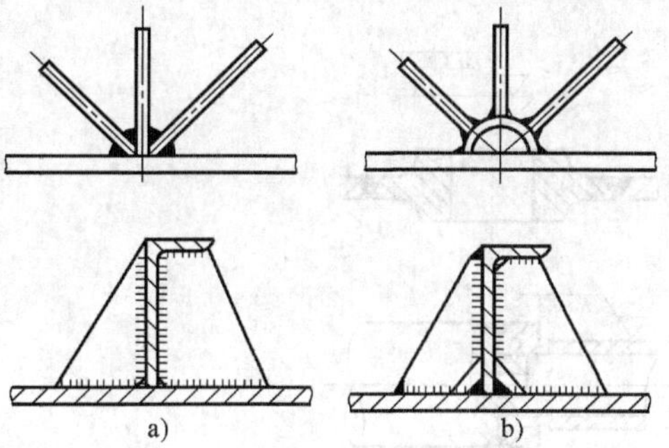

图 2-101　焊缝分散布置的设计

a）不合理结构　b）合理结构

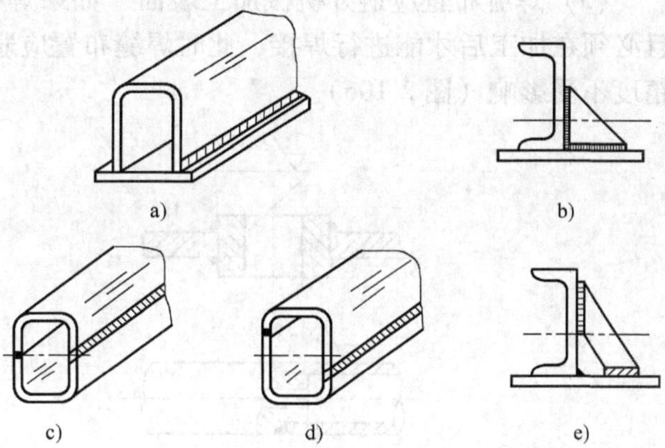

图 2-102　焊缝对称布置的设计

a）、b）不合理　c）~ e）合理

（4）焊缝布置应避开最大应力断面和应力集中位置　对于受力较大、较复杂的焊接构件，在最大应力和应力集中的位置上不应布置焊缝，以放宽对焊接接头的质量要求。如图 2-103 所示的大跨度焊接横梁，缝焊不能布置在承受最大应力的跨度中间（图 2-103a），而应布置成图 2-103b 所示的焊接结构。对于图 2-104 所示的压力容器，焊接时焊缝应避开应力集中的转角处（图 2-104a），其位置应距封头有一直段距离（一般不小于 25mm）（图 2-104b），从而改善焊缝受力状况。同理，在构件截面有急剧变化的位置或尖锐棱角部位由于易产生应力集中，不应布置焊缝。如图 2-105a 所示的焊缝布置应改为图 2-105b 所示的布置。

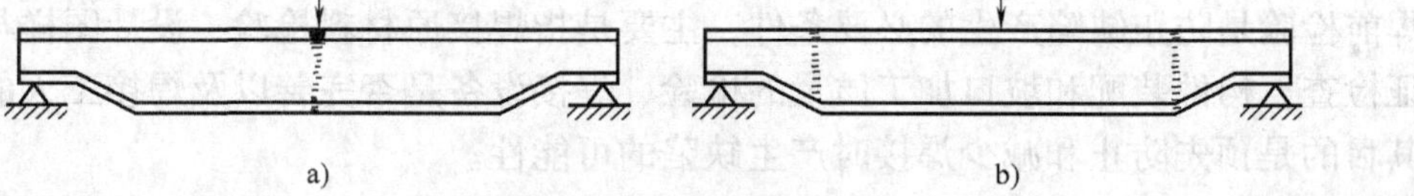

图 2-103　横梁的焊缝布置

a）不合理　b）合理

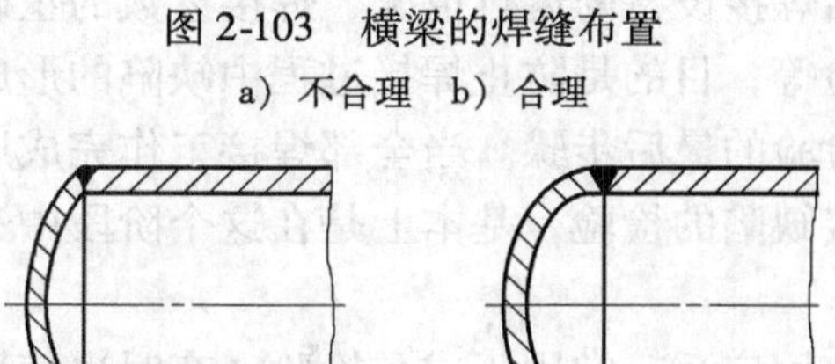

图 2-104　压力容器凸形封头的焊缝布置

a）不合理　b）合理

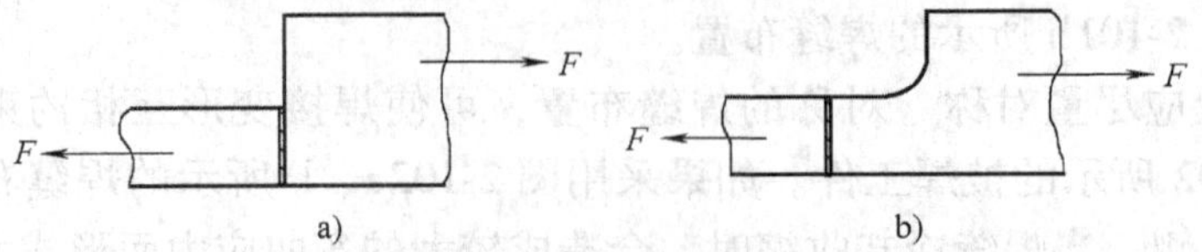

图 2-105 构件截面急剧变化位置的焊缝布置

a）不合理 b）合理

（5）焊缝布置应避开机械加工表面 如果焊接结构的某些部位要求具有较高精度，而且必须在加工后才能进行焊接，此时焊缝布置应避开机械加工的表面，使已加工表面的加工精度不受影响（图 2-106）。

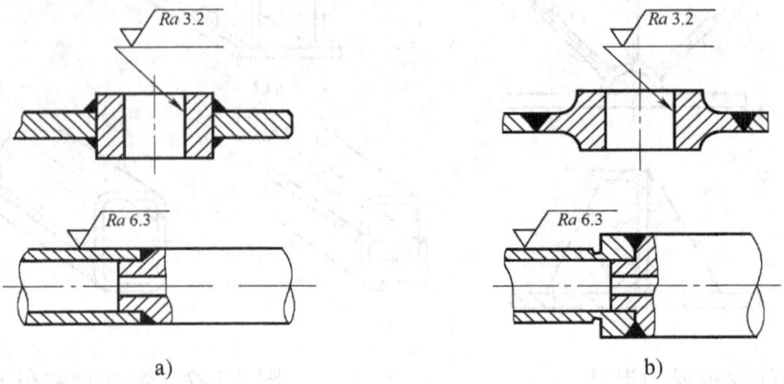

图 2-106 焊缝避开机械加工表面的设计

a）不合理结构 b）合理结构

六、焊接质量检验

在焊接结构制造过程中，由于结构设计不当、原材料不符合要求、接头准备不仔细、焊接工艺不合理或焊工操作等原因，会使焊接接头产生各种焊接缺陷。常见的焊接缺陷有焊缝外形尺寸不符合要求、咬边、弧坑、焊瘤、气孔、夹渣、未焊透、未熔合和裂缝等缺陷。其中以条状夹渣、未焊透和裂缝的危害性最大。

焊接接头缺陷的检验仅是保证焊接产品质量的一方面，完整的焊接质量检验应贯穿于整个焊接产品生产的全过程，它包括焊前检验、焊接生产中的检验和焊后成品的检验。

焊前检验是防止缺陷产生的必要条件，主要是指焊接原材料检验、设计图样与技术文件的论证检查、构件装配和坡口加工质量的检验、焊接设备是否完善以及焊接工人的培训考核等，其目的是预先防止和减少焊接时产生缺陷的可能性。

焊接过程中的检验包括焊接设备的运行情况、焊接参数的正确与否以及多层焊过程中对夹渣、未焊透等缺陷的自检等，目的是防止焊接过程中缺陷的形成和及时发现缺陷。

成品检验是焊接质量检验的最后步骤。当全部焊接工作完成后，将焊缝清理干净，即可着手进行成品检验。对焊接缺陷的检验，基本上是在这个阶段中进行。

1. 外观检验

外观检验手法简便、应用广泛，常用于成品检验，有时也使用在焊接过程中。如厚壁工件多层焊时，每焊完一层焊道时便进行检查，防止前道焊层的缺陷被带到下一层焊道中。外观检验一般通过肉眼，借助标准样板、量规和放大镜等工具进行检验，主要是发现焊缝表面的缺陷和尺寸偏差。检查之前，须将焊缝附近 10～20mm 基体金属上所有的飞溅及其他污物清除干净。要注意焊渣覆盖和飞溅的分布情况，粗略地预料缺陷。若焊缝表面出现缺陷，焊缝内部便有存在缺陷的可能。如焊缝表面出现咬边或满溢，则内部可能存在未焊透或未熔合；焊缝表面多孔，则焊缝内部也可能会有气孔或非金属夹杂物存在。

2. 致密性检验

致密性检验方法是用于检验不受压或受压很低的容器、管道的焊缝是否存在穿透性缺陷。常用方法有气密性试验、氨气试验和煤油试验等。

1）气密性实验。在密闭容器中，通入远低于容器工作压力的压缩空气，在焊缝外侧涂上肥皂水，如焊接接头有穿透性缺陷时，涂肥皂水处就有气泡出现，就可发现缺陷。

2）氨气试验。对被试容器通入氨气，在焊缝外侧贴上一条比焊缝略宽的浸有硝酸汞溶液的试纸，若焊接接头有穿透性缺陷，则在试纸的相应部位上呈现黑色斑纹，根据这些斑纹图像，就可以确定焊缝的缺陷部位。试验的硝酸汞试纸可作为判断焊缝质量的证据。浸过同样溶液的普通医用绷带亦可代替试纸。绷带的优点是洗净后可再用。这种方法比较准确、便宜和快捷，同时可在低温下检查焊缝的致密性。

3）煤油试验。煤油试验是致密性检查最常用的方法，常用于检查敞开的容器，贮存石油、汽油的固定存储容器和同类型的其他产品。由于煤油粘度和表面张力很小，渗透性很强，具有透过极小的贯穿性缺陷的能力。这种方法最适合对接接头，而对于搭接接头除试验有一定困难外，缺陷焊缝的修补工作也有一定的危险。因搭接处的煤油不易清理干净，修补时容易着火。

除以上方法外，致密性检验还有载水、水冲、沉水、吹气、氦气等试验方法。

3. 水压试验

水压试验用于压力容器、锅炉、管道和贮罐等焊接接头的致密性和强度检验，同时也能起到降低结构焊接应力的作用，一般是超载试验。

水压试验应在焊缝内部检验及有关检验项目完全合格后进行。试验时，容器（或管道）堵塞好一切出入孔，然后冲满水。试验用的水温，低碳钢不低于5℃，其他合金钢不低于15℃。用水泵把容器内的水压提高，试验压力的大小视产品工作性质而定，一般为工作压力的1.25～1.5倍。升压过程中，应按规定逐级上升，当压力达到试验压力后，保压一定时间，检查压力表指示的压力是否下降。再降到工作压力，全面检查试件焊缝和金属外壁是否有渗漏现象。水压试验后试件应没有可见的残留变形。水压试验是压力容器、锅炉、管道的重要检验手段，应严格按有关技术标准执行。水压试验合格的产品一般即认为产品制造合格。

4. 气压试验

气压试验是比水压试验更为灵敏和迅速的试验方法，但其危险性比水压试验大。试验时，先将气压加至产品技术条件的规定值，然后关闭进气阀，停止加压，用肥皂水检查焊缝是否漏气，或检查工作压力表数值是否下降，找出缺陷所在部位，卸压后进行返修补焊，待再行检验合格后方能出厂。

5. 无损探伤检验

焊缝表面的细微缺陷以及存在于焊缝内部的缺陷，均可通过无损探伤检验来发现。常用的无损探伤方法有如下几种：

1）着色检验。将工件表面加工打磨至表面粗糙度 $Ra12.5\mu m$ 以下，用清洗剂除去杂质污垢。先喷涂渗透剂（呈红色），渗透剂具有很强的渗透能力，可渗入到工件表面的细微缺陷中。隔10min后，将工件表面的渗透剂擦掉，再一次清洗后，喷涂白色的显示剂，借助毛细管作用，缺陷处的红色渗透剂即可显示出来，呈现出缺陷的位置和形状。

2）磁粉检验。用来检查焊接接头表面的微小裂纹和表面层（深1~6mm）裂纹、气孔、夹渣等缺陷。其原理是利用外加磁场在工件上产生的磁力线，遇有缺陷时会弯曲跑出工件表面，形成漏磁场，吸附洒在工件表面的磁粉，显示缺陷的形貌、部位和尺寸。

3）射线探伤。射线探伤有X射线、γ射线和高能射线三种。目前X射线和γ射线用得较多。我国常用X射线法，其原理是X射线透过裂纹、未焊透、气孔、夹渣等缺陷时其能量衰减较小，在底片上感光较强，从而显示出缺陷形状、尺寸和位置。射线探伤是检查内部缺陷的一种准确可靠的方法，是在锅炉、压力容器焊接质量检验中经常使用的一种主要无损探伤方法。

4）超声波探伤。超声波探伤的原理是向焊接接头需探伤的区域发出定向的超声波，遇有缺陷时超声波返回接收器（超声波尚未到达工件底面），在荧光屏上显示出脉冲波形，从而判断缺陷的位置和大小，但不能判断出是哪种缺陷。超声波探伤在锅炉压力容器的焊接质量检验中，也是一种常用的无损探伤方法。

射线探伤和超声波探伤都有国家标准，标准中规定了探伤的要求和焊接质量的等级标准等，产品根据使用要求和重要性确定合格标准。

上述检验方法属于非破坏性检验。还有一类破坏性检验方法，如焊接接头的力学性能试验、化学成分分析、金相组织检验等，在此不作详细介绍。

七、其他连接方法简介

（一）铆接连接

将铆钉穿过被连接件（通常为板材或型材）的预制孔中，经铆合而成的连接方式称为铆钉连接，简称铆接，如图2-107所示。

铆接分冷铆和热铆。钉杆直径 $d \geqslant 12$mm 的钢制铆钉，通常是将铆钉加热（常加热到1000~1100℃）后进行热铆。一般情况下，钉杆直径 $d < 10$mm 的钢制铆钉和塑性较好的有色金属、轻金属及其合金（如铜、铝等合金）制成的铆钉在常温下进行冷铆。

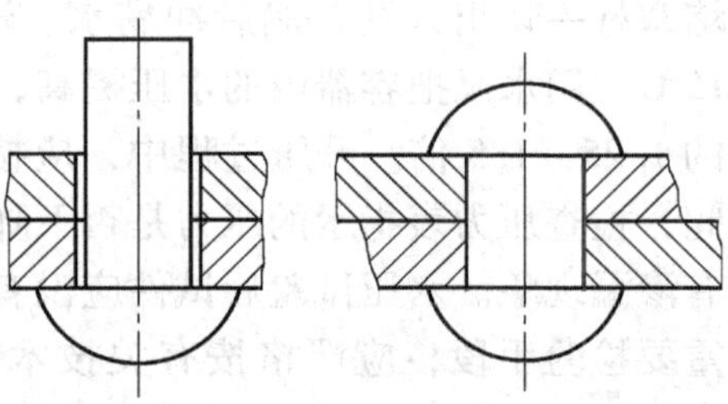

图2-107　铆接连接

铆钉有空心的和实心的两大类。实心的多用于受力大的金属零件的连接；空心的用于受力较小的薄板或非金属零件的连接。铆钉按其钉头形状有多种类型，并已标准化（GB/T 863.1—1986~GB/T 876—1986等）。

按工作要求，铆缝可分为三种：要求有足够可靠连接强度的强固铆缝，如金属桁架、飞机蒙皮和框架等结构中的铆缝；要求有足够强度和足够紧密性的强密铆缝，如蒸汽锅炉、压缩空气贮存器等高压容器的铆缝；要求有足够紧密性的紧密铆缝，如油箱、水箱的铆缝。

铆接具有工艺设备简单，工艺过程比较容易控制，质量稳定，铆接结构抗振、耐冲击，连接牢固可靠，对被连接件材料的力学性能没有不良影响等特点。目前在承受严重冲击或剧烈振动载荷的金属结构的连接中，如起重机的构架、铁路桥梁、建筑物、船舶及重型机械等方面仍有应用；在受力较小的薄板或非金属零件或异性材料的连接及轻工产品上也得到应用；在航空航天工业中，由于飞行器结构本身的特点以及轻金属材料焊接困难，故其仍然是一种重要的连接方法。

但与焊接或胶接相比，上述铆接工艺费工时较多；由于被连接件上需制出钉孔，应力集中比较严重，使强度受到较大削弱；铆接时工人劳动强度大、噪声大，影响工人健康；铆缝紧密性也较差，故一般铆接的应用在日益减少。

(二) 材料的胶接连接

胶接是利用胶粘剂直接把被连接件连接在一起的工艺。由于新型胶粘剂的发展，胶接已用于金属（包括金属与非金属材料组成的复合结构）的连接。

与铆接、焊接相比，胶接的主要优点是：被连接件的材料范围广；胶粘剂重量轻，材料的利用率高；成本低；在全部胶接面上应力集中小，故耐疲劳性能好：有良好的密封性、绝缘性和耐蚀性。其缺点是：抗剥离、抗弯曲及抗冲击振动性能差；耐老化及耐介质（如酸、碱等）性能差：胶粘剂对温度变化敏感，影响胶接强度；胶接件的缺陷有时不易发现。

目前，胶接在各行各业中的应用日益广泛。机械工业中以胶代焊、以胶代铆、防漏防泄等已取得明显效果。现代的飞机、宇宙飞船和人造卫星的迅速发展，光纤通信的实现等都与胶接的发展密切相关，有着广阔的前景。不断推出新型胶粘剂、与其他连接技术配合使用等是解决当前胶接强度不足的有效途径。

1. 胶接接头的基本类型及应用

所有胶接接头可以概括为四种基本类型：角接、T形接、对接与表面接。它们可以组合成各种具有不同特点的接头形式。

2. 胶接工艺

胶接的工艺过程一般包括表面处理、配胶、涂胶、晾置、胶合、固化等过程。

（1）胶接件的表面处理　胶接是发生胶接的物质两相界面间分子相互作用的结果，因而要创造条件使胶接表面上的分子接近，接近到分子（或原子、离子、原子团）间相互作用力能明显表现出来。为此，必须除掉被粘体表面的各种覆盖物，使表面达到无灰尘、无油污、无锈蚀，并适当粗化以利于胶粘剂的湿润和粘附力的形成，从而有效地提高胶接强度和耐候性。处理方法有物理方法（溶剂清洗法、机械处理法等）、化学方法和电化学酸洗除锈等。

1）溶剂清洗法。主要是除油，其次是表面的其他污物。清洗分手工清洗和机械清洗。清洗剂有碱液、有机溶剂和各种水基清洗剂。目前广泛采用脱脂棉沾湿有机溶剂擦拭清洁被粘材料表面。常用的溶剂有汽油、酒精、丙酮、苯、甲苯等。

2）机械处理法。对被粘表面进行机械处理，既可除掉金属表面锈蚀层、油污，又可使表面粗糙以利胶接。常用的机械处理方法有刮、铲、车、磨、铣、喷砂、喷丸等。

3）化学处理法。化学处理法是用配好的酸、碱液或某些无机盐溶液将被粘材料表面的一切油污杂质清除掉。例如，酸洗是为了除去锈层而使用，特别是当机械方法不能采用时，常采用酸洗除锈。常用的酸洗液包含硫酸、盐酸和磷酸等成分。为防止再次锈蚀，酸洗液中需加有缓蚀剂。

4）电化学酸洗除锈处理。电化学酸洗除锈处理是将被处理工件浸在酸或金属盐处理液中作为电极，通以直流电而使工件上的覆盖物通过侵蚀而去除的方法。电化学侵蚀法与化学侵蚀法相比生产效率高、质量好且酸消耗少。

(2) 配胶　表面处理之后即可进行调胶配胶。对于单组分的胶粘剂，一般可以直接使用，对于双组分或多组分的胶粘剂，必须在使用前进行配制。每次配胶量的多少，需根据环境条件、施工条件和实际用量来定。调胶时各组分的取料工具不能混用，各组分要搅拌均匀。配胶的场所要明亮干净，对于有毒性的胶需在通风橱中配制，且原则上应由专人负责，以保证获得优质的胶粘剂。

(3) 涂胶　涂粘胶操作正确与否，对胶接质量有很大影响。涂胶时必须保证胶层均匀，一般胶层厚度控制为0.08~0.15mm为宜。涂胶量原则上是保证两个贴合面不缺胶的情况下胶层越薄越好。因为胶层越薄，产生缺陷的可能性越小，在固化时产生内应力的可能性也越小，胶接强度则高。

(4) 晾置　晾置就是在涂胶后叠合前于空气中暴露的过程，目的是令溶剂挥发、粘度增大，以促进固化。

(5) 胶合　胶合又称合拢、叠合、粘合，是指将经适当晾置的被粘表面叠合在一起的操作，胶合以后以挤出微小胶圈为宜，表明不缺胶，如果发现有缝或缺胶应补胶填满。

(6) 固化　胶粘剂在固化过程中要控制三个要素：压力、温度、时间。首先，固化加压要均匀，应有利于排出胶层中残留的挥发性溶剂。胶粘剂固化时，要严格控制固化温度，它对固化程度有决定性影响。如加热固化应阶梯升温，温度不能过高，持续时间不能太长，否则会导致胶接强度下降。固化时间的长短与固化温度和压力密切相关，温度升高时，固化时间可以缩短，降低温度则应适当延长固化时间。

第四节　粉末冶金成形工艺

与材料液态铸造成形和固态塑性成形方法不同，粉末冶金成形方法是利用粉末特有的性能，通过坯体成形、烧结等系列工艺组成的。其重要特点是材料制备与成形一体化，作为冶金方法能够制取普通冶金方法难以获得的特殊材料，作为制取方法可以制造出各种精密的机械零件。

粉末冶金的主要制备工艺过程包括粉末制备、成形和烧结，大致流程如下：

粉末制备 → 坯料制备 → 成形 → 干燥 → 烧结 → 后处理 → 成品

所以，粉末冶金件的生产工艺较为复杂，单件和小批量生产成本较高，无法像加工金属材料那样进行加工，一般情况下也不易进行焊接和锻造。另外，粉末在模具中的流动性较差，形状复杂和壁厚过薄的零件难以成形。过大的工件预压成形和烧结困难，所以一般成形小于50kg的工件。但是粉末冶金件的性能好，使用寿命长，并且能够解决许多冶金方法不能解决的问题。粉末冶金适用于批量生产，批量越大，越经济。随着科技的发展，性能更高、成本更低的粉末冶金制品也在不断涌现，应用也越来越广泛。

一、粉体成形原理

粉末冶金所用的原料为粉体。将粉体原料制成块状坯体一般采用三种不同的方法：①直接将不含液体（水或有机溶剂）或含少量液体的粉体加压成形，称为压制成形法；②将粉体加入适量的液体，做成可塑泥团，通过塑性变形制成坯体，称为可塑成形法；③当粉体中加入足够多的液体（含液量超过可塑泥团），做成流体形的浆料，将其浇注至模具内而形成坯体时，则称为浆料成形法。粉末冶金件的成形中主要应用第一种方法，对于形状复杂的工件也可应用第三种方法。本部分主要讨论粉末冶金件的压制成形方法和原理。

（一）压制成形过程中坯体的变化

压制成形是基于较大的压力，将粉状坯料在模型中压成块状坯体。成形时，当压力加在粉料上时，粉料受到压力的挤压，开始移动，互相靠拢，坯体收缩，并将空气驱赶出。压力继续增大，颗粒继续靠拢，同时产生变形，坯体继续收缩。当颗粒完全靠拢后压力再增大，坯体收缩就很小，这时，颗粒在高压下可产生变形和破裂。由于颗粒的接触面逐渐增大，因此其摩擦力也逐渐增大。当压力与颗粒间的摩擦力平衡时，颗粒接触达到平衡状态，坯体压实。

1. 密度的变化

压制成形过程中，随着压力增加，松散的粉料迅速形成坯体。加压开始后颗粒滑移并重新排列，将空气排出，坯体的密度急剧增加；压力继续增加时，颗粒接触点发生局部变形和断裂，坯体密度比前一阶段增加缓慢；当压力超过某一数值后（粉料的极限变形应力），再次引起颗粒滑移和重排，坯体密度又迅速变大。压制金属等塑性粉料时，上述过程难以明显区分。

2. 强度的变化

随着成形压力的增加，坯体强度分阶段以不同的速度增大。压力较低时，虽然由于粉料颗粒位移而填充空隙，但颗粒间接触面积仍较小，所以强度并不大。成形压力增大后，不仅颗粒位移和填充空隙继续进行，而且颗粒发生弹性-塑性变形或者断裂，颗粒间接触面积大增，强度直线提高。压力继续增大，坯体密度和空隙率变化不明显，强度变化也较平坦。

3. 坯体中压力的分布

坯体压制成形时压力分布不均匀，即不同部位受到的压力不等，因而导致坯体各部分的密度出现差别。这种现象产生的原因是颗粒移动和重新排列时，颗粒之间产生内摩擦力，颗粒与模壁之间产生外摩擦力。这两种摩擦力阻碍着压力的传递。坯体离加压面的距离越大，则受到的压力越小（图 2-108）。摩擦力对坯体断面上的压力及密度分布的影响随 H/D 的不同而不同，H/D 比值越大，则不均匀分布现象越严重，因此高而细的产品不适合于采用压制法成形。

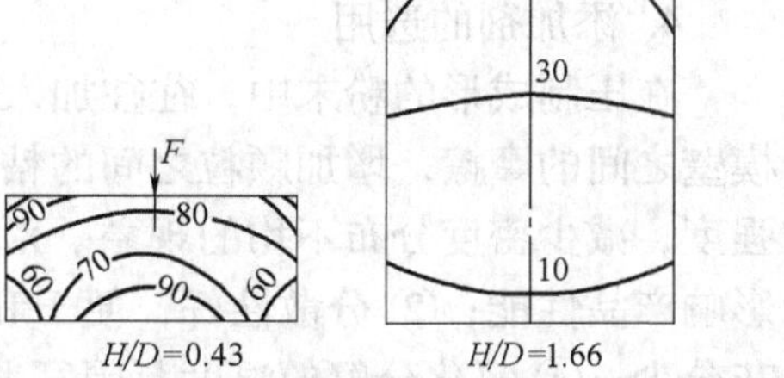

图 2-108　单面加压坯体内的压力分布（MPa）
H—坯体高度　D—坯体直径

（二）影响坯体密度的因素

1. 成形压力

压制过程中，施加于粉料上的压力主要消耗在以下两方面：

1）克服粉料的阻力 F_1，称为净压力。它包括颗粒相对位移时所需克服的内摩擦力以及使粉料颗粒变形所需的力。

2）克服粉料颗粒对模壁摩擦所消耗的力 F_2，称为消耗压力。压制过程中的总压力 $F = F_1 + F_2$，即成形压力。它一方面与粉料的组成和性质有关，另一方面与模壁和粉料的摩擦力及摩擦面积有关，即与坯体大小和形状有关。如果坯体横截面不变，而高度增加，形状复杂，则压力损耗增大。若高度不变，而横截面尺寸增加，则压力损耗减小。对于某种坯料来说，为了获得致密度一定的坯体，所需施加的单位面积上的压力是一个定值。而压制不同尺寸坯体所需的总压力等于单位压力乘以受压面积。

2. 加压方式

图 2-109 为加压方式和压力分布关系图。单面加压时，坯体中压力分布是不均匀的（图 2-109a），不但有低压区，还有死角。为了使坯体的致密度均匀一致，宜采用双面加压。双面加压时，可使底部的低压区和死角消失，但坯体中部的密度较低（图 2-109b）。若两面先后加压，二次加压之间有间歇，利于空气排出，使整个坯体压力与密度都较均匀（图 2-109c）。如果在粉料四周都施加压力，则坯体密度最均匀（图 2-109d）。

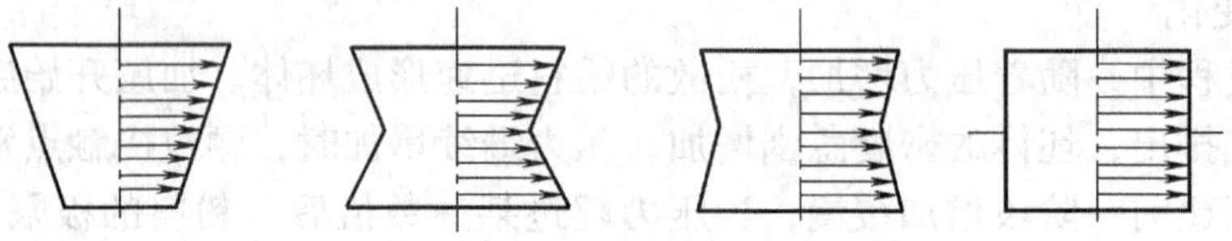

图 2-109 加压方式和压力分布关系图

（注：图中横条线为等密度线）

a）单面加压 b）双面同时加压 c）双面先后加压 d）四面加压

3. 加压速度

开始加压时，压力应小些，以利于空气排出，然后短时间内释放此压力，使受压气体逸出。但要注意防止产生层裂。当坯体较厚，H/D 值较大时，或者粉料颗粒较细，流动性较低，则宜减慢加压速度，延长保压时间。为了提高压力的均匀性，通常采用多次加压。开始稍加压力，然后压力加大，这样不至于封闭空气排出的通道。最后一次提起上模时要轻、缓些，防止残留的空气急速膨胀产生裂纹。

4. 添加剂的选用

在压制成形的粉末中，往往加入一定种类和数量的润滑剂，用以减少颗粒之间及粉料与模壁之间的摩擦，增加颗粒之间的粘接作用，促进颗粒湿润或变形，从而提高坯体的密度和强度，减少密度分布不均的现象。对添加剂的要求是：① 和坯料颗粒不发生化学反应，不影响产品性能；② 分散性好，便于和坯料混合均匀；③ 有机物质应在较低温度下烧尽，且灰分少；④ 氧化分解的温度范围宽些，以防止引起坯体开裂。通常采用含极性官能团的有机物作为润滑剂。

（三）粉料的工艺性能要求

由于压制成形时粉料颗粒必须能充满模型的各个角落，因此要求粉料具有良好的流动性。为了得到较高的素坯密度，粉料中包含的气体越少越好，粉料的堆积密度越高越好。

二、粉体制备技术

粉体的制备方法一般来说有两种：一是粉碎法，二是合成法。前一种方法是由粗颗粒获得细粉的方法，通常采用机械粉碎，现在发展到采用气流粉碎。粉碎法在粉碎过程中难免混入杂质。但是，无论哪种粉碎方式，都不易制得粒径在 1μm 以下的微细颗粒。后一种方法一般称为合成法，是由离子、原子、分子通过反应、成核和生长、收集、后处理来获得微细颗粒的方法。这种方法的特点是纯度、粒度可控，均匀性好，颗粒微细。并且可以实现颗粒在分子级水平上的复合、均化。

（一）机械粉碎

粉碎的过程是由机械能转变为粉料表面能的能量转化过程。机械粉碎法因其设备具有定形化、产量大、容易操作等特点，被广泛应用于粉末生产中。球磨机是常用的设备。在球磨中，利用磨球撞击材料而将材料粉碎。常用的球磨机有滚筒式、振动式和摆动式。

在粉碎某些金属粉末混合物时，常采用高能球磨的方法，使金属粉末在粉碎过程中除了被磨细以外，还产生一定程度的反应使其合金化，这称为机械合金化。其原理是：金属粉末在粉碎过程中，在磨球反复冲击和摩擦的作用下，粉末颗粒首先发生变形与焊合，形成不同粉末相互交叠的层片状组织，称为冷焊。由于变形，上述复合粉末发生了加工硬化。在继续研磨粉碎的过程中，复合粉末发生断裂。冷焊与断裂交替进行，致使复合颗粒尺寸越来越小，在破碎的同时，不同元素之间还发生相互扩散，粉碎过程中引入的大量缺陷会促进上述扩散过程发生，这种扩散是在低温下进行的，因而往往形成一系列介稳相及组织。

在球磨粉料时，添加少量的助磨剂往往可使粉碎效率得到成倍提高。助磨剂是指可以提高粉碎效率的物质。球磨、振动、气流粉碎及其他机械粉碎工艺都可采用助磨剂。

助磨剂是具有表面活性的物质。它由亲水的极性基团（如羧基-COOH，羟基-OH 等）和憎水的非极性基团（如烃链）组成。由于这种结构使它们定向地吸附在颗粒界面上。通过湿润和吸附作用，使颗粒的表面能降低。而助磨剂进入粒子的微裂缝中，积蓄破坏应力，产生劈裂作用，从而提高研磨效率。

（二）合成法

原料合成的方法非常多，根据反应物的形态，可分为固相法、液相法和气相法三大类。当然，在制备金属粉末和化合物粉末时，通常要采用一些具体的不同的方法。

1. 金属粉末的合成方法

使固态金属与合金或者金属化合物转变成粉末的方法有：① 从固态金属与合金制取金属与合金粉末——电化学腐蚀法；② 从固态金属氧化物及盐类制取金属与合金粉末——还原法。

使气态金属或金属化合物转变成粉末的方法有：① 从金属蒸气制取金属粉末——蒸气冷凝法；② 从气态金属化合物制取金属与合金粉末——热分解法；③ 从金属化合物气相还原制取金属与合金粉末——气相还原法。

使液态金属与合金或金属化合物转变成粉末的方法有：① 从液态金属与合金制取金属与合金粉末——雾化法；② 从金属盐溶液电解制取金属与合金粉末——水溶液电解法；③ 从金属盐溶液置换制取金属与合金粉末——溶液氢还原法。

其中应用最广泛的是还原法、雾化法和电解法。

（1）还原法　还原氧化物和相应盐类来生产金属粉末是一种应用最广泛的制粉方法。还原法的基本原理就是所使用的还原剂对氧的亲和力比相应金属对氧的亲和力大，因而能够夺取金属氧化物中的氧而使金属被还原出来。

（2）雾化法　雾化法生产金属和合金粉末就是利用高压气体（空气、惰性气体）或高压液体（通常是水）通过喷嘴作用于金属液流使其迅速碎化成粉末。雾化法有气体雾化、水雾化和旋转电极雾化等方式。

气体雾化可以生产如锡、铅、铝、铜、铁等多种金属粉末，以及黄铜、青铜、不锈钢、合金钢、高速钢等合金粉末。制取不锈钢、合金钢粉末时，使用氮气；而制取高速钢粉末时，使用氩气。

水雾化也可以生产铜、铁等粉末及黄铜、青铜、合金钢等合金粉末，特别是合金钢粉末多用水雾化法来制取。水雾化工艺与气体雾化相似，不同的是采用高压水代替压缩空气。由于应用水和设计了与水相适应的喷嘴，雾化时能够产出氧含量很低的粉末。水的压力一般应大于6.1MPa（约为60大气压以上）。

旋转电极雾化是把要雾化的金属和合金作为旋转自耗电极，通过一个固定的钨电极发生电弧使金属或合金熔化。当自耗电极快速旋转时，离心力使熔化的金属或合金破碎成细粒状飞出。电极装于粉末收集室内，收集室先抽成真空，然后在制粉之前，充入氩或氦等惰性气体，在熔滴尚未碰到粉末收集室的器壁以前，熔滴凝固于惰性气氛之中，凝固后的粉末落于器底。该法不仅可以雾化低熔点的金属和合金，而且可以雾化难熔金属。现已用于雾化无氧铜、难熔金属、铝合金、钛合金、不锈钢以及超合金等。

（3）电解法　电解法既可以在水溶液中进行，也可以在熔盐状态下进行。水溶液电解可以生产铜、镍、铁、银、铬等金属粉末。在一定条件下，电解法也可制得合金粉末。电解粉末纯度较高，形状一般为树枝状，压制性较好。但电能消耗大，生产效率低，所以，电解粉末一般成本较高。

熔盐电解的电解质不是水溶液而是盐类熔体。像钽、铌、钛、锆、钍、铀等稀有金属，不可能从水溶液中电解析出，电解法生产这些稀有金属粉末时，必须用熔盐作为电解质进行电解。

2. 化合物粉末的合成方法

（1）固相法　固相法就是以固态物质为初始原料来制备粉末的方法，生成物一般都需要粉碎。

（2）液相法　液相法是反应物在液相（或熔融液体）中以分子或离子的状态发生化学反应，生成不溶性的固态颗粒，再通过沉淀或凝结使生成物从液体中析出的一类粉体合成方法。液相法具有合成粉体化学计量、纯度高、粒度和形态可控等优点。

（3）气相法　由气相生成微粉的方法有如下两种：①系统中不发生化学反应的蒸发-凝聚法（PVD）；②气相化学反应法（CVD）。

1）蒸发-凝聚法。将原料加热至高温（用电弧或等离子体等加热），使之汽化，接着在电弧焰和等离子体与冷却环境造成的较大温度梯度条件下急冷，凝聚成微粒状物料的方法。采用这种方法能制得颗粒直径在5~100nm范围的微粉，这种方法适用于制备单一氧化物、复合氧化物、碳化物或金属的微粉。

2）气相化学反应法。挥发性金属化合物的蒸气通过化学反应合成所需物质的方法。气相化学反应可分为两类，一类为单一化合物的热分解（$A(g)\rightarrow B(s)+C(g)$）；另一类为两种以上化学物质之间的反应（$A(g)+B(g)\rightarrow C(s)+D(g)$）。前者必须具备含有全部所需元素的适当的化合物，这是前提条件；后者可以有很多种组合，因而具有通融性。这种方法除适用于制备氧化物外，还适用于制备液相法难于直接合成的金属、氮化物、碳化物、硼化物等。制备容易、蒸气压高、反应性较强的金属氯化物常作为气相化学反应的原料。炭黑、ZnO、TiO_2、SiO_2、Sb_2O_3、Al_2O_3等微粉的制备已达到工业生产水平。高熔点的氮化物和碳化物粉料的合成不久也将达到工业化水平。

三、粉末冶金的成形工艺

在常温下，粉末成形以钢模压制使用最为广泛，大量粉末冶金的中、小零件都用这种方法生产。此外，还有其他成形方法，如粉浆浇注、楔形压制等。

（一）压制成形

1. 物料准备

金属粉末、某些化合物和非金属粉末是粉末冶金的原料。为了使压制所使用的粉末具有一定的化学成分和物理及工艺性能，通常在压制前，要根据生产的要求进行不同的处理。

（1）粉末的分级 粉末的粒度（大小）和粒度组成（分布）对粉末冶金制品的性能有突出的影响。如生产中为了提高硬质合金的均匀性和达到制品的高质量要求，对钨粉粒度加以控制，并用微细粉末来进行生产；在生产青铜多孔轴承时，粉末配比不同，即粒度组成不同，制品性能也不同。当用体积分数为 90.5%，粒度分别为 250 目及 60 ~100 目的铜粉与 9.5% 的锡粉分别混合、压制、烧结进行试验时发现，250 目铜粉所生产的制品，其收缩率为 5%，含油量为 15%；60 ~100 目铜粉的制品膨胀为 1%，而含油量却为 21%。因此，原始粉末粒度组成也是制造粉末冶金制品和材料应该注意的问题。

所以，在生产上，经常要求将粉末分级或将粉末分级后按粒度组合成一定粒度组成的粉末，然后再使用。粉末分级除用筛分法之外，325 目以下的粉末，通常用气体或液体分级器将粉末分级。

（2）配料混合 许多粉末单独使用的机会很少，一般都要配成混合料以后，才进行压制。混合料的混合是在球磨机和各种混料器中进行的。混料器有 V 形混料器、叶片式混料器、圆锥形混料器、酒桶式混料器等。

（3）混合料湿磨 有些制品所用的混合料，不但要求混合均匀，而且还要将混合料磨细，否则无法获得制品所要求的性能。如在生产硬质合金时，混合料要在湿磨机或振动球磨机中进行研磨，并加入一定量的酒精或其他有机溶剂作为介质。

压制前的物料准备还包括许多工序，如粉末的退火、补充还原、球化、制粒等。

2. 压制工艺

压制过程的工序有称料、装模、压制、脱模。

（1）称料 粉末冶金中每一件烧结制品都有一定的重量要求，加上由于压制和烧结工序所造成的少量粉末损失的重量，就是压制每一件压坯所需要称重的粉末。这个称料量通常称为压坯的单重（允许一定的误差）。压坯的单重可按以下公式计算：

$$Q = VdK$$

式中，Q 为单件压坯的称料质量（单重）（kg）；V 为制品的体积（由制品图算出）（m^3）；d 为制品要求密度（kg/m^3）；K 为质量损失系数。

质量损失系数 K 是称料质量与烧结制品质量之间的比值。这个系数既考虑了压制过程中称料、装模以及压坯毛边所带来的料损失，也考虑了烧结过程中氧化物还原、杂质烧失所造成的化学料损失。按经验，在硬质合金生产中，K 取 1.01 ~1.02；在铁基制品生产中，K 取 1.05。

称料方法有两种：① 质量法，即用工业天平称料，可手动也可自动；② 容量法，即用一定体积的容器或用已调整好容积的模腔来称量粉末，多在自动压制时使用。

（2）装料 将所称量的粉末装入模具中时，要求粉末在模腔内分布均匀、平整，以保证压坯各部分压缩比一致。所以，对于形状比较复杂和壁薄的制品，往往要用敲击和振动模套的方法或改善粉末的流动性等来达到上述要求。

（3）压制　压制通常在液压机或机械压力机上进行。压制的总压力按下式计算：

$$F = pS$$

式中，F 为总压力（N）；p 为单位压制压力（MPa）；S 为与压力方向垂直的压坯受压面积（m^2）。

在压制时，压坯的形状和尺寸由模具来保证，压坯的密度用两种方法来控制：① 按单位压制压力控制，就是每次压制时，用在压坯上每一平方米面积上的压力（单位压制压力）保持不变，因此压坯的总压力不变；② 用高度限制器控制，即控制模冲运动的行程。如在压模上加一定高度的限制器或在自动压力机上用调整的方法来保证模冲的行程不变。

以上两种方法中，第一种能够使压坯密度得到准确控制，第二种能够使压坯的高度得到准确控制。后一种方法比较方便，使用广泛。

（4）脱模　卸压后，压坯要从压模内脱出。从整体压模中脱出的方法有两种，即将压坯向上顶出或向下推出。从可拆压模中脱出压坯时，首先要松掉侧压，然后将压模拆开，取出压坯。

压坯是粉末冶金生产的半成品。在进行烧结处理之前，通常压坯都要进行检查，消除废品，然后将废品送入上工序回收。如果不及时查出压制废品，烧结以后，废的烧结制品将因回收困难而带来经济上的损失。压制废品有压坯的尺寸过大或过小、掉边掉角、密度过大或过小、分层和开裂等。在生产中，要针对出现废品的原因，分别采取措施加以克服。

（二）坯体的预烧

为了把预压成形坯件中的增塑剂、粘接剂和其他挥发物质去除，一般要对坯件进行预烧。预烧温度从几十度到近千度不等，与颗粒的熔点、抗氧化能力及所含挥发物的挥发温度有关，大多数金属颗粒材料的预烧温度为数百度。预烧温度越高，挥发物去除越彻底。预烧的加热速度必须非常缓慢，使挥发物能够逐渐挥发，以免瞬时产生大量的气体，造成坯件开裂。坯件的预烧也能够减少烧结中的开裂。

（三）烧结

烧结是将预烧后的坯件加热到高温，使坯件内部发生一系列的物理化学变化，获得致密、坚硬和体积稳定的制品的过程。有关烧结的工艺参数，例如烧结温度、烧结保温时间等通常都是根据试验确定。

1. 烧结温度与保温时间的确定

烧结温度的确定与制品的化学成分有关。泰曼发现烧结温度（T_S）和熔融温度（T_M）的关系有一定规律，即：① 金属粉末：$T_S \approx (0.3 \sim 0.4) T_M$；② 盐类：$T_S \approx 0.57 T_M$；③ 硅酸盐：$T_S \approx (0.8 \sim 0.9) T_M$。

如果是几种粉末的混合物，则烧结温度一般要低于主要成分的熔点，而高于其中一种或多种少量成分的熔点（个别例外），或者稍高于制品中出现的低共熔点的温度。

在实际生产中，无论单一或多种粉末的烧结，都是在一定温度范围内进行的。在此温度范围内使用上限温度还是下限温度，要根据制品的化学成分、粉末性能、尺寸大小以及性能要求等具体条件而定。

烧结保温时间与烧结温度有关。通常，烧结温度较高时，保温时间较短；相反，烧结温度较低时，保温时间要长。所以，烧结温度和保温时间要按具体情况合理选择。

2. 烧结气氛的选择

大多数粉末冶金制品必须在保护性气氛或真空中进行烧结。在保护性气氛或真空中烧结时，可以做到：① 制品在烧结过程中不发生氧化；② 在还原性气氛中烧结时，能将制品中的氧化物还原；③ 能保证制品获得一定的物理力学性能。

在烧结过程中不断通入所需气体，例如通入 H_2或 CO，可得强还原气氛；通入 N_2或 Ar，可得中性气氛；通入 O_2，可得强氧化气氛；N_2和 H_2搭配，或 N_2和 O_2搭配，可获得不同程度的还原或氧化气氛。

3. 升温和降温（冷却）速度的确定

升温和降温时间由制品尺寸和性能要求而定。通常为了提高生产率，希望升温速度和降温速度快一些。但在实际生产中，如果升温速度太快，可能使坯体中的成形剂、水分以及某些杂质剧烈挥发，导致坯体产生裂纹，并使反应不完全。降温速度对制品性能的影响很大，为了获得所要求的金相组织，对其降温速度有一定的要求。以粉末冶金铁基制品为例，降温速度不同，可以使制品得到完全不同的金相组织和性能。如果所烧结的铁基制品在冷却前是均匀奥氏体时，当冷却速度不同时，可能出现三种情况：① 当冷却速度很慢时，奥氏体分解，碳以石墨的形式自奥氏体中析出，制品组织是铁素体加石墨，其硬度和强度都很低。② 当冷却速度很快时，奥氏体来不及分解，形成了马氏体组织，这种组织硬度高、强度低，而且，当冷却速度很快时，还可能造成制品的变形和开裂。③ 当冷却速度为中等时，奥氏体分解，碳以渗碳体（Fe_3C）形式析出，组织是铁素体加珠光体（还有少量孔洞与游离石墨），这种组织有一定的强度和硬度。因此，在生产中，一般都以中等速度进行冷却。

4. 烧结方法

粉末冶金坯体的烧结可分为单元系、多元系，或分为固相烧结、液相烧结等多种类型。在烧结温度下，物质的颗粒之间无液相出现的为固相烧结；有液相出现的为液相烧结。某些多组分的粉料，若含有熔点相对较低的组元，易出现液相烧结。

表 2-12 所示为粉末冶金各种烧结方法以及它们的优缺点。

表 2-12　粉末冶金常用烧结方法

烧结方法名称	优　点	缺　点
常压烧结法	成本低，规模生产以及制造复杂形状制品	性能一般，较难完全致密
真空烧结法	不易氧化	成本高
一般热压法	操作简单	制品形状简单、成本高
连续热压法	规模生产	制品形状简单
气压烧结法	制品性能好，密度高	组成难控制
反应烧结法	制品形状不变，少加工，成本低	反应有残留物，性能一般
液相烧结法	降低烧结温度，成本低	性能一般

（四）后处理

为了进一步提高粉末冶金制品的力学性能和表面质量，往往要进行后处理。常见的后处理工作由表面处理、热处理及某些特殊处理等。

1. 表面处理

有些粉末冶金制品的表面要求光洁、耐磨、耐蚀、美观等，必须进行一定的表面处理。常见的有：① 封孔处理，可以封闭粉末冶金制品的表面孔隙，减少材料的氧化和腐蚀等，处理方法有浸涂树脂、电镀、化学钝化等。② 滚筒研磨。当粉末冶金制品的表面质量要求较高时，须进行滚筒研磨，清除表面飞边和烧结中造成的表面污染。

2. 热处理

为了使烧结件达到规定的性能，要对制品进行退火、正火、淬火与回火等热处理。

3. 浸渍处理

粉末冶金的含油轴承必须进行浸油处理，使其孔隙中进入润滑油，才能达到制品的特有性能。

四、粉末冶金的应用

粉末冶金常用于制造刀具、模具和量具等。如碳化钨与金属钴粉末制成的硬质合金刀具、量具、磨具。采用粉末冶金方法也可制造机器零件，如齿轮、凸轮、链轮及各种制动片等。利用粉末冶金的多孔性，还可制成过滤件或渗透件，也可以利用孔隙浸入润滑油，制成含油轴承。表 2-13 所示为粉末冶金的应用范围。

表 2-13 粉末冶金的应用范围

工 业 部 门	粉末冶金的应用举例
机械加工	硬质合金、陶瓷刀具
压力加工	拔丝模
汽车、拖拉机制造	机械零件，摩擦片，含油轴承，过滤器
电动机制造	含油轴承，铜—石墨电刷
电气、电子工业	电触头、磁性元件
计算机工业	记忆元件
石油、化学工业	过滤器，耐蚀零件
五金和办公用品	锁零件、缝纫机零件、打字机零件
军事工业	穿甲弹头，炮弹箍，军械零件
航空、航天	摩擦片，过滤器

复习思考题

1. 什么是液态金属的充型能力？充型能力主要受哪些因素影响？充型能力差易产生哪些铸造缺陷？
2. 浇注温度过高或过低，易产生哪些铸造缺陷？
3. 什么是顺序凝固原则？需采取什么措施来实现？哪些合金常需采用顺序凝固原则？
4. 怎样理解同时凝固与顺序凝固原则？两者出现矛盾时应如何处理？
5. 铸件的壁厚为什么不能太薄，也不宜太厚，而应尽可能厚薄均匀？
6. 砂型铸造常见缺陷有哪些？如何防止？
7. 为什么铸铁的铸造性能比铸钢好？
8. 什么是特种铸造？常见的特种铸造方法有哪几种？
9. 在大批量生产的条件下，下列铸件宜选用哪种铸造方法生产？

机床床身　　铝活塞　　铸铁污水管　汽轮机叶片

10. 为便于生产和保证铸件质量，对铸件结构有哪些要求？

11. 何谓冷变形？何谓热变形？铅（熔点为 327℃）在室温时的变形和钨（熔点为 3380℃）在 1100℃ 时的变形各属于何种变形？试通过计算说明之。

12. 金属在不同温度下塑性成形的组织和性能有何不同？为什么？

13. 锻造流线是怎样形成的？它的存在有何利弊？螺栓分别用棒料切削成形和镦锻成形，其力学性能有何区别？理由何在？

14. 影响材料塑性成形的因素有哪些？

15. “趁热打铁”的含义是什么？

16. 原始坯料长 150mm，若拔长到 450mm 时，锻造比是多少？

17. 为什么重要的巨型锻件必须采用自由锻的方法制造？

18. 为什么重要的轴类锻件在锻造过程中安排有镦粗工序？

19. 图 2-110 所示零件若采用自由锻制坯，其结构是否合理？试改进其结构并选择变形工序。

20. 改正图 2-111 所示模锻件结构的不合理之处。

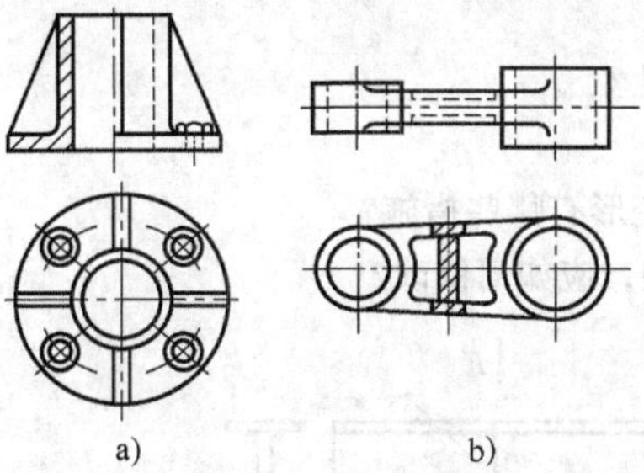

图 2-110　题 18 图

a）支座　b）连杆

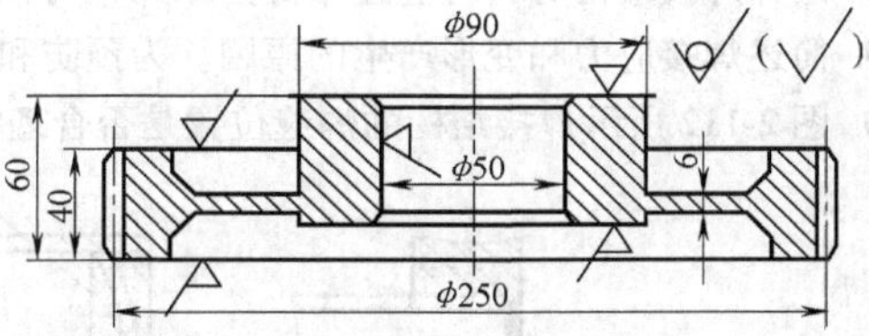

图 2-111　题 19 图

21. 锤上模锻时，多模膛锻模的模膛可分为几种？它们的作用是什么？为什么在终锻模膛周围要开设飞边槽？

22. 绘制模锻件图应考虑哪些问题？如何确定模锻件分模面的位置？分模面与铸件的分型面有何异同？为什么要考虑模锻斜度和圆角半径？锤上模锻带孔的锻件时，为什么不能锻出通孔？

23. 下列制品该选用哪种锻造方法制作？

活扳手（大批量）　　　家用炉钩（单件）　　铣床主轴（成批）　　大六角螺钉（成批）

起重机吊钩（小批）　万吨轮主传动轴（单件）

24. 板料冲压生产有何特点？应用范围如何？

25. 圆筒形工件拉深时易出现什么缺陷？试从板料受力的角度，分析其产生的原因，并指出解决问题的措施。

26. 试比较圆筒形工件拉深、翻边、旋压时变形特点的不同。

27. 材料的回弹现象对冲压生产有何影响？如何利用弯曲回弹现象设计弯曲模，使工件得到准确的弯曲角度？

28. 焊接生产对于焊接热源有什么要求？主要焊接热源有哪几种？

29. 低碳钢焊接接头有几个区域？各区域的组织和性能如何？如何改善热影响区的组织和性能？

30. 电焊条的组织成分及其作用是什么？

31. 简述酸性焊条、碱性焊条在成分、工艺性、焊缝性能的主要区别。

32. 熔化焊、压焊和钎焊的实质有何不同？

33. 试述电阻焊的特点及应用，并指出它可分为哪几种。

34. 试从焊接质量、生产率、焊接材料、成本和应用范围等方面对焊条电弧焊、埋弧焊、CO_2气体保护焊、氩弧焊、电阻焊和钎焊进行比较。

35. 钎焊可分为哪几种？其适用范围是哪些？

36. 为下列产品选择合理的焊接方法。

序号	焊接产品	合理的焊接方法
1	低压容器，采用厚度为3mm的Q235钢板焊成，小批生产	
2	工字梁，采用厚度为30mm的Q345钢板焊成，中批生产	
3	车刀，由硬质合金刀片与45钢刀杆焊接而成，小批生产	
4	自行车车圈，大批量生产	
5	减速器箱体，低碳钢板材，单件小批生产	
6	钢管，采用壁厚5mm、直径45mm的不锈钢管对接，小批生产	
7	容器，采用壁厚4mm的阴极铜板焊成，单件生产	

37. 材料的焊接性取决于哪些因素？如何评价材料的焊接性？

38. 选择焊接结构材料时应遵循哪些原则？为什么？

39. 简述焊接应力和变形产生的原因。为预防和减小焊接变形有哪些措施？

40. 图2-112所示焊接结构的焊缝位置是否合理？如不合理，应如何修改？

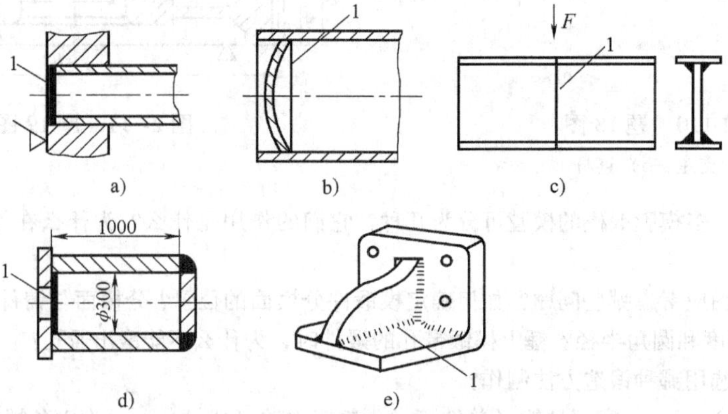

图2-112 焊接结构

a）管、板焊接 b）中压容器 c）工字梁 d）低压容器 e）支架

1—焊缝

41. 粉末冶金有何主要特点？

42. 试述粉末冶金的主要生产过程。

43. 粉体的制备方法有哪几种？

44. 粉料在压制成坯体的过程中有哪些变化？影响坯体密度的因素有哪些？

45. 粉末冶金的成形方法有哪些？

46. 烧结温度在主要成分的熔点以下，颗粒之间为何能够烧结在一起？

47. 举例说明粉末冶金的应用范围。

第三章　非金属材料的成形工艺

第一节　陶瓷材料的成形工艺

陶瓷的成形方法与粉末冶金的成形方法有类似的地方，主要制备工艺过程也包括粉末制备、成形和烧结，其重要特点是材料制备与成形一体化。只是陶瓷材料的成形方法比粉末冶金方法更丰富，除了粉体压制成形和注浆成形外，还有一类广泛应用的泥料可塑成形，并且注浆成形方法也远比粉末冶金应用更广。因此，本部分粉体的制备及压制成形原理不再赘述，主要讨论陶瓷材料的可塑成形与注浆成形有关的基础知识和成形方法。

一、可塑泥团的成形原理

可塑成形是用各种不同的外力对具有可塑性的坯料（泥团）进行加工，使坯料在外力作用下发生变形并保持其形状而制成生坯的成形方法。

（一）可塑泥团的流变特性

可塑泥团是由固相、液相、少量气孔组成的弹性-塑性系统。当它受到应力作用而发生变形时，既有弹性性质，又出现假塑性变形阶段。如图 3-1 所示，当应力很小时，含水量一定的泥团受到应力 σ 的作用而产生应变 ε，二者呈直线关系（泥团的弹性模量不变），而且是可逆的。这种弹性变形主要是由于泥团中含有少量空气和有机增塑剂，它们具有弹性，同时由于粘土颗粒表面形成水化膜所致。若应力增大超过弹性的极限值 σ_y，则出现不可逆的假塑性变形。

由弹性变形过渡到假塑性变形的极限应力 σ_y 称为流动极限（或称流限、屈服值），此值随泥团中水分的增加而降低。达到流限后，应力增大会引起更大的变形速度，这时弹性模量减小。若除去泥团受到的应力，则会部分地回复到原来的状态（用 ε_y 表示），剩下不可逆变形部分 ε_n 叫做假塑性变形。出现这种现象，是由于泥团中的颗粒产生相对位移所致。重新加载时，变形将从 ε_n 开始。若应力超过泥团的强度极限 σ_p，则导致开裂破坏。成形时，希望泥团能长时间维持塑性状态。当应力是一次且很快地加压到泥团上时，比较容易出现弹性变形，而不可逆的假塑性变形值较小。所以要使泥团形成坯体所具有的形状，成形的压力应连续、多次加压到泥团上。泥团受力作用变形后，若维持其变形量不变，则应力会逐渐消失，泥团呈塑性变形，可长期保持变形后的形状。

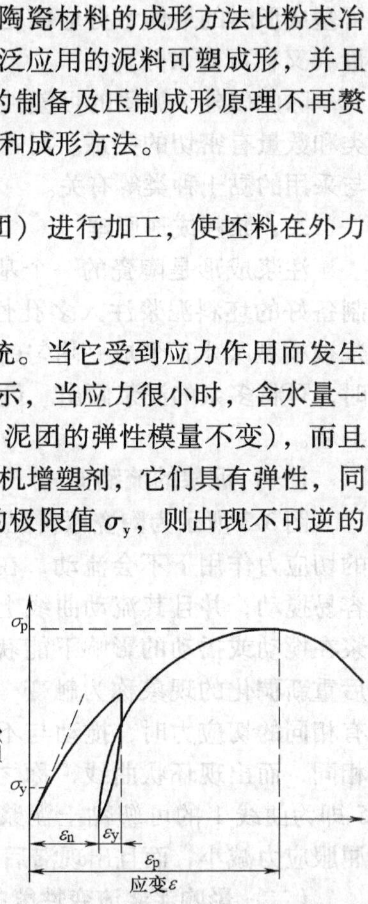

图 3-1　粘土泥团的应力-应变曲线

（二）影响泥团可塑性的因素

1. 固相颗粒大小和形状

一般来说，泥团中固相颗粒越粗，呈现最大塑性时所需的水分越少，最大可塑性越低；

颗粒越细则比表面越大，每个颗粒表面形成水膜所需的水分越多，由细颗粒堆积而成的毛细管半径越小，产生的毛细管力越大，可塑性也越高。不同形状颗粒的比表面是不同的，因而对可塑性的影响也有差异。

2. 液相的数量和性质

水分是泥团出现可塑性的必要条件。泥团中的水分适当时才能呈现最大的可塑性，由图3-2可知，泥团的屈服值随含水量的增加而减小，而泥团的最大变形量却随含水量的增加而加大。用屈服值与最大变形量二者的乘积表示可塑性，对应于某一含水量泥团的可塑性可达到最大值。实际上可塑成形时的最佳水分应该是可塑性最大时的含水量（又称可塑水分）。

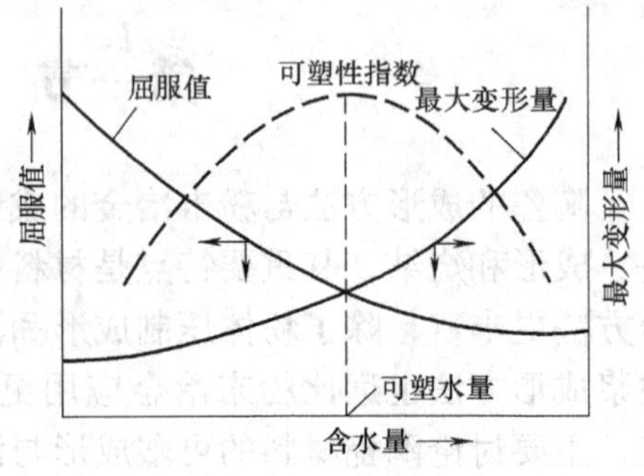

图 3-2　可塑泥团含水量与可塑性的关系

除此以外，泥团的可塑性还与加入塑化剂的种类和数量有密切的关系。对普通陶瓷材料来说，还与采用的黏土种类等有关。

二、浆料成形原理

注浆成形是陶瓷的一个基本成形工艺，已有很久的历史。其成形过程比较简单，即将制备好的坯料泥浆注入多孔性模型内，由于多孔性模型的吸水性，在贴近模壁的一层泥浆被模型吸水而形成一均匀的泥层，且泥层随时间的延长而逐渐加厚。当达到所需的厚度时，可将多余的泥浆倾出。最后该泥层继续脱水收缩而与模型脱离，从模型中取出后即为毛坯。

（一）泥浆的流动曲线

图 3-3 所示为陶瓷原料泥浆的流动曲线。可塑黏土调成的泥浆（密度 1.34g/cm^3）在低的切应力作用下不会流动，在高切应力作用下，则容易搅动，并且其流动曲线上没有触变滞后环。泥浆在搅动或摇动的影响下能获得流动性，而在静置后重新稠化的现象称为触变。在流动曲线上，当具有相同的切应力时，搅动与不搅动时的剪切速度不相同，而出现环状曲线，称之为触变滞后环。曲线 5 即为曲线 1 的可塑黏土泥浆加入碱液解凝后，其屈服应力减小，而且出现滞后环。

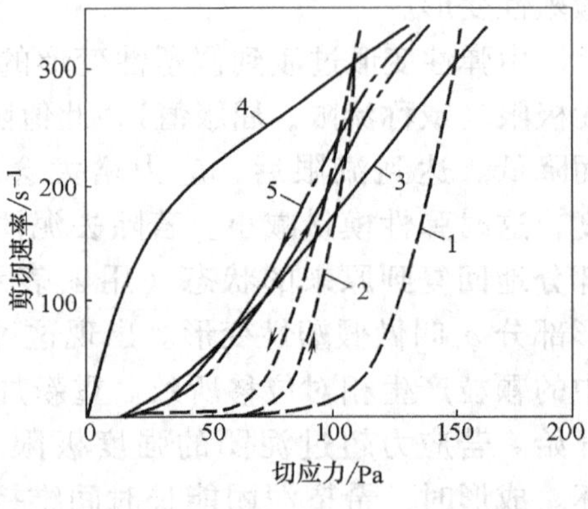

图 3-3　陶瓷原料泥浆的流动曲线
1—可塑黏土泥浆　2—骨灰浆　3—石英浆
4—氧化铝浆　5—加入碱的可塑性黏土

（二）影响泥浆流变性能的因素

泥浆的流变性能直接关系到泥浆的流动性和触变性等诸多特性，影响泥浆的浇注性能及浇注过程，对浆料成型的坯体质量起着至关重要的作用。

1. 泥浆的浓度

低浓度泥浆中的固相颗粒少，泥浆粘度由液体本身粘度决定。在高浓度泥浆中因颗粒多，泥浆粘度主要决定于固相颗粒移动时的碰撞阻力。固相颗粒增多必然会降低泥浆的流动性。若增多泥浆中的水分，流动性固然改善，但成形后的坯体收缩增加，强度降低，吸浆速度减慢，这些对生产不利。

2. 固相的颗粒大小

一定浓度的泥浆中，固相颗粒越细，颗粒间平均距离越小，吸引力增大，位移时所需克服的阻力增大，流动性减少。固相颗粒太粗，泥浆不稳定。

3. 电解质的作用

向泥浆中加入电解质是改善其流动性和稳定性的有效方法。电解质的种类和数量对泥浆的流变性能都有影响。一般说来，含电解质的泥浆都会出现触变滞后环。随着泥浆解凝（即加入电解质使泥浆的流动性变好）程度的不同，泥浆的屈服值和滞后环的面积都会变化。

4. 泥浆的 pH 值

一些氧化物原料多为两性物质（如氧化铝、氧化铬、氧化铁等），它们在酸性和碱性介质中都能胶溶，但离解的过程不同，形成胶团的结构也不同。pH 值影响其解离程度，又会引起胶粒 ζ－电位发生变化，导致改变胶粒表面的吸力与斥力的平衡，最终使这类氧化物胶溶或絮凝。

另外，在制备陶瓷材料时若使用黏土，还要考虑可溶性盐类、天然有机物质、黏土干燥温度、陈腐过程等的影响。

（三）注浆成形对泥浆工艺性能的要求

注浆成形是基于能流动的泥浆和能吸水的模型来进行成形的。为了使成形顺利进行并获得高质量的坯体，通过调整泥浆的流变性能，使制备出的泥浆能够满足下列基本要求：流动性好，稳定性好，适当的触变性，含水量少，滤过性好，坯体强度高，脱模容易，不含气泡。

三、陶瓷材料的成形工艺

（一）浆料成形

1. 注浆成形

传统的注浆成形是指在石膏模的毛细管力作用下，含一定水分的黏土泥浆脱水硬化、成坯的过程。随着成形方法的发展，注浆成形的概念也发生了根本变化，特别是在高技术陶瓷的成形过程中，一些非黏土类型的瘠性料需要靠塑化剂、pH 值或温度的作用才能调制成具有一定流动性和悬浮性的浆料。成形模具也不再局限于石膏模。为此，人们将所有基于坯料具有一定液态流动性的成形方法统归为注浆成形法。

（1）基本注浆方法　基本注浆方法可分为空心注浆（或称单面注浆）和实心注浆（或称双面注浆）两种。

空心注浆所用的模型没有型芯，泥浆注满模型后放置一段时间，待模型内壁粘附一定厚度的坯体后，将多余的泥浆倒出，然后带模干燥。待注件干燥收缩脱离模型后就可取出（图 3-4）。坯体的脱模水分一般为 15%～20%（体积分数）。空心注浆的坯体外形取决于模型的工作面。坯体厚度取决于吸浆时间，同时与模型的温度、湿度及泥浆的性质有关。这种方法适合于成形小件、薄壁产品。

实心注浆是将泥浆注入外模与模芯之间。模型从内外两个方向同时吸水。注浆过程中，泥浆量不断减少，需不断补充泥浆，直至泥浆全部硬化成坯（图 3-5）。实心注浆的坯体外形决定于外模的工作面，内形决定于模芯的工作面。坯体的厚度则由外模与模芯之间的空腔来决定。实心注浆适合于坯体的内外表面形状、花纹不同，大型、壁厚的产品。

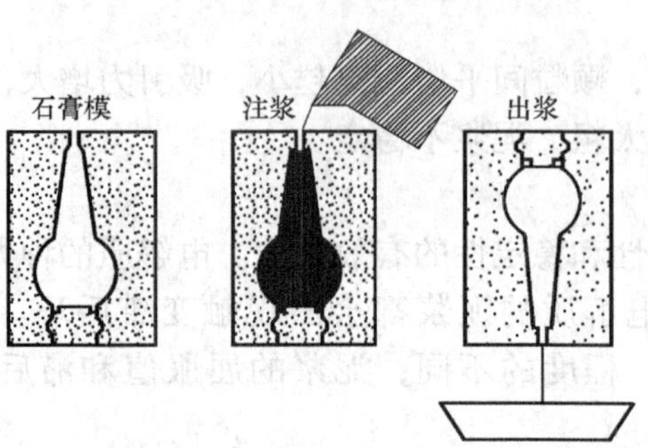

图 3-4 空心注浆法示意图

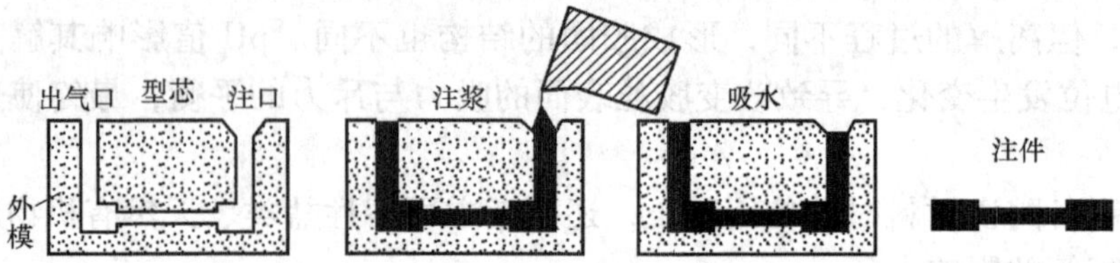

图 3-5 实心注浆法示意图

（2）强化注浆方法 强化注浆方法是在注浆过程中人为地施加外力，加速注浆过程的进行，使得吸浆速度和坯体强度得到明显改善的方法。根据所加外力的形式，强化注浆可以分为真空注浆、离心注浆和压力注浆等。

1）真空注浆。这种方法是在模型外边抽取真空，或将紧固的模型放在处于负压的真空室中。其目的是造成模型内外的压力差，提高注浆成形的推动力。真空注浆可使吸浆速度显著提高，同时减少坯体的气孔和针眼。

2）离心注浆。它是向旋转的模型中注入泥浆，在离心力的作用下，泥浆紧靠模型脱水形成坯体。由于泥浆中的气泡较轻，在模型旋转时多集中在中心部位，最后破裂消失，故离心注浆坯体致密、厚度均匀、变形较小。

3）压力注浆。压力注浆是通过提高泥浆压力来增大注浆过程中的推动力，加速水分的扩散。它不仅可缩短注浆时间，还可减少坯体的干燥收缩和脱模后坯体的水分。最简单的加压方式是提高浆桶的高度，利用泥浆的位能来提高本身的压力。这种压力比较小，一般在0.05MPa以下。也可引入压缩空气来提高泥浆的压力。一般说来，压力越大，成形速度越快，生坯强度也越高。

2. 热压铸成形

热压铸成形法虽然也是注浆方法，但与前面的注浆工艺不同。它是利用石蜡的热流性特点，与坯料配合，使用金属模具在压力下进行成形的，冷凝后坯体能保持其形状。它的成形过程如下：

（1）蜡浆料的制备 按配比称取一定量石蜡，加热熔化成蜡液，同时将称好的粉料在烘箱内烘干，使含水量不大于0.2%（体积分数）。这是因为粉料内含水量大于1%时，水分会阻碍粉料与石蜡完全浸润，粘度增大，难以成形。另外在加热时，水分会形成小气泡分散在料浆中，使烧结后的制品形成封闭气孔，性能变差。制备蜡浆时，在粉料中加入少量的表面活性剂（一般为体积分数0.4%~0.8%，如蜂蜡），可以减少石蜡的含量，改善成形性能等。

此工序的目的是为了将准备好的坯料加入到以石蜡为主的粘结剂中制成蜡板以备成形用。

（2）热压铸　图3-6为热压铸机结构示意图。其工作原理是将配制成的料浆蜡板放置在热压铸机浆桶内，加热至一定温度熔化，在压缩空气的驱动下，将桶内的料浆通过吸铸口压入模腔，根据产品的形状和大小，保压一定时间后，去掉压力，料浆在模腔中冷却成形。

（3）高温排蜡　热压铸成形的坯体在烧成之前，先要经排蜡处理，否则由于石蜡在高温熔化后的流失、挥发、燃烧，坯体将失去粘结而解体，不能保持其形状。

排蜡是将坯体埋入疏松、惰性的保护粉料之中，这种保护粉料又称为吸附剂，它在高温下稳定，又不易与坯体粘结，一般采用煅烧的工业 Al_2O_3 粉料。在升温过程中，石蜡虽然会熔化、扩散，但有吸附剂支撑坯体。当温度继续升高，石蜡挥发，燃烧完全，坯体中的粉料之间也有一定的烧结出现，使坯体具有一定的强度。通常排蜡温度为900~1000℃，若温度太低，粉料之间无一定的烧结出现，不具有一定的机械强度，坯体松散，无法进行后续工序；若温度偏高，直至完全烧结，则会出现严重的粘结，难以清理坯体的表面。排蜡后的坯体要清理表面的吸附剂，然后再进行烧结。

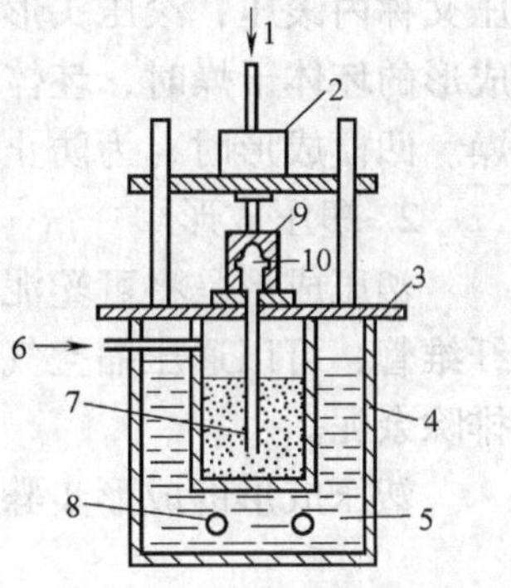

图3-6　热压铸机结构示意图
1、6—压缩空气　2—压紧装置
3—工作台　4—浆桶　5—油浴恒温槽
7—供料管　8—加热元件
9—铸模　10—铸件

3. 流延成形

流延成形法又叫带式浇注法、刮刀法，如图3-7所示。工艺过程大致是：将准备好的粉料内加粘结剂、增塑剂、分散剂和溶剂，然后进行混合，使其均匀。再把料浆放入流延机的料斗中，料浆从料斗下部流至流延机的薄膜载体（传送带）上。用刮刀控制厚度，再经红外线加热等方法烘干，得到膜坯，连同载体一起卷轴待用，最后按所需要的形状切割或开孔。

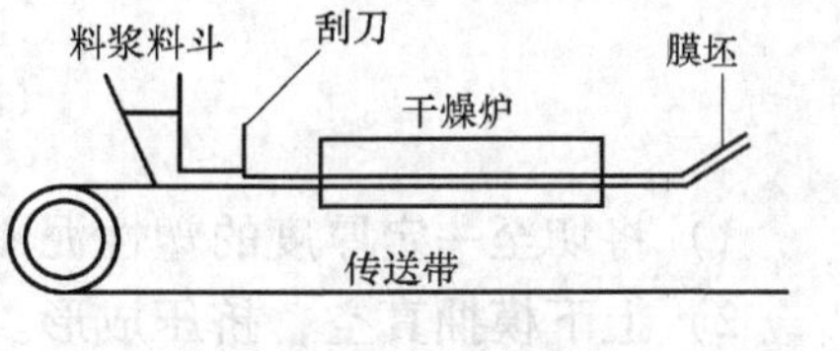

图3-7　流延成形

流延法适合于制成厚度小于0.2mm、表面粗糙度值低、超薄型的制品。

（二）可塑成形

可塑成形的方法很多，除了日用陶瓷生产中常采用的滚压成形和塑压成形外，在高技术陶瓷的生产中，又发展了挤压成形和轧膜成形等。

1. 滚压成形

滚压成形时，盛放着泥料的石膏模型和滚压头分别绕自己的轴线以一定的速度同方向旋转。滚压头在转动的同时，逐渐靠近石膏模型，并对泥料进行滚压成形（图3-8）。

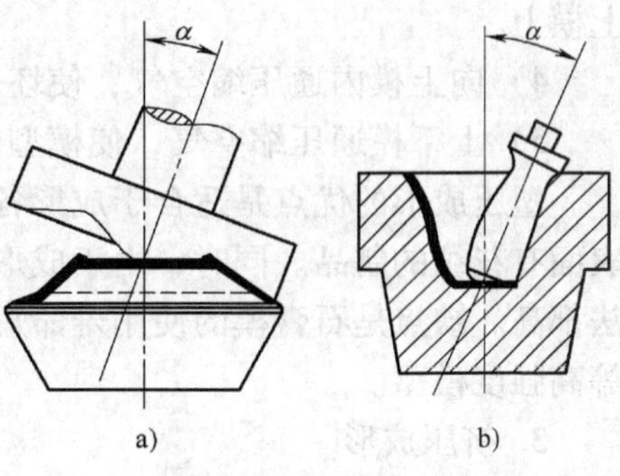

图3-8　滚压成形
（α-滚压头倾斜角）

滚压成形时，泥料在滚压头的作用下均匀展开，受力由小到大比较均匀。滚头和泥料的接触面积大，泥料受压时间长，坯体致密均匀，强度较大。另外，滚压成形是靠滚压头对坯体的滚碾作用而使坯体表面光滑的，不需要在坯体表面加水，可减少坯体的变形。因此，滚压成形的坯体质量好，生产效率高，滚压机和其他设备配合可以组成生产流水线进行自动化生产。

滚压成形可以分为凸模滚压和凹模滚压。凸模滚压又称外滚压，由滚压头决定坯体的外表形状和大小（图3-8a），适于成形扁平状、宽口器皿和坯体内表面有花纹的产品。凹模滚压又称内滚压，滚压头形成坯体的内表面（图3-8b），适于成形口径较小而深的制品。凸模成形的坯体干燥时，坯体由模型支撑，收缩均匀，不易变形，成形后不必翻模，直接进行干燥。凹模成形时，为防止坯体变形，常将带坯的模型倒转放置，然后脱模干燥。

2. 塑压成形

塑压成形是将可塑泥料放在模型内在常温下压制成坯的方法。模型内部盘绕一根多孔性纤维管，可以通压缩空气或抽真空。安装时应将上下模之间留有0.25mm左右的空隙，以便排除余泥。

塑压成形的成形步骤为（图3-9）：

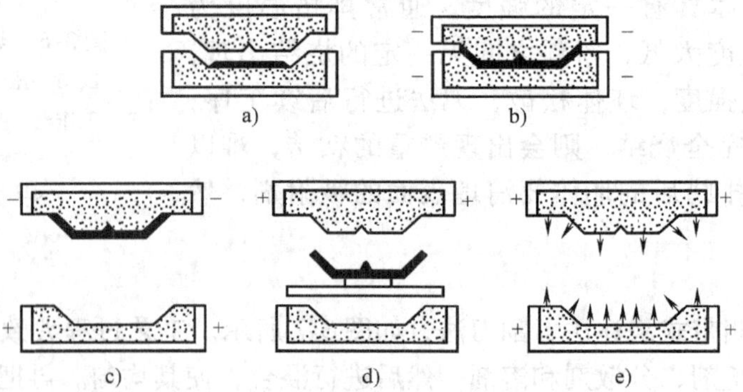

图3-9 塑压成形工艺过程

（注：+送压缩空气，-抽真空）

1）将切至一定厚度的塑性泥团置于底模上。

2）上下模抽真空，挤压成形。

3）向底模内通压缩空气，使坯体与底模迅速脱离。同时从上模中抽真空将坯体吸附在上模上。

4）向上模内通压缩空气，使坯体脱模承放在托板上。

5）上下模通压缩空气，使模型内水分渗出，用布擦去。

塑压成形的优点是适合于成形各种异型盘碟类制品，如鱼盘、方盘、多角形盘碟及内外表面有花纹的制品。同时，由于成形时施以一定的压力，坯体的致密度较离心注浆法、滚压法都高。缺点是石膏模的使用寿命短，容易破损。目前国外已采用多孔树脂模、多孔金属模等高强度模型。

3. 挤压成形

挤压成形一般是将真空炼制的泥料，放入挤制机内，这种挤制机一头可以对泥料施加压力，另一头装有机嘴即成形模具，通过更换机嘴，能挤出各种形状的坯体，如图3-10所示。

挤压成形适合挤制棒状、管状（外形可以是圆形或多角形，但上下尺寸大小一致）的坯体，待晾干后，再切割成所需长度的制品。一般常用于挤制 $\phi 1 \sim 30$mm 的管、棒等细管，壁厚可小至 0.2mm 左右。随着粉料质量和泥料可塑性的提高，也用来挤制长 100 ~ 200mm、厚 0.2 ~ 0.3mm 的片状坯膜，半干后再冲制成不同形状的片状制品，或用来挤制 100 ~ 200 孔/cm^2的蜂窝状或筛格式穿孔瓷制品。

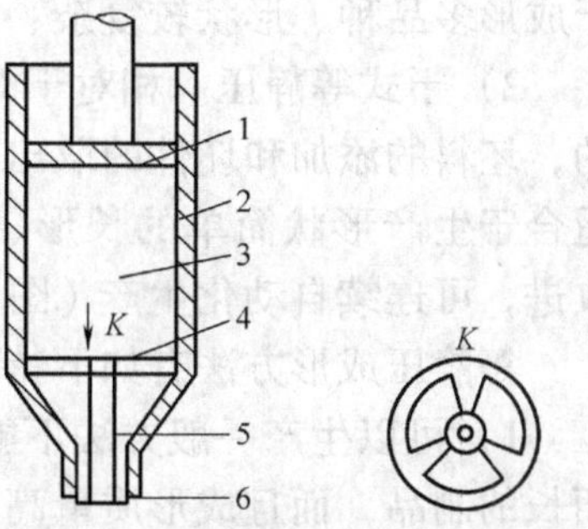

图 3-10　立式挤制机结构示意图

1—活塞　2—挤压筒　3—瓷料
4—型环　5—型芯　6—挤嘴

挤压法的优点是：污染小，操作易于自动化，可连续生产，效率高；适合管状、棒状产品的生产。缺点是：挤嘴结构复杂，加工精度要求高；由于溶剂和结合剂较多，坯体在干燥和烧成时收缩较大，性能受到影响。

4. 轧膜成形

轧膜成形是新发展起来的一种可塑成形方法，适宜生产 1mm 以下的薄片状制品。成形时将准备好的坯料，拌以一定量的有机粘结剂（一般采用聚乙烯醇），置于两辊轴之间进行辊轧。通过调节轧辊间距，经过多次辊轧，最后达到所要求的厚度，如图 3-11 所示。轧好的坯片，需经冲切工序制成所需要的坯件。辊轧过程中，不能为了急于得到薄片坯体，过早地把轧辊间距调小，因为这样会使坯料和结合剂混合不匀，坯件质量得不到保证。

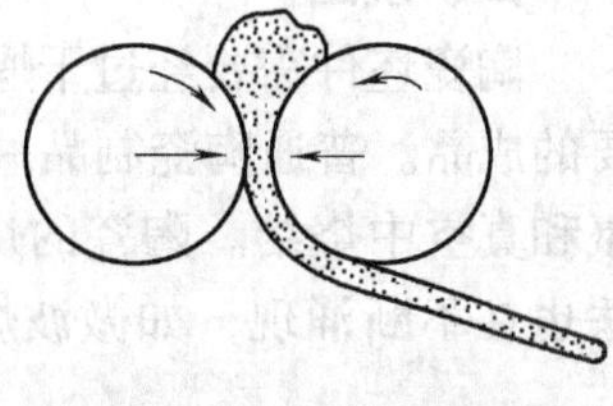

图 3-11　轧膜成形的原理

轧膜成形时，坯料只是在厚度和前进方向受到碾压，在宽度方向受力较小，因此，坯料和结合剂不可避免地会出现定向排列。干燥和烧结时，横向收缩大，易出现变形和开裂，坯体性能上也会出现各向异性。这是轧膜成形尚无法解决的问题。

（三）压制成形

陶瓷的压制成形与粉末冶金基本一样，其压制过程不再赘述，但所用的粉料往往含有一定量的水分（体积分数为 3% ~ 15%）。在高技术陶瓷生产中，等静压成形的应用越来越广泛，所用压制成形的粉料含水很少（体积分数 <1%），但需加少量结合剂。

等静压成形（又称静水压成形）是利用液体介质不可压缩性和均匀传递压力的特点进行坯体成形的方法。等静压成形的过程如图 3-12 所示。液体介质可以是水、油或甘油。但应选用可压缩性小的介质为宜，如制动油或无水甘油。弹性模具材料应选用弹性好、抗油性好的橡胶或类似的塑料。

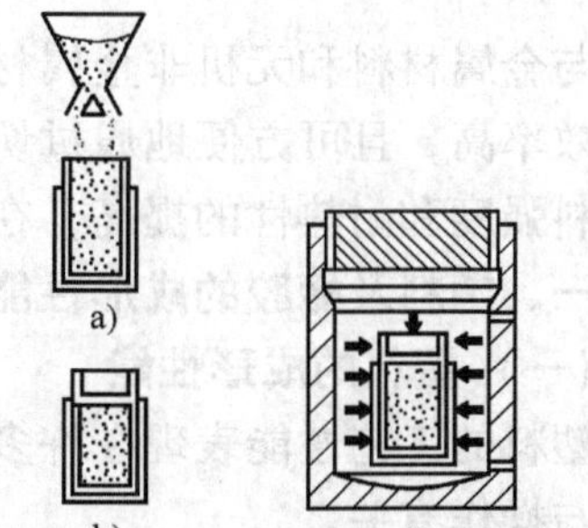

图 3-12　湿式等静压成形示意图

a）粉料加入柔性袋　b）柔性袋加盖密封
c）将袋装入内装传压介质的加压容器中
d）加压　e）压紧后去压

等静压成形方法有冷等静压和热等静压两种类型。冷等静压又分为湿式等静压和干式等静压。

1）湿式等静压。其特点是模具处于高压液体中，各方受压，所以叫做湿式等静压。它主要适用于成形多品种、形状较复杂、产量小和大型的制品（图 3-12）。

2）干式等静压。相对于湿式等静压，其模具并不都是处于液体之中，而是半固定式的，坯料的添加和坯件的取出，都是在干燥状态下操作，因此叫干式等静压。干式等静压更适合于生产形状简单的长形、壁薄、管状制品，如果稍作改进，可连续自动化生产（图 3-13）。

等静压成形方法有如下特点：

1）可以生产一般方法不能成形的形状复杂、大件及细而长的制品，而且成形质量高。

2）可以不增加操作难度而比较方便地提高成形压力，而且作用效果比其他压制法好。

3）由于坯体各向受压力均匀，其密度高而且均匀，烧成后收缩小，因而不易变形。

4）模具制作方便、寿命长、成本较低。

5）由于成形粉料含水量低，粘结剂含量也较低，所以成形后的坯体不经干燥可以直接焙烧，坯体收缩小。

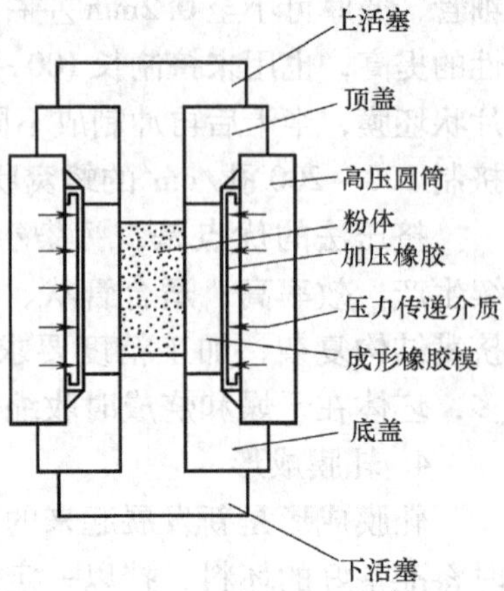

图 3-13　干式等静压机

四、烧结

陶瓷坯件需要经过干燥处理后，在窑炉中以适当的高温烧结，才能得到质地坚硬、符合需要的成品。普通陶瓷制品一般在氧化性气氛（空气）中烧结，某些高技术陶瓷需在保护性气氛和真空中烧结。陶瓷的烧结方法除了可应用粉末冶金件烧结的方法外，一些先进的烧结方法也在不断涌现，如微波烧结法、电火花等离子烧结（SPS）及自蔓延烧结（SHS）等。

第二节　高分子材料成形工艺

与金属材料和无机非金属材料相比，高分子材料成形工艺简单，材料损耗少，能耗低，生产效率高，且可方便地通过切削加工、焊接、胶接等方法进行二次加工。因此，随着高分子材料强度和耐热性的提高，在工业生产中正越来越多地取代金属材料。

一、塑料及橡胶的成形性能

（一）塑料的成形性能

塑料的工艺性能表现在许多方面，有些性能直接影响成形方法和工艺参数的选择，有的则只与操作有关。

1. 收缩性

塑件自模具中取出冷却到室温后，发生尺寸收缩的特性称为收缩性。由于这种收缩不仅是树脂本身的热胀冷缩造成的，而且还与各种成形因素有关，因此成形后塑件的收缩称为成形收缩，其大小可用收缩率来表示：

$$S_j = \frac{L_m - L_s}{L_s} \times 100\%$$

式中，S_j为计算收缩率；L_s为塑件在室温时的单向尺寸；L_m为模具在室温时的单向尺寸。

实际收缩率与计算收缩率 S_j数值相差很小，所以在模具设计时常以计算收缩率为设计参数，来计算型腔及型芯等的尺寸。

影响收缩率大小的因素很多，主要包括：塑料品种、塑件结构、模具结构、成形工艺等。因此收缩率不是一个固定值，而是在一定范围内变化的，收缩率的波动将引起塑件尺寸波动。模具设计时应根据以上因素综合考虑选择塑料的收缩率，对精度高的塑件应选取收缩率波动范围小的塑料，并留有试模后修整的余量或适当改变工艺条件或按实际情况修正模具。

2. 流动性

塑料在一定的温度和压力下填充模具型腔的能力称为流动性。热固性塑料的流动性可用拉西格试验值来表征，数值大则流动性好。热塑性塑料的流动性常用熔体指数测定法和螺旋线长度试验法测定，熔体指数越大，或流动长度越长，则流动性就越好。

流动性对塑件形状、模具设计和成形工艺都有很大影响。流动性小，将使填充不足，不易成形，成形压力大；流动性大，易使溢料过多，填充型腔不密实，塑件组织疏松，易粘模，脱模及清理困难，硬化过早。因此选用塑料的流动性必须与塑件要求、成形工艺及成形条件相适应，模具设计时应根据流动性来考虑浇注系统、分型面及进料方向等。

影响流动性的因素主要有：温度、压力、模具结构、添加剂和成形工艺条件等。当填料粒度细且呈球状、湿度大、增塑剂和润滑剂含量高、预热及成形条件适当、模具型腔表面粗糙度值小、模具结构适当等将使流动性提高。

3. 热敏性

热敏性是指某些热稳定性差的塑料，在料温高和受热时间长的情况下就会产生降解、分解、变色的特性，具有这种特性的塑料叫做热敏性塑料。为了防止热敏性塑料在成形加工过程中出现分解现象，应在塑料中加入热稳定剂，并选择合适的成形设备，正确控制成形加工温度和加工周期，同时应及时消除分解产物，设备和模具应采取耐蚀措施等。

4. 吸水性

塑料吸收水分的性质称为吸水性。若成形时塑料中的水分和挥发物过多，将使流动性增大，易产生溢料，成形周期长，收缩率大，塑件易产生气泡、组织疏松、翘曲变形、波皱等缺陷。此外，有的气体对模具有腐蚀作用，对人体有刺激作用，因此必须采取相应措施，消除或抑制有害气体，包括成形前对物料进行预热干燥处理、在模具中开设排气槽、模具表面镀铬等措施。

5. 硬化特性

硬化特性是热固性塑料特有的性能，专指热固性塑料的交联反应。硬化程度与硬化速度不仅与塑料品种有关，而且与塑件形状、模具温度和成形工艺条件有关，因此必须严格控制工艺条件和改善模具结构，以避免塑件出现过熟或欠熟现象。

（二）橡胶的成形性能

1. 流动性

橡胶在一定的温度、压力作用下，能够充满型腔各个部分的性能称为橡胶的流动性。橡胶的流动性对橡胶成形过程有着重要的影响，有时直接决定着成形的成败。胶料的流动性一般用粘度和可塑性表示。影响橡胶流动性的因素有大分子链的温度、结构、剪切速率及切应力、配合剂等。

橡胶成形时的压力、温度、模具和浇注系统的尺寸及参数等都与橡胶的流动性有关。

2. 流变性

胶料的粘度随剪切速率的升高而降低的特性称为流变性。流变性对橡胶的加工过程有着重要的意义，当流动性差甚至流动停止时，则胶料的粘度变得很大，使半成品有良好的挺直性而不易变形。在压出、注射成形时由于剪切速率很高，则胶料的粘度低，流动性好。流变性与橡胶的相对分子质量及压力、温度、成形速率等加工条件有关。

3. 硫化性能

为改善橡胶的性能必须进行硫化。在硫化过程中，橡胶的各种性能都随时间的增加而发生变化，胶料硫化性能的优劣主要体现在快速硫化、高交联率、焦烧安全性和存放稳定性等方面。

4. 热物理性能

热物理性能的优劣直接影响橡胶制品的性质。热物理性能的影响因素是热导率、热扩散率和比定容热容。

二、塑料成形工艺

塑料成形的工艺过程包括塑料成形和塑料加工。塑料成形是指将原料（树脂与各种添加剂的混合料或压缩粉）在一定温度和压力下塑制成一定形状制品的过程。塑料加工则是指将成形后的塑料制品再经后续加工（如机械加工等）制成成品零件的工艺过程。

塑料制品的成形概括起来又分为两个阶段：首先是使塑料成形材料达到可流动状态或至少是部分为可塑状态；然后，通过施加压力等方式使其充满型腔或通过模口而成为所需制品或型坯。成形过程中塑料会发生一系列的物理和（或）化学变化，而促使其发生这些变化的一个重要因素就是热。因此，在成形过程中，热塑性塑料与热固性塑料会表现出不同的成形工艺性能。

（一）塑料成形方法

塑料的种类很多，其成形的方法也很多，常用的塑料成形方法有注射成形、压塑成形、挤出成形、压注成形、压延成形等。

1. 注射成形

注射成形（又称注塑成形）是利用注塑模具在专门的注射机上进行（图 3-14），其过程是将颗粒状态或粉状塑料从注射机的料斗中送进加热的料筒中，经过加热熔融塑化成为粘流态熔体，在注射机柱塞或螺杆的高压推动下，以很大的流速通过喷嘴注入模具型腔，经一定时间的保压冷却定形后可保持模具型腔所赋予的形状，然后开模分型获得成形塑件。

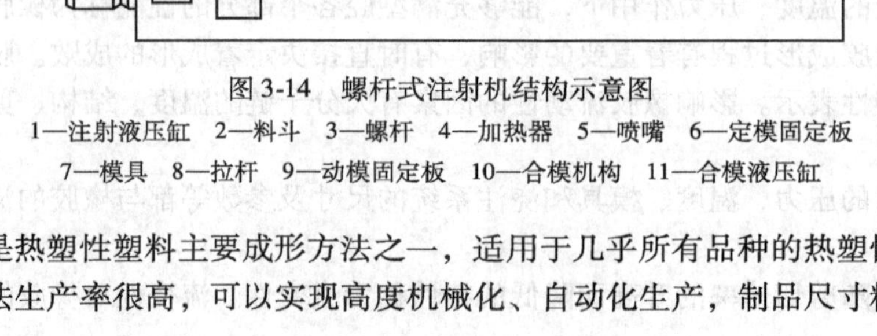

图 3-14 螺杆式注射机结构示意图

1—注射液压缸 2—料斗 3—螺杆 4—加热器 5—喷嘴 6—定模固定板
7—模具 8—拉杆 9—动模固定板 10—合模机构 11—合模液压缸

注射成形是热塑性塑料主要成形方法之一，适用于几乎所有品种的热塑性塑料和部分热固性塑料。此法生产率很高，可以实现高度机械化、自动化生产，制品尺寸精确，可以生产形状复杂、壁薄和带金属嵌件的塑料制品，适用于大批量生产。目前注塑制品产量约占塑料制品总产量的20%~30%。

2. 压塑成形

压塑成形（又称压缩成形、模压成形、压制成形等）其成形过程如图3-15所示。将粉状、粒状或片状塑料放在金属模具中加热软化熔融，在压力下充满模具成形，高分子产生交联反应而固化转变成为具有一定形状和尺寸的塑料制件。

压塑成形主要用于热固性塑料，也可用于热塑性塑料，如聚四氟乙烯。与注射成形相比，压塑成形可采用普通液压机，模具结构简单，可成形流动性很差的物料及大面积的薄壁制品。此外，压塑成形件内部取向组织少，塑件成形收缩率小以及制品性能均匀。但其成形周期长，生产效率低，劳动强度大，塑件精度难以控制，模具寿命短，不易实现自动化生产。压塑成形特别适用于形状复杂的或带有复杂嵌件的制品，如电器零件、仪表壳、电闸板、电器开关、插座或生活用具等。

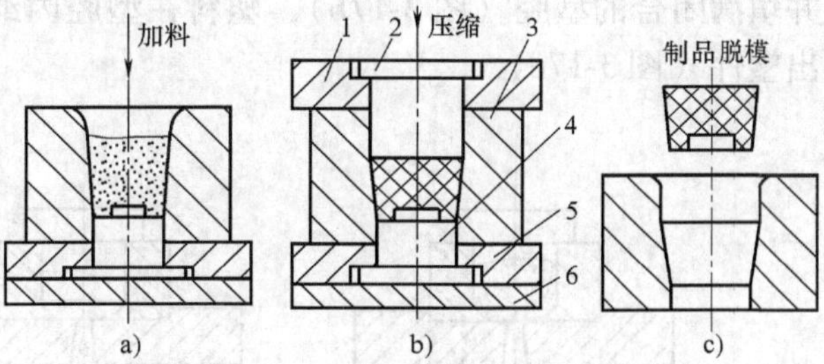

图3-15　压塑成形
a）加料　b）压缩　c）制品脱模
1—上模座　2—上凸模　3—凹模　4—下凸模
5—下模板　6—下模座

3. 挤出成形

挤出成形（又称挤塑成形）是使加热或未经加热的塑料借助螺杆的旋转推进力通过模孔连续地挤出，经冷却凝固而成为具有恒定截面的连续成形制品的方法。图3-16为管材挤出成形原理示意图。

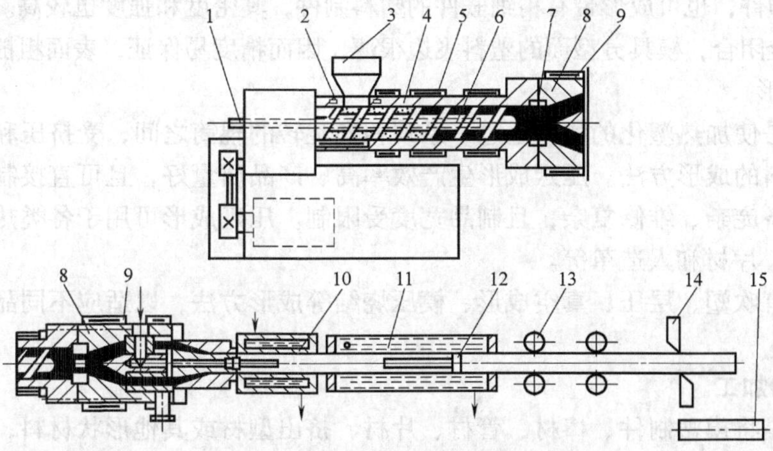

图3-16　管材挤出成形原理示意图
1—螺杆冷却水入口　2—料斗冷却区　3—料斗　4—料筒　5—料筒加热器　6—螺杆　7—多孔板　8—机头（挤出模）
9—机头加热器　10—定径套　11—冷却装置　12—压缩空气堵头　13—牵引装置　14—切断装置　15—管材

挤出成形生产过程连续，生产效率高，工艺适应性强，设备结构简单，操作方便，用途广，成本低，塑件内部组织均衡紧密，尺寸比较稳定准确。但制品断面形状较简单且精度较低，一般需经二次加工才制成零件。挤出成形用于热塑性塑料型材的生产，如管材、板材、薄膜、各种异型断面型材、电线电缆包覆物和中空制品等，还常用于物料的塑炼和着色等，目前挤出制品约占热塑制品的40%~50%。

4. 压注成形

压注成形是在改进压缩（塑）成形的基础上发展起来的一种热固性塑料的成形方法。成形过程如图3-17所示，模具闭合后，将塑料（预压锭）加入已加热到一定温度的模具加料室中（图3-17a），使其受热熔融，在柱塞压力的作用下，塑料熔体经过模具浇注系统注入并填满闭合的型腔（图3-17b），塑料在型腔内继续受热受压而固化成形，最后打开模具取出塑件（图3-17c）。

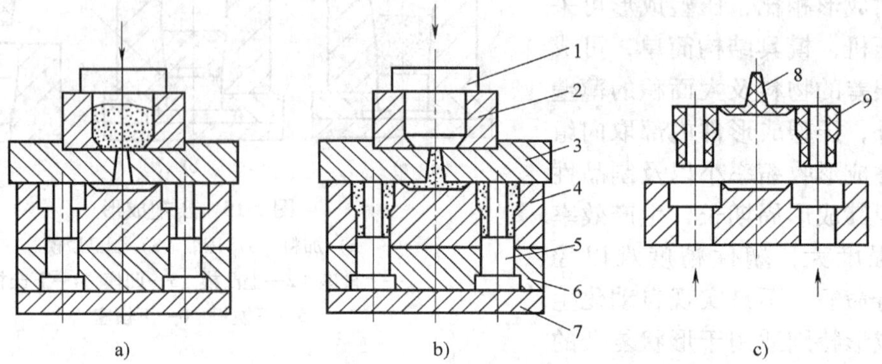

图3-17 压注成形过程

a）塑料（预压锭）加入 b）闭合的型腔 c）取出塑件

1—柱塞 2—加料腔 3—上模板 4—凹模 5—型芯 6—型芯固定板 7—下模座 8—浇注系统 9—塑件

压注成形中，塑料在型腔内预先受热熔融，在压力作用下注入型腔，因此能成形带有深孔或形状复杂的塑件，也可成形带有精细嵌件的塑料制件，其密度和强度也较高。由于塑料成形前模具已经完全闭合，模具分型面的塑料飞边很薄，因而精度易保证，表面粗糙度值也较小。

5. 压延成形

压延成形是使加热塑化的物料通过一系列相向旋转的辊筒之间，受挤压和延展作用成为平面状连续材料的成形方法。压延成形生产效率高、产品质量好，且可直接制出各种花纹和图案。但其设备庞杂、维修复杂，且制品宽度受限制。压延成形可用于各类热塑性塑料，主要产品有薄膜、片材和人造革等。

此外，还有吹塑、层压、真空成形、模压烧结等成形方法，以适应不同品种塑料和制品的需要。

（二）塑料加工

塑料加工是将模塑制件、棒材、管材、片材、挤出型材或其他形状材料，通过适当操作如机加工和装配制成制品。其在塑料制品的生产中有两个作用：① 作为成形技术的补充，例如单件或小批量生产一种塑料制品时，要为此数量不多的制品成形制造专用模具，可能既费时又费钱，用塑料型材借助机械加工来制造，就能取得既快又省的效果。② 可提高制品的精度、表面质量和增加制品使用功能，例如经过表面涂漆的制品，其抗老化性能可得到明显改善，而表面镀金属后会使制品兼有金属的一些特性。

塑料加工的主要工艺方法有机械加工、连接加工、表面处理和吹塑成形。

1. 机械加工

机械加工是采用钻、磨、铣、车削等机械加工方法的二次加工操作。由于塑料的刚度只有金属的1/10～1/60，故夹紧力和切削力不宜过大，刀具刃口应保持锋锐，以防止工件变形影响加工精度。

2. 连接加工

连接加工是采用热熔粘接（焊接）、粘接、机械连接等方法，使塑料型材或零件固定在一起的二次加工操作。可以将小而简单的构件组合成大而复杂的构件。塑料焊接是使两塑料件表层受热熔融，再在压力下熔接为一体；生产效率高，但只适用于同类热塑性塑料的连接加工。粘接既可用于连接加工，也可用于修补残缺件，且在塑料与其他材料的连接方面正逐步取代机械连接的方法。

3. 表面处理

表面处理是对塑料制品表层进行修整和装饰，以改变塑料零件的表面性质，提高其抗老化、耐蚀能力的二次加工方法，也可起着色装饰作用。如用锉削、刮削、磨削等方法去除制品废边和浇口残根；用涂有抛光膏的布轮抛光制品表面；在制品表面喷涂树脂溶液形成透明涂层；用印刷、漆花等方式使制品表面形成彩色花纹和图案；用电镀等方法在制品表面涂覆金属层等。

4. 吹塑成形

吹塑成形（也称为中空吹塑，又称为吹塑模塑）是主要用于制造空心塑料制品的成形工艺，它源于历史悠久的玻璃容器吹制工艺，在吹塑成形方法和成形机的种类方面已大大超过挤出和注射模塑。

吹塑是借助流体压力使闭合在模具中的热熔塑料型坯吹胀形成空心制品的工艺。根据型坯的生产特征不同，中空吹塑包括挤出吹塑、注射吹塑和拉伸吹塑等。其生产过程都是由型坯制造和型坯吹胀组成。图3-18是挤出吹塑的过程示意图。先挤出管状型坯，由上而下进入开启的两瓣模具之间（图3-18a、b），当型坯达到预定的长度后闭合模具、切断型坯（图3-18c），封闭型坯的上端及底部，向管坯中心吹入压缩空气，型坯在压缩空气胀力下紧贴模具型腔成形（图3-18d），待冷却后开模取出制品（图3-18e）。

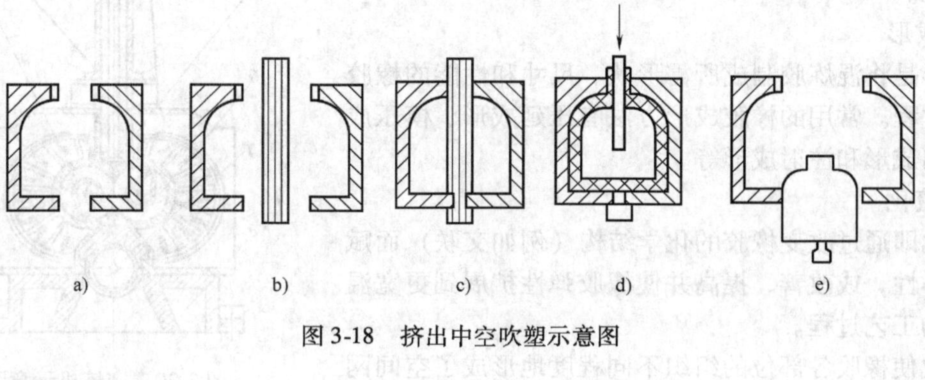

图3-18　挤出中空吹塑示意图

三、橡胶成形工艺

（一）橡胶加工的工艺过程

天然橡胶和合成出的橡胶统称为生胶。大多数生胶需经塑炼后加入各种配合剂混炼，然后才能加工成形，再经硫化处理制成各种橡胶制品。因此，橡胶制品生产的基本过程包括：塑炼、混炼、成形和硫化。

1. 塑炼

天然橡胶和多数合成橡胶塑性太低，与橡胶配合剂不易混合均匀，也难以加工成形，所以生胶需要塑炼。即生胶在氧（或塑解剂）和加热情况下，在机械力（剪切）作用或化学作用下，适当降低高分子的相对分子质量，增加可塑性。通过塑炼，使生胶由弹性材料变为可塑性材料，以利于成形加工。结团粉料须先烘干、过筛，生胶块须烘软、切块并压成片状。

常用的塑炼设备主要有开放式炼胶机和密闭式炼胶机。图 3-19 为开炼机示意图，有两个反向旋转的辊筒，通常在不同速度下相对回转，胶料在反复通过已加热的辊筒间隙时，在强烈的挤压与剪切作用下逐渐趋于软化和塑化。

图 3-20 所示为密炼机示意图，主要部件是一对转子和一个密炼室。与开炼机比较，密炼机塑炼具有工作密封性好，塑炼周期短，生产效率高，环境污染小，工作条件和胶料质量大为改善，安全性好等优点，已逐渐取代开炼机塑炼。但密炼机是在密闭条件下工作，散热条件差，使密炼机的工作温度比开炼机高出许多。生胶在密炼机中受到高温和强烈的机械剪切作用，产生剧烈氧化，短时间内即可获得所需的可塑度。这种方法适用于耗胶量大、胶种变化少的生产部门。

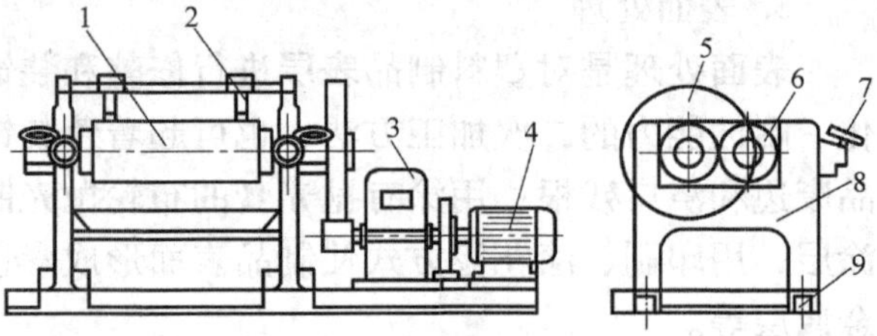

图 3-19 开炼机结构

1—辊筒 2—挡胶板 3—减速器 4—电动机 5—大齿轮 6—速比齿轮 7—调距手轮 8—机架 9—底座

2. 混炼

将塑炼胶和各种配合剂，用机械方法使之完全均匀分散的过程称为混炼。混炼所得的胶坯称为混炼胶，是橡胶与其他配合剂的均匀混合物。配合剂的作用是改善橡胶的加工性能及制品性能。常用的混炼设备是开炼机和密炼机。

3. 成形

成形是将混炼胶制成所需形状、尺寸和性能的橡胶制品的过程。常用的橡胶成形方法有压延成形、模压成形、挤出成形和注射成形等。

4. 硫化

硫化即通过改变橡胶的化学结构（例如交联）而赋予橡胶弹性，或改善、提高并使橡胶弹性扩展到更宽温度范围的工艺过程。

硫化使橡胶各部位的组织不同程度地形成了空间网状结构，使塑性的混炼胶变为高弹性或硬质的硫化胶，从而获得更完善的物理、化学和力学性能，使橡胶材料提高了使用价值，拓宽了应用范围。

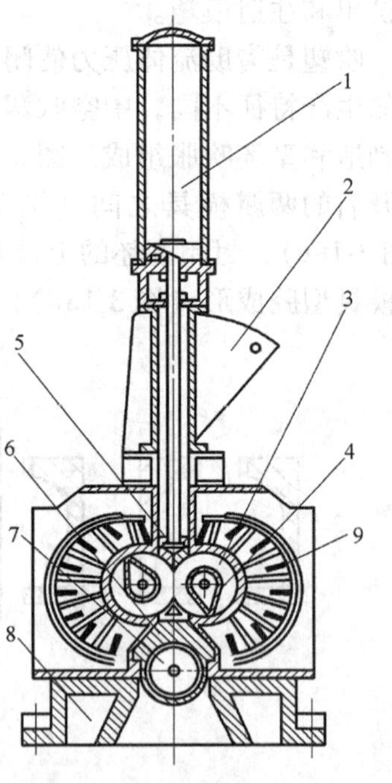

图 3-20 密炼机示意图

1—上顶栓气缸 2—加料斗 3—密炼室 4—转子 5—上顶栓 6—下顶栓 7—下顶栓气缸 8—底座 9—冷却水喷淋头

硫化剂一般在混炼时即已加入到胶料中，但由于交联反应须在较高的温度（一般140～180℃）和一定的压力下才能进行，故混炼时尚未硫化。硫化是橡胶制品加工的主要工艺过程之一，须安排在制品成形后进行。注射成形和模压成形通常是在胶料充模后通过继续升温和保压完成硫化的。硫化还可利用饱和蒸汽、过热蒸汽、热空气或热水等介质加热，在常压情况下进行。

（二）橡胶成形方法

1. 压延成形

压延成形是指经过混炼的胶料通过专用压延设备上的两对转辊筒，利用两辊筒之间的挤压力，使胶料产生塑性延展变形，制成具有一定断面尺寸、厚度和几何形状的片状或薄膜状聚合物或使纺织材料、金属材料表面实现挂胶的工艺过程。压延成形是一个连续的生产过程，具有生产效率高、制品厚度尺寸精确、表面光滑、内部紧实等特点。但其工艺条件控制严格、操作技术要求较高，主要用于制造胶片和胶布等。

压延主要包括压片、贴合、压形、贴胶、擦胶等工艺。常用的压延设备有三辊压延机和四辊压延机。图3-21所示为胶布压延工艺过程。当纺织物和胶片通过一对反向旋转的辊筒间隙时，在辊筒挤压力作用下贴合在一起而制成胶布。

2. 模压成形

模压成形是橡胶制品生产中应用最早且最多的生产方法，是将预先压延好的橡胶半成品按一定规格下料后置于压制模具中，合模后在液压机上按规定的工艺条件压制，在加热加压的条件下，使胶料呈现塑性流动而充满型腔，再经一定时间的持续加热后完成硫化，再经脱模和修边后得到制品的成形方法。

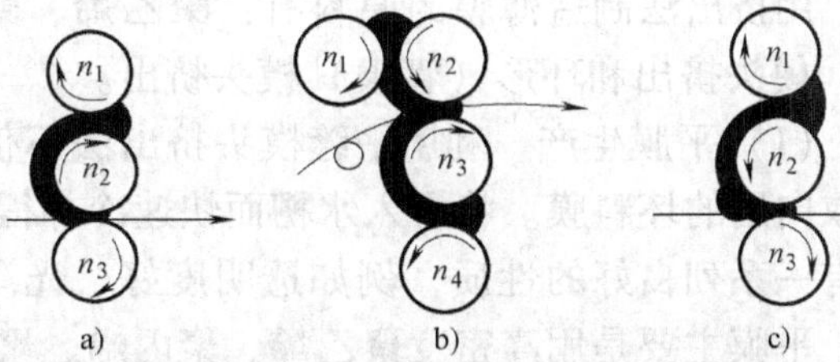

图3-21 胶布压延工艺过程

a）三辊压延机贴胶 b）四辊压延机贴胶 c）三辊压延机压力贴胶

橡胶压制模结构与一般塑料压塑模相同，但需设置测温孔，以便通过温度计控制硫化温度；模腔周围也应设置流胶槽，以排出多余胶料。

橡胶的模压成形过程包括加料、闭模、硫化、脱模及模具清理等操作步骤，其中最重要的是硫化过程。

3. 挤出成形

使胶料在挤出机中塑化和熔融，并在一定的温度和压力下连续均匀地通过机头模孔挤出，使之成为具有一定断面形状和尺寸的连续材料。挤出成形操作简便、生产效率高、工艺适应性强、设备结构简单，但制品断面形状较简单且精度较低。挤出成形常用于成形轮胎外胎胎面、内胎胎筒和胶管等，也可用于生胶的塑炼和造粒。

挤出成形的主要设备是橡胶挤出机，其基本结构同塑料挤出机。

4. 注射成形

注射成形是一种将胶料直接从机筒注入闭合模具硫化的生产工艺。橡胶注射工艺主要包括喂料塑化、注射保压、硫化、出模几个过程。在生产过程中，要严格控制料筒温度、注射温度、模具温度（硫化温度）、注射压力、螺杆转速和背压等工艺参数，还应合理掌握硫化时间，以得到高质量的硫化橡胶制品。完成硫化以后，开启模具，取出制品，经过修边工序修整注射时产生的飞边和毛边。

注射成形能一次成形外形复杂、带有嵌件的橡胶制品，尺寸精确、质量稳定、生产效率高，主要用于生产密封圈、减振垫和鞋类等。注射成形的主要设备是橡胶注射机，其基本结构同塑料注射机。

四、薄膜成形技术

聚合物薄膜是由天然、人造或合成的聚合物制成。应用最多的是以合成聚合物为基础的塑料薄膜。塑料薄膜品种很多，主要按照原料、应用领域、制造方法和预定的结构分类。

1）按聚合物原料分为聚酰胺膜、聚二氯乙烯膜 、聚氯乙烯类膜、聚烯烃膜等。

2）按制造（成形）方法分为挤出膜、压延膜、聚合物溶液或分散体的流涎膜。

3）按结构分为单层膜或多层膜、复合膜。

4）按用途分为防水膜、离子交换膜、电影胶片、包装膜、电绝缘膜、普通用途膜。

（一）薄膜的成形工艺

薄膜品种的多样性决定了其生产方法的不同。薄膜生产工艺方法的选择由聚合物的化学性质和成品薄膜的用途决定。主要包括挤出法、压延法和流延成形。

1. 挤出法

用挤出法制造薄膜的原料有：聚乙烯、聚丙烯、聚氯乙烯等。挤出法又分为平缝（平膜）模头挤出和环形（管膜）模头挤出。

（1）平膜生产　利用平缝模头挤出法不仅可以直接制造商品膜，而且还可以制造供以后取向用的坯料膜。将浸入水槽而快速冷却得到的平膜，或将熔体通过金属辊表面得到的平膜有一系列良好的性质，例如透明度好、光泽好、刚度好、强度高等，可广泛用作包装材料。平膜主要是用高密度聚乙烯、聚丙烯、聚氯乙烯制造。经平缝模头挤出时，薄膜的生产速度比管膜制取速度快 1 ~ 2 倍。但制造宽幅（大于 1500mm）平膜却存在很大的技术困难，并且经济上也不合算。

（2）管膜生产　在生产宽度 50 ~ 24000mm、厚度 0.005 ~ 0.5mm 的各类热塑性塑料薄膜时，采用挤出聚合物膜管再吹胀的方法，其优点是既简单、又经济。若生产多层复合薄膜，可采用 2 ~ 3 台挤出机和多层吹塑机头联合完成。

2. 压延法

压延成形是生产薄膜的主要方法之一。它是将已经塑化的接近粘流温度的热塑性塑料通过一系列相向旋转的水平辊筒间隙，使物料承受挤压和延展作用，最终成为具有一定厚度、宽度与表面光洁的薄片状制品。用作压延成形的塑料大多是热塑性非晶态塑料，其中以聚氯乙烯用得最多，它适于生产厚度在 0.05 ~ 0.5mm 范围内的软质聚氯乙烯薄膜。软质聚氯乙烯薄膜的生产工艺类似于橡胶的压延。

压延软质塑料薄膜时，若将布（或纸）随同塑料一起通过压延机的最后一道辊筒，则薄膜会紧覆在布（或纸）上，这种方法可生产人造革、塑料贴合纸等，此法称为压延涂层法。

压延成形具有较大的生产能力（可连续生产，也易于自动化）、较好的产品质量（所得薄膜质量优于吹塑薄膜和 T 形挤出薄膜）。但所需加工设备庞大，精度要求高，辅助设备多；同时制品的宽度受压延机辊筒最大工作长度的限制。

3. 流延成形

它属于铸塑成形的一种。首先将热塑性塑料与溶剂等配成一定粘度的胶液，然后以一定速度流布在连续回转的基材（一般为无接缝的不锈钢带）上，通过加热排除溶剂后成膜，该成形方法也称流延成膜。从钢带上剥离下来的膜则称为流延薄膜。薄膜的宽度取决于钢带的宽度，其长度可以是连续的，而其厚度则取决于胶液的浓度和钢带的运动速度等。

流延薄膜的特点是厚度小（可达5～10μm）且厚薄均匀，不易带入机械杂质，透明度高，内应力小，较挤出吹塑薄膜可更多地用于光学性能要求高的场合。其缺点是生产速度慢，需耗用大量溶剂，且设备昂贵，成本较高等。

（二）拉幅薄膜的成形

挤出（包括吹塑、平模口挤出）和压延法生产的薄膜受到的拉伸作用很小，薄膜的性质也较一般。拉幅薄膜则是将挤出得到的厚度约为1～3mm的厚片或管坯，重新加热到T_g～T_m（或T_f）温度范围进行大幅度拉伸而形成的薄膜。

拉幅薄膜生产时，可以将挤出厚片（或管坯）与拉幅过程直接联系起来进行连续生产。但不管哪种方式，聚合物在拉伸前都必须从较低温度下重新加热到T_g～T_m（或T_f）之间，所以拉幅薄膜工艺是一种二次成形技术。

在T_g～T_m（或T_f）温度区间，聚合物长链受到外力作用拉伸时，沿力的作用方向伸长和取向。分子链取向后，聚合物的物理力学性能发生了变化，产生了各向异性现象；拉幅薄膜就是大分子具有取向结构的一种材料。与未拉伸薄膜比较，拉幅薄膜有以下特点：强度为未拉伸薄膜的3～5倍，透明度和表面光泽好，对气体和水蒸气的渗透性降低，制品使用价值提高；薄膜厚度减小，宽度增大，平均面积增大，成本降低；耐热、耐寒性改善，使用范围扩大。

第三节　复合材料的成形工艺

复合材料成形工艺的好坏将直接影响到复合材料制品的生产成本与质量。目前复合材料的成形工艺还存在着生产周期长、生产效率低、有些成形工艺还需要较多劳动力的缺点，因此提高复合材料成形工艺的机械化、自动化程度，开发高效率的成形工艺是今后的发展方向。

一、复合材料成形工艺的特点与要求

复合材料不仅在性能方面有许多独到之处，其成形工艺与其他材料的加工工艺相比也有其特点：

1）材料的生产与制品的成形常常是同时完成的。复合材料的生产过程，也就是复合材料制品的生产过程。

2）增强体一般为纤维、织物或颗粒，在复合过程中，增强体通过其表面与基体相粘结，并固定于基体中，其物理、化学状态及几何形状通常是不变化的，但会受复合过程中机械作用及湿热效应的影响；与此有显著区别的是，基体材料在复合材料形成过程中要经历从状态到性质的巨大变化。由于基体材料的不同，变化程度的差异较大。

3）在增强体和基体之间的结合界面上，一般有润湿、溶解和化学反应发生，其界面结合情况对复合材料的性能有着极大的影响。

由于以上特点，对复合材料的成形工艺方法有如下要求：

1）能提供基体材料从原料状态到最终状态转化的合适条件，并实现与增强体的界面结合，不产生气泡，或能将所产生的气泡顺利排出，以免会在复合材料中形成空隙。

2）增强体表面应能实现与基体的界面结合，并能按预定方向和层次排列，均匀地分布于基体材料中，形成致密的整体；在工艺过程中，对增强体的机械损伤和湿热影响要减到最低限度。

3）为制品提供所要求的尺寸、形状及表面质量。

二、复合材料用原材料

复合材料用原材料包括基体、增强体和由它们制成的中间材料（如预浸料），此外还有夹层结构所需的蜂窝芯材、泡沫芯材、胶粘剂及其他辅助材料。

1. 增强体

增强体是复合材料的关键组分，在复合材料中起着增加强度、改善性能等作用。增强体按来源区分有天然与人造两类，但天然增强体已很少使用。按形态区分则有颗粒状（零维)、纤维状（一维)、片状（二维)、立体编织物（三维）等。目前常用的增强体是颗粒材料与纤维材料。纤维增强体主要包括碳纤维、芳纶纤维、硼纤维、碳化硅纤维和玻璃纤维等。另一类纤维状增强材料是晶须。晶须是指直径为0.1～2μm、长径比在10以上的单晶短纤维。由于它直径小、缺陷少、原子排列高度有序，因此晶须的强度接近理论值。而且晶须易于润湿，有利于与金属、陶瓷、树脂等材料复合，是一种重要的增强体材料。

2. 基体材料

基体材料的选择对能否充分组合和发挥基体和增强体性能特点、获得预期的优异综合性能和满足使用要求十分重要。目前使用的复合材料基体仍以各种金属、树脂和陶瓷为主。用作金属基复合材料的基体有铝及铝合金、镁合金、钛合金、镍合金、铜与铜合金、锌合金、铅、钛铝、镍铝金属间化合物等。作为基体材料使用的陶瓷材料一般应具有优异的耐高温性质、与纤维或晶须之间有良好的界面相容性以及较好的工艺性能等，常用的陶瓷基体主要包括：玻璃、玻璃陶瓷、氧化物陶瓷、非氧化物陶瓷等。用作复合材料基体的树脂种类也很多，其中绝大多数是热固性树脂，如不饱和聚酯树脂、环氧树脂、酚醛树脂、双马来酰亚胺等；其次，热塑性树脂也有较多的应用，如聚醚醚酮、聚苯硫醚等。

3. 夹层结构材料

在一些复合材料中，常用到夹层结构。采用这种结构的主要目的是为了提高结构件的弯曲刚度和充分利用材料的强度。夹层结构一般由两层簿的高强度板和中间夹着一层厚而轻的芯结构构成。现在常用的夹层结构面板可以是碳纤维板、玻璃纤维板等复合材料板。芯材有多种结构，常用的有微孔芯材和大孔芯材两种。

三、复合材料的成形工艺

（一）金属基复合材料成形工艺

制备金属基复合材料的关键在于获得基体金属与增强体材料之间良好的浸润和合适的界面结合。而金属基复合材料中基体和增强体材料的性能各异，使其复合加工较为困难，这也是金属基复合材料价格较贵的主要原因。综合目前的各种成形方法，复合工艺主要分为三个大类。

1. 固态法

固态法是指基体处于固态下制造金属基复合材料的方法。整个反应控制在较低温度，尽量避免金属基体和增强体材料之间的界面反应。目前该方法已经用于SiC/Al、SiC/TiC/Al、B/Al、C/Al、SiC_p/Al、TiB_2/Ti、Al_2O_3/Al等复合材料制品的生产。

固态法制备金属基复合材料的方法主要包括扩散粘结法（热压法、热等静压法）、形变法（热轧法、热挤压法、热拉法）和粉末冶金法等。

（1）扩散粘结法　如图3-22所示，扩散粘结是一种在较长时间、较高温度和压力下，通过固态焊接工艺，使同类或不同类金属在高温下互扩散而粘结在一起的工艺方法。扩散粘结过程分为三个阶段：

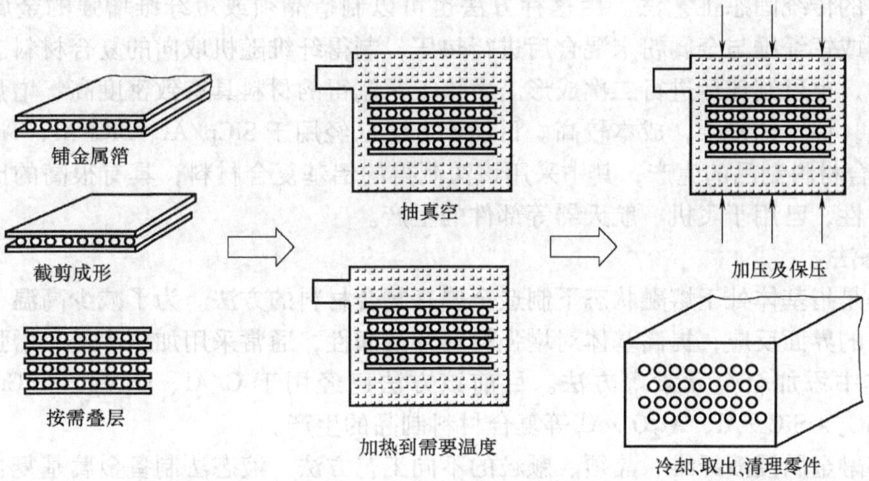

图3-22　扩散粘结过程简图

1）粘结表面之间的最初接触。该阶段由于加热和加压使表面发生变形、移动、表面膜（通常是氧化膜）破坏。

2）随着时间的进行发生界面扩散、渗透，使接触面形成粘结状态。

3）扩散结合界面最终消失，粘结过程完成。

影响扩散粘结过程的主要因素是温度、压力和加工时间。扩散粘结工艺通常先将纤维与金属基体（主要是金属箔）制成复合材料预制片，然后将预制片按设计要求切割成形，叠层排布（纤维方向）后放入模具内，加热、加压并使其成形，冷却脱模后即制得所需产品。为保证热压产品的质量，加热加压过程可在真空或惰性气氛中进行，也可在大气中进行。常用的压制方法有3种：

1）热压法。将预制带或复合丝按要求铺在金属箔上，交替叠层，再放入金属模具中或封入真空不锈钢套内，加热、加压一定时间后取出冷却，去除封套。

2）热等静压法。将预制坯装入金属或非金属包套中，抽真空并封焊包套。将包套装入高压容器内，注入高压惰性气体（氦或氮）并加热。气体受热膨胀后均匀地对受压件施以高压，扩散粘结成复合材料。此法可制造形状较为复杂的零件，但设备昂贵。

3）热轧法。经预处理的纤维、复合丝同铝箔交替排成坯料，用不锈钢薄板包裹或夹在两层不锈钢薄板之间加热和多次反复轧制，制成板材或带材。

扩散粘结工艺的主要优点是可以焊接品种广泛的金属，易控制纤维取向和体积分数。缺点主要是焊接需要时间较久，较高的焊接温度和压力需要较高的生产成本，只能制造有限尺寸的零件。目前该方法已经用于SiC/Al、SiC/TiC/Al、B/Al等复合材料制品的生产。

（2）形变法　形变法就是利用金属具有塑性成形的工艺特点，通过热轧、热拉、热挤压等加工手段，使已复合好的颗粒、晶须、短纤维增强金属基复合材料进一步加工成板材。对金属/非金属复合材料，用挤、拉和轧的方法，使复合材料的两相都发生形变，其中作为增强体材料的金属被拉长成为纤维状增强相。该方法具有生产效率高、材料利用率较高等特点，目前已经用于C/Al、Al_2O_3/Al等复合材料制品的生产。

（3）粉末冶金法　粉末冶金法是一种用于制备与成形颗粒增强（非连续增强型）金属基复合材料的传统固态工艺法。用这种方法也可以制造晶须或短纤维增强的金属基复合材料，将晶须或短纤维与金属粉末混合后进行热压，制得纤维随机取向的复合材料。该法可直接制成零件，也可制坯后进行二次成形。由该工艺制得的材料具有致密度高、增强材料分布均匀的特点，但工艺复杂，成本较高。目前该方法已经用于SiCp/Al、SiC/Al、TiB_2/Ti、Al_2O_3/Al等复合材料制品的生产，其中采用该法制得的铝基复合材料，具有很高的比强度、比模量和耐磨性，已用于飞机、航天器等部件的生产。

2. 液态法

液态法是指基体处于熔融状态下制造金属基复合材料的方法。为了减少高温下基体和增强材料之间的界面反应，提高基体对增强材料的浸润性，通常采用加压渗透、增强材料表面处理、基体中添加合金元素等方法。目前该方法已经用于C/Al、C/Mg、C/Cu、SiC/Al、SiC_p/Al、SiC_w+SiC_p/Al、Al_2O_3/Al等复合材料制品的生产。

根据熔融金属浸渍纤维、晶须、颗粒的不同工艺方法，液态法制备金属基复合材料的工艺可分为液态金属浸润法和共喷沉淀法等。

液态金属浸润法的实质是使基体金属呈熔融态与增强体材料浸润结合，然后凝固成形。其常用工艺有以下4种：常压铸造法、挤压铸造法、真空压力浸渍法和液态金属搅拌铸造法。下面介绍后3种方法。

1）挤压铸造法。这种方法是通过压力机将液态金属压入增强体材料预制件中制造复合材料的方法。工艺过程是先将增强材料放入配有粘结剂和纤维表面改性溶质的溶液中，充分搅拌，而后压滤、干燥，烧结成具有一定强度且具有连通孔的预制坯件；随后将预热后的预制坯件放入固定在液压机上经预热的模具中，浇铸熔融金属，用压头加压，使液态金属浸渗入预制坯件，并在压力下凝固成形为复合材料制品。该成形方法成本低，生产率高。根据预制件的形状、尺寸加压压力一般为70~100MPa。在如此大的压力下，如何保护预制坯件的形状、尺寸不发生变化，熔融金属不溅出等都对工艺、模具提出较高要求。因此该法虽然可以生产材质优良、加工余量小的制品，但无法制造一些高性能、高精密的复合材料制品。目前挤压铸造法主要用于批量制造低成本陶瓷短纤维、颗粒、晶须增强铝、镁基复合材料的零部件，例如C/Al、C/Mg、SiC/Al、SiCp/Al等复合材料制品的生产。

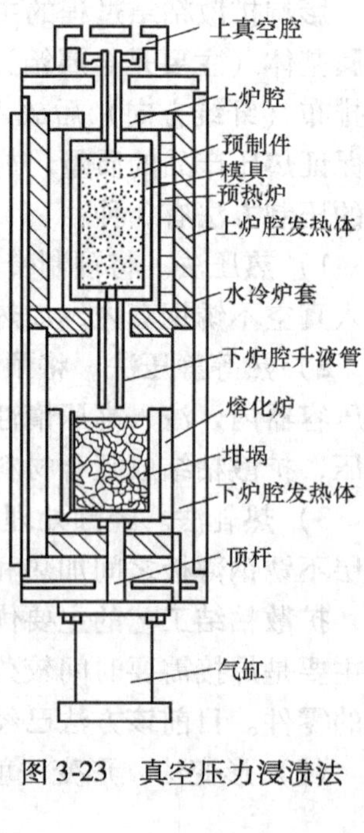

图3-23　真空压力浸渍法

2）真空压力浸渍法。真空压力浸渍法如图3-23所示，这是一种在真空和高压惰性气体的共同作用下，使熔融金属浸渗入预制坯件中制造金属基复合材料的方法。真空压力浸渍法主要在真空压力浸渍炉中进行，根据金属熔体进入预制件的方式，主要分为底部压入式、顶部注入式和顶部压入式。

真空压力浸渍法制备工艺是先将增强材料预制件放入模具中，基体金属装入坩埚，然后将装有预制件的模具和装入基体金属的坩埚分别放入浸渍炉的预热炉和熔化炉内，密封和紧固炉体，将预制件模具和炉腔抽真空，当炉腔内达到预定真空度后开始通电加热预制件和熔化金属基体。当预制件和熔融基体达到预定温度后，保温一定时间，提升坩埚，使模具升液管插入金属熔体，通入高压惰性气体，在真空和高压惰性气体的共同作用下，液态金属浸入预制件中形成复合材料。降低坩埚，接通冷却系统，待完全凝固后，即可从模具中取出复合材料零件或坯料。真空压力浸渍在真空中进行，在压力下凝固，组织致密，材料性能好；可直接制成复合材料零件，特别是形状复杂的零件，基本上无需进行后续加工；适用性强，工艺简单，参数易于控制，生产效率较高。但是，液态金属浸渍法的设备比较复杂，工艺周期长，成本较高，制备大尺寸零件的投资更大。目前主要用于C/Al、C/Mg、C/Cu、SiCp/Al、SiCw + SiCp/Al等复合材料板材、线材、棒材的生产。

3）液态金属搅拌铸造法。将增强相颗粒直接加入金属熔体中，通过搅拌使颗粒均匀分散，然后浇铸成形，制成复合材料制品。它是一种适合于工业规模生产颗粒增强金属基复合材料的主要方法。与其他制造颗粒增强金属基复合材料的方法相比，液态金属搅拌铸造法工艺简单、生产效率高、制造成本低，适用于多种基体和多种颗粒，具有竞争力。目前这种铸造方法在不断地进行改进，如在搅拌方式上就开发了旋涡法、Duralcon法、复合铸造法、底部真空反旋涡搅拌法等。

3. 共喷沉积法

共喷沉积法是运用特殊的喷嘴，将液态金属基体通过惰性气体气流的作用雾化成细小的液态金属流，将增强相颗粒加入到雾化的金属流中，与金属液滴混合在一起并沉积在衬底上，凝固形成金属基复合材料的方法。这一方法包括金属熔化、雾化和沉积三个工艺过程，其中液态金属的雾化和直接沉积技术的核心是雾化熔滴的沉积和凝固结晶，这是在极短时间内发生和完成的一种动态过程。图3-24所示是采用共喷沉积法生产陶瓷颗粒增强金属基复合材料的示意图。熔融金属从炉子底部的浇铸孔流出，经雾化器被高速惰性气体流雾化，同时由气体携带陶瓷颗粒加入雾化流中使其混合、沉降，在金属滴尚未完全凝固前喷射在基板或特定模具上，并凝固成固态共淀积体（复合材料）。

共喷沉积法的工艺过程中有基体金属熔化，液态金属雾化，颗粒加大及与金属雾化流的混合、沉积和凝固等工艺过程。共喷沉积法的工艺特点如下：

1）适用面广。可用于铝、铜、镍、钴、铁、金属间化合物基体，可加入SiC、Al_2O_3、TiC、Cr_2O_3、石墨等多种颗粒，产品可以是圆棒、圆锭、板带、管材等。

2）生产工艺简单、效率高。与粉末冶金法相比，不必先制成金属粉末，然后再依次经过与颗粒混合、压制成形、烧结等工序，而是快速一次复合成坯料，雾化速率可达25～200kg/min，沉淀凝固迅速。

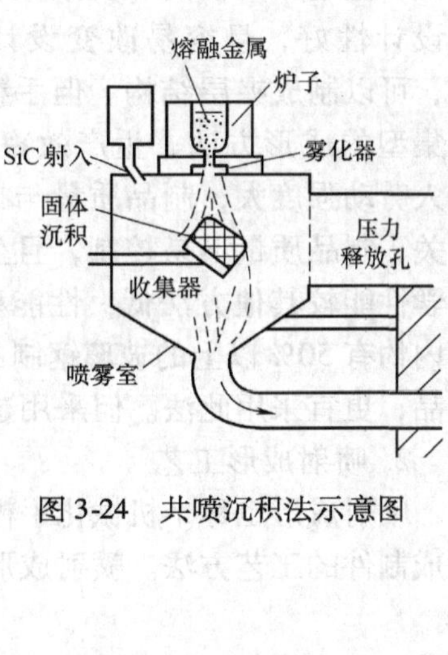

图3-24　共喷沉积法示意图

3）冷却速率快。金属液滴的冷却速率可高达103～106K/s，所得复合材料基体金属的组织与快速凝固相近，晶粒细，无宏观偏析，组织均匀。

4）颗粒分布均匀。在严格控制工艺参数的条件下颗粒在基体中的分布均匀。

5）复合材料中的气孔率较大。气孔率为2%～5%，经挤压处理后可消除气孔，获得致密材料。

4. 其他方法

除固态法和液态法之外，还有一些制造金属基复合材料的方法。它们是通过运用化学、物理等基本原理而发展的一些金属基复合材料制造方法，如原位自生成法、物理气相沉积法和化学气相沉积法等。

原位自生成法是指增强体材料在复合材料制造过程中在基体中生成和生长的方法。根据增强材料的生长方式，可分为定向凝固法和反应自生成法。

物理气相沉积法的基本原则是用物理凝聚的方法将多晶原料经过气相转化为单晶体。常用的方法有升华-凝结法、分子束法和阴极溅射法等。

化学气相沉积过程伴有化学反应。常用的方法有化学传输法、气体分解法、气体合成法和 MOCVD 法（Metal Organic Chemical Vapor Deposition Method）等。

（二）树脂基复合材料成形工艺

树脂基复合材料构件在制造工艺过程中，伴随着物理、化学或物理化学的变化，因此，要结合这个特点制定与控制工艺过程，使工艺质量得到保证。树脂基复合材料成形方法有手糊成形、喷射成形、袋压成形、纤维缠绕成形、拉挤成形、层压成形以及注射成形等。下面是几种常用方法。

1. 手糊成形工艺

手糊成形是用手工或在机械辅助下将增强体材料和热固性树脂铺覆在模具上，树脂固化形成复合材料的一种成形方法。手糊成形工艺制造复合材料制品一般要经过如下工序：原材料准备→模具准备→涂刷脱模剂→喷涂胶衣→糊制成形→固化→脱模→修边→装配→制品验收。手糊成形工艺示意图如图 3-25 所示。

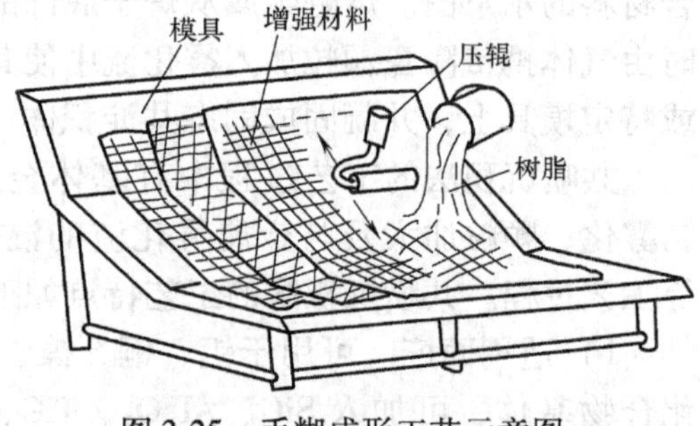

图 3-25 手糊成形工艺示意图

与其他成形工艺相比，手糊成形工艺具有操作简便，操作者容易培训，设备投资少，生产费用低，能生产大型的和复杂结构的制品，制品的可设计性好，且容易改变设计，模具材料来源广，可以制成夹层结构。但手糊成形工艺是劳动密集型的成形方法，生产效率低，劳动条件差，工人劳动强度大，制品质量与操作者的技术水平有关，制品质量不易控制，且生产周期长，制品力学性能较其他方法低，性能稳定性差。目前在国内约有 50% 以上的玻璃钢制品是用这种方法成形的，特别是对于小批量、品种多及大型制品，更宜采用此法。但采用这种成形方法不易制得优质制品。

2. 喷射成形工艺

喷射成形也称半机械化手糊法，它是利用喷枪将短纤维及树脂同时喷到模具上，压实固化成制件的工艺方法。喷射成形工艺的材料准备、模具准备等与手糊成形工艺基本相同，主要的不同点是将手工裱糊和叠层工序变成了喷枪的机械连续作业。具体做法是将加了引发剂的树脂和加了促进剂的树脂分别由喷枪上的两个喷嘴喷出，同时切割器将连续玻璃纤维切割成短纤维，由喷枪的第三个喷嘴均匀地喷到模具表面上，沉积到一定厚度后，用小辊排气压实，再继续喷射，直到完成坯件的制作，然后固化成制品，如图 3-26 所示。该工艺要求树脂粘度低，易于雾化，主要用于不需加压室温固化的不饱和聚酯树脂。与手糊成形一样，最后一层可以使用表面毡，再涂上外涂层。固化、修整、后固化及脱模等工序与手糊成形法相同。

喷射成形的优点是利用粗纱代替玻璃布，可降低材料费用，半机械化操作，劳动强度低，生产效率比手糊法高 2 ~4 倍，尤其对于大型制品，这种优点更为突出。此外，喷射成形无接缝，制品整体性好，减少飞边、裁屑和剩余胶液的损耗，因此节省原材料，制品整体性好，其形状和尺寸不受限制。喷射成形的缺点是树脂含量高，制品强度低，承载能力差，现场粉尘大，场地污染大，工作环境差。目前该方法主要用于制造船体、浴盆、汽车车身、容器及板材等大型部件。

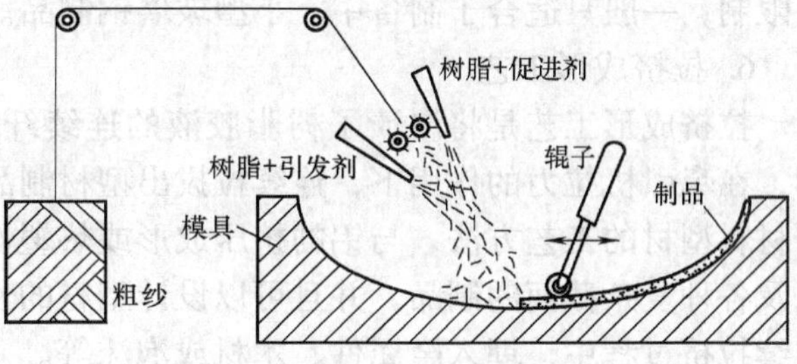

图 3-26　喷射成形工艺示意图

3. 袋压成形工艺

袋压成形工艺是在手糊成形的制品上，装上橡胶袋或聚乙烯、聚乙烯醇袋，将气体压力施加到未固化的玻璃钢制品表面而使制品成形的工艺方法。袋压成形工艺可分为加压袋法和真空袋法。加压袋法是在经手糊或喷射成形后未固化的玻璃钢表面放上一个橡胶袋，固定好上盖板，然后通入压缩空气或蒸汽，使玻璃钢表面承受一定压力，同时受热固化而得制品。真空袋法是将经手糊或喷射成形后未固化的玻璃钢，连同模具，用一个大的橡胶袋或聚乙烯醇薄膜包上，抽真空，使玻璃钢表面受大气压力，固化后即得制品。袋压成形工艺在装袋以前的各工序与手糊成形法或喷射成形法相同，固化后制品的脱模、修整等工作，均与手糊工艺相同。

袋压法的优点是制品表面较平滑，能适应聚酯、环氧及酚醛树脂。制品质量高，成形周期短。缺点是成本较高，不适用于大尺寸制品的制造。适合袋压法生产的制品为快速原型零件或产量不大的制品。

4. 层压成形工艺

层压成形工艺是把一定层数的浸胶布（纸）叠在一起，送入多层液压机，在一定的温度和压力下压制成板材的工艺。层压成形工艺为干法压力成形范畴，是复合材料的一种主要成形工艺。复合材料层压板成形工艺的基本过程，是将一定层数且经过叠合的胶布置于两块不锈钢模板之间，在多层液压机中，经加热加压固化成形，再经冷却、脱模、修整即得层压板制品。该工艺生产的制品包括各种绝缘材料板、人造木板、塑料贴面板、覆铜箔层压板等。层压成形工艺的特点是制品表面光洁、质量较好且稳定，层压成形设备和模具结构简单、制造费用低、占地面积小、成形压力小，原料损耗少。缺点是只能生产板材，且产品的尺寸大小受设备的限制，生产效率低，制品精度低，劳动强度大。

5. 模压成形工艺

模压成形工艺是指将模压料置于金属对模中，在一定的温度下，加压固化为复合材料制品的一种成形工艺，是一种对热固性树脂和热塑性树脂都适用的纤维增强复合材料的成形方法。与其他成形工艺相比，该工艺具有生产效率高、制品尺寸精确、质量高、表面光洁、价格低廉、自动化程度高、成形速度快、无需有损于制品性能的辅助加工（如车、铣、刨、磨、钻等）、制品外观及尺寸的重复性好、适合大批量生产、制品质量基本不受工人技能影响等优点。这种工艺的主要缺点是压模的设计与制造较复杂，初次投资较高，制品尺寸受设备限制，一般只适合于制备中、小型玻璃钢制品。

6. 拉挤成形工艺

拉挤成形工艺是将浸渍了树脂胶液的连续纤维，通过成形模具，在模腔内加热固化成形，在牵引机拉力的作用下，连续拉拔出型材制品。拉挤成形是一种可连续制造恒定截面复合材料型材的工艺方法，与铝的挤压成形或热塑性塑料的挤出成形相似，可制造实心、空心以及各种复杂截面的制品，并且可以设计型材的性能，以满足各种工程和结构要求，如可在连续拉挤过程中，埋入金属件、木材或泡沫等。

图 3-27 所示是拉挤成形工艺示意图。典型的拉挤成形工艺由以下步骤组成：

1）将增强纤维送入树脂槽浸渍树脂，在牵引机构的牵引下，在预成形模中按照产品形状预成形。

2）进入固化模中精成形。

3）热固性树脂基体在热的引发下进行放热反应，固化成所需截面的型材。

4）固化后的型材在牵引机构的牵引下，连续从热模具中被生产出来。

5）在空气或水中冷却。

6）进入自动切割装置切成所需长度。

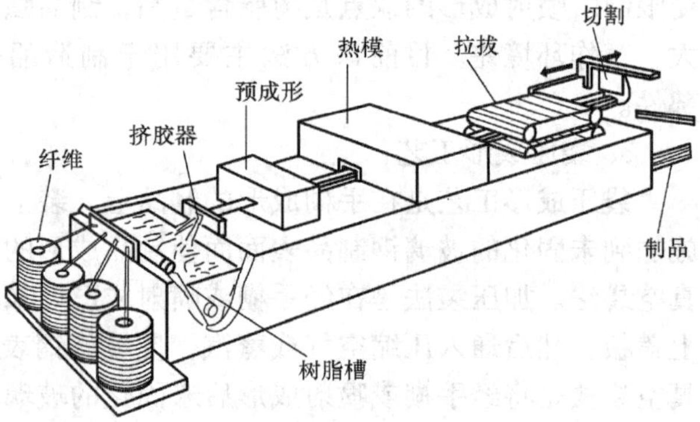

图 3-27 拉挤成形工艺示意图

拉挤成形一般要求树脂粘度低，浸润性好，适用期长，固化快，常采用室温固化的不饱和聚酯树脂和环氧树脂。

拉挤成形工艺的特点是设备造价低、生产效率高、可连续生产任意长度的各种异型制品，原材料的有效利用率高，基本上无边角废料。它只能加工不含有凹凸结构的长条状制品和板状制品。制品性能的方向性强，剪切强度较低，必须严格控制工艺参数。该工艺适用于制造各种不同截面形状的管、棒、角形、工字形、槽型、板材等型材。

7. 缠绕成形工艺

将连续纤维或带浸渍树脂胶液后，按照一定的规律缠绕到芯模上，然后在加热或常温下固化，制成一定形状制品的工艺称为缠绕成形工艺。缠绕成形是制造具有回转体形状的复合材料制品的基本成形方法。缠绕成形工艺包括树脂胶液的配制、纤维热处理烘干，浸胶、胶纱烘干，在一定张力下进行缠绕、固化、检验、加工成制品。该方法的基本设备是缠绕机、固化炉和芯模。但对于非回转体制品，缠绕规律及缠绕设备比较复杂，目前正处于研究阶段。

缠绕成形工艺按缠绕时树脂基体所处的物理化学状态不同，可分为干法、湿法和半干法三种。

（1）干法　干法缠绕采用预浸渍带，即在缠绕前预先将玻璃纤维制成预浸渍带，然后卷在卷盘上待用。使用时将浸渍带加热软化后绕制在芯模上。干法缠绕可以大大提高缠绕速度，可达100～200m/min。缠绕张力均匀，设备清洁，工作环境也较清洁，劳动条件得到改善，易实现自动化缠绕，可严格控制纱带的含胶量和尺寸，制品质量较稳定，生产效率高。但缠绕设备复杂、投资较大，制品的层间剪切强度较低。

（2）湿法　工艺原理图如图3-28所示，缠绕成形时玻璃纤维经集束后进入树脂胶槽浸胶，在张力控制下直接缠绕在芯模上，然后固化成形。此法所用设备较简单，对原材料要求不高。但纱带质量不易控制、检验，张力不易控制，劳动条件差，劳动强度大，不易实现自动化，缠绕设备如浸胶辊、张力控制辊等要经常维护、不断洗刷，一旦在辊上发生纤维缠结，将影响生产正常进行。

（3）半干法　半干法与湿法相比，是在纤维浸胶到缠绕至芯模的中间增加了一套烘干设备。与湿法一样，半干法制品的含胶量不易精确控制，但制品中的气泡、空隙等缺陷大大降低。与干法相比，半干法缩短了烘干时间，降低了胶纱的烘干程度，使缠绕过程可以在室温下进行。这样既除去了溶剂，又提高了缠绕速度和制品质量。

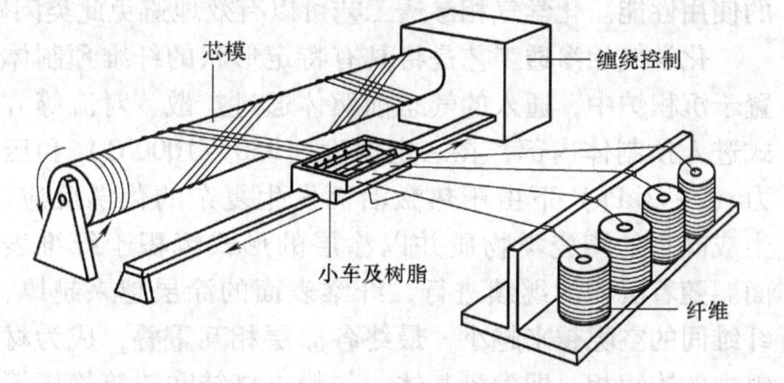

图3-28　湿法缠绕的工艺原理图

与其他成形工艺相比，纤维缠绕成形工艺生产复合材料制品具有如下特点：① 缠绕成形可按设计要求确定缠绕方向、层数和数量，纤维能保持连续完整，获得等强度结构；② 机械化、自动化程度高，制品质量高而稳定；③ 比强度高，可超过钛合金；④ 成本较低，生产周期短，生产效率高，劳动强度小；⑤ 制品呈各向异性，强度的方向性比较明显；⑥ 层间剪切强度低；⑦ 制品不需机械加工，但制品的几何形状有局限性，仅适用于制造圆柱体、球体及某些正曲率回转体制品，对负曲率回转体制品难以缠绕；⑧ 设备复杂，技术难度高，投资较大，工艺质量不易控制。采用何种缠绕工艺，要根据制品的技术要求、设备情况、原材料性能及生产批量等确定。

由于缠绕成形工艺及其制品有上述特点，纤维缠绕复合材料制品在民用工业及军用工业上得到广泛应用。

（三）陶瓷基复合材料成形工艺

制备陶瓷基复合材料时，由于增强体颗粒一般不需要进行特殊处理，因此颗粒增强复合材料多沿用传统陶瓷制备工艺。而对纤维增强的陶瓷基复合材料，由于纤维的处理、分散、烧结与致密等问题对复合材料的性能影响较大，因此，近年来出现了许多新工艺。目前，陶瓷基复合材料的主要成形方法有模压成形、等静压成形、注浆成形、热压成形、注射成形、化学气相渗透工艺、直接氧化法及溶胶-凝胶法等工艺方法。其中模压成形、等静压成形、注浆成形、热压成形与陶瓷材料的成形方法相同，此处不再赘述，本节中主要介绍注射成形、化学气相渗透工艺、直接氧化法及溶胶-凝胶法等工艺方法的原理和应用特点。

1. 注射成形

注射成形是从塑料的注射成形工艺借鉴来的，它将粉料与热塑性树脂等有机物混合后，加热混炼，制成粒状粉料，用注射成形机在一定的压力和温度下注射入金属模具中，迅速冷却后，脱模取出坯体，经脱脂后就可按常规工艺烧结。这种工艺成形简单，成本低，压坯密度均匀，适用于复杂零件的自动化大规模生产，特别是高温工程陶瓷的成形。但是该法在实际应用中也存在脱脂时间长、浇口封凝后内部不均匀等问题。

2. 化学气相渗透工艺

将化学气相沉积技术运用在将大量陶瓷材料渗透进增强体材料预制坯件的方法称为化学气相渗透工艺，如图 3-29 所示。在采用传统工艺（如粉末烧结、热等静压等）制备先进陶瓷基复合材料时，纤维易受到热、机械、化学等作用而产生较大的损伤，从而严重影响材料的使用性能。化学气相渗透工艺可以有效地避免此类问题的发生。

化学气相渗透工艺是将具有特定形状的纤维预制体置于沉积炉中，通入的气态前驱体通过扩散、对流等方式进入预制体内部，在一定温度（950～1000℃）和压力（2～3kPa）下由于热激活而发生复杂的化学反应，生成固态的陶瓷类物质并以涂层的形式沉积于纤维表面。随着沉积的继续进行，纤维表面的涂层越来越厚，纤维间的空隙越来越小，最终各涂层相互重叠，成为材料内的连续相，即陶瓷基体。与粉末烧结和热等静压等常规工艺相比，化学气相渗透工艺具有以下优点：① 在相对较低的温度和压力下，纤维类增强物的损伤较小，制品能够较好地保持纤维和基体的抗弯性能，可制备出高性能（特别是高断裂韧度）的陶瓷基复合材料。② 具有良好的可设计性。通过改变气态前驱体的种类、含量、沉积顺序、沉积工艺，可方便地对陶瓷基复合材料的界面、基体的组成与微观结构进行设计。③ 由于无需加入烧结助剂，所得到的陶瓷基体在纯度和组成结构上优于常规方法制备的复合材料。④ 可成形一些较大的、形状复杂、纤维体积分数较高的陶瓷基复合材料。⑤ 化学气相渗透工艺生产的陶瓷基复合材料的高温力学性能较好。但化学气相渗透工艺成形周期长，生产效率低，成本较高。

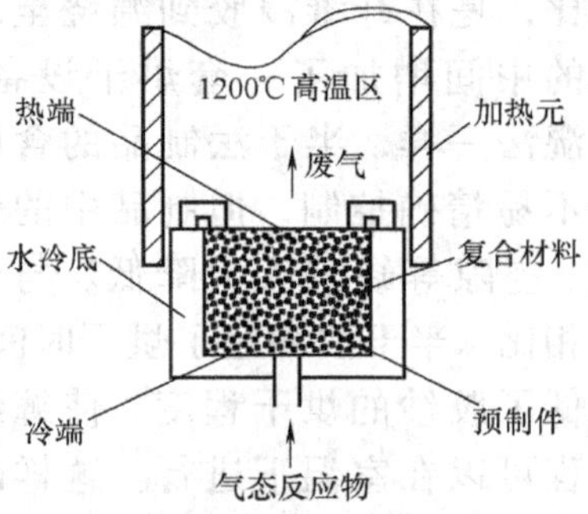

图 3-29 化学气相渗透工艺示意图

3. 直接氧化法

将熔融金属直接与氧化剂发生氧化反应制备陶瓷基复合材料的方法，称为直接氧化法。如图 3-30 所示，它是利用金属熔体在高温下与气、液或固态氧化剂在特定条件下发生氧化反应而生成含有少量金属、致密的陶瓷基复合材料的方法，因此又称为气-液反应工艺。

该方法具有工艺简单、成本低廉、常温力学性能（强度、韧性等）较好、反应温度低、反应速度快等优点，而且制品的形状及尺寸几乎不受限制，其性能还可由工艺调控，所以已经成为陶瓷基复合材料制备

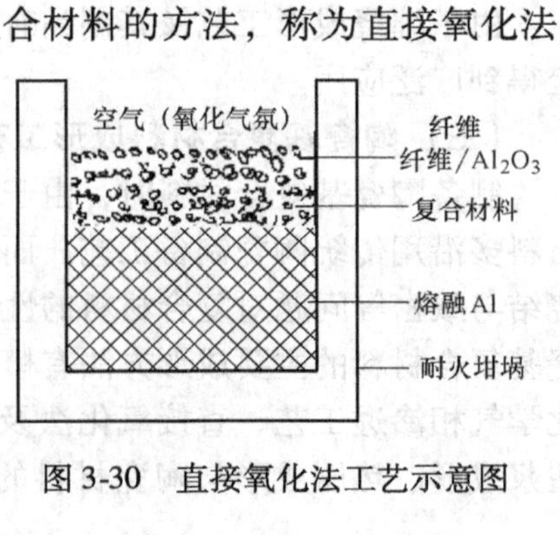

图 3-30 直接氧化法工艺示意图

中最具吸引力的方法之一。但这种方法生产的制品中存在残留金属，很难完全被氧化或去除，使其高温强度显著下降。

4. 溶胶-凝胶法

溶胶-凝胶工艺广泛用于制备玻璃和玻璃陶瓷中。将该工艺用于制备陶瓷基复合材料的过程是：将含有多种组分的溶液浸渗纤维编织预成形坯件，通过物理或化学方法使分子或离子成核形成溶胶。在一定条件下经过凝胶化处理，获得多组分的凝胶体，再经热解使之形成陶瓷基体。与高分子前驱体转化法不同的是，溶胶-凝胶工艺的前驱体是在溶液浸进纤维编织坯件后再原位合成的。

溶胶-凝胶法的优点是：复合组分纯度高，分散性好，可广泛用于制备颗粒（包括纳米粒子)/陶瓷、(纤维-颗粒)/陶瓷复合材料，而且所得陶瓷基基复合材料性能良好。但该工艺过程较复杂，而且不适于部分非氧化物陶瓷基复合材料的制备。溶胶-凝胶法制备陶瓷基复合材料的质量保证关键主要有：选择合适的前驱体反应物，控制溶液的浓度和 pH 值、气氛、分散剂、选用胶溶剂、去除团聚以及使各相处于良好的分散状态等。

复习思考题

1. 名词解释：流动极限，触变，粉体，助磨剂，注浆成形，可塑成形，压制成形。
2. 怎样评价泥团的可塑性？影响泥团可塑性的因素有哪些？
3. 影响泥浆流变性能的因素有哪些？对泥浆的工艺性能有什么要求？
4. 日用陶瓷的成形方法有哪些？
5. 高技术陶瓷的成形方法有哪些？
6. 等静压成形有什么特点？
7. 压制成形、可塑成形和注浆成形三者之间有何区别与联系？各适用于成形什么制品？
8. 陶瓷成形为坯体后并不能直接使用，还需要经过哪些工序才能成为成品？与常见金属制品的生产有何不同？
9. 高分子有哪些成形性能？如何提高高分子的成形性能？
10. 挤出成形、注射成形和压塑成形的工艺过程有何不同点？各应用于何类塑料？
11. 注射成形一般应经历哪几个工艺步骤？各个工艺步骤分别起什么作用？
12. 塑料与橡胶的本质区别是什么？
13. 橡胶成形常用哪些原料？各起什么作用？
14. 为什么橡胶在成形前要进行塑炼？混炼有什么作用？
15. 硫化过程的实质是什么？为什么要先塑炼而后又要硫化？
16. 常用橡胶成形方法的工艺特点是什么？
17. 复合材料常用的基体材料和增强材料有哪些？
18. 常用的金属基复合材料成形工艺可分为哪几类？试举例说明。
19. 什么是扩散粘结法？它有何特点？
20. 什么是真空压力浸渍法？它有何特点？
21. 常用的树脂基复合材料成形工艺可分为哪几类？
22. 什么是手糊成形工艺？简述其工艺过程。
23. 常用的陶瓷基复合材料成形工艺有哪些？
24. 直接氧化法有何特点？
25. 什么是化学气相渗透法？它有何特点？

第四章 切削加工

第一节 切削加工的基础知识

切削加工是使用切削工具（包括刀具、磨具和磨料）在工具和工件的相对运动中，把工件上多余的材料层切除，使工件获得规定的几何参数（尺寸、形状、位置）和表面质量的加工方法。它在机械制造业中占有十分重要的地位，因为切削加工能获得较高的精度和表面质量，对被加工材料、工件几何形状及生产批量具有广泛的适应性。

一、切削运动及切削用量

在切削加工中，刀具和工件间必须有一定的相对运动，即切削运动。切削运动包括主运动和进给运动。切削用量包括切削速度 v_c、进给量 f（或进给速度 v_f）和背吃刀量 a_p。

1. 主运动和切削速度

主运动是使刀具和工件之间产生相对运动，使刀具接近工件而实现切削的运动。图 4-1 所示工件的旋转运动即为主运动。主运动速度最高，消耗功率最大。切削刃上选定点相对工件主运动的瞬时速度称为切削速度，以 v_c表示，单位为 m/s 或 m/min 。

若主运动为旋转运动（如车削、铣削等），切削速度一般为其最大线速度。

$$v_c = \frac{\pi dn}{1000}$$

式中，d 为工件（或刀具）的直径（mm）；n 为工件（或刀具）的转速（r/s 或 r/min）。

若主运动为往复直线运动（如刨削、插削等），则常以其平均速度为切削速度，即：

$$v_c = \frac{2Ln_r}{1000}$$

式中，L 为往复行程长度（mm）；n_r为主运动每秒或每分钟的往复次数（次/s 或次/min）。

2. 进给运动和进给量

进给运动是刀具与工件之间产生附加的相对运动，加上主运动，即可连续地切除余量，图 4-1 所示车刀的移动即为进给运动。刀具在进给运动方向上相对工件的位移量称为进给量。不同的加工方法，由于所用刀具和切削运动形式不同，进给量的表述和度量方法也不相同。

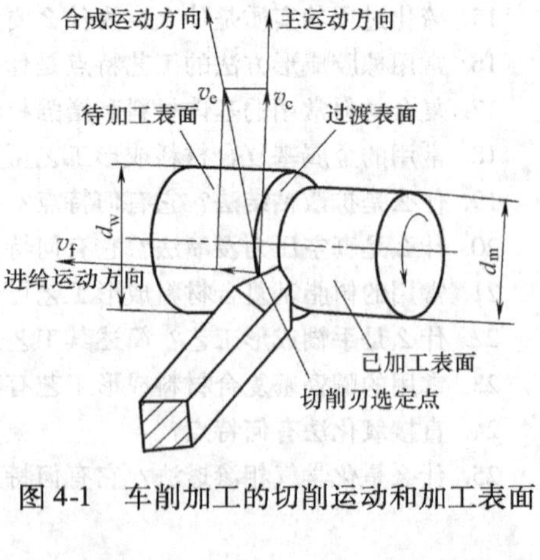

图 4-1 车削加工的切削运动和加工表面

用单齿刀具（如车刀、刨刀等）加工时，进给量常用刀具或工件每转或每行程刀具在进给运动方向上相对工件的位移量来度量，称为每转进给量或每行程进给量，以 f 表示，单位为 mm/r 或 mm/str。

用多齿刀具（如铣刀、钻头等）加工时，进给运动的瞬时速度称为进给速度，以 v_f表示，单位为 mm/s 或 mm/min。刀具每转或每行程中每齿相对工件在进给运动方向上的位移量，称为每齿进给量，以 f_z表示，单位为 mm/z。

f_z、f、v_f之间有如下关系：

$$v_f = fn = f_z zn$$

式中，n 为刀具或工件转速（r/s 或 r/min）；z 为刀具的齿数。

3. 背吃刀量

在通过切削刃上选定点并垂直于该点主运动方向的切削层尺寸平面中，垂直于进给运动方向测量的切削层尺寸，称为背吃刀量，以 a_p表示，单位为 mm。如图 4-1 所示，车外圆时，a_p可用下式计算，即：

$$a_p = \frac{d_w - d_m}{2}$$

式中，d_w、d_m分别为工件待加工和已加工表面的直径（mm）。

工件上由主切削刃形成的那部分表面称为过渡表面。

切削速度 v_c、进给量 f、背吃刀量 a_p为切削用量三要素。

二、切削刀具

切削加工过程中，直接完成切削工作的是刀具。刀具切削性能的好坏，取决于构成刀具的几何参数、结构及刀具切削部分的材料。

切削刀具的种类很多，形状各异，但它们的切削部分总是近似地以外圆车刀的切削部分为基础形态，如图 4-2 所示。所以，研究切削刀具时，总是以车刀为基础。

（一）刀具的几何形状

1. 车刀切削部分的组成

车刀切削部分由下列要素组成（图 4-3）：

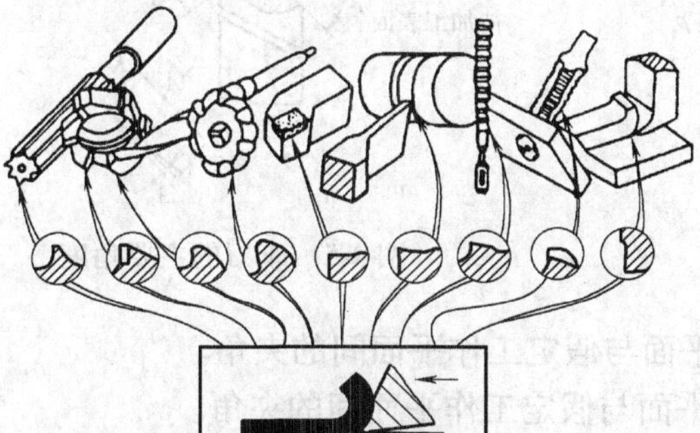

图 4-2　刀具的切削部分

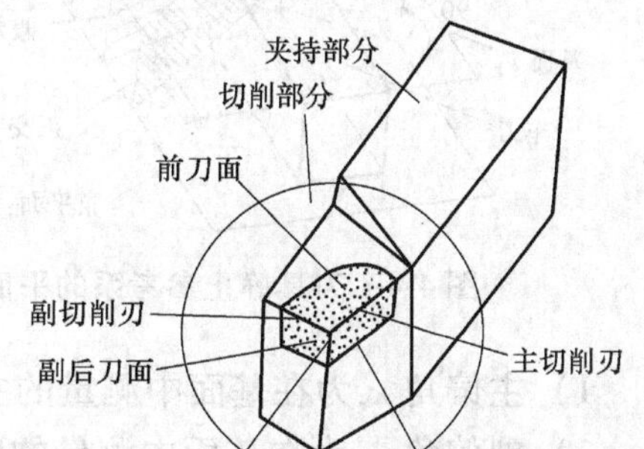

图 4-3　车刀的切削部分

1）前刀面。刀具上切屑流过的表面。

2）后刀面。刀具上与工件已加工表面和过渡表面相对的表面。同前刀面相交形成主切削刃的后刀面称主后刀面；同前刀面相交形成副切削刃的后刀面称副后刀面。

3）切削刃。切削刃是指刀具前刀面上作为切削用的刀刃。它有主副之分，主切削刃是前刀面与主后刀面的交线，副切削刃是前刀面与副后刀面的交线。

4）刀尖。刀尖是指主切削刃与副切削刃的连接处相当少的一部分切削刃。实际刀具的刀尖并非绝对尖锐，而是一小段曲线或直线，分别称为修圆刀尖和倒角刀尖。

2. 车刀切削部分的主要角度

刀具要从工件上切除余量，就必须使它的切削部分具有一定的切削角度。为确定刀面和切削刃的空间位置必须要有参考系。在刀具设计、制造、刃磨和测量几何参数时用的参考系，称为刀具静止参考系；用于规定刀具切削加工时几何参数的参考系，称为刀具工作参考系。工作参考系与静止参考系的区别在于用实际的合成运动方向取代假定主运动方向，用实际的进给运动方向取代假定进给运动方向。

（1）刀具静止参考系 刀具静止参考系主要包括基面、切削平面、正交平面和假定工作平面等，如图 4-4 所示。

1）基面。过切削刃选定点，垂直于该点假定主运动方向的平面，以 p_r表示。

2）切削平面。过切削刃选定点，与切削刃相切，并垂直于基面的平面。主切削平面以 p_s表示。

3）正交平面。过切削刃选定点，并同时垂直于基面和切削平面的平面，以 p_o表示。

4）假定工作平面。过切削刃选定点，垂直于基面并平行于假定进给运动方向的平面，以 p_f表示。

（2）车刀的主要角度 这里是指在车刀设计、制造、刃磨及测量时必须考虑的主要角度，如图 4-5 所示。

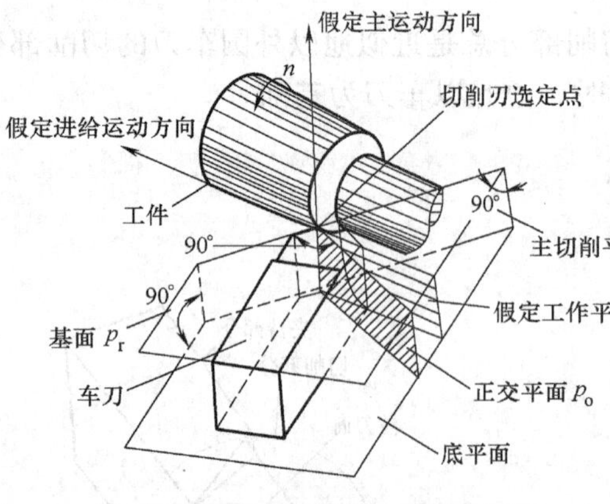

图 4-4 刀具静止参考系的平面

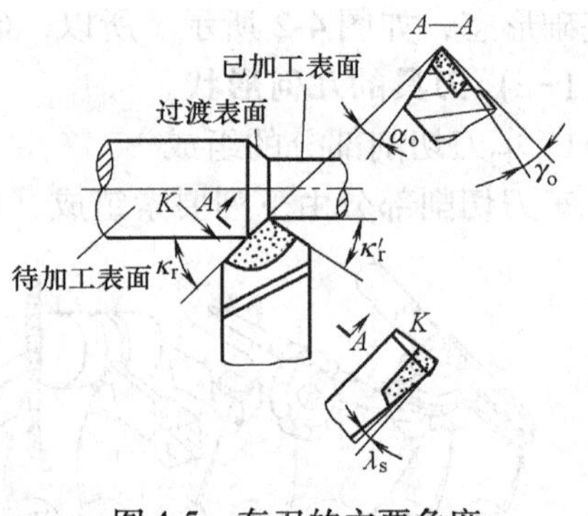

图 4-5 车刀的主要角度

1）主偏角 κ_r为在基面中测量的主切削平面与假定工作平面间的夹角。

2）副偏角 κ_r'为在基面中测量的副切削平面与假定工作平面间的夹角。

主偏角主要影响切削层截面的形状和参数，影响切削分力的变化，并和副偏角一起影响已加工表面的粗糙度；副偏角还有减小副后刀面与已加工表面间摩擦的作用。主、副偏角应根据工件的刚度及加工要求选取合理的数值。一般车刀常用的主偏角有 45°、60°、75°、90°等几种；副偏角为 5°～15°，粗加工时取较大值。

3）前角 γ_o为在正交平面中测量的前刀面与基面间的夹角。当取较大的前角时，切削刃锋利，切削轻快，即切削层材料变形小，切削力也小。但当前角过大时，切削刃和刀头的强度、散热条件和受力状况变差，将使刀具磨损加快，刀具寿命降低，甚至崩刃损坏。若取较小的前角，虽切削刃和刀头较强固，散热条件和受力状况也较好，但切削刃不够锋利，对切削加工不利。前角的大小常根据工件材料、刀具材料和加工性质来选择。当工件材料塑性大、强度和硬度低或刀具材料的强度和韧性好或精加工时，取大的前角，反之取较小的前角。例如，用硬质合金车刀切削结构钢件，γ_o可取10°～20°；切削灰铸铁件，γ_o可取5°～15°等。

4）后角α_o为在正交平面中测量的后刀面与主切削平面间的夹角。后角的主要作用是减少刀具后刀面与工件表面间的摩擦，并配合前角改变切削刃的锋利程度与强度。后角只能是正值，后角大，摩擦小，切削刃锋利。但后角过大，将使切削刃变弱，散热条件变差，加速刀具磨损。反之，后角过小，虽切削刃强度增加，散热条件变好，但摩擦加剧。后角的大小常根据加工的种类和性质来选择。例如，粗加工或工件材料较硬时，要求切削刃强固，后角取较小值：$\alpha_o=6°\sim8°$。反之，对切削刃强度要求不高，主要希望减小摩擦和已加工表面的粗糙度值，后角可取稍大值：$\alpha_o=8°\sim12°$。

5）刃倾角λ_s为在主切削平面中测量的主切削刃与基面间的夹角。与前角类似，刃倾角有正、负和零值之分，如图4-6所示。刃倾角主要影响刀头的强度、切削分力和排屑方向。负的刃倾角可起到增强刀头的作用，但会使背向力增大，有可能引起振动，而且还会使切屑排向已加工表面，划伤和拉毛已加工表面。因此，粗加工时为了增强刀头，λ_s常取负值；精加工时为了保护已加工表面，λ_s常取正值或零度；车刀的刃倾角一般在$-5°\sim+5°$之间选取。有时为了提高刀具耐冲击的能力，λ_s可取较大的负值。

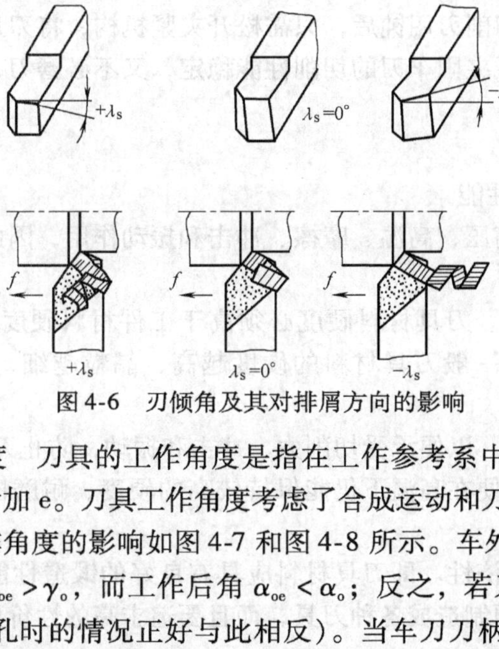

图4-6　刃倾角及其对排屑方向的影响

（3）刀具的工作角度　刀具的工作角度是指在工作参考系中定义的刀具角度，表示方法为在主要角度的下标后加e。刀具工作角度考虑了合成运动和刀具安装条件的影响。

刀具安装位置对工作角度的影响如图4-7和图4-8所示。车外圆时，若刀尖高于工件的回转轴线，则工作前角$\gamma_{oe}>\gamma_o$，而工作后角$\alpha_{oe}<\alpha_o$；反之，若刀尖低于工件的回转轴线，则$\gamma_{oe}<\gamma_o$，$\alpha_{oe}>\alpha_o$（镗孔时的情况正好与此相反）。当车刀刀柄的纵向轴线与进给方向不垂直时，将会引起主偏角和副偏角的变化。

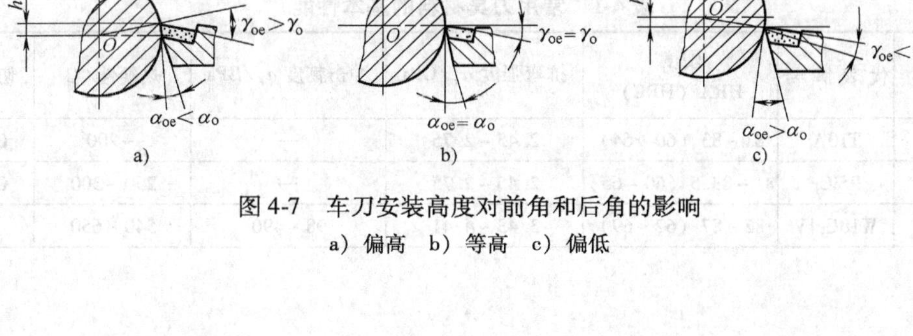

图4-7　车刀安装高度对前角和后角的影响

a）偏高　b）等高　c）偏低

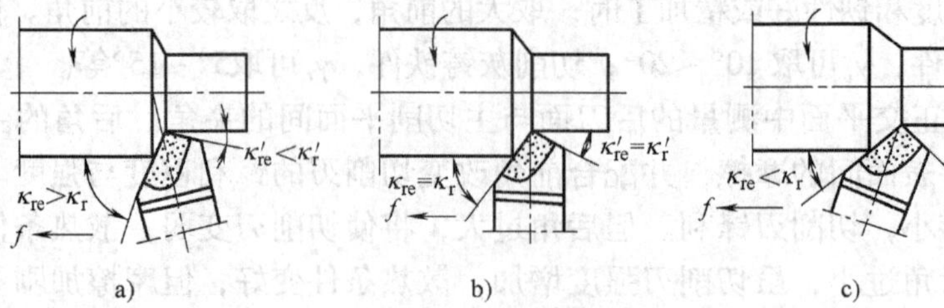

图 4-8 车刀安装偏斜对主偏角和副偏角的影响

a）右斜安装 b）上安装 c）左斜安装

3. 刀具结构

刀具的结构形式对刀具的切削性能、切削加工的生产效率和经济效益都有着重要的影响。如车刀，在结构上可分为整体式车刀、焊接式车刀、机夹式车刀（机夹重磨式车刀和机夹可转位式车刀）。整体式车刀对贵重的刀具材料消耗较大。焊接式车刀结构简单、紧凑、刚性好、灵活性大，应用十分普遍。但焊接式车刀的硬质合金刀片经过高温焊接和刃磨后，产生内应力和裂纹，使切削性能下降，对提高生产效率不利。机夹式车刀尤其是机夹可转位式车刀，是将压制有一定几何参数的多边形刀片，用机械夹固的方法装夹在标准的刀体上。使用时，刀片上一个切削刃用钝后，只需松开夹紧机构，将刀片转位换成另一个新的切削刃便可继续切削。因机械夹固车刀的切削性能稳定，又不必磨刀，所以在现代生产中的应用越来越多。

（二）刀具材料

1. 刀具材料应具备的性能

刀具在切削时要承受高压、高温、摩擦、冲击和振动作用，因此其材料应具备以下基本性能：

1）高的硬度和耐磨性。刀具材料硬度必须高于工件材料硬度，刀具材料的常温硬度，一般要求在 60HRC 以上。一般刀具材料的硬度越高、晶粒越细、分布越均匀，耐磨性就越好。

2）足够的强度和韧度。以便承受切削力、冲击和振动，防止刀具脆性断裂和崩刃。

3）较高的热硬性。以便在高温下仍能保持较高的硬度、耐磨性、强度和韧度。热硬性又称之为耐热性。

4）良好的工艺性和经济性。即刀具材料应具有良好的锻造性能、热处理性能、焊接性能和磨削加工性能等，以便制造成各种刀具，而且要追求高的性价比。

2. 常用的刀具材料

常用刀具材料的基本性能如表 4-1 所示。

表 4-1 常用刀具材料的基本性能

刀具材料	代表牌号	硬度 HRA（HRC）	抗弯强度 σ_b/GPa	冲击韧度 a_K/GPa	热硬性/℃	切削速度比
碳素工具钢	T10A	81～83（60～64）	2.45～2.75	—	～200	0.2～0.4
合金工具钢	9SiCr	81～83.5（60～65）	2.45～2.75	—	250～300	0.5～0.6
高速工具钢	W18Cr4V	82～87（62～69）	3.43～4.41	98～490	540～650	1

（续）

刀具材料	代表牌号	硬度 HRA（HRC）	抗弯强度 σ_b/GPa	冲击韧度 a_K/GPa	热硬性/℃	切削速度比
硬质合金	K30	89.5~91	1.08~1.47	19.6~39.2	800~900	6
	P10	89.5~95.2	0.88~1.27	2.9~6.8	900~1000	6
陶瓷	AM	91~94	0.44~0.83	—	>1200	12~14

碳素工具钢是含碳量较高的优质钢（w_C=0.7%~1.2%，如T10A等），淬火后硬度较高、价廉，但热硬性较差。在碳素工具钢中加入少量的Cr、W、Mn、Si等元素，形成合金工具钢（如9SiCr等），可适当减少热处理变形和提高热硬性。由于这两种刀具材料的热硬性较低，常用来制造一些切削速度不高的手工工具，如锉刀、锯条、铰刀等，较少用于制造其他刀具。目前生产中应用最广的刀具材料是高速工具钢和硬质合金，而陶瓷刀具主要用于精加工。

（1）高速工具钢　高速工具钢是含W、Cr、V等合金元素较多的合金工具钢。普通高速工具钢如W18Cr4V是国内使用最为普遍的刀具材料，广泛用于制造形状较为复杂的各种刀具，如麻花钻、铣刀、拉刀、齿轮刀具和其他成形刀具等。高性能高速工具钢是在普通高速工具钢中加入Co、V等合金元素，以提高其高温硬度和抗氧化能力或耐磨性等。W2Mo9Cr4VCo8是世界上使用较多的高速工具钢，用于制造加工耐热合金、高强度钢、钛合金、不锈钢等难切削材料的各种刀具。粉末高速工具钢是用粉末冶金工艺制成的刀具材料，用于制造各种高性能精密刀具，如加工汽轮机叶轮的轮槽铣刀、拉刀、剃齿刀等。

（2）硬质合金　硬质合金是以高硬度、高熔点的金属碳化物（WC、TiC等）为基体，以金属Co等作粘结剂，用粉末冶金的方法制成的一种合金。它的硬度高、耐磨性好、热硬性高，允许的切削速度比高速工具钢高数倍，但其强度和韧性均较高速工具钢低，工艺性也不如高速工具钢。因此，硬质合金常制成各种形式的刀片，焊接或机械夹固在车刀、刨刀、端铣刀等的刀柄（刀体）上使用。按ISO标准，硬质合金可分为P、M、K三个主要类别。

1）P类硬质合金（蓝色）。适合加工长切屑的黑色金属，如钢、铸钢等。其代号有P01、P10、P20、P30、P40、P50等，数字越大，耐磨性越低而韧性越高。精加工可用P01；半精加工选用P10、P20；粗加工可选用P30。

2）M类硬质合金（黄色）。适合加工长（短）切屑的金属材料，如钢、铸钢、不锈钢等难切削材料等。其代号有M10、M20、M30、M40等，数字越大，耐磨性越低而韧性越高。精加工可用M10；半精加工可用M20；粗加工选用M30。

3）K类硬质合金（红色）。适合加工短切屑的金属或非金属材料，如淬硬钢、铸铁、铜铝合金、塑料等。其代号有K01、K10、K20、K30、K40等，数字越大，耐磨性越低而韧性越高。精加工可用K01；半精加工可用K10、K20；粗加工选用K30。

（3）新型刀具材料

1）涂层刀具材料。这是指通过气相沉积或其他技术方法，在硬质合金或高速工具钢的基体上涂覆一薄层高硬度、高耐磨性的难熔金属或非金属化合物而构成的刀具材料。涂层技术是提高刀具材料耐磨性而又不降低其韧性的有效方法之一。主要涂层材料有TiC、TiN、TiC+TiN、TiC+Al_2O_3、TiC+TiN+Al_2O_3或金刚石等多种。采用多涂层可使涂层具有更高的结合强度和使刀片具有更好的切削性能。涂层硬质合金刀具的寿命与不涂层相比可提高1～3倍，涂层高速工具钢刀具寿命比不涂层的可提高2～10倍。

2）陶瓷刀具材料。按化学成分可分为Al_2O_3基和Si_3N_4基两类。陶瓷刀具具有很高的硬度、热硬性和耐磨性，能以更高的速度（可达750m/min）切削，并可切削难加工的高硬度材料。主要缺点是抗弯强度低，性脆，抗冲击韧度差。陶瓷材料可做成多种刀片并使切削刃磨出20°的负倒棱，通过加大刀尖圆弧半径、适当加厚刀片厚度等措施，以减少切削刃崩刃和刀尖破损的可能。陶瓷刀具主要用于冷硬铸铁、高硬钢等难加工材料的半精加工和精加工。

3）超硬刀具材料。包括天然金刚石、聚晶金刚石和聚晶立方氮化硼三种。天然金刚石是自然界最硬的材料，其硬度范围为8000～12000HK（HK为努氏硬度），热硬性为700～800℃。天然金刚石的耐磨性极好，但价格昂贵，主要用于加工精度和表面粗糙度要求极高的零件，如加工磁盘、激光反射镜、感光鼓、多面镜等。其主要缺点是与铁族材料有亲和作用，不宜加工钢和铸铁。聚晶金刚石是由金刚石微粉在高温高压下聚合而成，在大部分场合可替代天然金刚石，可制成各种车刀、镗刀、铣刀等刀片，主要用于精加工非铁金属及非金属材料，如铝、铜及其合金，陶瓷，合成纤维，强化塑料和硬橡胶等。聚晶立方氮化硼是由单晶立方氮化硼微粉在高温高压下聚合而成，刀片的硬度为3000～4500HV，其热硬性达1200℃左右，在1000℃的温度下也不与铁、镍和钴等金属发生化学反应。主要用于淬硬工具钢、冷硬铸铁、耐热合金及喷焊等难加工材料的半精加工和精加工，是一种很有发展前途的刀具材料。

刀具技术的主要发展趋势是超硬刀具材料发展更快，应用更加广泛；复合（组合）式各类高速、精密切削刀具（工具）的结构设计与制造技术将成为刀具（工具）品种发展的主导技术。为了提高材料的利用率，减少加工能耗和保护环境，其中无屑加工工艺的搓、挤、滚压成形类刀具（工具）的应用会更加广泛。

三、切削过程

在切削过程中，始终存在着刀具切削工件和工件材料抵抗切削的矛盾，从而会产生一系列的物理现象，如切削力、切削热与切削温度、刀具磨损与刀具寿命等。对这些现象进行研究的目的，在于揭示其内在的机理，探索和掌握切削过程的基本规律，从而主动地加以有效控制，这对保证加工质量，提高生产率，降低生产成本和减轻劳动强度都具有十分重大的意义。

（一）切屑的形成及其类型

金属的切削过程实际上与金属的挤压过程很相似。以龙门刨削为例，当刀具与工件刚接触时，接触处的压力使工件产生弹性变形和塑性变形，最后被切离工件本体并沿前刀面流出，形成切屑。

由于工件材料的塑性不同、刀具的前角不同或采用不同的切削用量等，会形成不同类型的切屑，并对切削加工产生不同的影响。常见的切屑有如下几种，如图4-9所示：

1）带状切屑。在用大前角的刀具、较高的切削速度和较小的进给量切削塑性材料时，容易得到带状切屑（图4-9a）。形成带状切屑时，切削力较平稳，加工表面较光洁，但切屑连续不断，不太安全或可能擦伤已加工表面，因此要采取断屑措施。

2）挤裂切屑。在采用较低的切削速度和较大的进给量时，刀具前角较小，粗加工中等硬度的钢材料时，容易得到挤裂切屑（图4-9b）。形成这种切屑时，金属材料经过弹性变形、塑性变形、挤裂和切离等阶段，是典型的切削过程。由于切削力波动较大，工件表面较粗糙。

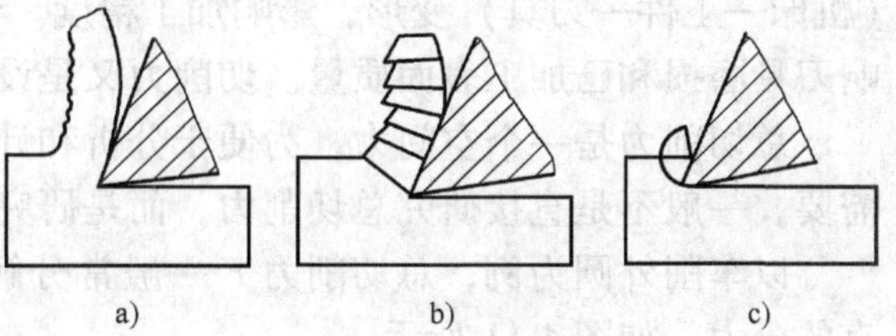

图4-9 切屑的类型
a）带状切屑 b）挤裂切屑 c）崩碎切屑

3）崩碎切屑。在切削铸铁和黄铜等脆性材料时，切削层金属发生弹性变形以后，一般不经过塑性变形就突然崩落，形成不规则的碎块状屑片，即为崩碎切屑（图4-9c）。当刀具前角小、进给量大时易产生这种切屑。产生崩碎切屑时，切削热和切削力都集中在主切削刃和刀尖附近，刀具易崩刃，刀尖易磨损，并容易产生振动，影响表面质量。

（二）积屑瘤

在一定范围的切削速度下切削塑性金属形成带状切屑时，常发现在刀具前刀面靠近切削刃的部位粘附着一小块很硬的金属楔块，这就是积屑瘤，或称刀瘤。

1. 积屑瘤的形成

当切屑沿刀具的前刀面流出时，在一定的温度与压力作用下，与前刀面接触的切屑底层受到很大的摩擦阻力，使这一层金属的流出速度减慢，形成一层很薄的“滞流层”。当前刀面对滞流层的摩擦阻力超过切屑材料的内部结合力时，就会有一部分金属粘结或冷焊在切削刃附近，形成积屑瘤。

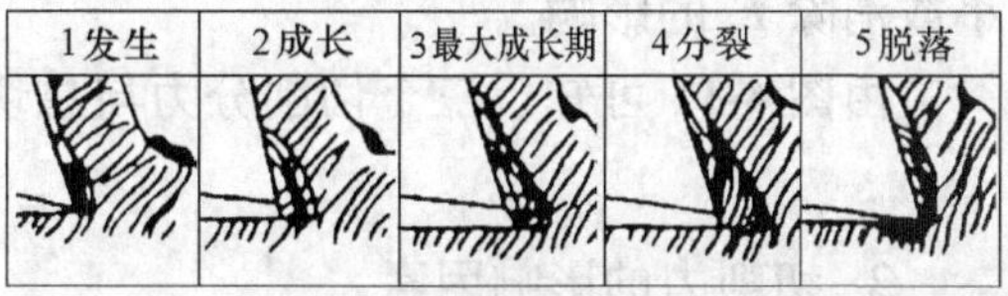

图4-10 积屑瘤的形成与脱落

积屑瘤形成后不断长大，达到一定高度后会破裂，而被切屑带走或嵌附在工件表面上。上述过程是反复进行的，如图4-10所示。

2. 积屑瘤对切削加工的影响

在形成积屑瘤的过程中，金属材料因塑性变形而被强化。因此，积屑瘤的硬度比工件材料的硬度高，能代替切削刃进行切削，起到保护切削刃的作用。同时，由于积屑瘤的存在，增大了刀具的实际工作前角，使切削轻快。所以，粗加工时可利用积屑瘤。但是，积屑瘤的顶端伸出切削刃之外，而且在不断地产生和脱落，使实际吃刀量和切削厚度不断变化，影响尺寸精度，还会导致切削力的变化，引起振动，并会有一些积屑瘤碎片粘附在工件已加工表面上，增大表面粗糙度值且导致刀具磨损。因此，精加工时应尽量避免积屑瘤的产生。

3. 积屑瘤的控制

影响积屑瘤形成的主要因素有：工件材料的力学性能、切削速度和冷却润滑条件等。

避免和减小积屑瘤的方法是：① 加工时控制切削速度，避开产生积屑瘤的切削速度区；② 增加刀具前角以减小切削变形，降低切屑接触区压力；③ 使用润滑性能良好的切削液，减小摩擦；④ 用适当的热处理方法提高工件材料的硬度，降低塑性，减小加工硬化倾向。

（三）切削力

1. 切削力的构成与分解

刀具在切削工件时，必须克服材料的变形抗力，克服刀具与工件及刀具与切屑之间的摩擦力，才能切下切屑。这些抗力构成了实际的切削力。在切削过程中，切削力使工艺系统

（机床—工件—刀具）变形，影响加工精度。切削力还直接影响切削热的产生，并进一步影响刀具磨损和已加工表面质量。切削力又是设计和使用机床、刀具、夹具的重要依据。

总切削力是一个空间力，为便于分析和计算，以适应设计机床和工艺装备及工艺分析的需要，一般不是直接研究总切削力，而是研究它在一定方向上的分力。

以车削外圆为例，总切削力 F 一般常分解为以下三个互相垂直的分力，如图 4-11 所示。

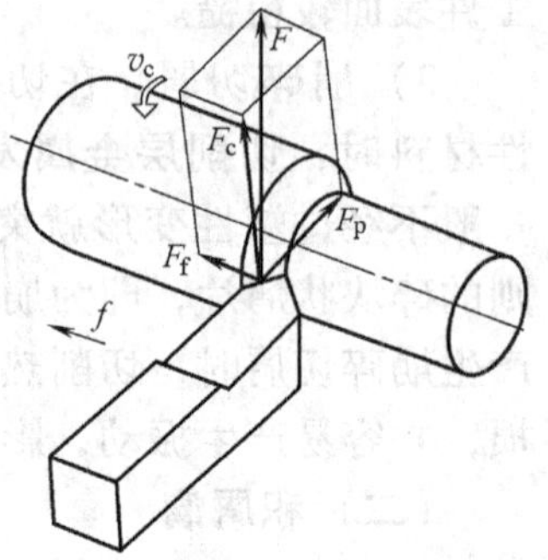

图 4-11 车削时总切削力的分解

1）切削力 F_c。总切削力 F 在主运动方向上的分力，大小占总切削力的 80% ~90% 。F_c 消耗的功率最多，占总功率的 90% 左右，是计算机床动力、主传动系统零件和刀具强度及刚度的主要依据。当 F_c 过大时，可能使刀具损坏或使机床发生“闷车”现象。

2）进给力 F_f。总切削力 F 在进给运动方向上的分力，是设计和校验进给机构所必需的数据，进给力也做功，但只占总功的 1% ~5% 。

3）背向力 F_p。总切削力 F 在垂直于工作平面方向上的分力。因为切削时这个方向上的运动速度为零，所以 F_p 不消耗功率。但它一般作用在工件刚度较弱的方向上，容易使工件变形，甚至可能产生振动，影响工件的加工精度。因此，应设法减小或消除 F_p 的影响。

由图 4-11 可知，三个切削分力与总切削力 F 有如下关系：

$$F=\sqrt{F_c^2+F_f^2+F_p^2}$$

2. 切削力的影响因素

一般来说，凡是影响切屑变形及工件与刀具之间摩擦的因素都会对切削力有影响。这里仅介绍几个主要因素：

1）工件材料。强度和硬度越高的材料，变形抗力越大，切削力也越大。强度和硬度相近的两种材料，塑性和韧性越高者，切削力越大。

2）切削用量。背吃刀量和进给量增大时，被切材料增多，切削力增大。

3）刀具角度。前角越大，切屑变形越小，切削力也越小；主偏角对背向力影响较大，主偏角增大时，背向力 F_p 减小。

（四）切削热和切削温度

1. 切削热的产生、传导及对加工的影响

在切削过程中，由于绝大部分的切削功都转变成热量，所以有大量的热产生，这些热称为切削热。切削热主要有三个切削热源，如图 4-12 所示。

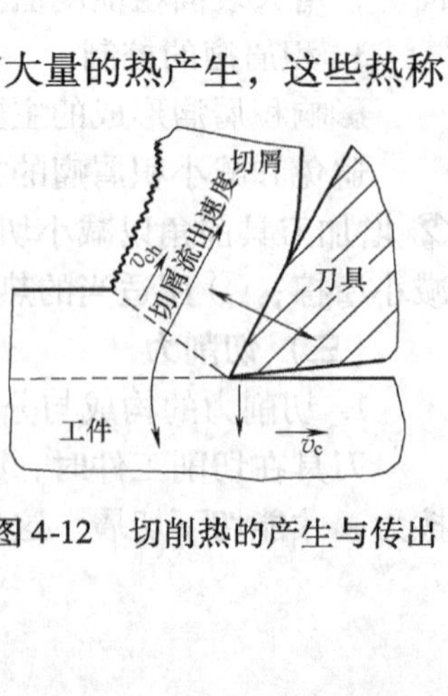

图 4-12 切削热的产生与传出

1）切屑变形所产生的热量，是切削热的主要来源。

2）切屑与刀具前刀面之间的摩擦所产生的热量。

3）工件与刀具后刀面之间的摩擦所产生的热量。

随着刀具材料、工件材料、切削条件的不同，三个热源的发热量也不相同。

切削热产生以后，由切屑、工件、刀具及周围的介质（如空气）进行热传导。用高速工具钢车刀及与之相适应的切削速度切削钢料时，切削热传出的比例是：切屑传出的热为 50% ~ 86%；工件传出的热为 40% ~ 10%；刀具传出的热为 9% ~ 3%；周围介质传出的热约为 1%。传入切屑及介质中的热量越多，对加工越有利。传入工件的切削热，使工件产生热变形，影响加工精度，特别是加工薄壁零件、细长零件和精密零件时，热变形的影响更大。传入刀具的切削热，比例虽然不大，但由于刀具的体积小，热容量小，因而温度高，在高速切削时，切削温度可达 1000℃，加速了刀具的磨损。

2. 切削温度及其影响因素

切削温度是指切削区的平均温度。切削温度的高低取决于切削热的产生和传导情况。影响切削温度的主要因素有：

1）切削用量。当切削速度提高时，切削热也增加；同时由于切屑底层与前刀面强烈摩擦产生的摩擦热来不及向切屑内部传导，而大量积聚在切屑底层，因而使切削温度升高。增大进给量，单位时间内的金属切除量增多，切削热也增加。但进给量对于切削温度的影响，不如切削速度那样显著，这是由于进给量增加，切屑变厚，由切屑带走的热量增多，切削区的温升较小。背吃刀量增加，切削热增加，但切削刃参加工作的长度也增加，改善了散热条件，因此切削温度的上升不明显。从降低切削温度、提高刀具寿命的观点来看，选用大的背吃刀量和进给量，比选用高的切削速度有利。

2）工件材料。工件材料的强度和硬度越高，切削力和切削功率越大，产生的切削热多，切削温度越高。即使对同一种材料，由于其热处理状态不同，切削温度也不相同。如 45 钢在正火状态、调质状态和淬火状态下，其切削温度相差悬殊。工件材料的热导率高（如铝、镁合金），切削温度低。切削脆性材料时，由于塑性变形很小，崩碎切屑与前刀面的摩擦也小，产生的切削热较少。

3）刀具角度。采用导热性好的刀具材料，可以降低切削温度。增大前角，可减少切屑变形，降低切削温度。但当前角过大时，会使刀具的传热条件变差，反而不利于切削温度的降低。减小主偏角，主切削刃的工作长度增加，改善了散热条件，也可降低切削温度。

4）切削液。切削过程中，喷注足够数量的切削液，能减小摩擦和改善散热条件，带走大量的切削热，可降低切削温度 100 ~ 150℃。常用的切削液有水溶液、乳化液和切削油三种。

① 水溶液。水溶液的主要成分是水，加入少量的防锈剂等添加剂。具有良好的冷却作用，可以大大降低切削温度，但润滑性能较差。

② 乳化液。乳化液是将乳化油用水稀释而成，具有良好的流动性和冷却作用，并有一定的润滑作用。低浓度的乳化液用于粗车、磨削；高浓度的乳化液用于精车、精铣、精镗、拉削等。

③ 切削油。润滑作用良好，但冷却作用小，多用以减小摩擦和减小工件表面粗糙度，常用于精加工工序，如精刨、珩磨和超精加工等，常使用煤油作为切削液，而攻螺纹、精车丝杠可用菜油之类的植物油等。

（五）刀具磨损和刀具寿命

在切削过程中，刀具切削部分由于磨损或局部破损而逐渐变钝，会最终失去切削性能。刀具磨损到一定程度后，切削力明显增大，切削温度上升，甚至产生振动，影响工件的加工精度和表面质量。因此刀具磨损到一定程度后，必须重磨或更换新刀。

1. 刀具磨损形态

1）后刀面磨损。当切削脆性材料或以较小的背吃刀量切削塑性材料时，由于刀具主后刀面与工件过渡表面间存在着强烈的摩擦，在后刀面毗邻切削刃的部位磨损成小棱面。后刀面磨损量以后刀面上磨损宽度值 *VB* 表示，如图 4-13a 所示。

2）前刀面磨损。在切削速度较高、背吃刀量较大且不用切削液的情况下加工塑性材料时，切屑将在前刀面磨出月牙洼。前刀面的磨损量以月牙洼的最大深度 *KT* 表示，如图 4-13b 所示。

3）前后刀面同时磨损。在常规条件下加工塑性金属时，常出现如图 4-13c 所示的前后刀面同时磨损的形态。

2. 刀具磨损过程

在一定切削条件下，无论何种磨损形态，其磨损量都将随时间的延长而增大。图 4-14 所示为硬质合金车刀主后刀面磨损量 *VB* 与切削时间之间的关系，即磨损曲线。由图可知，刀具磨损过程可分为三个阶段：

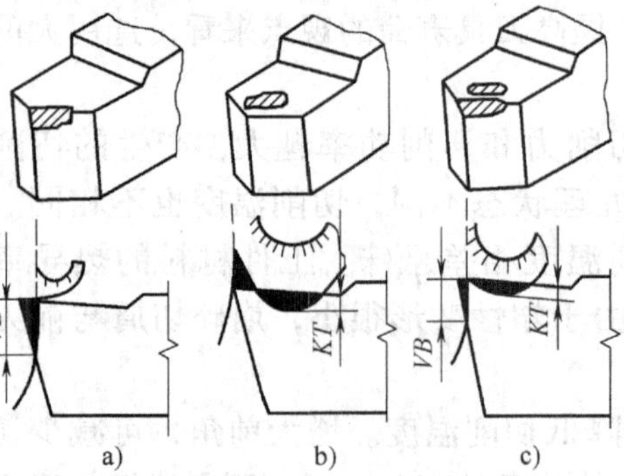

图 4-13　刀具磨损形态

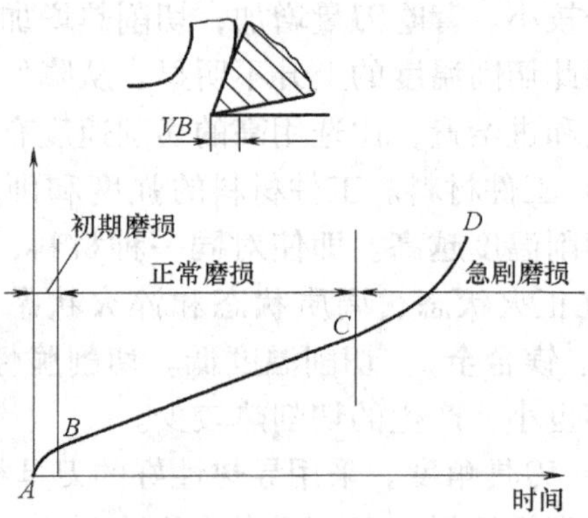

图 4-14　刀具磨损过程

1）*AB* 段。初期磨损阶段，切削刃锋尖迅速被磨掉，即磨成一个窄面。

2）*BC* 段。正常磨损阶段，磨损量随切削时间的延长而近似成比例增加，而磨损速度随时间延长减慢。刀具的使用不应超过这一有效工作阶段的范围。

3）*CD* 段。急剧磨损阶段，刀具变钝，切削力增大，切削温度急剧上升，磨损加快，出现振动、噪声，已加工表面质量明显恶化，刀具在使用中应避免进入该阶段。

经验表明，在刀具正常磨损阶段的后期、急剧磨损阶段之前，换刀重磨最好。这样既可保证加工质量，又能充分利用刀具材料。

3. 影响刀具磨损的因素

如前所述，增大切削用量时，切削温度随之升高，将加速刀具磨损。在切削用量中，切削速度对刀具磨损的影响最大，进给量次之，背吃刀量最小。

此外，刀具材料、刀具几何形状、工件材料以及是否使用切削液等，也都会影响刀具的磨损。例如，热硬性好的刀具材料，就不易磨损；适当加大刀具前角，由于减小了切削力，可减少刀具的磨损。

4. 刀具寿命

ISO 标准统一规定，以 1/2 背吃刀量处后刀面上测定的磨损宽度值 *VB*，作为刀具磨钝标准。

一把新刀（或重新刃磨过的刀具）从开始使用至达到磨钝标准所经历的实际切削时间，称为刀具寿命，以 T 表示。一把新刀从第一次投入使用直至完全报废（经刃磨后也不可再用）时所经历的实际切削时间，叫做刀具总寿命。显然，对于不重磨刀具，刀具总寿命即等于刀具寿命；而对于可重磨刀具，刀具总寿命则等于其平均寿命乘以刃磨次数。所以，刀具寿命和刀具总寿命是两个不同的概念。普通车床用的高速工具钢车刀和硬质合金焊接车刀的寿命为60min；齿轮刀具的寿命则取为200～400min。对于机夹可转位刀具，由于换刀时间短，为了充分发挥其切削性能，提高生产效率，刀具寿命可选得低些，一般取15～30 min。对于装刀、换刀和调刀比较复杂的多刀机床、组合机床与自动化加工所用刀具，刀具寿命应选得高些，尤应保证刀具可靠性。例如多轴铣床上硬质合金端铣刀寿命 $T=400\sim800$min。大件精加工时，为保证至少完成一次进给，避免切削时中途换刀，刀具寿命应按零件精度和表面粗糙度要求来确定。

四、磨具与磨削过程

（一）磨具

磨削是用带有磨粒的工具（砂轮、砂带、油石等）对工件进行加工的方法。磨具分砂轮、油石、磨头、砂瓦、砂布、砂纸、砂带、研磨膏等几类。最重要的磨削工具是砂轮。砂轮是用结合剂把磨粒粘结起来，经压坯、干燥、焙烧及修整而成的，具有很多气孔、用磨粒进行切削的固结磨具。磨粒以其露在表面部分的尖角作为切削刃。砂轮的特性主要由磨料、粒度、结合剂、硬度、组织及形状尺寸等因素决定。

1. 磨料

磨料是制造磨具的主要原料，直接担负着切削工作。目前常用的磨料有棕刚玉（A）、白刚玉（WA）、黑碳化硅（C）和绿碳化硅（GC）等。棕刚玉用于加工硬度较低的塑性材料，如中、低碳钢和低合金钢等；白刚玉用于加工硬度较高的塑性材料，如高碳钢、高速钢和淬硬钢等；黑碳化硅用于加工硬度较低的脆性材料，如铸铁、铸铜等；绿碳化硅用于加工高硬度的脆性材料，如硬质合金、宝石、陶瓷和玻璃等。

2. 粒度

粒度是指磨料颗粒的尺寸，其大小用粒度号表示。国标规定了磨料和微粉两种粒度号。一般来说，粗磨选用较粗的磨料（粒度号较小），精磨选用较细的磨料（粒度号较大）；微粉多用于研磨等精密加工和超精密加工。

3. 结合剂

结合剂的作用是将磨料粘合成具有一定强度和形状的砂轮。砂轮的强度、抗冲击性、热硬性及耐蚀性，主要取决于结合剂的性能。常用的结合剂有陶瓷结合剂（V）、树脂结合剂（B）、橡胶结合剂（R）和金属结合剂（M）等。陶瓷结合剂应用最广，适用于外圆、内圆、平面、无心磨削和成形磨削的砂轮等；树脂结合剂适用于切断和开槽的薄片砂轮及高速磨削砂轮；橡胶结合剂适用于无心磨削导轮、抛光砂轮；金属结合剂适用于金刚石砂轮等。

4. 硬度

磨具的硬度是指磨具在外力作用下磨粒脱落的难易程度（又称结合度）。磨具的硬度反映结合剂固结磨粒的牢固程度，磨粒难脱落为硬度高，反之为硬度低。国标中对磨具硬度规定了16个级别：D，E，F（超软）；G，H，J（软）；K，L（中软）；M，N（中）；P，Q，

R（中硬）；S，T（硬）；Y（超硬）。普通磨削常用 G ~ N 级硬度的砂轮。

5. 组织

磨具的组织指磨具中磨粒、结合剂、气孔三者体积的比例关系，以磨粒率（磨粒占磨具体积的百分数）表示磨具的组织号。磨料所占的体积比越大，砂轮的组织越紧密；反之，组织越疏松。国标中规定了 15 个组织号：0，1，2，…，13，14。0 号组织最紧密，磨粒率最高；14 号组织最疏松，磨粒率最低。普通磨削常用 4 ~ 7 号组织的砂轮。

6. 形状与尺寸

根据机床类型和加工需要，将磨具制成各种标准的形状和尺寸。常用的几种砂轮形状、代号和用途见表 4-2。珩磨、超精加工及钳工使用的磨具为油石。

表 4-2　常用砂轮形状、代号和用途

砂轮名称	形　状	代　号	用　途
平形砂轮	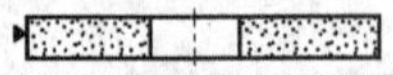	P	磨削外圆、内圆、平面，并用于无心磨削
双斜边砂轮	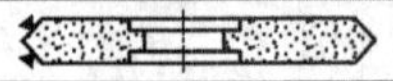	PSX	磨削齿轮的齿形和螺线
筒形砂轮	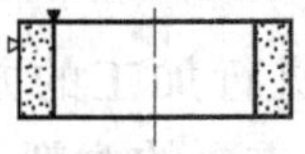	N	立轴端面平磨
杯形砂轮	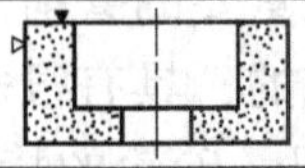	B	磨削平面、内圆及刃磨刀具
碗形砂轮	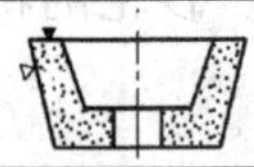	BW	刃磨刀具，并用于导轨磨
碟形砂轮	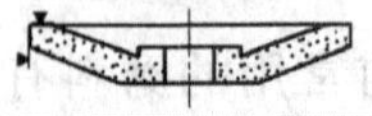	D	磨削铣刀、铰刀、拉刀及齿轮的齿形
薄片砂轮	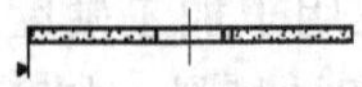	PB	切断和切槽

注：表图中有“▼”者为主要使用面，有“▽”者为辅助使用面。

（二）磨削过程中磨粒的作用

磨削所用砂轮表面上的每个磨粒，可以近似地看成一个微小刀齿，突出的磨粒尖棱，可以认为是微小的切削刃。因此，砂轮可以看作是具有极多微小刀齿的铣刀。由于砂轮磨粒的几何形状差异很大，在砂轮表面上的排列极不规则，间距和高低均为随机分布，因此磨削时各个磨粒表现出来的磨削作用有很大的不同，如图 4-15 所示。

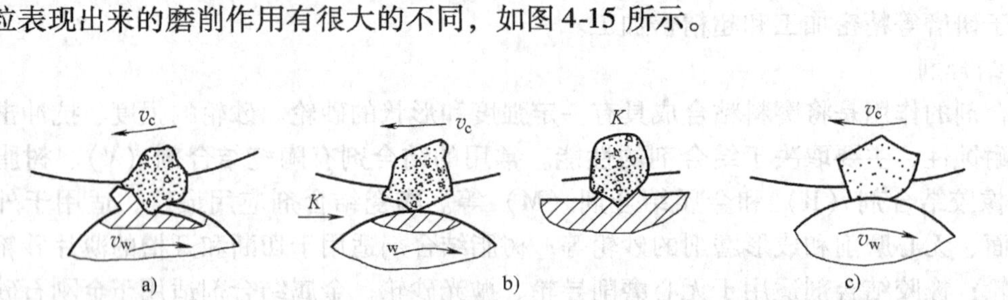

图 4-15　磨粒的磨削作用

a）切削作用　b）刻划作用　c）抛光作用

1）砂轮上比较凸出的和比较锋利的磨粒起切削作用。这些磨粒开始接触工件时，由于切入深度极小，磨粒棱尖圆弧的负前角很大，在工件表面仅产生弹性变形；随着切入深度增大，磨粒与工件表层之间的压力加大，工件表层产生塑性变形并被刻划出沟纹；当切深进一步加大，被切的金属层才产生明显的滑移而形成切屑，这是磨粒的典型切削过程，其本质与刀具切削金属的过程相同（图 4-15a）。

2）砂轮上凸出高度较小或较钝的磨粒起刻划作用。这些磨粒的切削作用很弱，与工件接触时由于切削层的厚度很薄，磨粒不是切削，而是在工件表面上刻划出细小的沟纹，工件材料被挤向磨粒的两旁而隆起（图 4-15b）。

3）砂轮上磨钝的或比较凹下的磨粒。这些磨粒既不切削也不刻划工件，而只是与工件表面产生滑擦，起摩擦抛光作用（图 4-15c）。

比较锋利且凸出的单个磨粒，其切削过程大致可分为三个阶段：第一阶段，磨粒从工件表面滑擦而过，只有弹性变形而无切屑；第二阶段，磨粒切入工件表层，刻划出沟痕并形成隆起；第三阶段，切削层厚度增大到某一临界值，切下切屑。

综上所述，磨削过程实际上是无数磨粒对工件表面进行错综复杂的切削、刻划、滑擦三种作用的综合过程。一般来说，粗磨时以切削作用为主；精磨时既有切削作用，也有摩擦抛光作用；超精磨和镜面磨削时摩擦抛光作用更为明显。

（三）磨削过程的特点

从本质上讲，磨削加工也是一种切削加工，与刀具切削过程一样，要产生磨削力、磨削热与磨削温度、表面变形强化及残留应力等物理现象。由于磨削是以很大的负前角进行切削的，所以磨削过程与其他切削加工方法相比，又存在着显著的差别。

1. 背向力大

磨削时砂轮作用在工件上的力称为总磨削力 F。磨削外圆时，总磨削力和车削力一样，也可分解为三个相互垂直的分力，即磨削力 F_c、进给力 F_f和背向力 F_p，如图 4-16 所示。磨削力 F_c决定磨削时消耗功率的大小，在一般切削加工中，切削力 F_c比背向力 F_p要大得多，而在磨削时，由于磨削深度较小，磨粒上的刃口圆弧半径相对较大，同时由于磨粒上的切削刃一般都具有负前角，砂轮与工件表面接触的宽度较大，致使背向磨削力 F_p大于磨削力 F_c（一般为 2 ~ 4 倍）。虽然背向力 F_p不消耗功率，但它会使工件产生水平方向的弯曲变形，直接影响工件的加工精度。例如纵磨细长轴的外圆时，由于工件的弯曲而产生腰鼓形变形。进给力最小，一般可忽略不计。

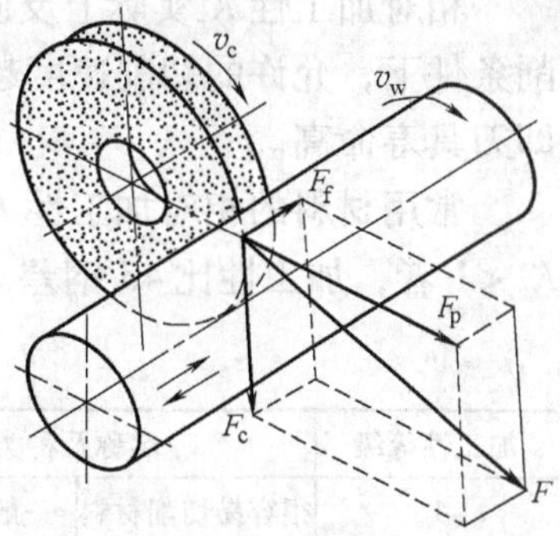

图 4-16　磨削力

2. 磨削温度高

磨削时的切削速度为一般切削加工的 10 ~ 20 倍。在高的切削速度下，加上磨粒多为负前角切削，挤压和摩擦较严重，磨削时，滑擦、刻划和切削三个阶段所消耗的能量绝大部分转化为热量。又因为砂轮本身的传热性很差，大量的磨削热在短时间内传导不出去，在磨削区形成瞬时高温，有时高达 800 ~ 1000℃，并且大部分磨削热将传入工件。

高的磨削温度容易烧伤工件表面，使淬火钢件表面退火，硬度降低，影响使用性能等。因此，磨削过程中需采用大量的切削液进行冷却，并冲走磨屑和碎落的磨粒。

3. 表面变形强化和残留应力严重

与刀具切削相比，磨削的表面变形强化层和残留应力层要浅得多，但危害程度却更为严重，对零件的加工工艺、加工精度和使用性能均有一定的影响。残留应力使零件磨削后变形，丧失已获得的加工精度，还可导致细微裂纹，影响零件的疲劳强度。及时修整砂轮，施加充足的切削液，增加光磨次数，都可在一定程度上减小表面变形强化和残留应力。

五、材料的切削加工性

切削加工性是指材料被切削加工的难易程度。它主要由材料的化学成分、组织和力学性能所决定，也与切削条件有关。

（一）衡量材料切削加工性的指标

在不同情况下，可以用不同参数作为指标来衡量和比较材料的切削加工性。

1. 一定刀具寿命下的切削速度

在生产和实验研究中，较多采用物理量 v_T 来表示材料的切削加工性。v_T 的含义是：当刀具寿命为 T 时，切削某种材料所允许的切削速度。v_T 越高，表示材料的切削加工性越好。一般情况下，可取 $T=60\text{min}$；对于一些难切削材料，可取 $T=30\text{min}$，或 $T=15\text{min}$。对于以上不同寿命的 v_T，可分别写成 v_{60}、v_{30} 或 v_{15} 等。

2. 材料的相对切削加工性

一般以抗拉强度 $\sigma_b=735\text{MPa}$ 的 45 钢的 v_{60} 作为基准，写作 $(v_{60})_j$，而把其他被切削材料的 v_{60} 与之相比，这个比值 K_r 即为其相对加工性，即：

$$K_r=\frac{v_{60}}{(v_{60})_j}$$

相对加工性 K_r 实际上反映了材料对刀具磨损和寿命的影响。K_r 值越大，表示在相同切削条件下，允许的切削速度越高，其相对加工性越好；也表明切削该种材料刀具不易磨损，即刀具寿命高。

常用材料的相对加工性 K_r 分为 8 级，见表 4-3。凡 $K_r>1$ 的材料，其加工性比 45 钢好；$K_r<1$ 者，加工性比 45 钢差。

表 4-3 材料相对加工性等级

加工性等级	名称及种类		相对加工性 K_r	代表性材料
1	很容易切削材料	一般非铁金属	>3.0	铝铜合金，铝镁合金
2	容易切削材料	易切削钢	2.5~3.0	退火 15Cr（$\sigma_b=375\sim441\text{MPa}$）
3		较易切削钢	1.6~2.5	正火 30 钢（$\sigma_b=441\sim549\text{MPa}$）
4	普通材料	一般钢及铸铁	1.0~1.6	45 钢，灰铸铁
5		稍难切削材料	0.65~1.0	2Cr13 调质（$\sigma_b=834\text{MPa}$）
6	难切削材料	较难切削材料	0.5~0.65	45Cr 调质（$\sigma_b=1030\text{MPa}$）
7		难切削材料	0.15~0.5	50CrV 调质
8		很难切削材料	<0.15	某些钛合金，铸造镍基高温合金

（二）常用材料的切削加工性

碳素钢是应用最广泛的金属材料，其中低碳钢（$w_C<0.25\%$）中的金相组织以铁素体

为主，硬度约为140HBW，性软而韧。粗加工时不易断屑而影响操作过程，精加工时表面切不光洁，故低碳钢的切削加工性较差；中碳钢（w_C 为0.3%～0.6%）的金相组织中，珠光体的量增加，硬度约为180HBW，有较好的综合性能，其切削加工性较好；高碳钢，在（w_C 为0.6%～0.8%）的金相组织以珠光体为主，正火后硬度为230～280HBW，其切削加工性次于中碳钢；当 w_C >0.8%时，其组织为珠光体和网状渗碳体，其性硬而脆，切削时刀具易磨损，故其切削加工性不好。合金结构钢的切削加工性一般低于含碳量相近的碳素结构钢。

普通铸铁的金相组织是金属基体加游离态石墨。石墨不但降低了铸铁的塑性，切屑易断，而且在切削过程中还有润滑作用。铸铁与具有相同基体组织的碳素钢相比，具有较好的切削加工性。但另一方面，由于切削加工后表面的石墨易脱落，使已加工表面粗糙。切削铸铁时形成崩碎切屑，造成切屑与前刀面的接触长度非常短，使切削力、切削热集中在刃区，最高温度在靠近切削刃的后刀面上。铝、镁等非铁合金硬度较低，且导热性好，故具有良好的切削加工性。

从以上分析不难看出，化学成分和金相组织对工件材料切削加工性影响很大，故主要应从这两方面着手改善切削加工性。

（1）调整材料的化学成分　在不影响材料使用性能的前提下，可在钢中适当添加一种或几种可以明显改进材料切削加工性的合金元素，如S、Pb、Ca、P等，获得易切钢。易切钢的良好切削加工性表现在切削力小、易断屑、刀具寿命长、加工表面质量好。

（2）热处理改变金相组织　在生产中常对工件材料进行预先热处理，其目的在于通过改变工件材料的硬度来改善切削加工性。例如，低碳钢经正火处理或冷拔处理，使塑性减少，硬度略有提高，从而改善切削加工性。高碳钢通过球化退火使硬度降低，有利于切削加工。铸铁件在切削加工前进行退火可降低表层硬度。

六、机械加工质量的概念

机械加工质量直接影响机械产品的使用性能和寿命，它是保证机械产品质量的基础。零件的加工质量包括机械加工精度和加工表面质量两大方面。

（一）机械加工精度

机械加工精度是指零件加工后的实际几何参数（尺寸、形状和表面间的相互位置）与理想几何参数的符合程度。符合程度越高，加工精度就越高。机械加工精度包括尺寸精度、形状精度和位置精度三个方面。一般情况下，零件的加工精度越高，则加工成本相对越高，生产效率则相对越低。因此设计人员应根据零件的使用要求，合理规定零件的加工精度。工艺人员则应根据设计要求、生产条件等采取适当的工艺方法，以保证加工误差不超过允许范围，并在此前提下尽量提高生产率和降低成本。

1. 尺寸精度

尺寸精度是指零件的直径、长度、表面距离等尺寸的实际数值与理想数值相接近的程度。尺寸精度由尺寸公差控制。尺寸公差是切削加工中零件尺寸允许的变动量。在基本尺寸相同的情况下，尺寸公差越小，则尺寸精度越高。

为了实现互换性和满足各种使用要求，国家标准GB/T 1800.1—2009规定：尺寸公差分为20个公差等级，即IT01，IT0，IT1，IT2，……IT17，IT18。IT表示标准公差，阿拉伯数字表示公差的等级，从IT01～IT18，精度依次降低，公差数值依次增大。

2. 形状精度

形状精度是指加工后零件上的线、面的实际形状与理想形状的符合程度。评定形状精度的项目按 GB/T 1182—2008 规定，有直线度、平面度、圆度、圆柱度、线轮廓度和面轮廓度等 6 项。形状精度由形状公差来控制。各项形状公差，除圆度、圆柱度分 13 个精度等级，其中，0 级最高，12 级最低；其余均分为 12 个精度等级，1 级最高，12 级最低。

3. 位置精度

位置精度是指加工后零件上的点、线、面的实际位置与理想位置的符合程度。评定位置精度的项目按 GB/T 1182—2008 规定，有平行度、垂直度、倾斜度、同轴度、对称度、位置度、圆跳动和全跳动等 8 项。位置精度由位置公差来控制，各项目的位置公差分为 12 个精度等级，1 级最高，12 级最低。

（二）机械加工表面质量

1. 机械加工表面质量含义

机械加工表面质量主要包含加工表面的几何形状特征和加工表面层材质的变化两方面内容：

1）加工表面的几何形状特征。主要指表面粗糙度。表面粗糙度是表面微观形状误差，其大小是以表面轮廓的算术平均偏差 Ra 或轮廓的最大高度 Rz 表示。

2）加工表面层材质的变化。零件加工后在表面层内出现不同于基体材料的力学、冶金、物理及化学性能的变质层。主要表现为：因塑性变形产生的表面变形强化；因切削热或磨削热引起的金相组织变化；因力或热的作用产生的残留应力等。

2. 表面粗糙度的影响因素及降低措施

影响表面粗糙度的因素有切削条件（切削速度、进给量、切削液）、刀具（几何参数、切削刃形状、刀具材料、磨损情况）、工件材料及热处理、工艺系统刚度和机床精度等几个方面。

降低加工表面粗糙度的一般措施有：

1）刀具方面。为了减少残留面积，刀具应采用较大的刀尖圆弧半径、较小的副偏角或合适（$k_r'=0$）的修光刃或宽刃精刨刀、精车刀等。选用与工件材料适应性好的刀具材料，避免使用磨损严重的刀具，这些均有利于减小表面粗糙度值。

2）工件材料方面。工件材料性质中，对加工表面粗糙度影响较大的是材料的塑性和金相组织。对于塑性大的低碳钢、低合金钢材料，预先进行正火处理以降低塑性，切削加工后能得到较小的粗糙度值。

3）切削条件方面。以较高的切削速度切削塑性材料可抑制积屑瘤出现；减小进给量，采用高效切削液，增强工艺系统刚度，提高机床的动态稳定性，都可获得好的表面质量。

4）加工方法方面。主要是采用精密、超精密和光整加工。

降低磨削表面粗糙度值的措施有：① 选用较小的径向进给量，选用较大的砂轮速度和较小的轴向进给速度，工件速度应该低些，采用细粒度砂轮；② 精细修整砂轮工作表面，使砂轮上磨粒锋利，也可达到较好的磨削效果；③ 选择适宜的磨削液。

3. 减少加工表面层变形强化和残留应力的措施

合理选择刀具的几何形状，采用较大的前角和后角，并在刃磨时尽量减小其切削刃刃口半径；使用刀具时，应合理限制其后刀面的磨损宽度；合理选择切削用量，采用较高的切削速度和较小的进给量；加工时采用有效的切削液等，可减少加工表面层变形强化。

当零件表面存在残留应力时，其疲劳强度会明显下降，特别是对有应力集中或在有腐蚀性介质中工作的零件，其影响更为突出。为此，应尽可能在机械加工中减小或避免产生残留应力。但是，影响残留应力产生的因素较为复杂。总的说来，凡能减小塑性变形和降低切削温度的因素都能使已加工表面的残留应力减小。

此外，生产中常采用滚压、挤（胀）孔、喷丸强化、金刚石压光等冷压加工方法来改善表面层材质。

第二节　零件表面的常规加工方法

任何复杂的零件都是由简单的几何表面（如外圆面、孔、平面、成形表面等）组成，可以根据零件具体表面的加工要求、零件的结构特点及材料的性质等因素来选用相应的加工方法。选择的基本原则是在保证加工质量的前提下，使生产成本降低。本章将通过对零件表面加工方法的综合分析，为合理选择表面的加工方法和加工顺序打下基础。

一、回转面的加工

具有回转面的零件很多，如轴类、套筒类、盘类零件等。因此，回转面的加工在机械加工中占有很大的比例。常见的回转面主要是柱形表面和锥面。

（一）外圆面的加工

外圆面的技术要求大致有：① 尺寸精度，即外圆面直径和长度的尺寸精度；② 形状和位置精度，前者有直线度、平面度、圆度、圆柱度等，后者如平行度、垂直度、同轴度、径向圆跳动等；③ 表面质量，主要是指表面粗糙度，也包括有些零件要求的表面层硬度、残留应力大小、方向和金相组织等。

1. 外圆面的车削

车削是外圆面加工的主要工序。工件旋转为主运动，刀具直线移动为进给运动。

车外圆可在不同类型的车床上进行。单件小批量生产中，各种轴、盘、套等类的中小型零件，多在卧式车床上加工；生产率要求高、变更频繁的中小型零件，可选用数控车床加工；大型圆盘类零件（如火车轮、大型齿轮的轮坯等）多用立式车床加工；成批或大批量生产的中小型轴、套类零件，则广泛使用转塔车床、多刀半自动车床及自动车床进行加工。各种车刀车削中小型零件外圆的方法如图 4-17a ~ e 所示，图 4-17f为立式车床车削重型零件外圆的方法。为了提高生产率及保证加工质量，外圆面的车削分为粗车、半精车、精车和精细车。

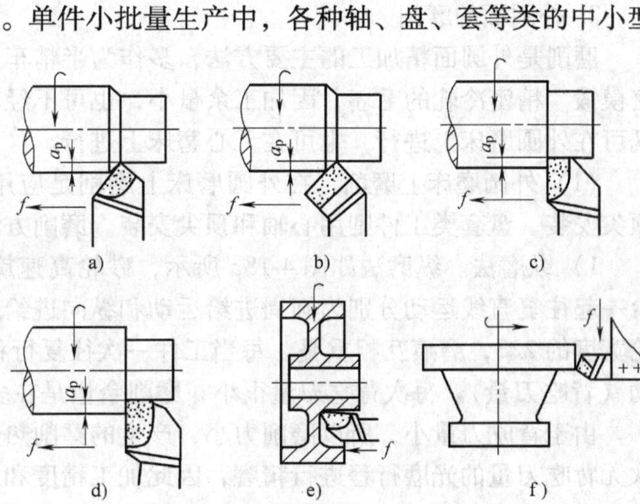

图 4-17　外圆面的车削方法
a）尖刀车外圆　b）45°弯头刀车外圆　c）右偏刀车外圆
d）圆弧刀车外圆　e）左偏刀车外圆　f）立式车床上车大外圆

1）粗车。粗车的目的是从毛坯

上切去大部分余量，为精车作准备。粗车的特点是采用较大的背吃刀量 a_p、较大的进给量以及中等或较低的切削速度 v_c，以达到高的生产率。粗车后的尺寸公差等级一般为 IT13 ~ IT11，表面粗糙度为 Ra50 ~ 12.5μm。粗车也可作为低精度表面的最终工序。

2）半精车。半精车的目的是为提高精度和减小表面粗糙度值，可作为中等精度外圆的终加工，也可作为精加工外圆的预加工。半精车的背吃刀量和进给量较粗车时小，半精车的尺寸公差等级可达 IT10 ~ IT9，表面粗糙度为 Ra6.3 ~ 3.2μm。

3）精车。精车的主要目的是保证工件所要求的精度和表面粗糙度，作为较高精度外圆面的终加工，也可作为光整加工的预加工。精车一般采用小的背吃刀量（a_p < 0.15mm）和进给量（f < 0.1mm/r），可以采用高的或低的切削速度，以避免积屑瘤的形成。精车刀的前后刀面及刀尖圆弧都应用油石研磨，以减小加工表面的粗糙度值。精车的尺寸公差等级一般为 IT8 ~ IT7，表面粗糙度为 Ra1.6 ~ 0.8μm。

4）精细车。精细车一般用于技术要求高、韧性大的有色金属零件的加工。精细车所用机床应有很高的精度和刚度，多使用仔细刃磨过的金刚石刀具。车削时采用小的背吃刀量（a_p为 0.03 ~ 0.05mm）、小的进给量（f = 0.02 ~ 0.2mm/r）和高的切削速度（v_c > 2.6m/s）。精细车的尺寸公差等级可达 IT6 ~ IT5，表面粗糙度为 Ra0.4 ~ 0.1μm。

车削的工艺特点：

1）易于保证相互位置精度。对于轴、套筒、盘类等零件，各加工表面具有同一旋转轴线，可以在一次安装中加工出不同直径的外圆面、孔及端面，即可保证同轴度以及端面与轴线的垂直度。

2）刀具简单。车刀是刀具中最简单的一种，制造、刃磨和安装均较方便，这就便于根据具体的加工要求，选用合理的车刀角度，有利于提高加工质量和生产率。

3）应用范围广。车削除了经常用于车外圆、端面、孔、切槽和切断等加工外，还用来车螺纹、锥面和成形表面。加工的材料范围较广，可车削黑色金属、有色金属和某些非金属材料，特别是适合于有色金属零件的精加工。

2. 外圆面的磨削

磨削是外圆面精加工的主要方法，多作为半精车外圆后的精加工工序。对精密铸造、精密模锻、精密冷轧的毛坯，因加工余量小，也可不经车削而直接进行磨削加工。外圆面磨削既可在外圆磨床上进行，也可在无心磨床上进行。

（1）外圆磨床上磨削　在外圆磨床上磨削是应用最广的方法。磨削时，轴类工件常用顶尖安装，盘套类工件则用心轴和顶尖安装。磨削方法分为：

1）纵磨法。纵磨法如图 4-18a 所示，砂轮高速旋转为主运动，工件旋转并和磨床工作台一起往复直线运动分别为圆周进给运动和纵向进给运动，工件每转一周的纵向进给量为砂轮宽度的 2/3，磨痕互相重叠。每当工件一次往复行程终了时，砂轮作周期性的横向进给运动（背吃刀量）。每次背吃刀量很小，磨削余量是在多次往复行程中完成的。

由于背吃刀量小，所以磨削力小，产生的磨削热少，散热条件较好；还可以利用最后几次无背吃刀量的光磨行程进行精磨，因此加工精度和表面质量较高。此外，纵磨法具有较大的适应性，可以用一个砂轮加工不同长度的工件。但是，其生产率较低，故广泛应用于单件、小批生产及精磨，特别适用于细长轴的磨削。

2）横磨法。横磨法如图 4-18b 所示，又称切入法，工件不作纵向移动，而由砂轮以慢速作连续的横向进给，直至磨去全部磨削余量。

横磨法生产率高，但砂轮的宽度一般比工件的长度大，工件与砂轮的接触面积大，发热量大，散热条件差，工件容易产生热变形和烧伤现象，且因背向力 F_p 大，工件易产生弯曲变形。由于无纵向进给运动，磨粒在工件表面的磨削痕迹较为明显，所以工件表面粗糙度 *Ra* 值较纵磨法大。横磨法一般用于大批量生产中磨削刚性较好、长度较短的外圆以及两端都有台阶的轴颈。若将砂轮修整为成形砂轮，可利用横磨法磨削成形面。

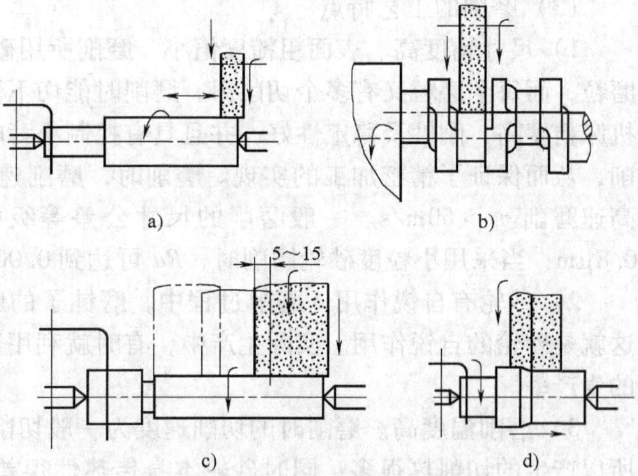

图 4-18 在外圆磨床上磨外圆

a）纵磨法 b）横磨法 c）混合磨法 d）深磨法

3）混合磨法。混合磨法如图 4-18c 所示，先用横磨法将工件表面分段进行粗磨，相邻两段间有 5 ~10mm 的搭接，工件上留有 0.01 ~0.03mm 的余量，然后用纵磨法进行精磨。此法综合了横磨法和纵磨法的优点。

4）深磨法。深磨法如图 4-18d 所示，磨削时用较小的纵向进给量（一般取 1 ~2mm/r），把全部余量（一般为 0.2 ~0.6mm）在一次进给中全部磨去。磨削用的砂轮前端修磨成锥形或阶梯形，砂轮的最大外圆面起精磨和修光作用，锥形或其余阶梯面起粗磨或半精磨作用。深磨法的生产率约比纵磨法高一倍，但修整砂轮较复杂，只适用于大批量生产并允许砂轮越出加工面两端较大距离的工件。

（2）无心外圆磨床上磨削 无心外圆磨削如图 4-19 所示，磨削时工件放在两个砂轮之间，下方用托板托住，不用顶尖支持，所以称为无心磨。两个砂轮中，较小的一个是用橡胶结合剂制作的，磨粒较粗，以 0.16 ~0.5m/s 速度旋转，为导轮；另一个是用来磨削工件的砂轮，以 30 ~40m/s 速度旋转，称为磨削轮。导轮轴线相对于工件轴线倾斜一个角度 $\alpha(1° \sim 5°)$，以使导轮与工件接触点的线速度 $v_{导}$ 分解为两个速度，一个是沿工件圆周切线方向的 $v_{工}$，另一个是沿工件轴线方向的 $v_{通}$，因此，工件一方面旋转作圆周进给，另一方面作轴向进给运动。工件从两个砂轮间通过后，即完成外圆磨削。为了使工件与导轮保持线接触，应将导轮素线修整成双曲线形。

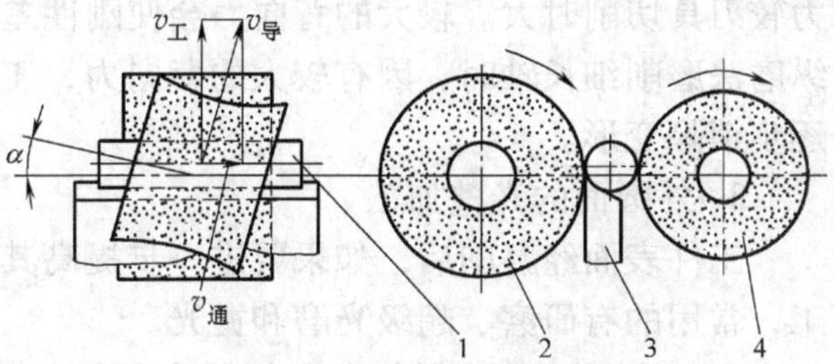

图 4-19 无心外圆磨削示意图

1—工件 2—磨削轮 3—托板 4—导轮

无心外圆磨削与一般外圆磨削相比，其优点是生产率高，工件尺寸稳定，不需用夹具，操作技术要求不高；缺点是工件圆周面上不允许有键槽或小平面，对于套筒类零件不能保证内、外圆的同轴度要求，机床的调整较费时。因此，无心外圆磨削适用于成批、大量生产的光滑的销、轴类零件。

（3）磨削的工艺特点

1）尺寸精度高、表面粗糙度值小。磨削所用砂轮的表面有极多的、具有锋利切削刃的磨粒，而每个磨粒又有多个切削刃，磨削时能切下薄到几微米的磨屑。磨床比一般切削加工机床精度高，刚性及稳定性好，并且具有控制小背吃刀量的微量进给机构，可以进行微量磨削，从而保证了精密加工的实现。磨削时，磨削速度高，如普通外圆磨削 $v_c \approx 30 \sim 35\text{m/s}$，高速磨削 $v_c > 50\text{m/s}$。一般磨削的尺寸公差等级可达 IT7 ~ IT6，表面粗糙度为 *Ra*0.2 ~ 0.8μm；当采用小粒度砂轮磨削时，*Ra* 可达到 0.008 ~ 0.1μm。

2）砂轮有自锐作用。磨削过程中，磨钝了的磨粒会自动脱落而露出新鲜锐利的磨粒，这就是砂轮的自锐作用。实际生产中，有时就利用这一原理进行强力磨削，以提高磨削加工的生产率。

3）磨削温度高。磨削时的切削速度为一般切削加工的 10 ~ 20 倍，磨粒又多为负前角，所以产生的切削热很多；同时砂轮本身传热性很差，因此磨削区产生瞬间高温，有时高达 800 ~ 1000℃。高的磨削温度容易烧伤工件表面，使淬火钢表面回火，硬度降低，也会在工件表面产生残留应力及微裂纹，降低零件的表面质量和使用寿命。

为减少磨削温度的影响，应向磨削区加注大量的切削液。切削液的冷却、润滑作用，不仅可降低磨削温度，还可以冲掉细碎的切屑和碎裂及脱落的磨粒，避免堵塞砂轮空隙，提高砂轮的寿命。

4）适宜磨削高硬度材料。由于砂轮的磨粒具有很高的硬度、热硬性及一定的韧性，所以磨削不仅能加工钢件、铸铁件，还能加工淬硬钢件和硬质合金、宝石、玻璃等硬脆性材料。但对于塑性较大的某些铜、铝等有色金属件，由于切屑易堵塞砂轮空隙，一般不宜采用磨削。

5）背向力大。磨削时由于砂轮与工件的接触宽度大，且磨粒多以负前角切削，使背向力较刀具切削时大。较大的背向力会使刚性差的工艺系统产生变形，影响加工精度。例如用纵磨法磨削细长轴时，因有较大的背向力，工件易成鼓形。为此，需在最后进行多次光磨，逐步消除变形。

3. 外圆面的光整加工

工件表面经磨削后，如果要进一步提高其精度和减小表面粗糙度值，还需要进行光整加工，常用的有研磨、超级光磨和抛光。

（1）研磨　研磨是把研磨剂放在研具与工件之间，在一定压力作用下研具与工件作复杂的相对运动，通过研磨剂的微量切削及化学作用，去除工件表面的微小余量，以提高尺寸精度、形状精度和降低表面粗糙度。

研磨方法分手工研磨和机械研磨两种。手工研磨生产率低，只适用于单件小批量生产。机械研磨在专用研磨机床上进行。图 4-20 所示为机械研磨示意图。研具由上下两块铸铁研磨盘 1、2 组成，两者可作同向或反向转动，下研磨盘与机床刚性联接，上研磨盘与悬臂轴 6 活动铰接，可按照下研磨盘进行自动调位，以保证压力均匀。在上下研磨盘之间有一个与偏心轴 5 相连的分隔盘 4，分隔盘的形状如图 4-20b 所示，上面开有许多矩形孔，尺寸比工件略大。工作时，工件 3 在隔离盘内既转动又滑动。于是，在工件表面形成细密均匀的网纹，以均匀去除加工余量。为增加工件轴向的滑动速度，分隔盘上矩形槽的对称中心线与分隔盘半径方向呈 $\gamma = 6° \sim 15°$ 夹角。机械研磨生产率高，适合于大批量生产。

研具是涂敷或嵌入磨料的载体，又是研磨的成形工具。研具材料的硬度一般比工件材料低，以便使磨料在研磨过程中嵌入研具表面，以对工件进行研磨。研具材料本身还应组织均匀，具有耐磨性，以使其磨损均匀，保持原有几何形状精度。研磨剂由磨料、研磨液和辅助填料等混合而成，主要有液态研磨剂和研磨膏两种。

研磨余量一般为 0.01 ~ 0.03mm，研磨前的工件应进行精车或精磨。研磨可以获得 IT5 或更高的尺寸公差等级，表面粗糙度为 *Ra* 0.1 ~ 0.008μm。研磨除了加工外圆面外，还可以加工孔、平面等。

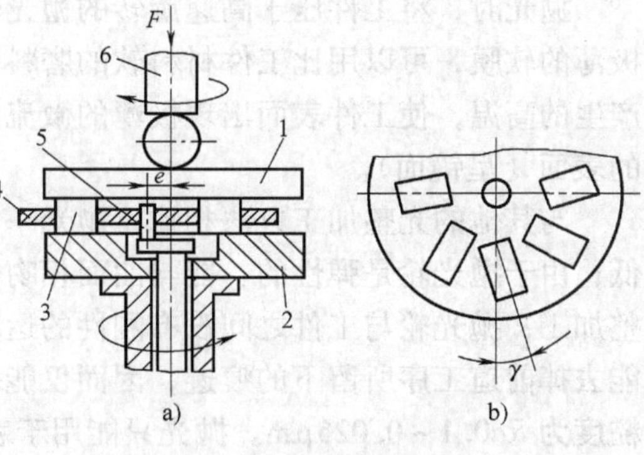

图 4-20 机械研磨示意图

a）研磨示意图 b）分隔盘

1—上研磨盘 2—下研磨盘 3—工件

4—分隔盘 5—偏心轴 6—悬臂轴

（2）超级光磨 超级光磨也称超精加工，是用细粒度的磨石以较低的压力（5 ~ 20MPa），在复杂的相对运动下，对工件表面进行光整加工的方法。图 4-21 所示为外圆面的超级光磨示意图，加工时，工件旋转（转速一般为 0.16 ~ 0.25m/s），磨石以恒压力轻压于工件表面，在轴向进给（进给量为 0.1 ~ 0.15mm/r）的同时，沿工件的轴向作高速而短幅的往复运动，往复速度一般为 6 ~ 25 次/min，行程长度为 2 ~ 6mm。

图 4-22 所示为超级光磨的加工过程。在磨石和工件间注入充分的切削液（一般为体积分数 80% ~ 90% 的煤油，其余为锭子油），光磨的初始阶段，油膜与工件表面凸峰接触，接触面积小，压强大，磨石与工件间不能形成完整的油膜，表面凸峰很快被磨平。随着尖峰高度的降低，油石同工件接触面积逐渐扩大，单位压力也随之减小，直到磨石压力不能将油膜破坏，工件与磨石被油膜分开，加工过程停止。

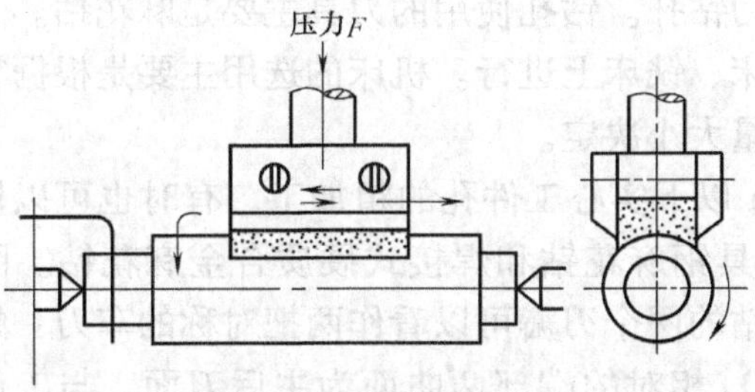

图 4-21 超级光磨

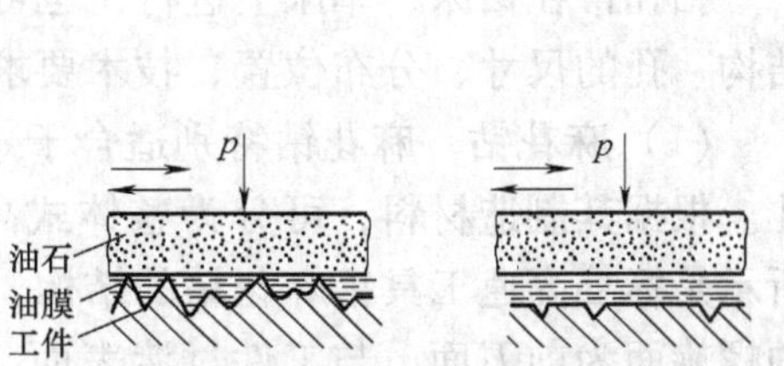

图 4-22 超级光磨的加工过程

超级光磨的加工余量很小（约 0.005 ~ 0.02mm），光磨后表面粗糙度值 *Ra* 为 0.1 ~ 0.008μm，但不能提高工件的尺寸精度及几何形状精度，该精度必须由前一道工序保证。超级光磨只是切去工件表面的微小凸峰，加工时间很短，一般为 30 ~ 60s，所以生产率很高。

（3）抛光 抛光是把抛光剂涂在抛光轮上，利用抛光轮的高速旋转对工件进行光整加工的方法。

抛光剂由刚玉或碳化硅等磨料加油酸、软脂酸配制而成。抛光轮是用布、毛毡或皮革等叠制而成的圆形轮子。

抛光时，将工件压于高速旋转的抛光轮上，在抛光剂介质的作用下，材料表面产生一层极薄的软膜，可以用比工件材料软的磨料切除，而不会在工件表面留下划痕。加上高速摩擦产生的高温，使工件表面出现极薄的微流层，工件表面的微观凹谷被填平，因而获得很光亮的表面（呈镜面）。

与其他的光整加工方法相比，抛光一般不用特殊设备，工具和加工方法比较简单，成本低；由于抛光轮是弹性的，能与曲面相吻合，故易于实现曲面抛光，便于对模具型腔进行光整加工；抛光轮与工件之间没有刚性的运动关系，不能保证从工件表面均匀地切除材料，只能去掉前道工序所留下的痕迹，因而仅能获得光亮的表面，不能提高精度。抛光后的表面粗糙度为 $Ra0.1 \sim 0.025\mu m$。抛光只能用于表面装饰及金属件电镀前的准备工序。

抛光除可加工外圆面外，还可以加工孔、平面和成形面等。

（二）孔的加工

孔是箱体、支架、套筒、环、盘类零件上的重要表面，也是机械加工中经常遇到的表面。与外圆面加工相比，孔加工的条件差，主要是因为：① 刀具的尺寸受被加工孔尺寸的限制，故刀具的刚性差，不能采用大的切削用量；② 刀具处于被加工孔的包围中，散热条件差，切屑排出困难，切削液不易进入切削区，切屑易划伤加工表面。所以，在加工精度和表面粗糙度要求相同的情况下，加工孔比加工外圆面困难，生产率低，成本高。

与外圆面相似，孔的技术要求大致有：① 尺寸精度。孔径和长度的尺寸精度，孔与孔或孔与其他表面间的尺寸精度。② 形状精度。孔的圆度、圆柱度及轴线的直线度。③ 位置精度。孔与孔或孔与外圆面的同轴度，孔与孔或孔与其他表面之间的平行度、垂直度等。④ 表面质量。表面粗糙度、表层加工硬化和表层物理力学性能要求等。

孔的加工方法很多，主要有钻孔、扩孔、铰孔、镗孔、拉孔、磨孔、孔的光整加工（研磨孔和珩磨孔）等。

1. 钻孔

在工件的实体部位加工孔的工艺过程称为钻孔。钻孔使用的刀具主要是麻花钻。

钻孔常在钻床、车床上进行，也可在镗床、铣床上进行。机床的选用主要是根据零件的结构、孔的尺寸、分布位置、技术要求和批量大小决定。

（1）麻花钻　麻花钻特别适合于 $\phi 30mm$ 以下实心工件孔的粗加工，有时也可以用于扩孔。根据其制造材料，可分为整体式高速工具钢麻花钻和焊接式硬质合金麻花钻。图 4-23 所示是标准高速工具钢麻花钻的结构。麻花钻的两个刃瓣可以看作两把对称的车刀：螺旋槽的螺旋面为前刀面，与工件过渡表面（孔底）相对的端部两曲面为主后刀面，与工件的加工表面（孔壁）相对的两条棱边为副后刀面。为了减少与加工孔壁的摩擦，两条棱边（刃

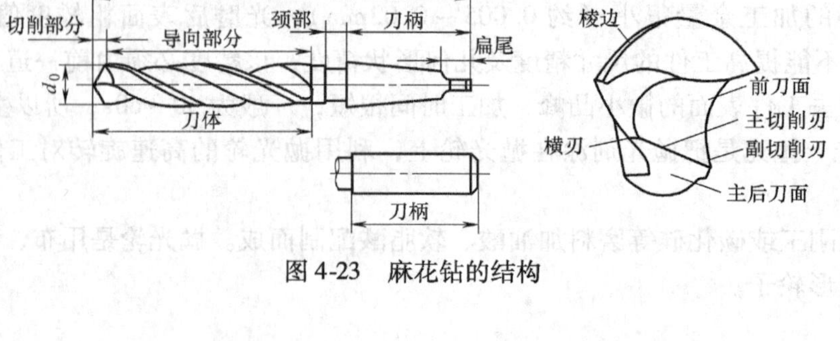

图 4-23　麻花钻的结构

带）直径沿轴向磨有0.03/100～0.12/100的倒锥量，从而形成副偏角 k_r'。螺旋槽与主后刀面的两条交线为主切削刃，棱边与螺旋槽的两条交线为副切削刃。麻花钻的横刃为两后刀面在钻芯处的交线。

（2）钻孔的工艺特点　标准麻花钻存在切削刃长、沿主切削刃各点的前角变化大（从外缘处的大约30°逐渐减小到钻芯的大约－30°）、后角也是变化的、螺旋槽排屑不畅、横刃部分切削条件很差（横刃前角约为－60°）等结构问题，加上加工条件差，使得钻孔加工有如下特点：

1）易引偏。引偏是孔径扩大或孔轴线偏移和不直的现象。由于钻头横刃定心不准，钻头刚性和导向作用较差，切入时钻头易偏移、弯曲。因此，在钻床上钻孔易引起孔的轴线偏移和不直（图4-24a）；在车床上钻孔易引起孔径扩大（图4-24b）。

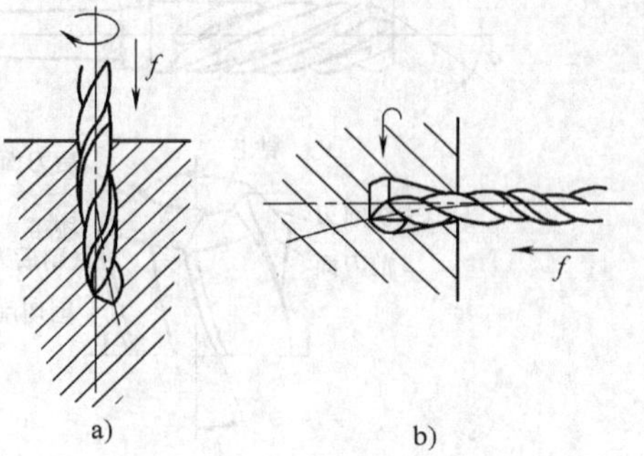

图4-24　钻孔时的引偏

a）在钻床上钻孔　b）在车床上钻孔

2）排屑困难。钻孔的切屑较宽，在孔内被迫卷成螺旋状，流出时与孔壁发生剧烈摩擦而刮伤已加工表面，甚至会卡死或折断钻头。

3）切削温度高，刀具磨损快。主切削刃上近钻心处和横刃上皆有很大的负前角，切削时产生的切削热多，加之钻削为半封闭切削，切屑不易排出，切削热不易传出，使切削区温度很高。

上述工艺特点使钻孔加工精度很低，一般尺寸公差等级只能达到IT13～IT11，表面粗糙度为 Ra 大于12.5μm。同时，钻削不宜采用较大的切削用量，所以钻削生产率低。钻孔属于粗加工，所以钻孔可用于质量要求不高的孔的终加工，如螺钉孔、油孔等；也可用于技术要求高的孔的预加工或攻螺纹前的底孔加工。

实际生产中为了提高孔的加工精度，可采取以下措施：

1）仔细刃磨钻头，使两个切削刃的长度相等和顶角对称，从而使径向切削力互相抵消，减少钻孔时的歪斜；在钻头上修磨出分屑槽，将宽的切屑分成窄条，以利于排屑。

2）用顶角 $2\phi=90°\sim100°$ 的短钻头预钻一个锥形坑，可以起到钻孔时的定心作用（图4-25a）。

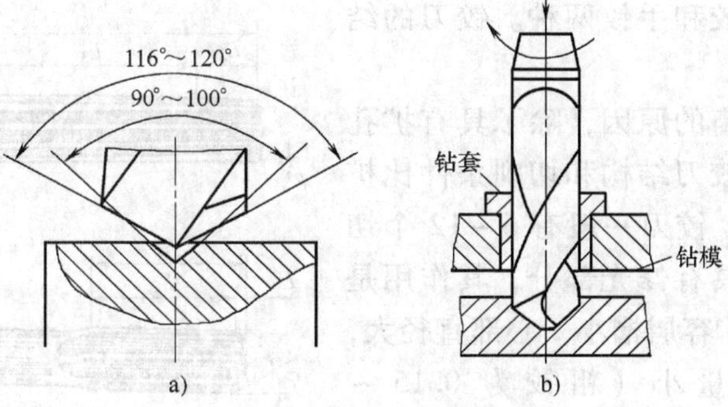

图4-25　采用钻模钻孔

a）钻锥形坑　b）用钻模

3）用钻模为钻头导向，这样可减少钻孔开始时的引偏，特别是在斜面或曲面上钻孔时更有必要（图4-25b）。

2. 扩孔

扩孔是用扩孔钻（图4-26）对工件上已有的孔进行扩大（图4-27）加工，可在钻床、车床或镗床上进行。

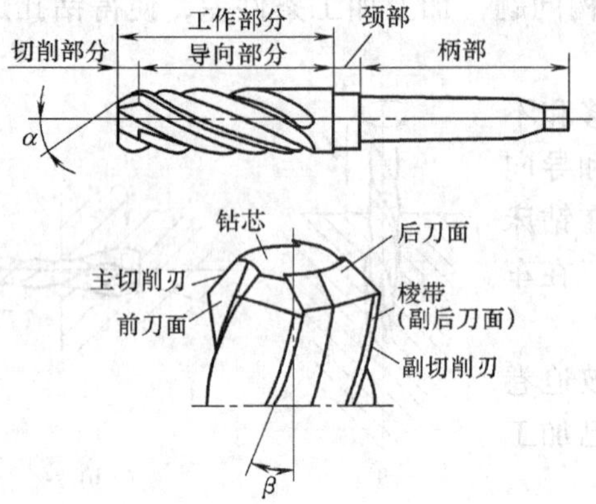

图4-26 扩孔钻

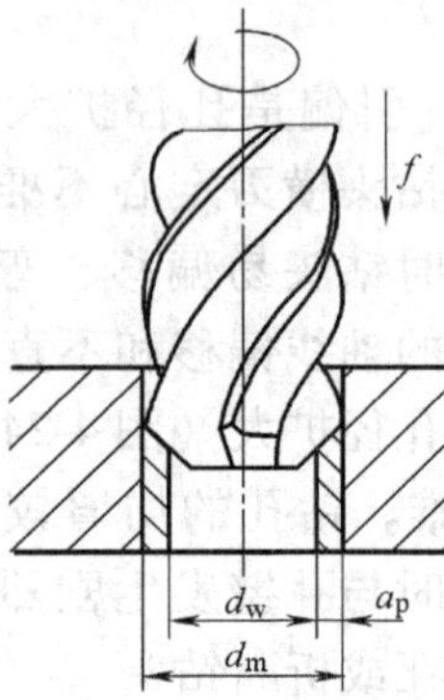

图4-27 扩孔

扩孔钻直径范围为10～80mm，切削部分无横刃，刀齿数（一般为3～4个）和棱边比麻花钻多，扩孔时的切削余量小（一般为孔径的1/8左右），所需排屑槽浅，因而扩孔钻的刚度较高，工作时导向性好，故扩孔加工的质量比钻孔高，并且对孔的形状误差有一定的校正能力，是孔的一种半精加工方法。扩孔加工一般尺寸公差等级可达IT10～IT9，表面粗糙度 Ra 值为6.3～3.2μm。

对技术要求不太高的孔，扩孔可作为终加工；对精度要求高的孔，扩孔常作为铰孔前的预加工。在成批或大量生产时，为提高钻削孔、铸锻孔或冲压孔的精度和降低表面粗糙度值，也常使用扩孔钻扩孔。

3. 铰孔

铰孔是用铰刀对孔进行精加工的过程。一般加工尺寸公差等级可达IT9～IT7，表面粗糙度为 Ra0.4～1.6μm。

铰孔的方式有机铰和手铰两种。铰刀的结构如图4-28所示。

铰孔加工质量较高的原因，除了具有扩孔的优点之外，还因为铰刀结构和切削条件比扩孔更为优越，主要是：铰刀一般有6～12个切削刃，制造精度高；具有修光部分，其作用是校准孔径、修光孔壁；容屑槽小，心部直径大，刚度好；铰孔的余量小（粗铰为0.15～0.35mm，精铰为0.05～0.15mm），切削力较小；铰孔时的切速度较低（v_c = 1.5～10 m/min），产生的切削热较少。

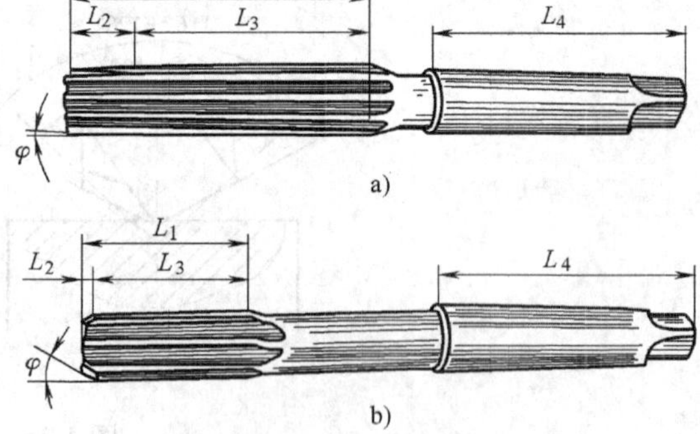

图4-28 铰刀

a）手用铰刀 b）机用铰刀

L_1—工作部分 L_2—切削部分 L_3—修光部分 L_4—柄部

钻头、扩孔钻和铰刀都是标准刀具，市场上均易买到。对于中等尺寸以下较精密的孔，采用钻—扩—铰这种典型加工方案进行加工非常方便，而且此方案在单件小批乃至大批、大量生产中均可采用。

钻、扩、铰只能保证孔本身的精度，而不易保证孔与孔之间的尺寸精度及位置精度。为此，可以利用钻模进行加工，或者采用镗孔。

4. 镗孔

利用镗刀对已有的孔进行加工的过程，称为镗孔。对于直径较大的孔（一般为 ϕ80 ~ 100mm）、内成形面或孔内环槽等，镗削是唯一合适的加工方法。

镗孔可以在多种机床上进行。箱体、机架类零件上的孔或孔系，常在卧式镗床上镗削，单件小批生产时也可在钻床或铣床上进行；回转体零件上轴线与回转体轴线重合的孔，一般在车床上镗削。

（1）车床上镗孔　车床上镗孔（车孔）时，工件旋转、刀具进给，如图 4-29 所示。

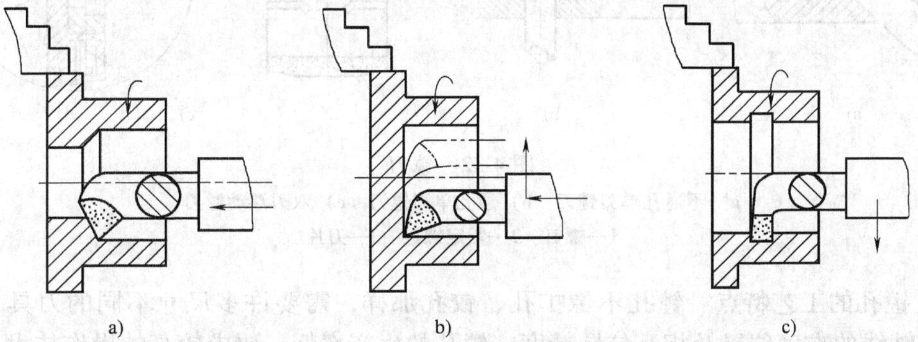

图 4-29　车床上车孔

a）车通孔　b）车不通孔　c）车槽

（2）镗床上镗孔

1）镗床及镗削运动。根据结构和用途不同，镗床分为卧式镗床、坐标镗床、立式镗床等。图 4-30 所示为应用最广的卧式镗床结构简图。镗削时，镗刀刀杆随主轴一起旋转，完成主运动；工作台带动工件纵向移动（图 4-31a），也可由主轴带动镗刀杆轴向移动（图 4-31b）完成进给运动。

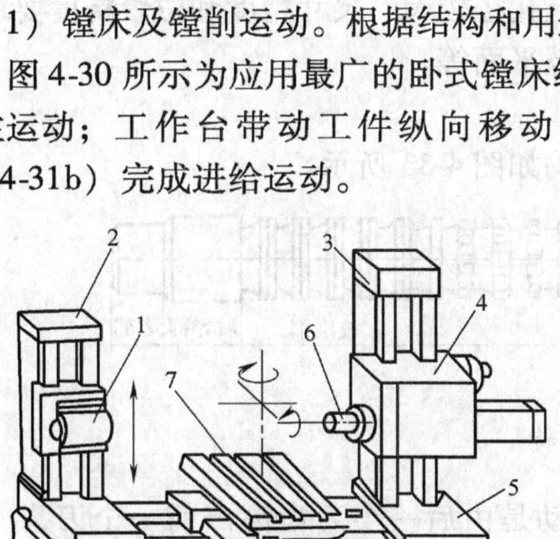

图 4-30　卧式镗床结构简图

1—尾座　2—后立柱　3—前立柱

4—主轴箱　5—床身　6—主轴　7—工作台

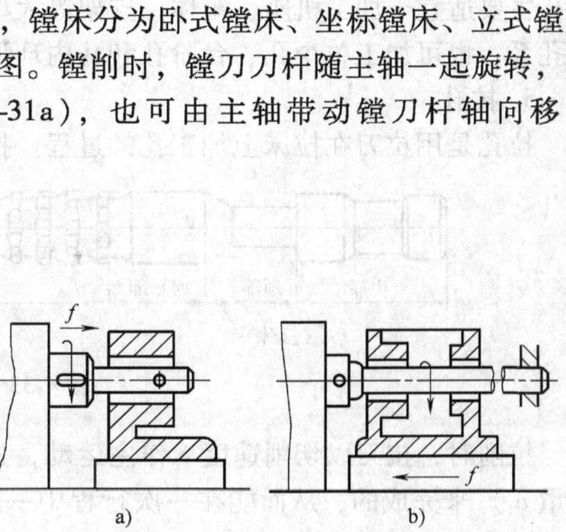

图 4-31　镗床上镗孔

a）工件不动、刀具旋转并进给

b）刀具旋转、工件进给

2）镗刀。镗刀主要由单刃镗刀和浮动式镗刀等，如图4-32所示。单刃镗刀的结构与车刀类似，使用时用螺钉将其装夹在镗刀杆上。图4-32a所示为不通孔镗刀，刀头倾斜安装；图4-32b所示为通孔镗刀，刀头垂直安装。单刃镗刀刚度差，镗孔时孔的尺寸是由操作者调整镗刀头保证的。双刃浮动式镗刀（图4-32c），在对角线的方位上有两个对称的切削刃，两个切削刃间的距离可以调整，刀片不需固定在镗刀杆上，而是插在镗刀杆的槽中，并能沿径向自由滑动，依靠作用在两个切削刃上的径向力自动平衡其位置，因此可消除因镗刀安装或镗杆摆动所引起的不良影响，以提高加工质量，同时能简化操作，提高生产率。但它与铰刀类似，只适用于精加工，保证孔的尺寸公差，不能校正原孔轴线偏斜或位置误差。

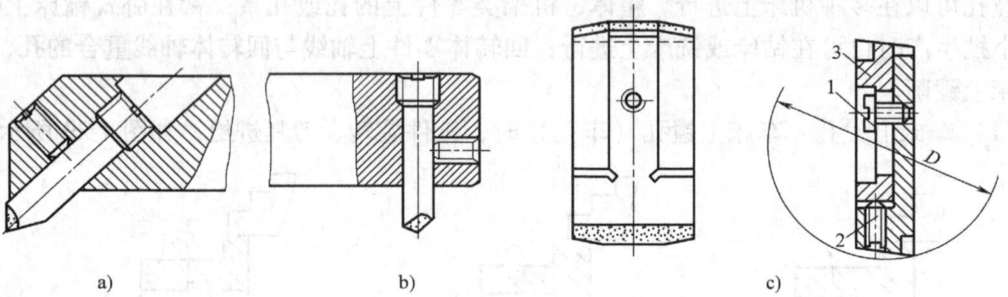

图4-32 镗刀

a）不通孔单刃镗刀 b）通孔单刃镗刀 c）双刃浮动镗刀

1—螺钉 2—紧定螺钉 3—刀片

（3）镗孔的工艺特点 镗孔不像扩孔、铰孔那样，需要许多尺寸不同的刀具，而且容易保证孔轴线的准确位置及相互位置精度。镗孔的生产率低，要求较高的操作技术，这是因为镗孔的尺寸精度要依靠调整刀具位置来保证。在成批生产中通常采用专用镗床，孔之间的位置精度靠镗模的精度来保证。一般镗孔的尺寸公差等级为IT8～IT7，表面粗糙度为$Ra1.6\sim0.8\mu m$；精细镗时，尺寸公差等级可达IT7～IT6，表面粗糙度为$Ra0.8\sim0.2\mu m$。镗孔主要适宜于加工机座、箱体、支架等大型零件上孔径较大、尺寸精度和位置精度要求高的孔系，也可加工单个孔、台阶孔和孔内环形槽、镗平面等。

5. 拉孔

拉孔是用拉刀在拉床上加工孔的过程。拉刀结构如图4-33所示。

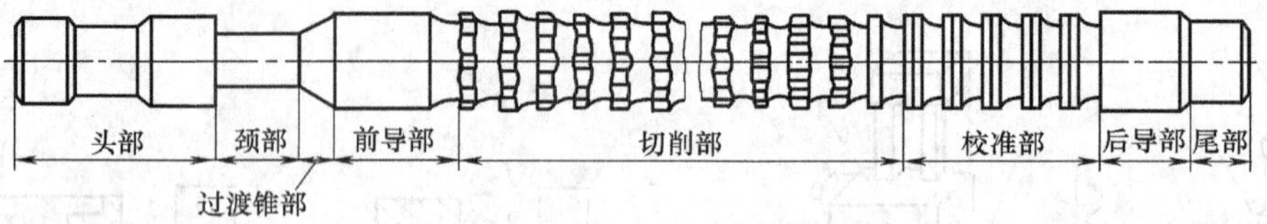

图4-33 拉刀结构

拉削时，拉刀以切削速度v_c作主运动，进给运动是由后一个刀齿高出前一个刀齿（齿升量a_f）来完成的，从而能在一次行程中一层一层地从工件上切去多余的金属层，获得所要求的表面，如图4-34所示。

拉孔时，工件的预制孔不必精加工，工件也无需夹紧，工件以端面靠紧在拉床的支承板上，因此工件的端面应与孔垂直，否则容易损坏拉刀。如果工件的端面与孔不垂直，则应采用球面自动定心的支承垫板来补偿，如图 4-35 所示。由于球形支承垫板的略微转动，可以使工件上的孔自动地调整到与拉刀轴线一致的方向。

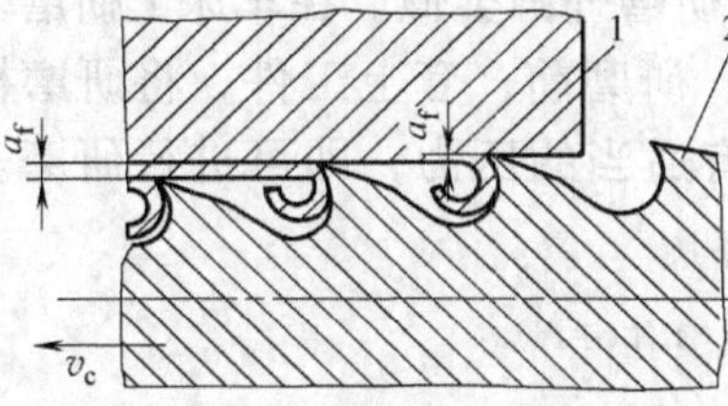

图 4-34　拉削过程

1—工件　2—拉刀

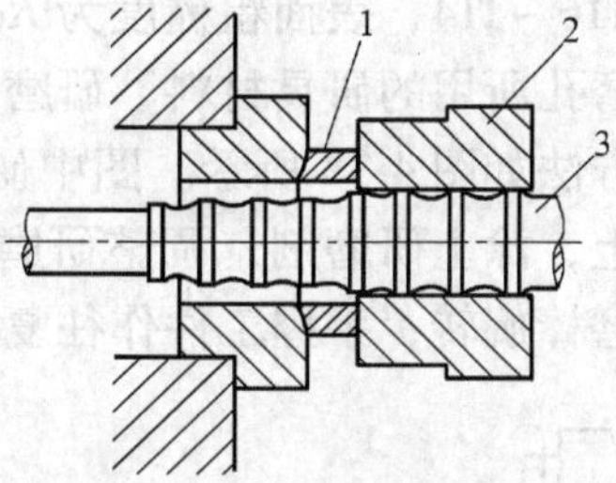

图 4-35　拉削圆孔的方法

1—球面垫板　2—工件　3—拉刀

拉削与其他切削加工方法相比，具有以下主要特点：

1）生产率高。拉刀同时工作的刀齿多，而且一次行程能够完成粗、精加工。

2）拉刀寿命长。拉削速度低，每齿切削厚度很小，切削力小，切削热也少。

3）加工精度高。原因同上。拉削的尺寸公差等级一般可达 IT8 ~ IT7，表面粗糙度为 $Ra0.8 \sim 0.4\mu m$。

4）拉床只有一个主运动（直线运动），结构简单，操作方便。

5）加工范围广。拉削不但可以加工圆形及其他形状复杂的通孔，还可以加工平面及其他没有障碍的外表面，如图 4-36 所示。但不能加工台阶孔、不通孔和薄壁孔。

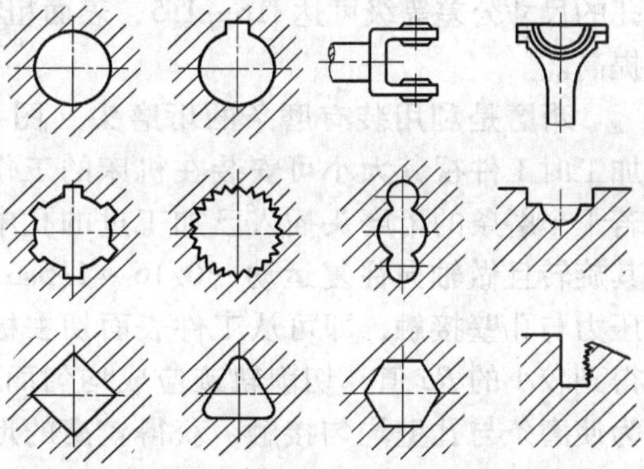

图 4-36　拉削加工的各种表面举例

6）拉刀成本高，刃磨复杂，除标准化和规格化的零件外，在单件小批生产中很少应用。

6. 磨孔

磨孔是孔的精加工方法之一，可达到的尺寸公差等级为 IT8 ~ IT6，表面粗糙度为 $Ra1.6 \sim 0.4\mu m$。磨孔可以在内圆磨床或万能外圆磨床上进行。磨孔时，砂轮旋转为主运动，工件低速旋转为圆周进给运动（其方向与砂轮旋转方向相反），砂轮直线往返为轴向进给运动，切深运动为砂轮周期性的径向进给运动（图 4-37）。

磨孔的砂轮直径较小（为孔径的 0.5 ~ 0.9 倍），即使转速很高，其线速度也很难达到正常的磨削速度（>30m/s）；砂轮轴刚度差，不宜采用较大的进给量；再加上切削液不易注入磨削区，工件易发热变形，因此磨孔的质量和生产率均不如外圆磨削。

磨孔的工艺特点：

1）可磨淬硬孔。

2）不仅能保证孔本身的尺寸精度和表面质量，还可以提高孔轴线的直线度。

3）同一个砂轮，可以磨削不同直径的孔。

4）生产率比铰孔低，比拉孔更低。

7. 研磨孔

研磨孔是孔的光整加工，需要在精镗、精铰或精磨后进行。研磨后孔的尺寸公差等级可提高到 IT6 ~ IT4，表面粗糙度为 Ra0.1 ~ 0.008μm，圆度和圆柱度也相应提高。

研磨孔所用的研具材料、研磨剂、研磨余量等均与研磨外圆类似。在车床上研磨套类零件孔的方法如图 4-38 所示。图中研具为可调式研磨棒。研磨前，套上工件，将研磨棒安装在车床上，涂上研磨剂，调整研磨棒直径使其对工件有适当的压力，即可进行研磨。研磨时，研磨棒旋转，手握工件作往复移动。

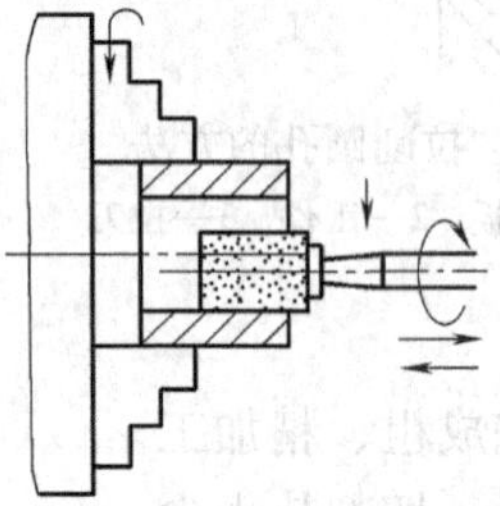

图 4-37 磨孔的方法

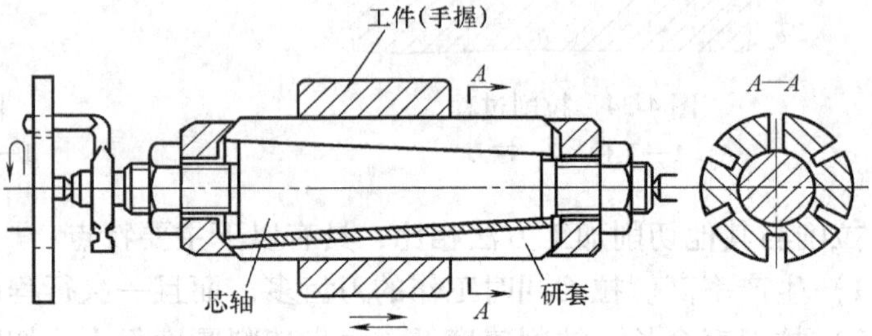

图 4-38 在车床上研磨套类零件孔的方法

8. 珩磨孔

珩磨孔是对孔进行的较高效率的光整加工方法，需在磨削或精镗的基础上进行。珩磨后孔的尺寸公差等级可达 IT6 ~ IT5，表面粗糙度为 Ra0.2 ~ 0.025μm，孔的形状精度也应相应提高。

珩磨是利用装有磨条的珩磨头（图 4-39）来加工孔的，加工时工件视其大小可安装在机床的工作台或夹具中。具有若干个磨条的珩磨头插入已加工过的孔中，由机床主轴带动其旋转且做轴向往复运动（0.16 ~ 1.6str/s）。磨条以一定的压力与孔壁接触，即可从工件表面切去极薄的一层金属。为得到较小的 Ra 值，切削轨迹应成均匀而不重复的交叉网纹；为使磨条与孔壁均匀接触，获得较高的形状精度，珩磨头与机床主轴应呈浮动联接，使珩磨头沿孔壁自行导向。

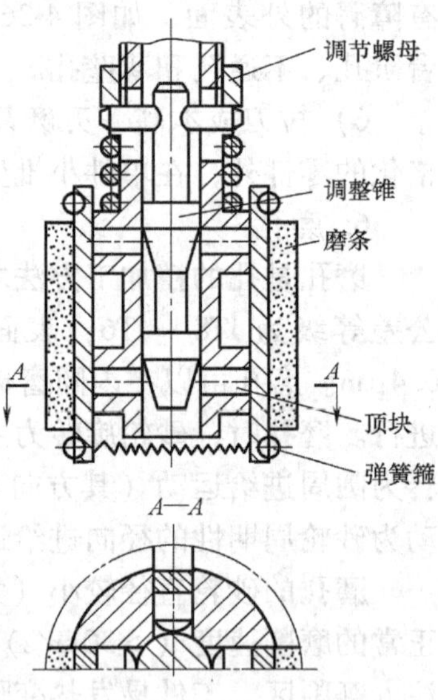

图 4-39 珩磨头

珩磨时要使用切削液，以便润滑、散热并冲去切屑和脱落的磨粒。珩磨钢和铸铁件，多用煤油，加工精度较高时，可加体积分数为 20% ~ 30% 的锭子油，珩磨余量一般为0.03 ~ 0.2mm。

磨条材料依工件材料选择。加工钢件一般选用氧化铝；加工铸铁、不锈钢和有色金属，一般选用碳化硅。

珩磨孔多在专用机床上进行，在单件小批量生产中，也可在改装的立式钻床上进行。

珩磨孔的工艺特点为：

1）生产率较研磨高，原因是珩磨头往复速度较高，磨条较长且与孔的接触面积大，同时参与切削的磨粒数量较多。

2）可达到较高的尺寸精度、形状精度和较低的表面粗糙度，但不能提高孔与其他表面的位置精度。

3）适应性广。珩磨可加工铸铁件、淬火和不淬火的钢件以及青铜件等，但不宜加工韧性大的有色金属件。加工的孔径为 $\phi 3 \sim 500$mm，孔的深径比可达 10 以上。

珩磨孔广泛用于大批量生产中加工发动机的气缸、液压装置的液压缸筒及各种炮筒等。

二、平面的加工

平面是箱体、滑轨、机架、床身、工作台及回转体等类零件的主要表面。

平面的主要技术要求有：① 几何形状精度，如平面度、直线度；② 各表面间的位置精度，如平行度、垂直度等；③ 表面质量，如表面粗糙度、表面加工硬化、残留应力及金相组织等。

平面本身无尺寸精度，但平面与平面或与其他表面间一般有尺寸精度要求。

（一）车平面

平面车削适用于回转体零件的端面加工，如盘套、齿轮、阶梯轴的端面。这些零件的端面大多数与其外圆面、内孔有垂直度要求且和其他端面间有平行度要求，车削能保证这些要求。

单件小批量生产的中小型零件在卧式车床上进行，重型零件可在立式车床上进行。车削后两平面间的尺寸公差等级一般可达 IT8 ~ IT7 级，表面粗糙度为 *Ra*6.3 ~ 1.6μm。

（二）刨平面

刨平面是平面加工常用的方法。刨削时的主运动为直线往复运动，进给运动是间歇的。常见的刨床有牛头刨床、龙门刨床和插床。刨削加工的工艺特点如下：

1）适应性较好，费用低。机床结构简单，操作方便；刨刀为单刃刀具，制造方便，容易刃磨出合适的几何角度。机床、刀具的费用低。刨削可以适应多种表面的加工，如平面、V 形槽、燕尾槽、T 形槽及成形表面等，如图 4-40 所示。在刨床上加工床身、箱体等平面，易于保证各表面之间的位置精度。

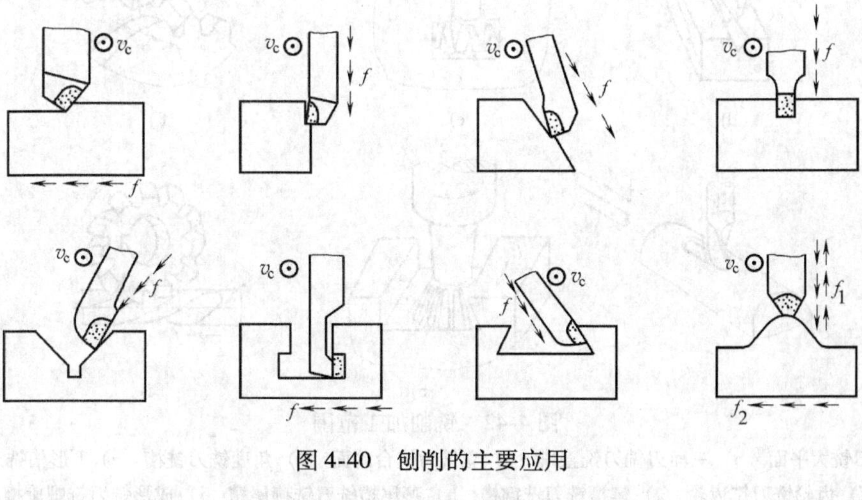

图 4-40　刨削的主要应用

2）生产率较低。刨刀回程时不切削；一般只用单刃刨刀进行加工；刨刀在切入、切出时产生较大的振动，因而限制了切削用量的提高。因此，刨削一般用在单件小批或修配生产中。但是，当加工狭长平面、长直槽时，由于减少了进给次数以及在龙门刨床上采用多工件、多刨刀刨削，生产率也较高。

3）加工质量较低。精刨平面的尺寸公差等级一般可达 IT9 ~ IT8 级，表面粗糙度为 $Ra6.3 \sim 1.6\mu m$，刨削的直线度精度较高，可达 0.04 ~0.08/1000。

牛头刨床只适于加工中、小型零件；龙门刨床主要用于加工大、中型零件，或一次安装几个中、小型零件，进行多件同时刨削。插床又称立式牛头刨床，主要用来加工工件的内表面，如键槽（图 4-41）、花键槽等；也可用于加工多边形孔，如四方孔、六方孔等。特别适于加工不通孔或有障碍台阶的内表面。

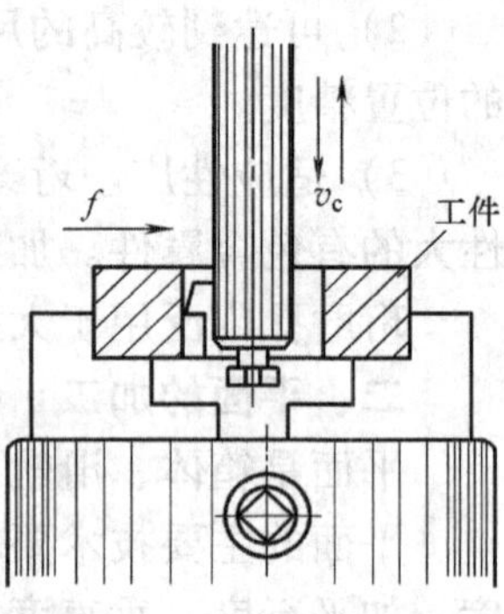

图 4-41　插键槽

（三）铣平面

铣削也是平面加工的主要方法之一。铣削时，铣刀的旋转运动是主运动，工件随工作台的运动是进给运动。铣平面的机床，常用的有卧式或立式升降台铣床，适用于单件小批量生产中加工中小型工件；龙门铣床，适用于加工大型工件或同时加工多个中小型工件，生产率较高，多应用于成批大量生产。铣削加工示意图如图 4-42 所示。

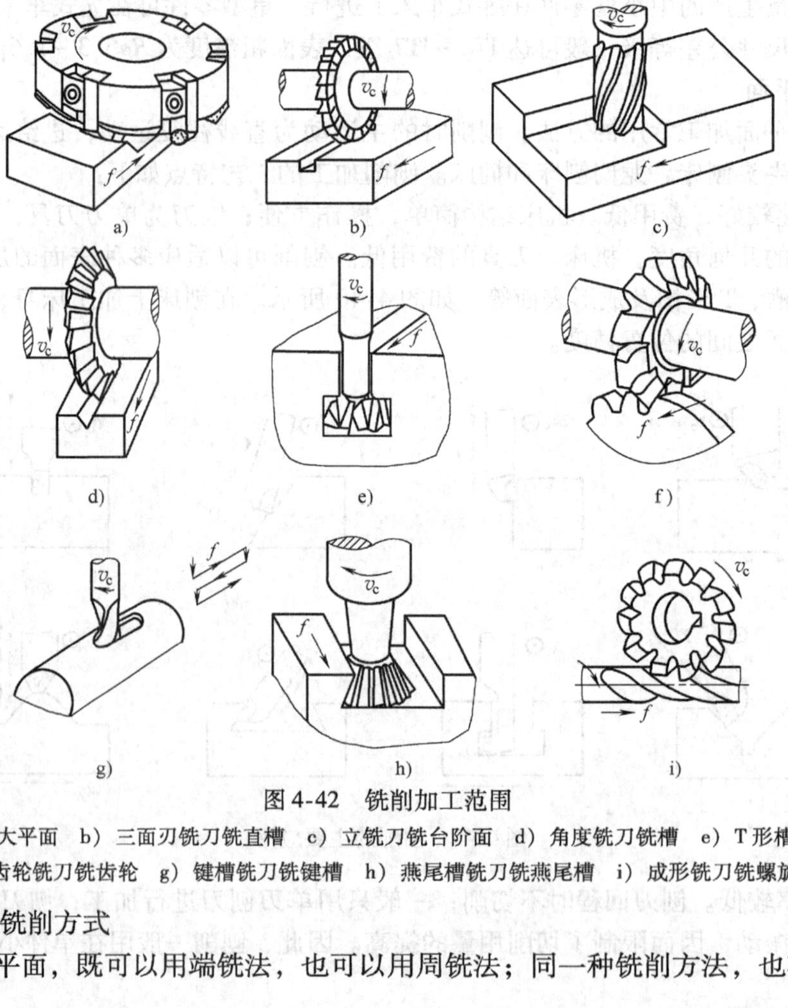

图 4-42　铣削加工范围

a）端面铣刀铣大平面　b）三面刃铣刀铣直槽　c）立铣刀铣台阶面　d）角度铣刀铣槽　e）T 形槽铣刀铣 T 形槽　f）齿轮铣刀铣齿轮　g）键槽铣刀铣键槽　h）燕尾槽铣刀铣燕尾槽　i）成形铣刀铣螺旋槽

1. 平面的铣削方式

同是加工平面，既可以用端铣法，也可以用周铣法；同一种铣削方法，也有不同的铣削方式（顺铣和逆铣）。在选用铣削方式时，要充分注意到它们各自的特点和适用场合，以便保证加工质量和提高生产率。

（1）端铣法 用面铣刀的端面刀齿加工平面，称为端铣法。端铣法可以通过调整铣刀和工件的相对位置，调节刀齿切入和切出时的切削厚度，达到改善铣削过程的目的。

（2）周铣法 用圆柱铣刀的圆周刀齿加工平面，称为周铣法，它又分为逆铣和顺铣（图 4-43）。当切削部位刀齿的旋转方向和工件的进给方向相反时，为逆铣；反之为顺铣。

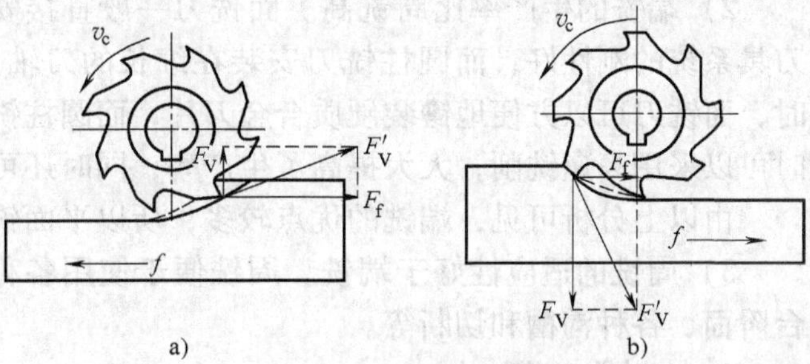

图 4-43 逆铣和顺铣

a）逆铣 b）顺铣

逆铣（图 4-43a）时，每个刀齿的切削厚度从零增大到最大值。因此，刀齿在开始切削时，要在工件表面上挤压滑移一段距离后，才真正切入工件，从而增加了表面层的硬化程度，不但加速了后刀面的磨损，而且也影响了工件的表面粗糙度。此外，切削力会使工件向上抬起，有可能产生振动。

顺铣（图 4-43b）时，每个刀齿的切削厚度是由最大减小到零，如果工件表面有硬皮，易打刀；切削力的方向使工件紧压在工作台上，所以加工比较平稳。

因此，从保证工件夹持稳固、提高刀具寿命和减小表面粗糙度等方面考虑，采用顺铣法为宜。但是，顺铣时忽大忽小的水平切削分力 F_f 与工件的进给方向是相同的，工作台进给丝杠与固定螺母之间一般都存在间隙（图 4-44），且间隙在进给方向的前方。在图 4-44b 所示情况下，由于水平切削分力 F_f 的作用，会使工件连同工作台和丝杠一起向前窜动，造成进给量突然增大，甚至引起打刀。而逆铣时，F_f 与进给方向相反，铣削过程中工作台丝杠始终压向螺母，不会因为间隙的存在而引起工件窜动。目前，一般铣床上没有消除工作台丝杠与螺母之间间隙的机构，所以，在生产中仍多采用逆铣法。另外，加工表面硬度较高的工件（如铸件毛坯），也应采用逆铣法。

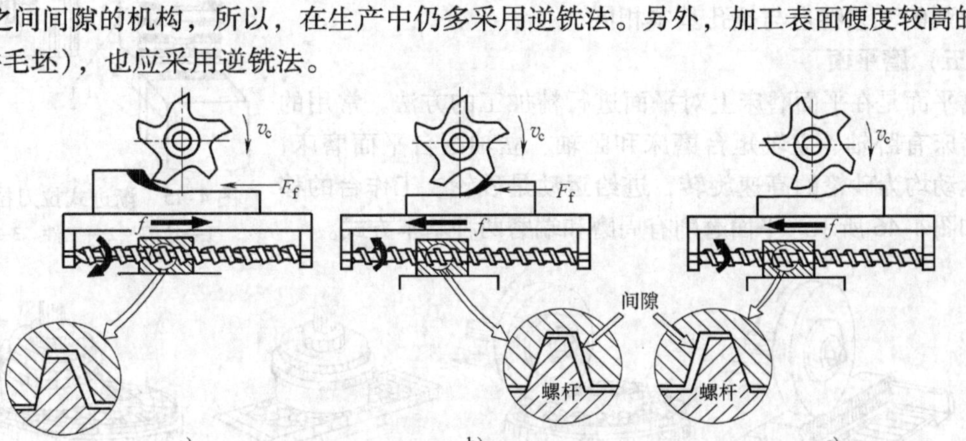

图 4-44 逆铣和顺铣时丝杠螺母间隙

a）逆铣 b）顺铣（有水平切削力） c）顺铣（无水平切削力）

（3）周铣与端铣的比较

1）端铣的加工质量比周铣好。周铣时，同时参加工作的刀齿一般只有 1 ~ 2 个，而端铣同时参加工作的刀齿多，切削力变化小，因此，端铣的切削过程比周铣平稳；面铣刀的刀齿切入和切出工件时，虽然切削厚度较小，但不像周铣时切削厚度变为零，从而改善了刀具后刀面与工件的摩擦状况，提高了刀具寿命，并可减小表面粗糙度；端铣时还可以利用修光刀齿修光已加工表面，因此，端铣可达到较小的表面粗糙度。

2）端铣的生产率比周铣高。面铣刀一般直接安装在铣床的主轴端部，悬伸长度较小，刀具系统的刚性好，而圆柱铣刀安装在细长的刀轴上，刀具系统的刚性远不如面铣刀；同时，面铣刀可以方便地镶装硬质合金刀片，而圆柱铣刀多采用高速工具钢制造。所以，端铣时可以采用高速铣削，大大提高了生产率，同时还可以提高已加工表面的质量。

由以上分析可见，端铣的优点较多，所以平面铣削大都采用端铣。

3）周铣的适应性好于端铣。周铣便于使用各种结构形式的铣刀铣削斜面、成形表面、台阶面、各种沟槽和切断等。

2. 铣削的工艺特点

铣平面比刨平面有较高的生产率，这是因为铣削时有较多的刀齿参加切削，总的切削面积较刨削时大，而且主运动是连续的旋转运动，有利于高速切削。铣刀刀齿散热条件好，在离开工件的一段时间内，可以得到一定的冷却。铣削过程中，铣刀的刀齿切入和切出时产生冲击，同时参加工作的刀齿数的增减以及每个刀齿切削厚度的变化，都将引起切削面积和切削力的变化，从而使得铣削过程不平稳。铣削过程的不平稳，限制了铣削加工质量和生产率的进一步提高。此外，铣刀的结构较复杂，成本高，所以一般适用于成批、大量生产。

铣平面的尺寸公差等级一般可达 IT9 ~ IT7 级，表面粗糙度为 $Ra6.3 \sim 1.6\mu m$，直线度可达 0.08 ~ 0.12/1000。

（四）拉平面

拉削是优质高效的先进加工方法，多用于大批、大量生产加工要求较高且面积不太大的平面，当拉削面积较大时，为减小拉削力，也可采用图 4-45 所示的渐进式拉刀进行加工。平面拉削的工艺特点与拉孔基本相同。

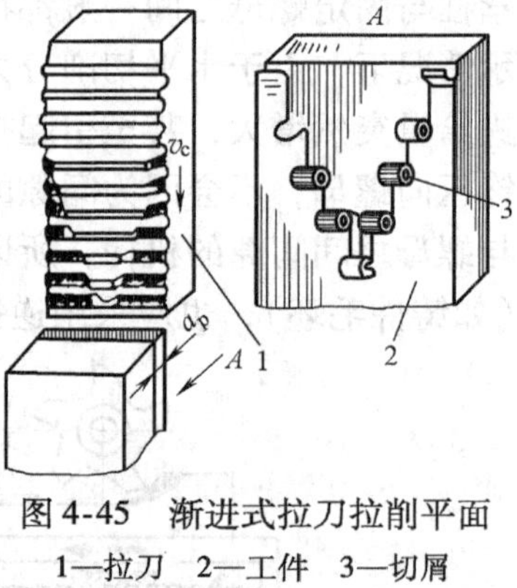

图 4-45 渐进式拉刀拉削平面

1—拉刀 2—工件 3—切屑

（五）磨平面

磨平面是在平面磨床上对平面进行精加工的方法。常用的平面磨床有卧轴、立轴矩台磨床和卧轴、立轴圆台平面磨床，其主运动均为砂轮的高速旋转，进给运动是砂轮、工作台的移动，如图 4-46 所示。平面磨削有周磨和端磨两种基本方式。

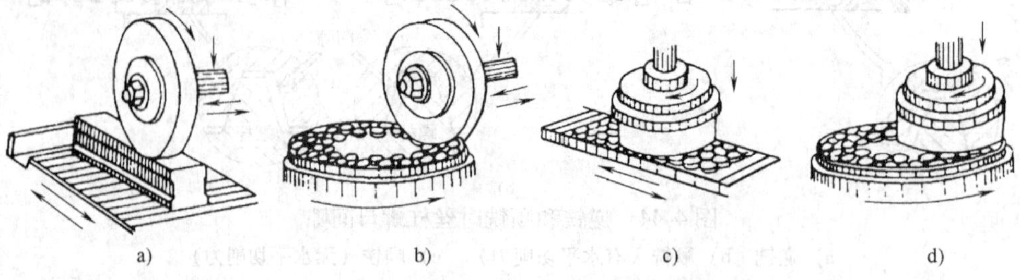

图 4-46 平面磨床及磨削运动

a)、b）卧式矩台、圆台平面磨床 c)、d）立式矩台、圆台平面磨床周磨（图4-46a、b）的特点是利用砂轮的圆周面进行磨削，工件与砂轮的接触面积小，发热少，排屑与冷却情况好，因此加工精度高。但生产率低，在单件小批生产中应用较广。

端磨（图4-46c、d）的特点是利用砂轮的端面进行磨削，砂轮轴立式安装，因此刚性好，可采用较大的切削用量，而且砂轮与工件的接触面积大，故生产率高。在成批、大量生产时，如一般箱体类零件、床身导轨等平面常用端磨。但端磨的精度较周磨差，磨削热较大，切削液进入磨削区较困难，易使工件受热变形，且砂轮磨损不均匀，影响加工精度。

平面磨削常作为刨削或铣削后的精加工，特别是用于磨削淬硬工件，以及具有平行表面的零件（如滚动轴承环、活塞环等）。经磨削两平面间的尺寸公差等级可达IT6～IT5级，表面粗糙度为$Ra0.8 \sim 0.2\mu m$。

（六）研磨

研磨是平面的光整加工方法之一，一般在磨削之后进行。研磨平面的研具，为带有槽的平板和光滑的平板。前者用于粗研，后者用于精研。研磨时，在平板上涂以适当的研磨剂，工件沿平板的全部表面以“8”字形或“8”字形与直线相结合的运动轨迹进行研磨，目的是使磨料不断在新的方向上起研磨作用。

研磨过程中，研磨压力和速度应适当，压力过大，表面粗糙度Ra值则大，甚至会因磨料被压碎而划伤工件表面。一般在研磨小而硬的工件或粗研时，用较大的压力、较低的速度，反之则用较大的压力、较快的速度。

研磨后两平面之间的尺寸公差等级可达IT5～IT3，表面粗糙度为$Ra0.1 \sim 0.008\mu m$。研磨还可以提高平面的形状精度，对于小型平面研磨还可减小平行度误差。

平面研磨主要用来加工小型精密平板、平尺、块规以及其他精密零件的表面。单件小批生产一般用手工研磨，大批大量生产多用机器研磨。

三、特形表面的加工

特形表面是指除简单几何表面以外的、但在机械零件上常见的面，如手柄、凸轮成形面、螺纹及齿形等。

（一）成形面加工

与其他表面类似，成形面的技术要求也包括尺寸精度、形状精度、位置精度及表面质量等方面。但是，成形面往往是为了实现特定功能而专门设计的，因此，其表面形状的要求是十分重要的。在加工时，刀具的切削刃形状和切削运动应首先满足表面形状的要求。

成形面的加工方法一般有车削、铣削、刨削、拉削和磨削等。这些加工方法可归纳为如下两种基本方式。

1. 用成形刀具加工

用切削刃形状与工件轮廓相符的刀具，直接加工出成形面。例如用成形车刀车成形面（图4-47，具有回转成形面的零件）、用成形铣刀铣成形面（图4-42d、f）等。

用成形刀具加工成形面，机床的运动和结构比较简单，操作也简便。但是刀具的制造和刃磨比较复杂（特别是成形铣刀和拉刀），成本较高。而且，这种方法的应用，受工件成形面尺寸的限制，不宜用于加工刚性差而成形面较宽的工件。

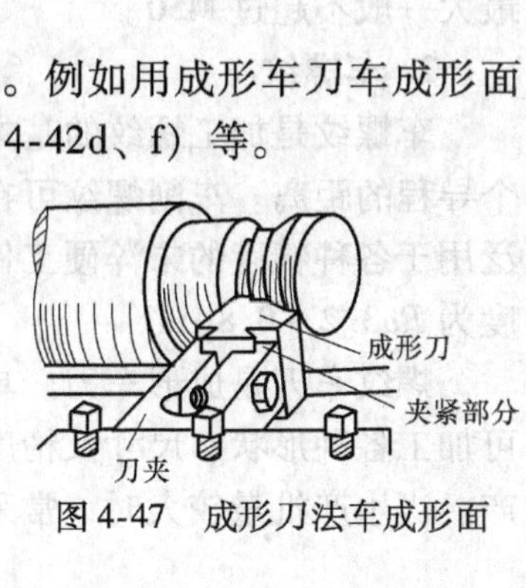

图4-47　成形刀法车成形面

2. 利用刀具和工件作特定的相对运动加工

用靠模装置车成形面（图4-48），就是其中的一种。此外，还可以利用手动、液压仿形装置或数控装置等来控制刀具与工件之间特定的相对运动。

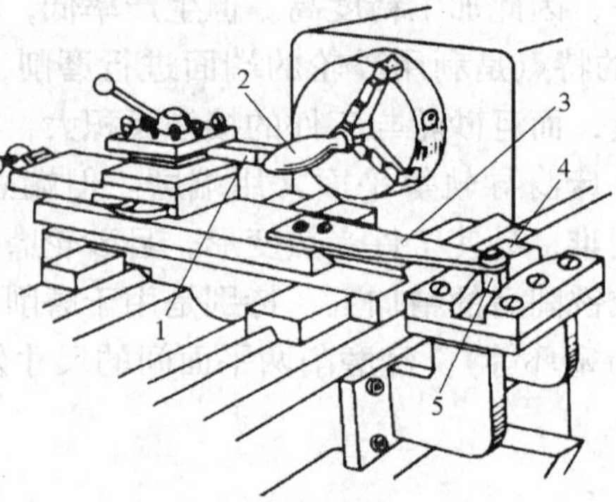

图 4-48 靠模法车成形面

1—车刀 2—工件 3—连接板 4—靠模 5—滑块

利用刀具和工件作特定的相对运动来加工成形面，刀具比较简单，并且加工成形面的尺寸范围较大。但是，机床的运动和结构都较复杂，成本也高。

（二）螺纹加工

螺纹也是零件上常见的表面之一。它有多种形式，若按用途的不同，可分为：① 紧固螺纹，主要用于零件间的固定连接，常用的有普通螺纹等，螺纹牙型多为三角形。② 传动螺纹，用于传递动力、运动或位移，如丝杠和测微螺杆的螺纹等，其牙型多为梯形或锯齿形。

螺纹和其他类型的表面一样，有一定的尺寸精度、形状精度、位置精度和表面质量的要求。由于它们的用途和使用要求不同，技术要求也有所不同。对于紧固螺纹和无传动精度要求的传动螺纹，一般只要求中径和顶径（外螺纹的大径，内螺纹的小径）的精度。对于有传动精度要求或用于读数的螺纹，除要求中径和顶径的精度外，还要求螺距和牙型角的精度。为了保证传动或读数精度及耐磨性，对螺纹表面的粗糙度和硬度等，也有较高的要求。

常用的加工螺纹方法有：攻螺纹、套螺纹、车螺纹、铣螺纹、磨螺纹和滚压螺纹等。

1. 攻螺纹和套螺纹

用丝锥加工螺纹称为攻螺纹，又称攻丝；用板牙加工螺纹称为套螺纹，又称套丝。攻螺纹和套螺纹主要用于加工直径较小的三角螺纹。单件和小批生产时，攻螺纹和套螺纹常由钳工在台虎钳上进行，有时也在车床或钻床上进行。大批量生产时，攻螺纹常在攻丝机上进行。攻螺纹和套螺纹一般只能加工精度要求低的螺纹，常用于加工 M16 以下的普通螺纹，最大一般不超过 M50。

2. 车螺纹

车螺纹是加工螺纹的基本方法，其加工原理是工件每转一转，车刀在进给方向上移动一个导程的距离。车削螺纹可在各类卧式车床或专门的螺纹车床上进行，由于刀具简单，故广泛用于各种精度的未淬硬工件的螺纹加工。车螺纹的最高精度可达 IT6 ~ IT4 级，表面粗糙度为 $Ra3.2 \sim 0.8\mu m$。

螺纹车刀是成形车刀。单齿螺纹车刀的形状如图 4-49 所示，它结构简单，适应性广，可加工各种形状、尺寸及精度的未淬硬工件的内、外螺纹，但生产率低，适用于单件小批生产。当生产批量较大时，常采用螺纹梳刀。螺纹梳刀实际上是多齿成形车刀，常用的形式如

图4-50所示。这种车刀一次进给就能加工出全部螺纹，效率高，适用于大批生产细牙螺纹。一般螺纹梳刀加工精度不高，不能加工精密螺纹。

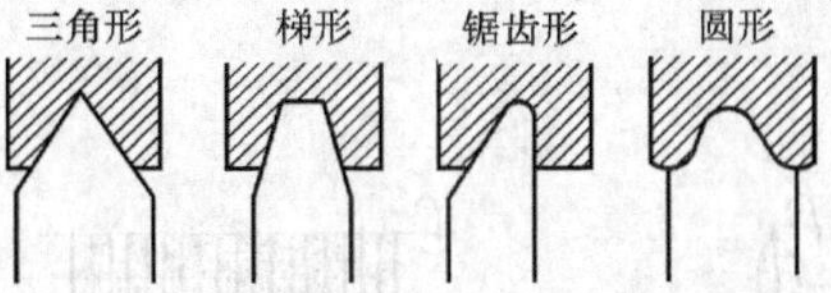

图4-49　单齿螺纹车刀

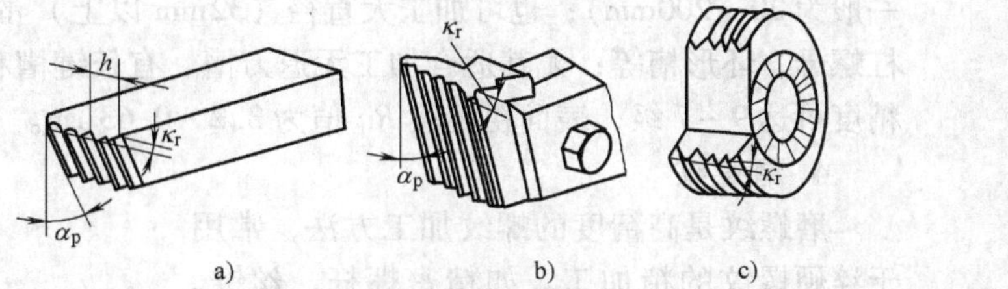

图4-50　螺纹梳刀的类型

a）平体　b）棱体　c）圆体

3. 铣螺纹

铣螺纹比车螺纹生产率高，但螺纹精度低，在成批大量生产中广泛采用。铣螺纹一般在专门的螺纹铣床上进行。根据所用铣刀结构的不同，铣螺纹可以有以下三种加工方式：

（1）盘形铣刀铣螺纹　盘形铣刀铣螺纹适合加工大螺距的长螺纹，如丝杠、螺杆等梯形外螺纹和蜗杆等。加工时，铣刀轴线对工件轴线的倾斜角等于螺纹升角，工件转一转，铣刀走一个工件导程，如图4-42i所示。这种方法加工精度较低，通常作为粗加工，铣后用车削进行精加工。

（2）梳形铣刀铣螺纹　图4-51所示为梳形铣刀铣螺纹示意图。加工时，工件每转一转，铣刀除旋转外，还沿轴向移动一个导程，工件转1.25转，便能切出全部螺纹（最后的1/4转主要是修光螺纹）。这种方法生产率高，螺距精度可达9~8级，表面粗糙度 Ra 值为3.2~0.63μm。这种方法适合成批加工一般精度并且长度短而螺距不大的三角形内、外（可加工紧靠肩轴的）螺纹和圆锥螺纹。

（3）旋风铣刀铣螺纹　旋风铣刀铣螺纹是利用装在特殊旋转刀盘上的多把硬质合金刀头（一般为1~4把）或梳刀，从工件上高速铣出螺纹的方法，如图4-52所示。铣削时，铣刀盘高速旋转（17r/s~50r/s），并沿工件轴线移动；工件则缓慢地转动（0.05r/s~0.5r/s），工件每转一转，旋风刀盘纵向移动一个导程。刀盘安装时，其轴线倾斜于工件轴线一个螺纹升角 ϕ，铣刀盘中心与工件的回转中心有一个偏心距 e（等于螺纹牙深加2~4mm），因此切削刃只在其圆弧轨迹的1/3~1/6圆弧上与工件接触，呈断续切削，刀头散热条件好。旋风铣生产效率高，一般比盘形铣刀铣螺纹高2~8倍。

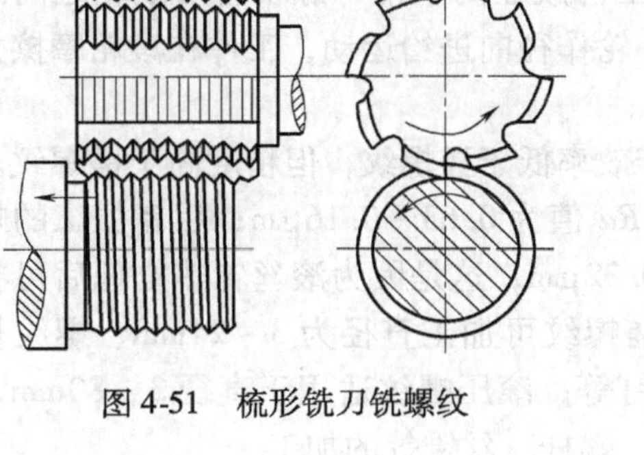

图4-51　梳形铣刀铣螺纹

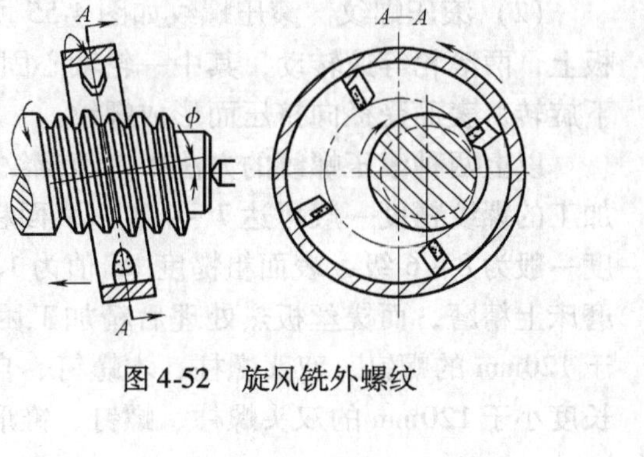

图4-52　旋风铣外螺纹

旋风铣可以在专用的旋风铣床上进行，也可以在改装后的车床上进行，主要用于加工长度大、不淬硬的外螺纹，如丝杠、螺旋送料杆、大模数蜗杆、注塑机螺杆等长工件（直径一般为 20 ~ 200mm）；也可加工大直径（32mm 以上）的内螺纹，如滚珠丝杠螺母、梯形丝杠螺母、环形槽等；尤其适合加工无退刀槽、有长键槽和平面的螺纹件。旋风铣加工丝杠的精度可达 9 ~ 7 级，表面粗糙度 *Ra* 值为 3.2 ~ 0.63μm。

4. 磨螺纹

磨螺纹是高精度的螺纹加工方法，常用于淬硬螺纹的精加工。如精密螺杆、丝锥、滚丝轮、螺纹量规等。磨螺纹一般在螺纹磨床上进行。磨前需用车、铣等方法粗加工；对小尺寸的精密螺纹，也可不经粗加工直接磨出。按所用砂轮的截面形状，磨削螺纹有单片砂轮磨削和多线砂轮磨削两种方式，如图 4-53 所示。

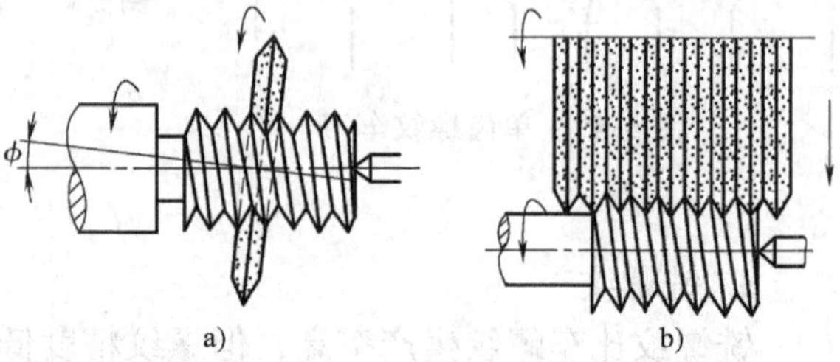

图 4-53 磨螺纹的方法

a）单片砂轮磨螺纹 b）多线砂轮磨螺纹

单片砂轮磨削时，砂轮的轴线必须相对于工件轴线倾斜一个螺纹升角 ϕ（图 4-53a），砂轮在螺纹轴向截面上的形状必须与牙槽相吻合，以获得正确的螺纹牙型。工件安装在螺纹磨床的前后顶尖之间，工件每转一转，同时沿轴向移动一个导程；砂轮高速旋转的同时，周期性地进行横向进给，经一次或多次行程完成加工。这种方法适用于加工不同齿形、不同长径比的螺纹工件，机床调整和砂轮修整比较方便，并且背向力小，工件散热条件好，加工精度高，一般可达 6 ~ 5 级，加工梯形螺纹丝杠甚至可达 3 级精度，表面粗糙度 *Ra* 值为 0.4 ~ 0.2μm。适合加工各种精密螺纹和滚珠丝杠副。

多线砂轮磨削时（图 4-53b），选用缓慢的工件转速和较大的横向进给，经过一次或数次行程即可完成加工。此种磨削方法，生产效率高，但加工精度低，砂轮修整复杂。适用于成批生产简单牙型、较低精度、刚性好的短螺纹。

5. 搓螺纹与滚压螺纹

搓螺纹与滚压螺纹是在室温下用压力使工件表面产生塑性变形而形成螺纹的加工方法。

（1）搓螺纹 搓螺纹的原理如图 4-54 所示。两块搓丝板都带有螺纹齿形，其截面形状与待搓螺纹牙型相符，上搓丝板为动板，下搓丝板固定不动为静板，动板作平行于静板的往复直线运动。工件在两板之间被挤压和滚动，当动板移动时，坯料表面便挤压出螺纹。

（2）滚压螺纹 滚压螺纹如图 4-55 所示，工件放在两个带有螺纹齿形滚轮之间的支承板上，两滚轮等速转动，其中一轮轴心固定，一轮作径向进给运动，工件在滚轮摩擦力带动下旋转，表面受径向挤压而形成螺纹。

以上两种滚压螺纹的方法中，滚螺纹的生产效率低于搓螺纹，但精度高于搓螺纹。前者加工的螺纹精度一般可达 7 ~ 4 级，表面粗糙度 *Ra* 值为 0.63 ~ 0.16μm；后者加工的螺纹精度一般为 8 ~ 6 级，表面粗糙度 *Ra* 值为 1.25 ~ 0.32μm，这是因为滚丝轮热处理后可在螺纹磨床上精磨，而搓丝板热处理后精加工困难。搓螺纹可加工直径为 3 ~ 24mm、螺纹长度小于 120mm 的螺钉、双头螺柱、木螺钉、自攻螺钉等；滚压螺纹适用于直径 3 ~ 80mm、螺纹长度小于 120mm 的双头螺柱、螺钉、锥形螺纹、蜗杆、丝锥等的加工。

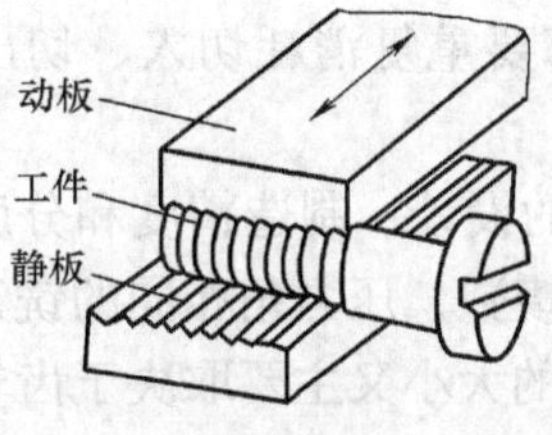

图 4-54　搓螺纹

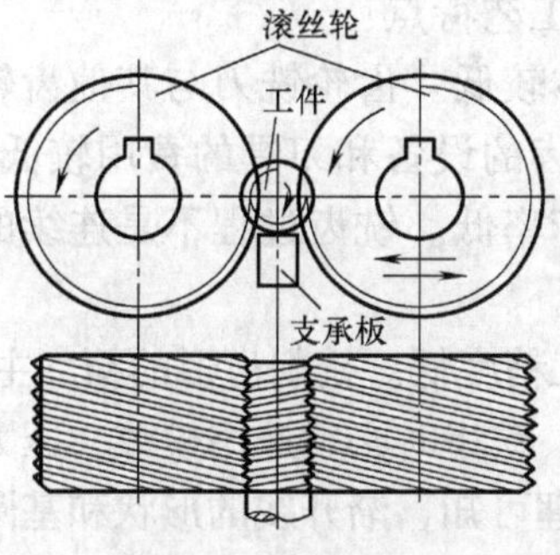

图 4-55　滚压螺纹

滚压螺纹与切削螺纹相比，主要优点是提高了螺纹的强度。切削加工的螺纹纤维组织是被割断的，而滚压螺纹的纤维组织是连续的，从而提高了其抗剪强度；又因螺纹滚压后，由于表面变形强化及表面粗糙度值降低，还可提高螺纹的疲劳强度；另外，滚压螺纹比切削螺纹的生产率高。

（三）齿形加工

齿轮的结构形式多样，应用广泛，是机械传动中传递运动和动力的重要零件。为了保证齿轮传动的运动精确，工作平稳可靠，必须选择合适的齿形轮廓曲线。目前齿轮的齿形轮廓曲线有渐开线、摆线和圆弧线型等，其中因渐开线型齿形的齿轮具有加工、安装方便，强度高、传动平稳等优点，所以应用最广。

直齿圆柱齿轮的基本参数是模数和压力角。渐开线齿轮正确啮合的条件是两齿轮的模数和压力角应分别相等。因此，齿形加工时，刀具的模数和压力角必须与被加工齿轮一致。

用切削加工的方法加工齿轮齿形，按加工原理可分为两类：

1）成形法。用与被切齿轮齿槽形状相同或非常近似的刀具切出齿形的方法。如铣齿、成形法磨齿等。

2）展成法。用齿轮刀具与被切齿轮的啮合运动切出齿形的方法。如插齿、滚齿和剃齿等。

1. 铣齿

铣齿是用成形铣刀在万能卧式铣床上进行的齿形加工（图 4-56）。铣刀装在刀杆上旋转作主运动，工件紧固在心轴上，心轴安装在分度头和尾座顶尖之间，随工作台作直线进给运动。每铣完一个齿槽，工件退回，用分度头对工件进行分度，然后再铣下一个齿槽，直至加工出整个齿轮。

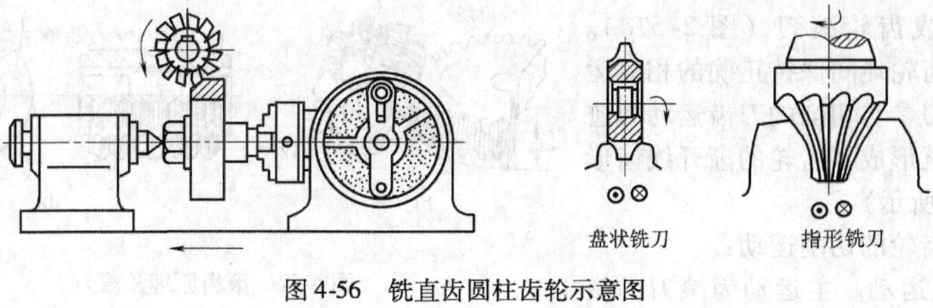

图 4-56　铣直齿圆柱齿轮示意图

铣齿的工艺特点：

1）成本较低。齿轮铣刀与其他齿轮刀具相比结构简单，在普通铣床上即可完成铣齿工作，所以铣齿的设备和刀具的费用较低。

2）生产率低。铣齿过程不是连续的，每铣一个齿，都要重复消耗切入、切出、退刀和分度的时间。

3）加工精度低。铣削齿形的精度主要取决于模数铣刀的设计、制造精度和分度机构的准确性。因为，铣齿时必须选用模数、压力角与被加工齿轮的模数、压力角相同的铣刀。由渐开线的形成原理可知，渐开线的形状和基圆大小有关，而基圆的大小又主要取决于齿轮的模数和齿数。所以，当齿轮的模数相同而齿数不同时，其渐开线的齿形是不一样的。为了获得准确的渐开线齿形，应该对同一模数的每种齿数的齿轮都准备一把专用的成形铣刀。但使用这么多的铣刀既不方便也不经济。在实际生产中，把同一模数的齿轮按齿数划分成若干组，同一组只用一个刀号的铣刀加工。表 4-4 所示为分成 8 组时各号铣刀加工的齿数范围。为了保证铣出的齿轮在啮合时不会被卡住，各号铣刀的齿形是按该号范围内最小齿数齿轮的齿槽轮廓制作的。因此，各号铣刀加工范围内的齿轮除最小齿数的外，其他齿数的齿轮，只能获得近似的齿形，产生齿形误差。另外铣床所用分度头是通用附件，分度精度不高。所以，铣齿的加工精度较低。铣齿的加工精度为 IT9 级或 IT9 级以下，齿面粗糙度为 *Ra*6.3 ~ 3.2μm。

表 4-4 齿轮铣刀的刀号及其适用的齿数范围

刀 号	1	2	3	4	5	6	7	8
加工的齿数范围	12 ~ 13	14 ~ 16	17 ~ 20	21 ~ 25	26 ~ 34	35 ~ 54	55 ~ 134	135 以上

铣齿不但可以加工直齿、斜齿和人字齿圆柱齿轮，还可以加工齿条、锥齿轮及蜗轮等，它仅适用于单件小批生产或维修工作中加工精度不高的低速齿轮。

2. 滚齿

滚齿是利用齿轮滚刀在滚齿机上加工齿轮的轮齿，其滚切原理是刀具和工件的运动相当于一对交错轴斜齿轮的啮合（图 4-57 a，b）。滚刀实际上是一个齿数为 1 而螺旋角很大（近 90°）的斜齿圆柱齿轮，此齿轮就相当于渐开线蜗杆，用高速工具钢制造，并在垂直于螺旋线方向开出多条沟槽（即容屑槽），从而形成多排刀齿，铲背并刃磨后，蜗杆就变成齿轮滚刀（图 2-57d）。使滚刀与齿轮坯间保持正确的相对运动时，滚刀参与切削的刀齿运动轨迹的包络线就形成了齿轮的渐开线齿形（图 4-57c 所示）。

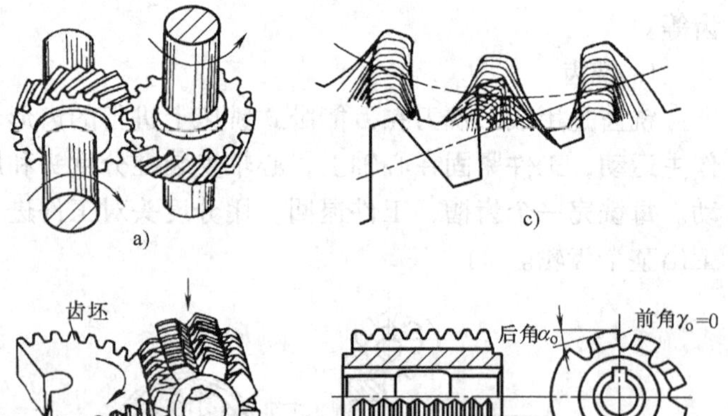

图 4-57 滚齿原理及滚刀

a)、b）滚齿原理 c）包络线 d）滚刀

滚切齿轮的切削运动：

1）主运动。主运动为滚刀的旋转运动，用转速 n_0(r/min) 表示。

2）分齿运动。分齿运动为滚刀与齿坯之间强制保持一对斜齿轮啮合运动关系的运动，即：

$$n_w / n_o = z_o / z_w$$

式中，n_o，n_w分别为滚刀和被切齿坯的转速（r/min）；z_o，z_w分别为滚刀与被切齿轮的齿数。分齿运动由滚齿机的传动系统来实现，齿坯的分度是连续的。

3）垂直进给运动。为了切出整个齿宽，滚刀沿工件轴向作进给移动，即为垂直进给运动。齿坯每转一转或每分钟滚刀沿齿坯轴向移动的距离（mm/r 或 mm/min），称为垂直进给量。

滚齿与铣齿比较有如下特点：

1）滚刀的通用性好。一把滚刀可以加工与其模数、压力角相同而齿数不同的齿轮。

2）齿形精度及分度精度高。滚齿的精度一般可达 IT8 ~ IT7 级，用精密滚齿，可以达到 IT6 级精度，表面粗糙度为 $Ra3.2 \sim 1.6\mu m$。

3）生产率高。滚齿的整个切削过程是连续的。

4）设备和刀具费用高。滚齿机为专用齿轮加工机床，调整费时。滚刀较齿轮铣刀的制造、刃磨要困难。

滚齿应用范围较广，可加工直齿、斜齿圆柱齿轮和蜗轮等，但不能加工内齿轮和相距太近的多联齿轮。

3. 插齿

插齿是在插齿机上用插齿刀加工齿形的过程。其原理是刀具和工件的运动相当于一对圆柱齿轮传动，如图 4-58 所示。插齿刀实际上是一个用高速工具钢制造并磨出切削刃的齿轮。强制插齿刀与齿坯间啮合运动的同时，使插齿刀作上下往复运动，即可在工件上加工出轮齿来。

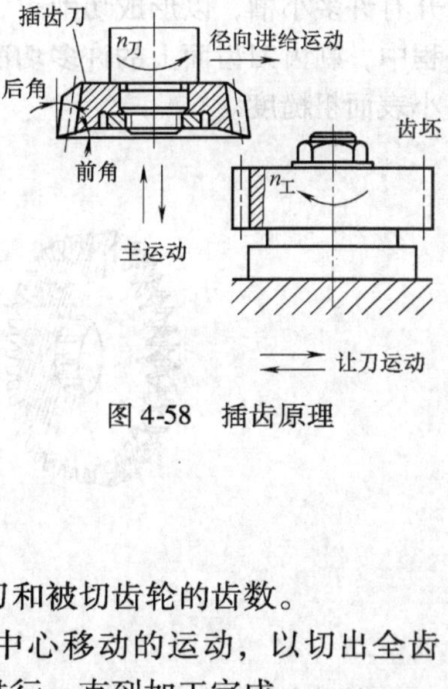

图 4-58　插齿原理

1）主运动。主运动为插齿刀的上下往复直线运动。向下为切削行程，向上的返回行程是空行程。主运动以每分钟往复行程次数（str/min）表示。

2）分齿运动。分齿运动为插齿刀和齿坯之间被强制的啮合运动，也称为展成运动。保持一对传动齿轮的速比关系，即：

$$n_w / n_o = z_o / z_w$$

式中，n_o，n_w分别为插齿刀和齿坯的转速；z_o，z_w分别为插齿刀和被切齿轮的齿数。

3）径向进给运动。径向进给运动为插齿刀逐渐向工件中心移动的运动，以切出全齿高。当进给到要求的深度时，径向运动停止，分齿运动继续进行，直到加工完成。

4）让刀运动。为了避免插齿刀在返回行程中刀齿的后刀面与工件的齿面发生摩擦，插齿刀返回时，齿坯沿径向让开一段距离，当切削行程开始前，齿坯恢复原位，这种运动即为让刀运动。

插齿与滚齿比较有如下特点：

1）齿面的表面粗糙度值小。插齿时，插齿刀沿齿宽连续地切下切屑，而在滚齿和铣齿时，轮齿齿宽是由刀具多次断续切削而成。并且在插齿的过程中，包络齿形的切线数量比较多，所以插齿齿面的表面粗糙度值小，一般可达1.6μm。

2）插齿和滚齿的精度相当，且都比铣齿高。一般条件下，插齿和滚齿能保证IT7～IT8级精度，若采用精密插齿或滚齿，可以达到IT6级精度。

3）插齿和滚齿同属于展成法加工，所以在选择刀具时只要求刀具的模数和压力角与被切齿轮一致，与齿数无关（最少齿数 $z \geq 17$）。

4）插齿的生产率低于滚齿而高于铣齿。滚齿为连续切削，插齿不仅有返回空行程，而且插齿刀的往复运动，使切削速度的提高受到限制。所以，插齿的切削速度低于滚齿。由于插齿和滚齿的分齿运动是在切削过程中连续进行的，省去了铣齿工艺中的单独分度时间，所以插齿和滚齿的生产率都高于铣齿。

插齿多用于加工滚齿难以加工的内齿轮、多联齿轮、带台阶齿轮、扇形齿轮、齿条及人字齿轮、端面齿盘等，但不能加工蜗轮。

4. 齿形精加工

滚齿和插齿一般加工中等精度的（IT8～IT7级）齿轮。对于精度高于IT7级、表面粗糙度 Ra 值小于0.8μm或齿面需要淬火的齿轮，滚、插齿后还需进行精加工。常用的齿形精加工方法有剃齿、珩齿、磨齿。

（1）剃齿　剃齿是利用一对交错轴斜齿轮啮合原理，在剃齿机上“自由啮合”进行的展成加工方法。

剃齿刀的形状（图4-59a）类似于一个斜齿圆柱齿轮，每一个齿的两侧，沿渐开线方向开有许多小槽，以形成切削刃，材料一般为高速工具钢。在与已经滚齿或插齿的齿轮啮合过程中，剃齿刀齿面上的许多切削刃，从工件齿面上剃下细丝状的切屑，以提高齿形精度和减小表面粗糙度。

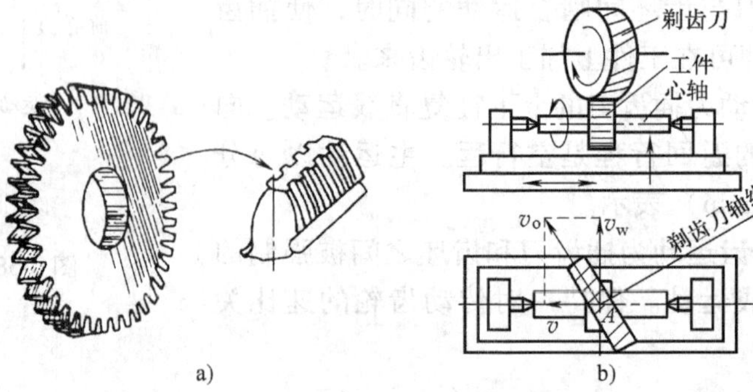

图4-59　剃齿刀与剃齿原理
a）剃齿刀　b）剃齿原理

剃削直齿圆柱齿轮的原理和方法如图4-59b所示。工件用心轴装在机床工作台的两顶尖之间，可以自由转动；剃齿刀装在机床主轴上并带动工件时而正转，时而反转，正转时剃削轮齿的一个侧面，反转时剃削轮齿的另一个侧面。由于剃齿刀是具有螺旋角 β_o 的斜齿轮，因此要使剃齿刀与工件啮合，必须使剃齿刀轴线与工件轴线间的夹角为 β_o。此时，剃齿刀在啮合点 A 的圆周速度 v_o 可分解为沿工件圆周切线方向的分速度 v_w 和沿工件轴线方向的分速度 v。v_w 使工件旋转，v 为剃削速度，它使齿面间产生相对滑动。正是这种相对滑动，使剃齿刀从工件上切下发丝状细切屑，从而提高齿形精度和降低表面粗糙度。

为了剃去全部余量，工作台在每个往复行程终了时，剃齿刀需作径向进给运动。进给量一般为 0.02 ~0.04mm/str。

剃齿主要用来对未淬火（35HRC 以下）的直、斜齿圆柱齿轮进行精加工，剃齿的精度取决于剃齿刀的精度。剃齿精度可达 IT7 ~IT6 级，齿面粗糙度 *Ra* 值为 0.8 ~0.2μm。剃齿生产率高，一般 2 ~4min 便可加工好一个齿轮。剃齿机结构简单，操作方便，也可把铣床等设备改装成剃齿机使用。剃齿是目前广泛采用的齿形精加工的方法之一。但由于剃齿刀制造较困难，剃齿也不便于加工双联或多联齿轮的小齿轮等，使剃齿的应用受到一定限制。剃齿主要用于调质齿轮的精加工和淬硬齿轮淬火前的精加工。剃齿通常用于大批大量生产中的齿轮齿形的精加工，在汽车、拖拉机及机床制造等行业中得到广泛应用。

（2）珩齿　珩齿是用珩磨轮在珩齿机上进行齿形精加工的方法，其原理和方法与剃齿相同。

珩磨轮是将金刚砂或白刚玉磨料与环氧树脂等材料合成后浇铸或热压在钢制轮坯上的斜齿轮（图 4-60）。珩齿时，珩磨轮高速旋转（1000 ~2000r/min），同时沿齿向和渐开线方向产生滑动进行切削，珩齿过程具有剃削、磨削和抛光的综合作用，刀痕复杂、细密。

珩齿适用于消除淬火后的氧化皮和轻微磕碰而产生的齿面毛刺与压痕，可有效地降低表面粗糙度值和齿轮噪声，对齿形精度改善不大。珩齿后的表面粗糙度为 *Ra*0.4 ~0.2μm。

因珩齿余量很小，为 0.01 ~0.02mm，且多为一次切除，生产率很高，一般珩磨一个齿轮只需 1min 左右。

（3）磨齿　磨齿是用砂轮在磨齿机上对齿轮进行精加工的方法。按磨齿原理的不同，可分为成形法磨齿和展成法磨齿。

1）成形法磨齿。成形法磨齿如图 4-61 所示，其原理与成形法铣齿相同。将砂轮靠外圆处的两侧修整成与工件齿间相吻合的形状，对已切削过的齿间进行磨削。每磨完一齿后，进行分度，再磨下一个齿。这种方法的生产率较高，但砂轮修整较复杂，且存在一定的误差。由于在磨齿过程中砂轮磨损不均以及机床分度误差的影响，它的加工精度只能达到 IT6 级。但成形法磨齿生产率较展成法磨齿高近 10 倍。另外，成形法磨齿可在花键磨床或工具磨床上进行，设备费用较低。

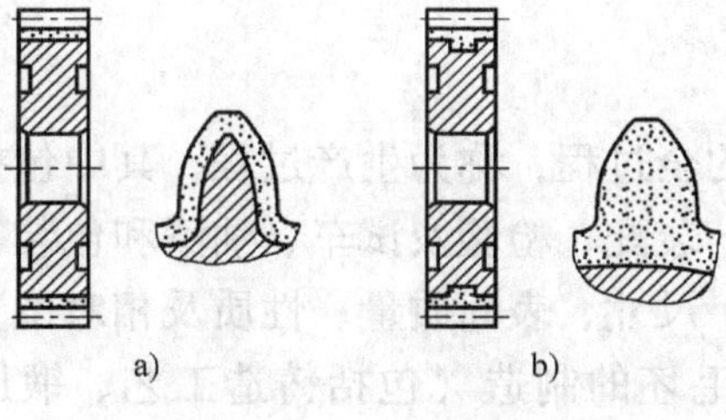

图 4-60　珩磨轮

a）带齿芯　b）不带齿芯

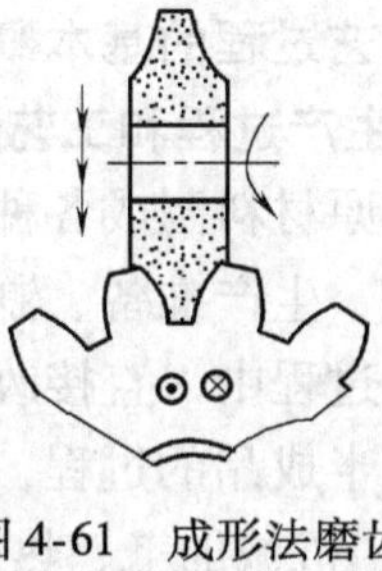

图 4-61　成形法磨齿

2）展成法磨齿。生产中常用的展成法磨齿有锥形砂轮磨齿和双碟形砂轮磨齿。

① 锥形砂轮磨齿。把砂轮修整成锥形，以构成假想齿条的齿形（图 4-62）。其原理是使砂轮与被磨齿轮强制保持齿条和齿轮的啮合关系，且使被磨齿轮沿假想的固定齿条作往复纯滚动的运动，边转动，边移动，砂轮的磨削部分即可包络出渐开线齿形。磨削时，砂轮作高

速旋转，同时沿工件轴向作往复直线运动，以便磨出全齿宽。分别磨除齿槽的1、2两个侧面。每磨完一个齿槽，砂轮自动退离工件，工件自动进行分度。

② 双碟形砂轮磨齿。磨削原理与锥形砂轮磨齿相同。如图4-63所示，两个碟形砂轮倾斜一定角度，其端面构成假想齿条两个（或一个）齿的两个齿面，同时对两个齿槽的侧面1和侧面2进行磨削。工作时，两个砂轮同时磨一个齿面或两个不同齿间的左右齿面。此外，为了磨出全齿宽，被磨齿轮需沿齿向作往复直线运动。

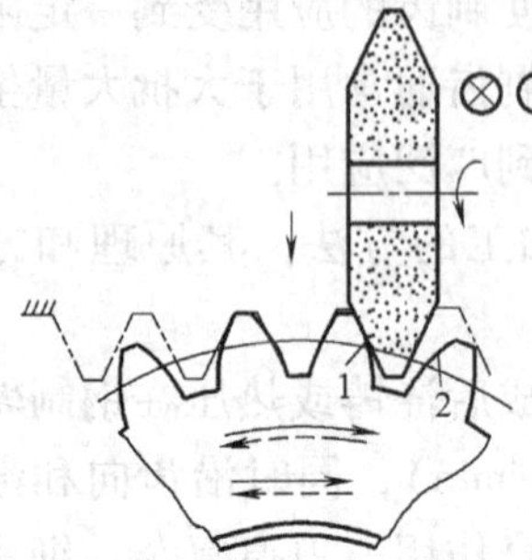

图4-62 锥形砂轮磨齿

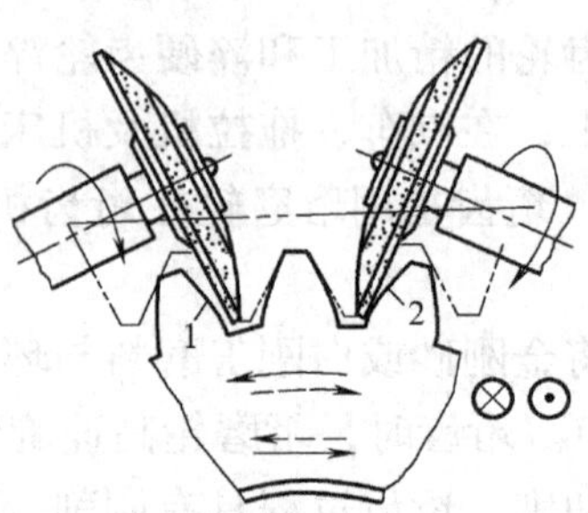

图4-63 双碟形砂轮磨齿

展成法磨齿的齿面是由齿根至齿顶逐渐磨出，不像成形法磨齿一次成形，故生产率低于成形法磨齿。但加工精度一般可达IT4级，表面粗糙度为$Ra0.4 \sim 0.2\mu m$。所以，实际生产中它是齿面要求淬火的高精度齿轮常采用的一种加工方法。

第三节 机械加工工艺过程基本概念

在实际生产中，由于零件的生产类型、材料、结构、形状、尺寸和技术要求不同，一个零件往往不是单独在一种机床上、用某一种加工方法就能完成，而是要经过一定的工艺过程才能完成加工。为了正确地进行零件加工，不仅需要选择组成零件的每一个表面的加工方法及其所用的机床，而且需要合理地选择定位基准和安排各表面的加工顺序，即合理地制定零件的切削加工工艺过程，以确保零件加工质量、提高生产率和降低成本。

一、工艺过程的基本概念

（一）生产过程和工艺过程

通常由原材料制成各种零件并装配成机器的全过程，称为生产过程，其中包括原材料的运输、保管、生产准备、制造毛坯、切削加工、装配、检验及试车、油漆和包装等。

在生产过程中，直接改变生产对象的形状、尺寸、表面质量、性质及相对位置等，使其成为成品或半成品的过程，称为工艺过程。如毛坯的制造（包括铸造工艺、锻压工艺、焊接工艺等）、机械加工、热处理和装配等。工艺过程是生产过程的核心组成部分。

采用机械加工的方法按一定顺序直接改变毛坯的形状、尺寸及表面质量，使其成为合格零件的工艺过程，称为机械加工工艺过程。它是生产过程的重要内容。

（二）机械加工工艺过程的组成

零件的机械加工工艺过程由许多工序组合而成，每个工序又可分为若干个安装、工位、工步和进给。

1. 工序

工序是机械加工工艺过程的基本单元，是指由一个或一组工人在同一台机床或同一个工作地点，完成一个或同时连续完成几个工件的工艺过程。工作地点、工人、工件与连续作业构成了工序的四个要素，若其中任一要素发生变更，则构成了另一道工序。一个工艺过程需要包括哪些工序，是由被加工零件的结构复杂程度、加工精度要求及生产类型所决定的。如图4-64所示的阶梯轴，因不同的生产批量，就有不同的工艺过程及工序，单件生产及大批量生产的工艺过程见表4-5与表4-6。

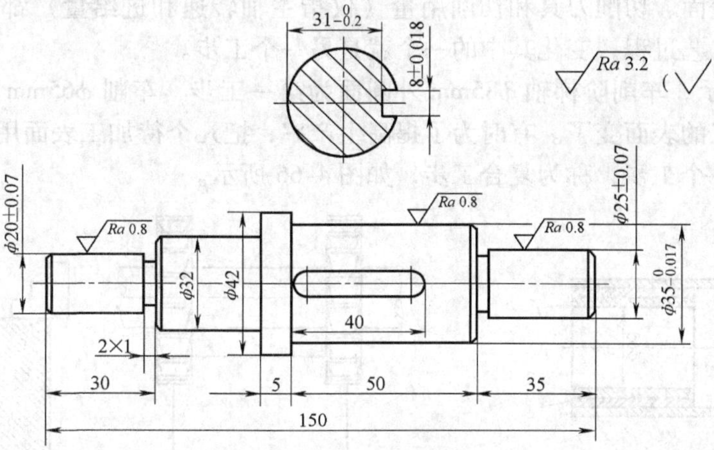

图4-64　阶梯轴

表4-5　单件生产阶梯轴的工艺过程

工　序　号	工序名称和内容	设　备
1	车端面，打中心孔，车外圆，切退刀槽，倒角	车床
2	铣键槽	铣床
3	磨外圆	磨床
4	去毛刺	钳工台

表4-6　大批量生产阶梯轴的工艺过程

工　序　号	工序名称和内容	设　备
1	铣端面，打中心孔	铣钻联合机床
2	粗车外圆	车床
3	精车外圆、倒角，切退刀槽	车床
4	铣键槽	铣床
5	磨外圆	磨床
6	去毛刺	钳工台

2. 安装

在一道工序中，工件在加工位置上至少要装夹一次，但有的工件也可能要装夹几次，工件每经一次装夹后所完成的那部分工序称为安装。如表4-6中的第2、3及5工序，需调头经过两次安装才能完成其工序的全部内容。应尽可能减少装夹次数，多一次装夹就多一次安装误差，且又增加了装卸辅助时间。

3. 工位

为减少装夹次数，常采用多工位夹具或多轴（多工位）机床，使工件在一次安装中先后经过若干个不同位置顺次进行加工。工件在机床上占据每一个位置所完成的那部分工序称为工位。

4. 工步

工步是加工表面、切削刀具和切削用量（仅指主轴转速和进给量）都不变的情况下所完成的那一部分工艺过程，变化其中的一个就是另一个工步。

如图4-65所示，车削阶梯轴 ϕ85mm 外圆面为第一工步，车削 ϕ65mm 外圆面为第二工步，这是因为加工的表面变了。有时为了提高生产率，把几个待加工表面用几把刀具同时加工，这也可看作一个工步，称为复合工步，如图4-66所示。

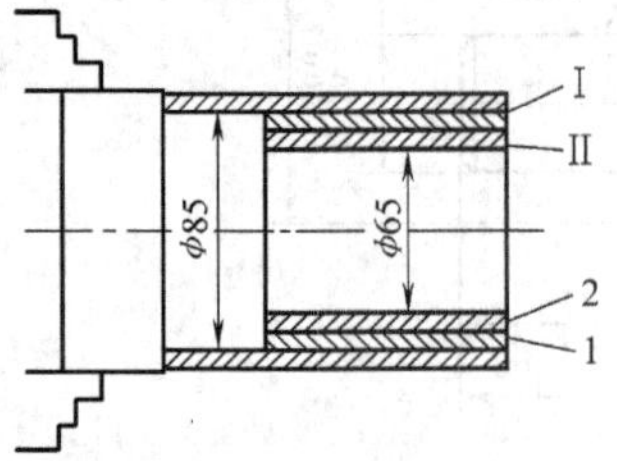

图4-65 车削阶梯轴

I—第一工步（在 ϕ85mm） II—第二工步（在 ϕ65mm）

1—第二工步第一次进给 2—第二工步第二次进给

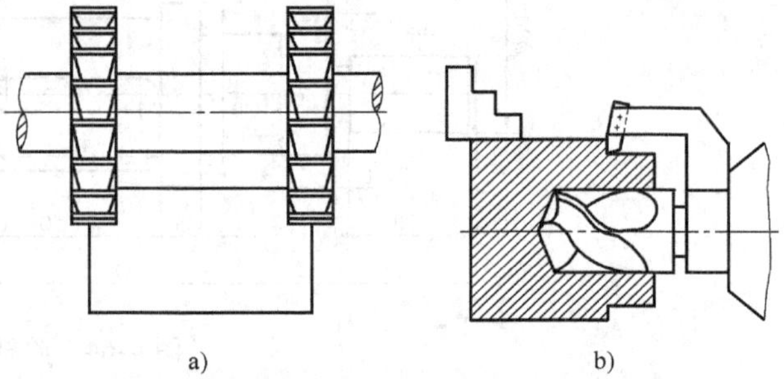

图4-66 复合工步

（三）生产纲领和生产类型

1. 生产纲领

生产纲领是指企业在计划期内应当生产的产品产量和进度计划。零件在计划期为一年的生产纲领 N 可按下式计算：

$$N = Qn(1+\alpha)(1+\beta)$$

式中，N 为零件的年产量（件/年）；Q 为产品的年产量（台/年）；n 为每台产品中该零件的数量（件/台）；α、β 为备品率（%）和废品率（%）。

当零件的生产纲领确定后，还要根据车间的情况按一定期限分批投产，每批投产的数量，称为生产批量。

2. 生产类型

根据生产纲领的大小和产品品种的多少，机械制造企业的生产可分为单件生产、成批生产和大量生产三种生产类型。

1）单件生产。单件生产是产品的种类多而同一产品的产量很小，工件地点的加工对象完全不重复或很少重复，例如重型机器、专用设备或新产品试制都属于单件生产。

2）成批生产。成批生产的主要特征是工作地点的加工对象，周期性地进行轮换。普通机床、纺织机械等的制造等多属此种生产类型。按照批量的大小，成批生产又可分为小批生产、中批生产和大批生产三种类型。

3）大量生产。大量生产的产品数量很大，大多数工作地点长期进行某一零件的某一道工序的加工。如汽车、轴承、自行车等的制造多属此种生产类型。

生产类型取决于产品（零件）的年产量、尺寸大小及复杂程度。表4-7列出了各种生产类型的生产纲领及工艺特点。

表4-7 各种生产类型的生产纲领及工艺特点

	钢领及特点	单件生产/件	小批/件	中批/件	大批/件	大量生产/件
产品类型	重型机械	<5	5～100	100～300	300～1000	>1000
	中型机械	<20	20～200	200～500	500～5000	>5000
	轻型机械	<100	100～500	500～5000	5000～50000	>50000
工艺特点	毛坯的制造方法及加工余量	自由锻造，木模手工造型；毛坯精度低，余量大		部分采用模锻，金属模造型；毛坯精度及余量中等	广泛采用模锻、机器造型等高效方法；毛坯精度高、余量小	
	机床设备及机床布置	通用机床按机群式排列；部分采用数控机床及柔性制造单元		通用机床和部分专用机床及高效自动机床；机床按零件类别分工段排列	广泛采用自动机床、专用机床，采用自动线或专用机床流水线排列	
	夹具及尺寸保证	通用夹具，标准附件或组合夹具；划线试切保证尺寸		通用夹具，专用或成组夹具；定程法保证尺寸	高效专用夹具；定程及自动测量控制尺寸	
	刀具、量具	通用刀具、标准量具		专用或标准刀具、量具	专用刀具、量具，自动测量	
	零件的互换性	配对制造，互换性低，多采用钳工修配		多数互换，部分试配或修配	全部互换，高精度偶件采用分组装配、配磨	
	工艺文件的要求	编制简单的工艺过程卡片		编制详细的工艺规程及关键工序的工序卡片	编制详细的工艺规程、工序卡片、调整卡片	
	生产率	传统加工方法，生产率低，数控机床可提高生产率		中等	高	
	成本	较高		中等	低	
	对工人的技术要求	需要技术熟练的工人		需要一定熟练程度的技术工人	对操作工人的技术要求较低，对调整工人的技术要求较高	
	发展趋势	采用数控机床、加工中心及柔性制造单元		采用成组工艺，用柔性制造系统或柔性自动线	用计算机控制的自动化制造系统、车间或无人工厂，实现自适应控制	

注："重型机械"、"中型机械"和"轻型机械"可分别以轧钢机、柴油机和缝纫机作代表。

应当指出，生产类型对零件工艺规程的制定影响很大。此外，生产同一产品，大量生产一般具有生产效率高、成本低、质量可靠、性能稳定等优点。因此，应大力推广产品结构的标准化、系列化，以便于组织专业化的大批量生产，以提高经济效益。推行成组技术，以及采用数控机床、柔性制造系统和计算机集成制造系统等现代化的生产手段及方式，实现机械产品多品种、小批量生产的自动化，是当前机械制造工艺的重要发展方向。

二、零件的切削结构工艺性

零件的切削结构工艺性是指在满足使用要求的前提下，评估制造的可行性和经济性。它是零件在毛坯制造、切削加工、热处理及装配与维修等过程中，评价零件设计优劣的重要经济技术指标之一。零件结构工艺性的好坏，随着科学技术的发展和客观条件的不同而变化。

在具体设计零件结构时，除满足使用要求外，通常还应注意以下几方面的因素：

1）设计的零件结构，要便于安装，定位准确，加工稳定可靠。

2）尽量减小毛坯余量和选用可加工性好的材料。

3）各要素的形状应尽量简单，加工面积要尽量小，规格应尽量统一。

4）能尽量采用标准刀具进行加工，且刀具易进入、退出和顺利通过加工表面。

5）加工面和加工面之间、加工面和不加工面之间均应明显分开，加工时应使刀具有良好的切削条件，以减少刀具磨损和保证加工质量。

表 4-8 所示为典型零件结构工艺性的实例，可供分析时参考。

表 4-8 零件结构切削加工工艺性示例

工艺性内容	不合理的结构	合理的结构	说明
1. 结构要便于装夹	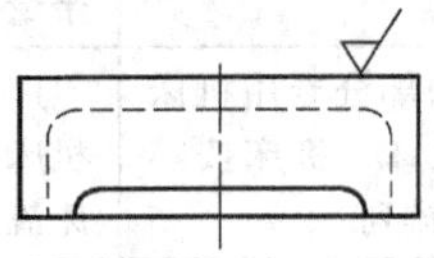	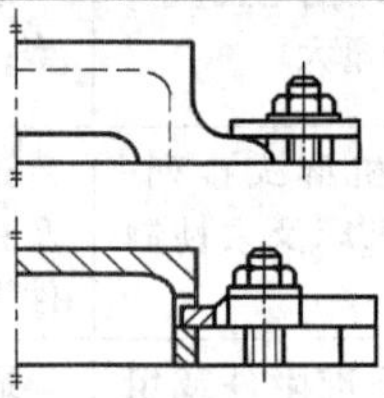	左图零件不便装夹，为此，增设夹紧的工艺凸缘或工艺孔，以便用螺钉、压板夹紧，且吊装、搬运方便
2. 加工面积应尽量小	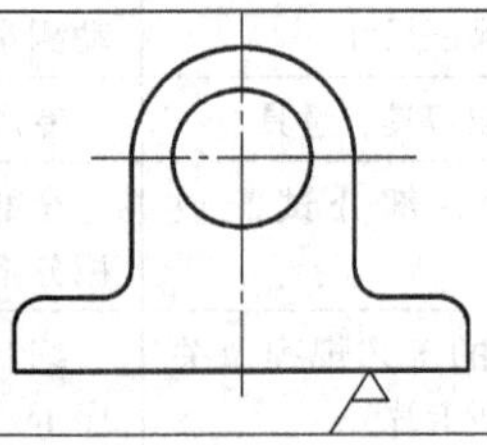	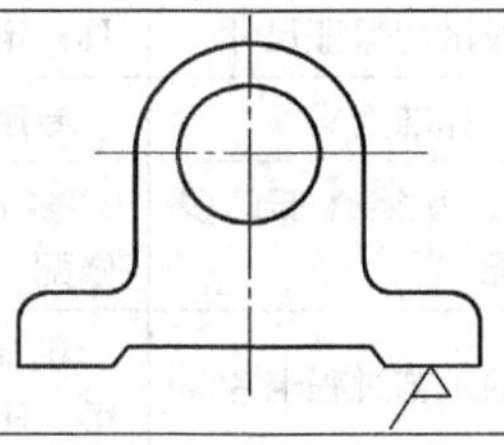	支座底面设计为中凹，可减少加工量，以减少刀具及材料的消耗量
3. 钻孔的入端和出端应避免斜面	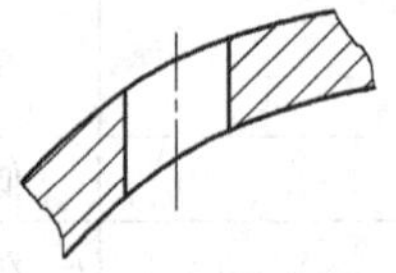	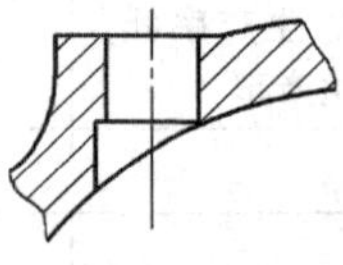	孔的轴线不垂直于孔的进口或出口的端面，钻头容易产生偏斜或弯曲，甚至折断。应尽量避免在曲面或斜壁上钻孔，提高生产率，保证精度
4. 槽宽尺寸一致	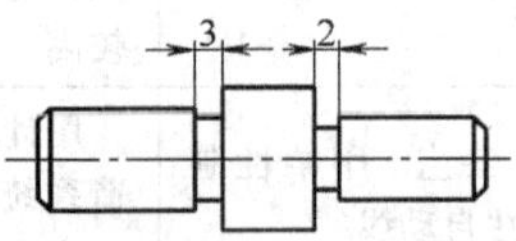	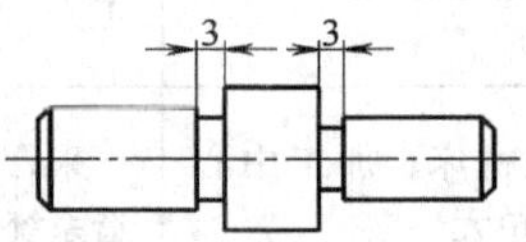	左图轴上的退刀槽宽度不一致，车削时需准备、更换不同宽度的车槽刀。改进后，减少了刀具种类和换刀次数
5. 键槽布置在同一方向上	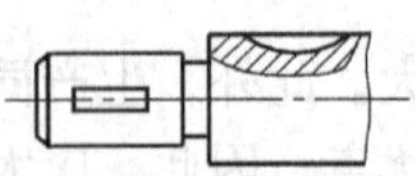	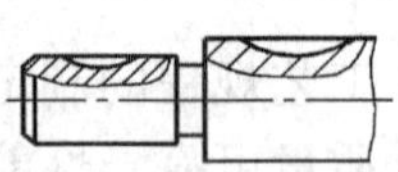	轴上的键槽不在同一方向，铣削时需重复安装和对刀。改进后可减少调整次数，也易于保证位置精度
6. 槽的底面不应与其他加工面重合	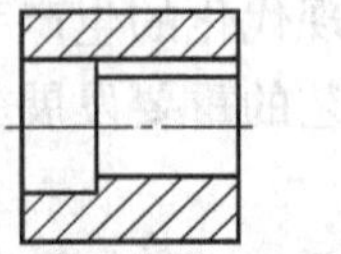	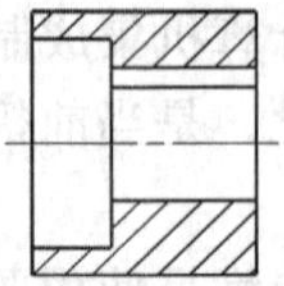	将左图结构改为右图后，便于加工，也可避免损伤其他加工表面

（续）

工艺性内容	不合理的结构	合理的结构	说　明
7. 孔的位置不能距壁太近	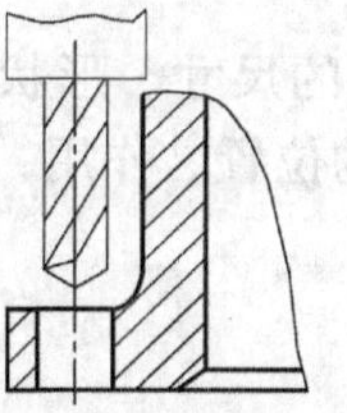	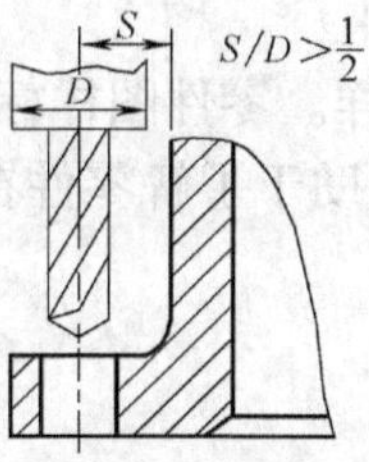	左图的孔与零件立壁相距太近，造成钻头夹与立壁干涉，只能采用非标准加长钻头，刀具刚性差。改进后，可以采用标准刀具，从而可保证加工精度
8. 螺纹根部应有退刀槽	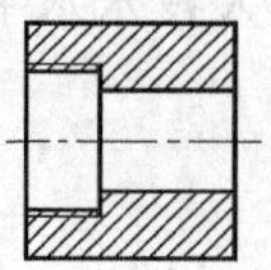	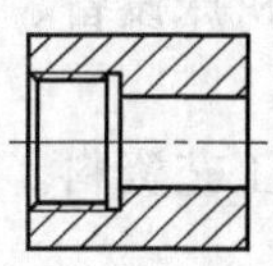	没有退刀槽，不能车出完整的螺纹，刀具、机床也容易损伤。改进后，可避免损伤刀具，使加工安全
9. 凸台表面位于同一平面上	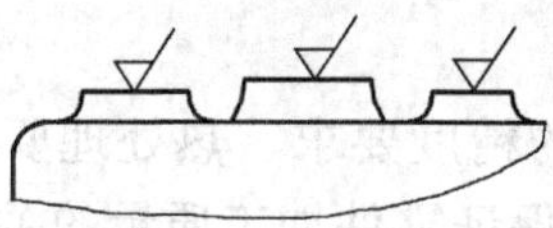	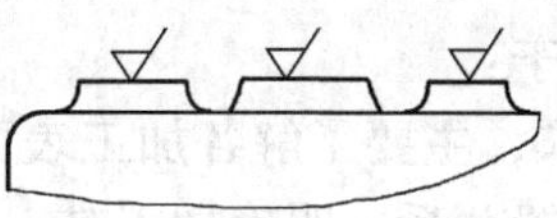	当加工左图这种具有不同高度的凸台面时，需逐一将工作台升高或降低。将凸台设计成等高，则能在一次进给中加工所有凸台面。提高生产率，易保证精度
10. 轴上两相接精加工表面间应设刀具越程槽	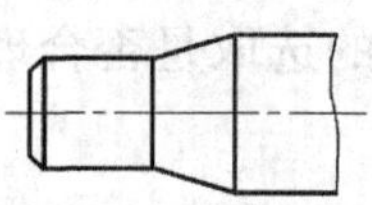	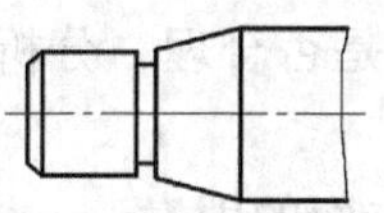	易保证精度且生产率高
11. 批量生产零件的结构要适应加工要求	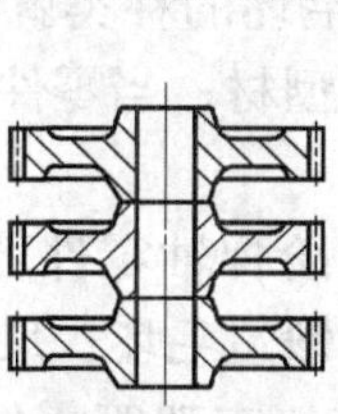	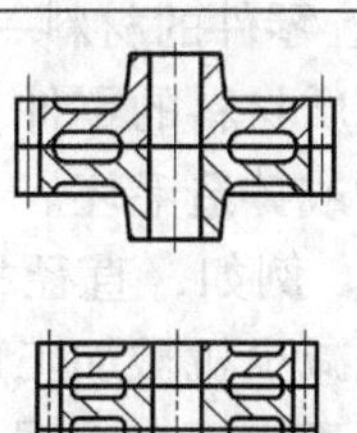	右图滚齿或插齿的切削行程不仅缩短，且可提高工件的刚性，变断续切削为连续切削，生产率高
12. 合理采用组合结构	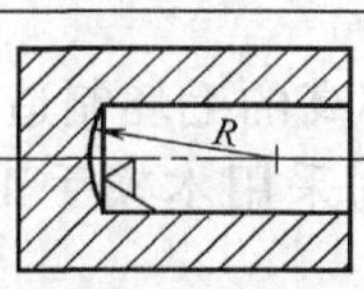	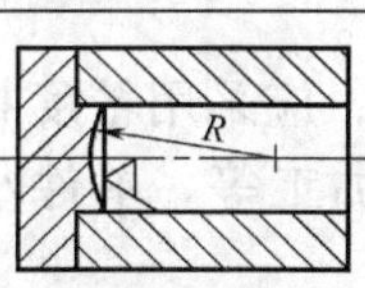	左图零件孔底的内球面，加工困难。采用分解后再组合，则内球面变为外表面加工，使加工方便，且易于保证质量

三、零件机械加工工艺规程的制定

零件机械加工工艺规程是规定零件机械加工工艺过程和方法等的工艺文件。它是在具体的生产条件下，将最合理或较合理的工艺过程，用图表（或文字）的形式制成文本，用来指导生产、管理生产的文件。工艺规程的内容，一般有零件的加工工艺路线、各工序基本加工内容、切削用量、工时定额及采用的机床和工艺装备（刀具、夹具、量具、模具）等。

（一）制定工艺规程的原则、原始资料

1. 制定工艺规程的原则

制定工艺规程的原则是：在保证产品质量的前提下，以最快的速度、最少的劳动消耗和

最低的费用，加工出符合设计图样要求的零件。同时，还应在充分利用本企业现有生产条件的基础上，尽可能保证技术先进、经济合理、并且有良好的劳动条件。

2. 制定工艺规程的原始资料

1）产品零件图样及装配图样。零件图样标明了零件的尺寸、形状精度、位置精度以及其他技术要求，产品的装配图有助于了解零件在产品中的位置、作用，所以，它们是制定工艺规程的基础。

2）产品的生产纲领。

3）产品验收的质量标准。

4）本厂现有的生产条件，如机床设备、工艺装备、工人技术水平及毛坯的制造生产能力等。

5）国内、外同类产品的生产工艺资料。

（二）制定工艺规程的步骤

1. 零件图样分析

零件图样分析的目的在于：

1）分析零件的技术要求，主要了解各加工表面的精度要求、热处理要求，找出主要表面并分析它与次要表面的位置关系，明确加工难点及保证零件加工质量的关键，以便在加工时重点加以关注。

2）审查零件的结构工艺性是否合理，分析零件材料的选取是否合理。

2. 毛坯选择

毛坯选择主要依据以下几方面的因素：

1）零件的材料及力学性能。零件的材料一旦确定，毛坯的种类就大致确定了。例如材料为铸铁，就应选铸造毛坯；钢质材料的零件，一般可用型材；当零件的力学性能要求较高时要用锻造；有色金属常用型材或铸造毛坯。

2）零件的结构形状及尺寸。例如，直径相差不大的阶梯轴零件可选用棒料作为毛坯，直径相差较大时，为节省材料，减少机械加工量，可采用锻造毛坯；尺寸较大的零件可采用自由锻，形状复杂的钢质零件则不宜用自由锻。对于箱体、支架等零件一般采用铸造毛坯，大型设备的支架可采用焊接结构。

3）生产类型。大量生产时，应采用精度高、生产率高的毛坯制造方法，如机器造型、熔模铸造、冷轧、冷拔、冲压加工等。单件小批生产则采用木模手工造型、焊接、自由锻等。

4）毛坯车间现有生产条件及技术水平以及通过外协获得各种毛坯的可能性。

3. 拟订工艺路线

（1）定位基准的选择　正确选择定位基准，特别是主要的精基准，对保证零件加工精度、合理安排加工顺序起决定性作用。所以，在拟订工艺路线时首先应考虑选择合适的定位基准。基准的概念及其选择原则可参照机械制造工艺或机械制造手册的相关内容。

（2）零件表面加工工艺方案的选择　由于表面要求（尺寸、形状、表面质量、力学性能等）不同，往往同一表面的加工需采用多种加工方法完成。某种表面采用各种加工方法所组成的加工顺序称为表面加工工艺方案。

（3）加工阶段的划分　对于那些加工质量要求高或比较复杂的零件，通常将整个工艺路线划分为以下几个阶段：

1）粗加工阶段。粗加工阶段的主要任务是切除毛坯的大部分余量，并制出精基准。该阶段的关键问题是如何提高生产率。

2）半精加工阶段。半精加工阶段的任务是减小粗加工留下的误差，为主要表面的精加工作好准备，同时完成零件上各次要表面的加工。

3）精加工阶段。精加工阶段的任务是保证各主要表面达到图样规定要求。这一阶段的主要问题是如何保证加工质量。

4）光整加工阶段。光整加工阶段的主要任务是减小表面粗糙度值和进一步提高精度。

划分加工阶段的好处是按先粗后精的顺序进行机械加工，可以合理分配加工余量以及选择切削用量，充分发挥粗加工机床的效率，长期保持精加工机床的精度，并减少工件在加工过程中的变形，避免精加工表面受到损伤；粗精加工分开，还便于及时发现毛坯缺陷，同时有利于安排热处理工序。

(4) 加工顺序的安排　加工顺序的安排对保证加工质量、提高生产率和降低成本都有重要作用，是拟订工艺路线的关键之一。可按下列原则进行。

1）切削加工顺序的安排。① 先粗后精，先安排粗加工，中间安排半精加工，最后安排精加工；② 先主后次，先安排零件的装配基面和工作表面等主要表面的加工，后安排如键槽、紧固用的光孔和螺纹孔等次要表面的加工；③ 先面后孔，对于箱体、支架、连杆、底座等零件，其主要表面的加工顺序是先加工用作定位的平面和孔端面的加工，然后再加工孔；④ 先基准后其他，即作为精基准的表面应在一开始的工序中就加工出来，以便为后续工序的加工提供定位精基准。

2）热处理工序的安排。按应用目的零件加工过程中的热处理大致可分为预备热处理和最终热处理。

① 预备热处理。预备热处理的目的是改善力学性能、消除内应力，为最终热处理作准备，它包括退火、正火、调质和时效处理。铸件和锻件，为了消除毛坯制造过程中产生的内应力，改善机械加工性能，在机械加工前应进行退火或正火处理；对大而复杂的铸造毛坯件（如机架、床身等）及刚度较差的精密零件（如精密丝杠），需在粗加工之前及粗加工与半精加工之间安排多次时效处理；调质处理的目的是获得均匀细致的索氏体组织，为零件的最终热处理作好组织准备，同时它也可以作为最终热处理，使零件获得良好的综合力学性能，一般安排在粗加工之后进行。

② 最终热处理。最终热处理的目的主要是为了提高零件材料的硬度及耐磨性，它包括淬火、渗碳及渗氮等。淬火及渗碳淬火通常安排在半精加工之后、精加工之前进行；渗氮处理时由于变形较小，通常安排在精加工后。

3）辅助工序的安排。辅助工序包括检验、清洗、去毛刺、防锈、去磁及平衡去重等。其中检验是最主要的、也是必不可少的辅助工序，零件加工过程中，除了安排工序自检外，还应在下列场合安排检验工序：① 粗加工全部结束之后、精加工之前；② 工件转入、转出车间前后；③ 重要工序加工前后；④ 全部加工工序完成后。

（三）工艺文件的编制

零件的机械加工工艺过程确定之后，应将有关内容填写在工艺卡片上，这些工艺卡片总称为工艺文件。生产中常用的工艺文件有下列三种形式：

1. 机械加工工艺过程卡片

机械加工工艺过程卡片是以工序为单位，简要说明零件整个加工工艺过程的一种工艺文件，其内容包括工序号、工序名称、工序内容、加工车间、设备及工艺装备、各工序时间定额等，其格式见表4-9。在单件小批生产中，常以这种卡片直接指导生产。

表4-9　机械加工工艺过程卡片

<table>
<tr><td rowspan="2" colspan="2">工　厂</td><td rowspan="2" colspan="4">机械加工工艺过程卡片</td><td>产品型号</td><td></td><td colspan="2">零（部）件图号</td><td></td><td>共　页</td></tr>
<tr><td>产品名称</td><td></td><td colspan="2">零（部）件名称</td><td></td><td>第　页</td></tr>
<tr><td colspan="2">材料牌号</td><td></td><td>毛坯种类</td><td></td><td>毛坯外形尺寸</td><td></td><td>每毛坯件数</td><td></td><td>每台件数</td><td></td><td>备注</td></tr>
<tr><td rowspan="2">工序号</td><td rowspan="2">工序名称</td><td rowspan="2" colspan="3">工序内容</td><td rowspan="2">车间</td><td rowspan="2">工段</td><td rowspan="2">设备</td><td rowspan="2" colspan="2">工艺装备</td><td colspan="2">工时</td></tr>
<tr><td>准终</td><td>单件</td></tr>
<tr><td></td><td></td><td colspan="3"></td><td></td><td></td><td></td><td colspan="2"></td><td></td><td></td></tr>
<tr><td colspan="12">编制（日期）　审核（日期）　会签（日期）</td></tr>
<tr><td>标记</td><td>处记</td><td>更改文件号</td><td>签字</td><td>日期</td><td>标记</td><td>处记</td><td>更改文件号</td><td>签字</td><td>日期</td><td></td><td></td></tr>
</table>

2. 机械加工工序卡片

机械加工工序卡片是针对每道工序编制的、用来具体指导工人进行生产的工艺文件。它通过工序简图详细说明了该工序的加工内容、尺寸及公差、定位基准、装夹方式、刀具的形状及其位置等，并注明切削用量、工步内容及工时等。工序卡片多用于大批大量生产中，每个工序都要有工序卡片。

成批生产中的主要零件，或一般零件的关键工序，有时也要有工序卡片。

3. 机械加工工艺（综合）卡片

机械加工工艺（综合）卡片是以工序为单位，比较详细地说明零件加工工艺过程的一种工艺文件，简称工艺卡。它不但包含了工艺过程卡片的内容，而且详细说明了每一工序的工位及工步的工作内容，对于复杂工序，还要绘出工序简图，标注工序尺寸及公差等。机械加工工艺（综合）卡片是用来指导工人生产和帮助技术管理人员掌握整个加工过程的主要技术文件，常用于成批生产和小批生产中比较重要的零件。

各工厂所用工艺文件的格式有多种多样，可视具体情况和参照相关规定来编制。

复习思考题

1. 试说明下列加工方法的主运动和进给运动：

a）车端面；b）在钻床上钻孔；c）在铣床上铣平面；d）在牛头刨床上刨平面；e）在平面磨床上磨平面

2. 试说明车削时的切削用量三要素。

3. 车外圆时，已知工件转速 $n=320\text{r/min}$，车刀进给速度 $v_f=64\text{mm/min}$，其他条件如图4-67所示，试求切削速度 v_c、进给量 f、背吃刀量 a_p。

4. 弯头车刀刀头的几何形状如图4-68所示，试分别说明车外圆、车端面（由外向中心进给）时的主切削刃、刀尖、前角 γ_0、主后角 α_0、主偏角 κ_r 和副偏角 κ'_r。

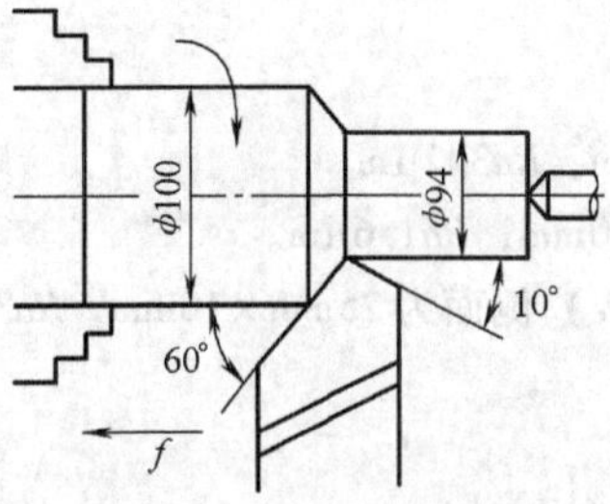

图 4-67 第 3 题图

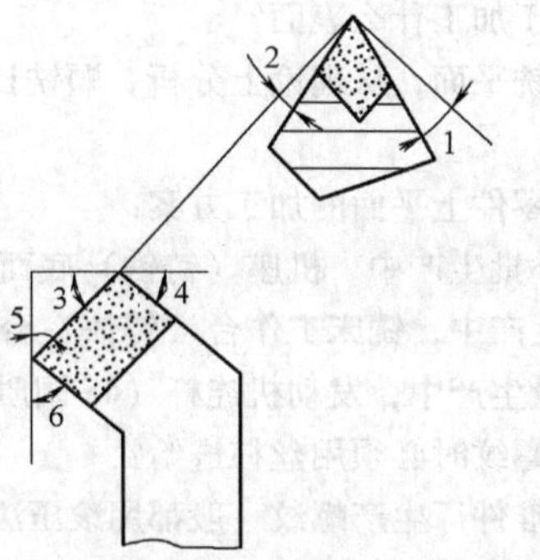

图 4-68 第 4 题图

5. 简述车刀前角、后角、主偏角、副偏角和刃倾角的作用及选择原则。

6. 刀具切削部分材料应具备哪些基本性能？常用的刀具材料有哪些？

7. 高速工具钢和硬质合金在性能上的主要区别是什么？各适合做哪些刀具？

8. 切屑是如何形成的？常见的有哪几种？

9. 积屑瘤是如何形成的？它对切削加工有哪些影响？生产中最有效的控制积屑瘤的手段是什么？

10. 切削热对切削加工有什么影响？

11. 切削液的主要作用是什么？

12. 刀具的磨损形式有哪几种？在刀具磨损过程中一般分为几个磨损阶段？刀具寿命的含义和作用是什么？

13. 砂轮磨削金属与刀具切削金属的过程及原理有何异同？原因何在？

14. 如何评价材料切削加工性能的好坏？最常用的衡量指标有哪些？如何改善材料的切削加工性？

15. 什么是加工精度？包括哪些内容？

16. 机械加工表面质量的含义是什么？

17. 加工要求精度高、表面粗糙度值小的纯铜或铝合金轴外圆时，应选用哪种加工方法？为什么？

18. 外圆磨削前为什么只进行粗车和半精车，而不需要精车？

19. 磨削为什么能达到较高的精度和较小的表面粗糙度值？

20. 研磨与超精加工的加工原理、工艺特点和应用场合有哪些不同？

21. 试确定下列零件外圆面的加工方案：

1）纯铜小轴，ϕ20h7，*Ra*0.8μm；2）45 钢轴，ϕ50h6，*Ra*0.2μm。

22. 加工相同材料、尺寸、精度和表面粗糙度的外圆面和孔，哪一个更困难？为什么？

23. 在车床上钻孔和在钻床上钻孔产生的“引偏”，对所加工的孔有何不同影响？在随后的精加工中，哪一种比较容易纠正？为什么？

24. 扩孔、铰孔为什么能达到较高的精度和较小的表面粗糙度值？

25. 镗床镗孔与车床镗孔有何不同？各适合于什么场合？

26. 拉孔为什么无需精确的预加工？拉削能否保持孔与外圆的同轴度要求？

27. 内圆磨削的精度和生产率为什么低于外圆磨削？

28. 下列零件上的孔，用何种加工方案比较合理：

1）单件小批生产，铸铁齿轮上的孔，ϕ20H7，*Ra*1.6μm。

2）大批量生产，铸铁齿轮上的孔，ϕ50H7，*Ra*0.8μm。

3）变速箱体（铸铁）上传动轴的轴承孔，ϕ62J7，*Ra*0.8μm。

4）高速工具钢三面刃铣刀上的孔，ϕ27H6，*Ra*0.2μm。

29. 牛头刨床和龙门刨床的应用有何区别？工件常用的装夹方法分别有哪些？

30. 插削适合于加工什么表面？

31. 用周铣法铣平面，从理论上分析，顺铣比逆铣有哪些优点？实际生产中，目前多采用哪种铣削方式？为什么？

32. 试述下列零件上平面的加工方案：

1）单件小批生产中，机座（铸铁）底面为 500mm×300mm，*Ra*3.2μm。

2）成批生产中，铣床工作台（铸铁）台面为 1250mm×300mm，*Ra*1.6μm。

3）大批量生产中，发动机连杆（45 调质钢，217～255HBW）侧面为 25mm×10mm，*Ra*3.2μm。

33. 为什么车螺纹时必须用丝杠进给？

34. 为什么标准件厂生产螺纹一般都用滚压法？

35. 成形面的加工，一般有哪几种方式？各有何特点？

36. 试述成形法和展成法的齿形加工原理有何不同？

37. 为什么插齿和滚齿的加工精度和生产率比铣齿高？滚齿和插齿的加工质量有什么差别？

38. 哪种磨齿方法的生产率高？哪一种的加工质量好？为什么？

39. 机械加工工艺规程的内容和作用是什么？其制定步骤是什么？

40. 零件的工艺分析有哪几方面的内容？

41. 试分析图 4-69 所示零件的结构工艺性的好坏，并加以改进。

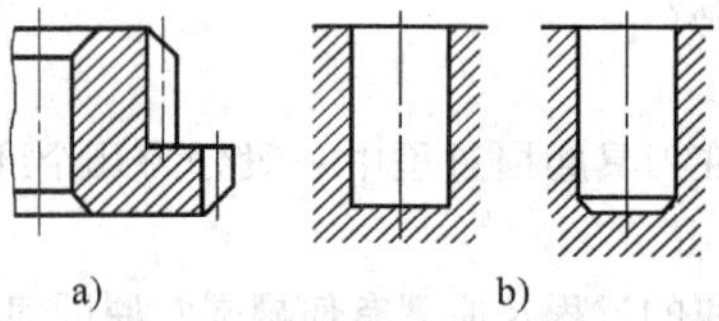

图 4-69 第 41 题图

42. 划分加工阶段有什么好处？

第五章　特种加工

特种加工就是当传统切削加工方法对产品（或材料）无法实施或保证不了规定的精度要求时而采用物理的（力、热、声、光、电）或化学的方法进行加工的手段。

特种加工与传统切削加工方法在原理上的主要区别为：

1）用机械能以外的其他能量去除工件上多余的材料，以达到图样上的全部技术要求。

2）打破传统的硬刀具加工软材料的规律，刀具硬度可低于被加工材料的硬度，可谓“以柔克刚”。

3）在切削加工中，工具与工件不受切削力的作用。

由于以上特点，特种加工可解决常规切削方法难以解决的或无法解决的加工问题，已成为机械制造中一种重要的加工方法。目前，在航天、电子、电机、电器、仪表、汽车等制造工业部门得到了广泛应用，并为新产品设计打破许多受加工手段限制的禁区，为新材料的研制提供了很好的应用基础。

特种加工已有半个多世纪的发展史，但对其分类还没有明确的规定，通常按能量类型和加工机理可有以下分类：

1）电能与热能作用方式有：电火花成形与穿孔加工（EDM）、电火花线切割加工（WEDM）、电子束加工和等离子束加工（PMA）。

2）电能与化学能作用方式有：电解加工（ECM）、电铸加工（ECM）和刷镀加工。

3）化学能与机械能作用方式有：电解磨削（ECG）、电解珩磨（ECH）。

4）声能与机械能作用方式有：超声波加工（USM）。

5）光能与热能作用方式有：激光加工（LBM）。

6）电能与机械能作用方式有：离子束加工（IBM）。

7）液流能与机械能作用方式有：挤压珩磨（AFH）和水射流切割（WJC）。

本章仅对应用较广的几种特种加工方法的原理和工艺特点进行简要介绍。

第一节　电火花加工

电火花加工（EDM）是20世纪40年代开始研究并逐步应用于生产的一种利用电、热能进行加工的方法。

一、电火花加工的原理和特点

1. 电火花加工的原理

电火花加工利用工具电极和工件电极间瞬时火花放电所产生的高温来熔蚀材料，因此又称为放电加工或电蚀加工。电火花加工的工作原理如图5-1所示，工具接负极，工件接正极，两极均浸在有一定绝缘度的流体介质（通常用煤油或矿物油）中。当液体介质中的两电极接脉冲电源时，所供电能大部分转为热能，两极之间的间隙内（由自动调节装置可调至0.01～0.05mm）形成了一个瞬时的高温热源，其温度可达5000～10000℃。由于通道截面积很小，脉冲电压加到两极之间，便将极间最近点的液体介质击穿，放电通道中的瞬时高温使材料熔化和汽化。单个脉冲能使工件表面形成微小凹坑，而无数个脉冲的累加将会使工件上的高点逐渐熔蚀。随着工具电极不断地向工件作进给运动，工具电极的形状便被复制在工件上。加工过程中所产生的金属微粒，则被流动的工作液流带走。同时，总能量的一小部分也释放到工具电极上形成一定的工具损耗。

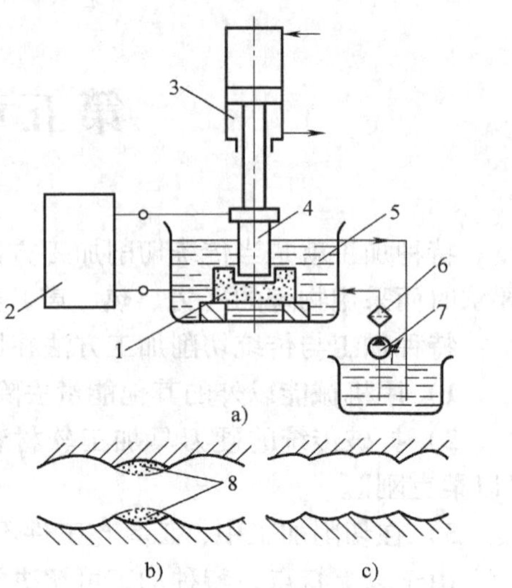

图 5-1 电火花加工原理图

a）加工原理示意图 b）、c）加工表面局部放大图

1—工件 2—脉冲电源 3—自动进给调节装置

4—工具 5—工作液 6—过滤器 7—工作液泵

8—被蚀除的材料

2. 电火花加工应具备的条件

进行电火花加工应具备如下条件：

1）工具电极和工件电极之间必须保持一定的间隙。这可由自动进给调节装置调节，间隙可在几微米至几百微米之间，太小易短路，太大则极间电压不能击穿两极间介质而不能形成火花放电。

2）必须采用脉冲电源。因火花放电必须是瞬时的脉冲放电，放电延续一段时间（通常 10^{-7} ~ 10^{-8}s）后，需停歇一段时间（图 5-2），这样才能使放电所产生的热量来不及传导扩散到其余部分，而集中于微小区域。不连续放电，可以避免像电弧放电那样使表面烧伤，而无法保证加工精度和表面质量。

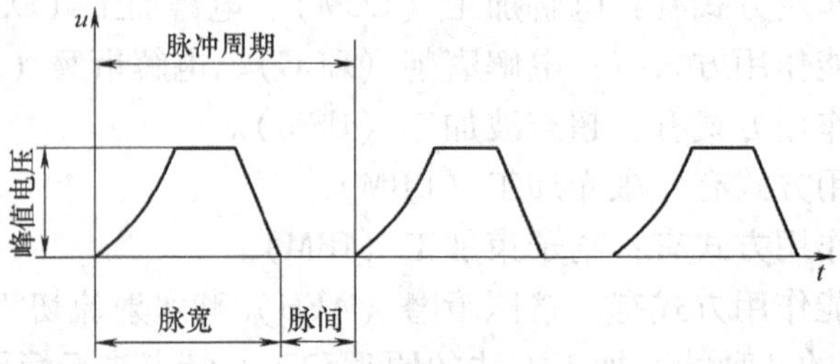

图 5-2 脉冲电源电压波形

3）必须在有一定绝缘性能的工作液中进行火花放电，这样有利于产生脉冲性火花放电，并排除放电间隙中的电蚀物，还可以对电极及工件表面起较好的冷却作用。

3. 电火花加工的特点

1）可加工任何高强度、高硬度、高韧性、高熔点的难切削加工的导电材料，不受被加工材料的物理力学性能影响，如淬火钢、硬质合金、不锈钢、工业纯铁、导电陶瓷、立方氮化硼、人造聚晶金刚石等。

2）工具的硬度可以低于被加工材料的硬度。

3）加工时无显著的机械切削力，工具电极并不回转，有利于小孔、窄槽、型孔、曲线孔及薄壁零件加工，也适合于精密细微加工。

4）脉冲参数可任意调节，加工中只要更换工具电极或采用阶梯形工具电极就可以在同一机床上连续进行粗、半精和精加工。

5）通常效率低于切削加工，可先用切削加工粗加工，再用电火花精加工。

6）放电过程中有一部分能量消耗于工具电极而导致电极消耗，对成形精度有一定影响。

二、电火花加工的应用

电火花加工在各行各业的应用日益广泛，尤其对一些结构复杂、精度及工艺要求较严的工件，在传统加工方式难以达到要求的情况下，电火花加工是一种有效的加工方法，如电火花穿孔加工、电火花型腔加工、电火花线切割加工、电火花磨削与镗磨加工、电火花展成加工、表面强化、非金属电火花加工或用于打印标记、刻字、磨合齿轮啮合件、取出折断在零件中的丝锥或钻头等。

1. 电火花穿孔加工

电火花穿孔加工常指贯通的等截面或变截面的二维型孔的电火花加工，如各种型孔（圆孔、方孔、多边孔、异形孔）、曲线孔（弯孔、螺旋孔）、小孔、微孔等加工，如图 5-3 所示。一般电火花加工后尺寸公差可达 IT7 级，表面粗糙度为 $Ra1.25\mu m$。

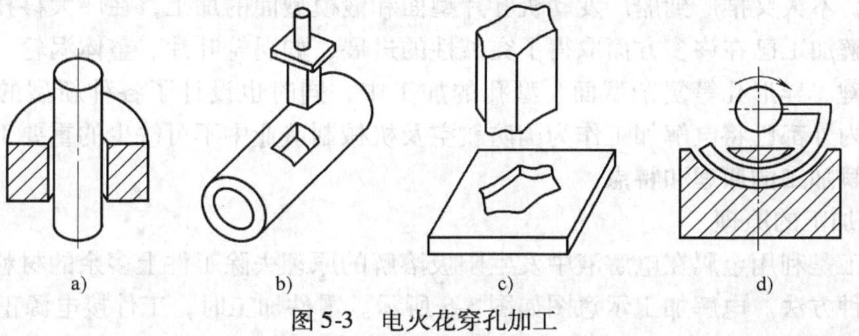

图 5-3 电火花穿孔加工

a）圆孔 b）方孔 c）异形孔 d）弯孔

2. 电火花型腔加工

电火花型腔加工一般指三维型腔和型面加工，如挤压模、压铸模、塑料模及胶木模等型腔的加工及整体式叶轮、叶片等曲面零件的加工。

3. 电火花线切割加工

电火花线切割加工简称“线切割”，它是通过线状工具电极按规定的轨迹与工件间的相对运动，切割出所需工件的一种加工形式。加工时（图 5-4），用一根作正反向交替运动的细金属丝（通常直径为 $\phi0.05 \sim \phi0.25$mm 的钼丝或黄铜丝）作工具电极。在线电极与工件之间通以脉冲电流且注以工作液介质，线电极一边卷绕一边与工件之间产生火花放电，使工件产生电蚀而进行切割加工。根据工件与线电极的相对运动，可以加工出各种不同形状的二维曲线轮廓。如切割内封闭结构时，钼丝先穿过工件上预加工的工艺小孔，再经导轮由储丝筒带动工作台作正反向的往复运动。

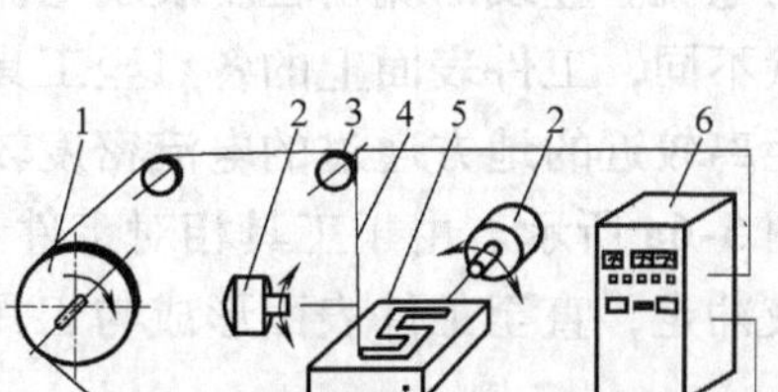

图 5-4 电火花线切割加工原理图

1—储丝筒 2—工作台驱动电动机 3—导轮 4—电极丝 5—工件 6—脉冲电源

与电火花成形加工不同的是：线电极在切割时，只有当电极丝和工件之间保持一定的轻微接触压力时，才形成火花放电。

电火花线切割加工与成形穿孔加工比较，有如下特点：

1）由于加工表面的轮廓是由 CNC 控制的复合运动所获得的，所以可切割复杂表面。

2）可加工细微的几何形状、切缝和很小的内角半径。线电极在加工中不断运动，使单位长度金属丝损耗较少，对加工精度影响小。

3）无需特定形状的工具电极，降低、节约了生产成本及准备工时。

4）在电参数相同的情况下，比穿孔加工生产率高，自动化程度高，操作使用方便。

5）加工同样的工件，其总蚀除量少，材料利用率高，对贵金属加工有着重要意义。

6）线切割的缺点是不能加工不通孔类零件和阶梯成形表面。

第二节 电解加工

电解加工（ECM）属于电化学加工方法，是继电火花加工之后发展较快、应用较广泛的一种特种加工方法。我国于 20 世纪 50 年代将这一工艺成功地应用到军工领域炮管腔线的加工研究中，不久又推广到船厂发动机叶片型面和锻模型面的加工，在广大科技人员的共同努力下，电解加工已在许多方面取得了突破性的进展，如涡轮叶片、整体涡轮、锻模型腔以及齿轮、花键、异形孔等复杂型面、型孔的加工中，同时也设计了各种新型的电解加工机床。目前国内外都已将电解加工作为国防航空及机械制造业中不可缺少的重要工艺手段。

一、电解加工的原理和特点

1. 电解加工的原理

电解加工是利用金属在电解液中发生阳极溶解的原理去除工件上多余的材料而将零件加工成形的一种方法。电解加工示意图如图 5-5 所示。零件加工时，工件接电源正极（阳极），按一定形状要求制成的工具接负极（阴极），两极之间保持较小的间隙（通常为 0.02～0.7mm），利用电解液泵在间隙中通以高速（5～50m/s）流动的电解液，在工件与工具之间施加一定的电压。

电解加工的原理如图 5-6 所示，图中的阴影部分表示通过阳极（工件）和阴极（工具）的电流。竖线的疏密程度表示电流密度的大小。电解加工开始时，工件阳极与工具阴极的形状不同，工件表面上的各点至工具表面的距离不等，因而各点的电流密度不等。阳极与阴极距离较近的地方通过的电流密度较大，电解液的流速也较高，阳极溶解的速度也就较快，如图 5-6a 所示。由于工具相对工件不断进给，工件表面就不断被溶解，电解产物不断被电解液冲走，直至工件表面形成与工具表面基本相似的形状为止，如图 5-6b 所示。

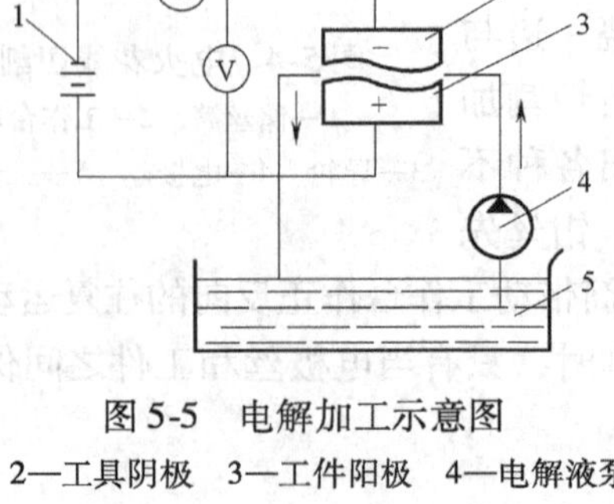

图 5-5 电解加工示意图

1—直流电源 2—工具阴极 3—工件阳极 4—电解液泵 5—电解液

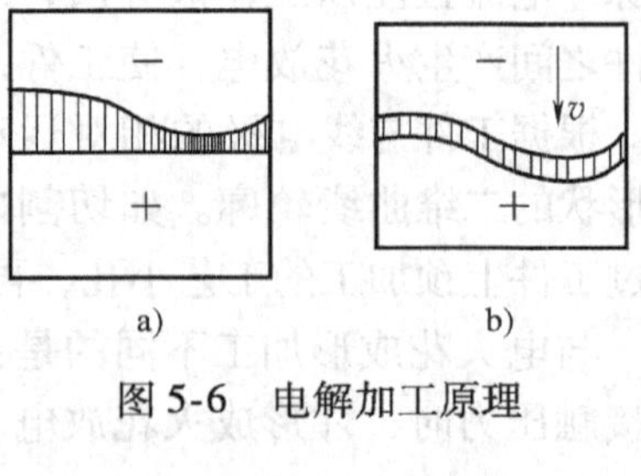

图 5-6 电解加工原理

2. 电解加工的特点

电解加工有如下特点：

1）不受材料本身强度、硬度和韧性的限制，可加工高强度、高硬度和高韧性等难切削的金属材料，如淬火钢、钛合金、硬质合金、不锈钢、耐热合金等。

2）能以简单的进给运动一次加工出形状复杂的型面和型腔。

3）加工中无切削力和切削热的作用，所以不产生由此引起的变形和残留应力、加工硬化、毛刺、飞边、刀痕等，适合加工易变形或薄壁零件。

4）加工过程中工具电极理论上无损耗，可长期使用。

5）生产率较高，为电火花加工的 5 ~ 10 倍以上，在某些情况下比切削加工的生产率还高。

6）电解液对机床有腐蚀作用，电解产物的处理和回收困难。

二、电解加工的应用

电解加工主要应用于以下几个方面：

1. 型腔加工

各种模具的型腔大多采用电火花加工，因为电火花加工的精度比电解加工的精度高。但其生产率低，因此对于一些对模具消耗较大、精度要求不太高的矿山机械、农机、拖拉机等所需的锻模已逐渐采用电解加工。

2. 叶片加工

叶片是喷气发动机、汽轮机中的重要零件，叶身型面形状比较复杂、要求精度高，加工批量大，采用机械加工难度大，生产率低，加工周期长。而采用电解加工则不受叶片材料硬度和韧性的限制，在一次行程中就可加工出复杂的叶身型面，生产率高，表面粗糙度值小，电解加工整体叶轮在我国已得到普遍应用。

3. 电解倒棱去毛刺

机械加工中去毛刺的工作量很大，尤其是去除硬而韧的金属毛刺，需要很多的人力，电解倒棱去毛刺可以大大提高工作效率。

此外，电解加工还可以进行深孔的扩孔加工，各种形状复杂、尺寸较小的四方、六方、椭圆、半圆等形状型孔的不通孔或通孔的加工以及抛光等。

第三节　超声波加工

电火花加工和电解加工都只能加工金属导电材料，无法加工不导电的非金属材料。而超声波加工不仅能加工硬质合金、淬火钢等脆硬金属材料，而且更适合加工玻璃、陶瓷、半导体、锗和硅片等不导电的非金属脆硬材料，同时还可以用于清洗、焊接和探伤等。

一、超声波加工的原理和特点

1. 超声波加工的原理

超声波加工（USM）是利用工具端面作超声频振动，通过磨料悬浮液加工硬脆材料的一种加工方法，其加工原理如图 5-7 所示。加工时，在工具头与工件之间加入液体与磨料混合的悬浮液，并在工具头振动方向加一个不大的压力，超声波发生器产生的超声频电振荡通过换能器转变为超声频的机械振动，变幅杆将振幅放大到 0.01 ~ 0.15mm，再传给工具，并驱动工具端面作超声振动，迫使悬浮液中的悬浮磨料在工具头的超声振动下，以很大速度不断撞击抛磨被加工表面，把加工区域的材料粉碎成很细的微粒，从材料上脱离下来。虽然每次打击下来的材料不多，但由于每秒钟打击16000次以上，所以仍存在一定的加工速度。与此同时，悬浮液受工具端部的超声振动作用而产生的液压冲击和空化现象，促使液体钻入被加工材料的隙裂处，加速了破坏作用。而液压冲击也使悬浮工作液在加工间隙中强迫循环，使变钝的磨料及时得到更新。

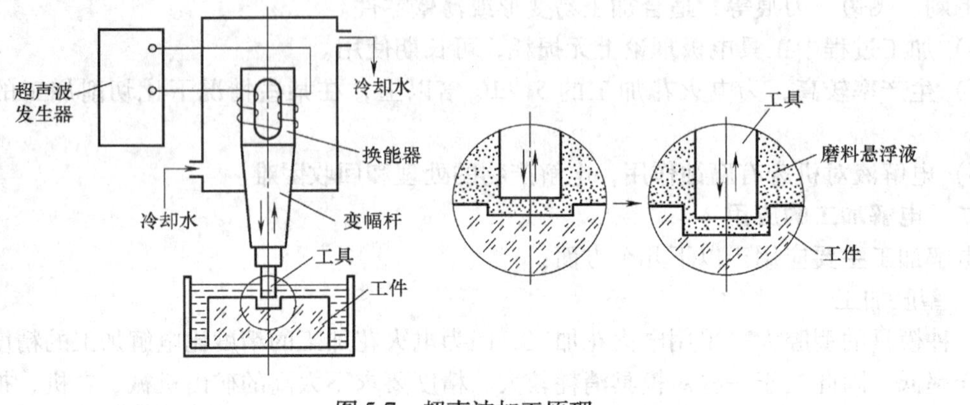

图 5-7　超声波加工原理

由此可见，超声波加工是磨料在超声波振动作用下的机械撞击和抛磨作用与超声波空化作用的综合结果，其中磨料的连续冲击是主要的。

2. 超声波加工的特点

1）由于去除被加工材料是靠机械撞击、抛磨和空化作用，因此，超声波加工适合于加工各种硬脆材料，特别是一些不导电的非金属材料，如玻璃、陶瓷、石英、硅、玛瑙、宝石、金刚石及各种半导体等，对导电的硬质金属材料如淬火钢、硬质合金也能加工，但生产率低。

2）由于超声波加工主要靠瞬时的局部冲击作用，故工件表面的宏观切削力很小，切削应力、切削热更小，因此可获得较高的加工精度（尺寸精度可达0.005～0.02mm）和较小的表面粗糙度（*Ra*0.05～0.2μm），被加工表面无残留应力、烧伤等现象，也适合加工薄壁、窄缝和低刚度零件。

3）在加工过程中，不需要工具和工件作比较复杂的相对运动，因此易于加工各种复杂形状的型孔、型腔和成形表面等，超声波加工设备结构一般比较简单，操作维修方便。

4）工具可用较软的材料做成较复杂的形状。

二、超声波加工的应用

超声波加工的生产率虽然比电火花加工和电解加工低，但其加工精度和表面质量都优于它们，更重要的是可以加工它们难以加工的半导体和非金属的硬脆材料，而且对于一些经电火花加工后的淬火钢、硬质合金冲模、拉丝模、塑料模等，最后也经常需用超声波进行抛磨、光整加工。

1. 型孔和型腔的加工

超声波目前主要应用在脆硬材料的圆孔、型孔、型腔、套料、微细孔等的加工。如图5-8所示。

2. 切割加工

对于难以用普通加工方法切割的脆硬材料，如陶瓷、石英、硅、宝石等，用超声波加工具有切片薄、切口窄、精度高、生产率高、经济性好等优点。

3. 超声波清洗

超声波清洗的原理主要是基于清洗液在超声波作用下产生空化效应的结果。产生空化效应的冲击液直接作用到被清洗的部位，使污物遭到破坏，并从被清洗表面脱落下来。此方法主要用于几何形状复杂、清洗质量要求高而用其他方法清洗效果差的中小精密零件，特别是工件上的深小孔、微孔、弯孔、不通孔、沟槽、窄缝等部位的精清洗，生产率和净化率都很高。目前在半导体和集成电路元件、仪器仪表零件、电真空器件、光学零件、医疗器械等的清洗中得到应用。

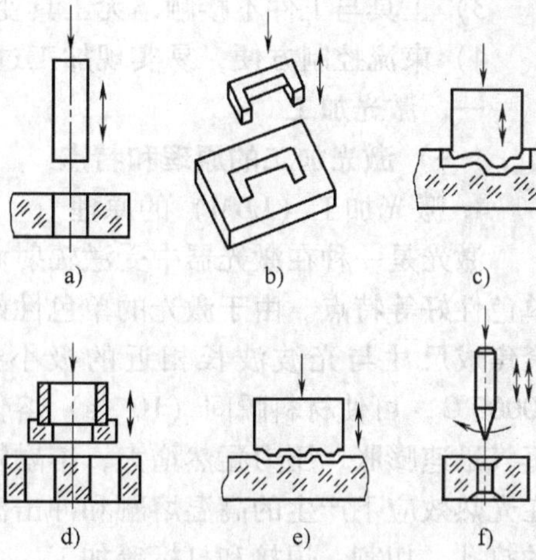

图 5-8 型孔与型腔加工

a）加工圆孔 b）加工异型孔 c）加工型腔 d）套料 e）雕刻 f）研抛金刚石拉丝模

4. 超声波焊接

超声波焊接就是利用超声振动作用去除工件表面的氧化膜，使工件露出本体表面，使两个被焊工件表面在高速振动撞击下摩擦发热并亲和粘在一起。它可以焊接尼龙、塑料及表面易生成氧化膜的铝制品，还可以在陶瓷等非金属表面挂锡、挂银，从而改善这些材料的可焊性。

5. 复合加工

在超声波加工硬质合金、耐热合金等硬质金属材料时，其加工速度低、工具损耗大，为了提高加工速度和降低工具损耗，采用超声波、电解加工或电火花加工相结合来加工喷油嘴、喷丝板上的孔或窄缝，这样可大大提高生产率和质量。还可以利用超声振动来研磨抛光电火花加工或电解加工之后的模具表面和拉丝模小孔，使其表面粗糙度值进一步减小。另外在切削加工中引入超声波振动（例如对耐热钢、不锈钢等硬韧材料进行车削、钻孔、攻螺纹时），可以降低切削力，减小表面粗糙度值、延长刀具使用寿命及提高生产率等。

第四节 高能束加工

随着科学技术的发展，许多行业的高、精、尖产品对零件的加工要求越来越高。如火箭发动机的燃料喷嘴、柴油机喷嘴、人造纤维的喷丝头、精密仪表上的宝石轴承等都要求尺寸为 1 ~ 20μm，其边缘清晰度仅为几微米，而对于微电子学领域，对元件的加工精度、表面质量的要求更高。这对于传统的机械加工非常困难甚至难以实现。人们在生产实践中，发展了高能束加工技术，解决了以上技术难题。常用的高能束加工方法主要是激光加工、电子束加工、离子束加工等。高能束加工有以下共同特点：

1）加工速度快，热流输入少，对工件热影响极少，工件变形小。

2）束流能够聚焦且有极高的能量密度，激光加工、电子束加工可使任何坚硬、难熔的材料在瞬间熔融汽化，而离子束加工则是以极大能量撞击零件表面，使材料变形、分离破坏。

3）工具与工件不接触，无工具变形及损耗问题。

4）束流控制方便，易实现加工过程自动化。

一、激光加工

（一）激光加工的原理和特点

1. 激光加工（LBM）的原理

激光是一种在激光器中受激辐射而产生的相干光。它具有强度高、方向性好、相干性和单色性好等特点。由于激光的单色性好和具有很小的发散角，因此可通过光学系统将激光束聚焦成尺寸与光波波长相近的极小光斑，其功率密度可达 $10^7 \sim 10^{11}\,W/cm^2$，温度可达10000℃，可使材料瞬间（$10^{-3}s$）熔化和蒸发，工件表面不断吸收激光能量，凹坑处的金属蒸气迅速膨胀，压力猛然增大，熔融物被产生的强烈冲击波喷溅出去。所以说，激光加工是在光热效应下产生的高温熔融和冲击波的综合作用过程。目前生产中利用激光进行各种材料的打孔、切割、焊接和打标等加工。

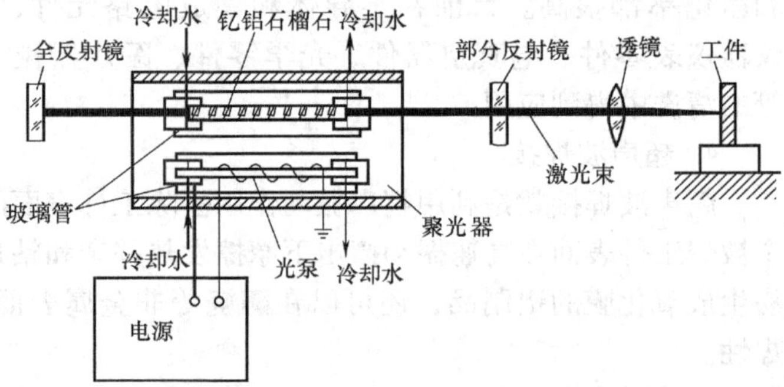

图 5-9　固体激光器中激光的产生与加工原理

图 5-9 所示为固体激光打孔的加工原理图。激光器是激光加工设备的核心，它能把电能转换成激光束输出。常用的激光器有固体和气体两大类。固体激光器常由主体光泵（激励源）及谐振腔（由全反射镜、半反射镜组成）、工作物质（一些发光材料如钇铝石榴石、红宝石、钕玻璃等）、聚光器、聚焦透镜等组成。图中激光器的工作物质为钇铝石榴石，当其受激励泵（脉冲氙灯）的激发后，其粒子由低能级激发到高能级，在一定条件下，少量激发粒子受激辐射跃迁使得光放大，然后通过谐振腔内的全反射镜和半反射镜的反馈作用产生振荡，此时由谐振腔的一端输出激光。由激光器发射的激光再通过透镜聚焦形成高能光束照射到工件的加工表面，即可对工件进行加工。

2. 激光加工的特点

1）激光加工属非接触加工，无明显机械力，也无工具损耗，工件不变形，加工速度快，热影响区小，加工精度高，易实现自动化。

2）激光加工的功率密度是所有加工方法中最高的，所以不受材料限制，几乎可加工任何金属与非金属材料。

3）激光可通过惰性气体、空气或透明介质对工件进行加工，如可通过玻璃对隔离室内的工件进行加工或对真空管内的工件进行焊接。

4）激光可聚焦形成微米级光斑，输出功率大小可调节，常用于精密细微加工，最高加工精度可达0.001mm，表面粗糙度为$Ra0.4 \sim 0.1\mu m$。

5）能源消耗少，无加工污染，在节能、环保等方面有较大优势。

（二）激光加工的应用范围

1. 激光打孔

激光打孔主要用于特殊材料或特殊工件上的孔加工，如仪表中的宝石轴承、陶瓷、玻璃、金刚石拉丝模等非金属材料和硬质合金、不锈钢等金属材料的细微孔加工。激光打孔的效率非常高，功率密度通常为 $10^7 \sim 10^8 W/cm^2$，打孔时间甚至可缩短至传统切削加工的1/100以下，生产率大大提高。激光打孔的尺寸公差等级可达 IT7，表面粗糙度为 $Ra0.16 \sim 0.08\mu m$。

2. 激光焊接

详见第二章第三节。

3. 激光切割

激光切割与激光打孔原理基本相似，是利用聚焦以后的高功率密度（$10^5 \sim 10^7 W/cm^2$）激光束连续照射工件，光束能量以及活性气体辅助切割过程附加的化学反应热均被材料吸收，引起照射处材料温度急剧上升，到达沸点后材料开始汽化，并形成孔洞，且光束与工件相对移动，使材料形成切缝，切缝处熔渣被一定压力的辅助气体吹除形成割缝。

激光切割是激光加工中应用最广泛的一种，主要是其切割速度快、质量高、省材料、热影响区小、变形小、无刀具磨损、没有接触能量损耗，噪声小，易实现自动化，而且还可穿透玻璃切割真空管内的灯丝，由于具有以上诸多优点，故激光切割深受各制造领域欢迎。不足之处是一次性投资较大，且切割深度受限。

4. 激光表面热处理

当激光能量密度在 $10^3 \sim 10^5 W/cm^2$时，对工件表面进行扫描，在极短的时间内加热到相变温度（由扫描速度决定时间长短），工件表层由于热量迅速向内传导快速冷却，实现了工件表层材料的相变硬化（激光淬火）。

与其他表面热处理比较，激光热处理工艺简单，生产率高，工艺过程易实现自动化。一般无须冷却介质，对环境无污染，对工件表面加热快，冷却快，硬度比常温淬火要高15% ~20%；耗能少，工件变形小，适合精密局部表面硬化及内孔或形状复杂零件表面的局部硬化处理。但激光表面热处理设备费用高，工件表面硬化深度受限，因而不适合对大负荷重型零件的加工。

5. 其他应用

近年来，激光合金化、激光抛光、激光冲击硬化法、激光清洗模具技术也在不断深入研究及应用中。

二、电子束和离子束加工

近年来在精密微细加工方面发展较快的新兴特种加工为电子束和离子束加工。电子束多用于打孔、焊接、光刻加工等。离子束则主要用于刻蚀、镀膜及离子注入等。

（一）电子束加工

1. 电子束加工原理

电子束加工（EBM）是在真空条件下，利用电子枪中产生的电子经加速、聚焦后得到能量密度为 $10^6 \sim 10^9 W/cm^2$的极细束流，高速冲击到工件表面上极小的部位，并在几分之一微秒时间内，其能量大部分转换为热能，使工件被冲击部位的材料达到几千摄氏度，使材料局部熔化或蒸发，以去除材料。图 5-10 所示为电子束加工原理示意图。

2. 电子束加工的特点

1）高功率密度。电子束半径可达到微米级，因此使照射材料表面温度高达数千摄氏度，致使材料熔化和汽化，因此去除材料主要靠瞬时蒸发。由于属非接触式加工，工件不受机械力作用，很少产生宏观应力变形，同时也不存在工具损耗问题。

2）电子束强度、位置、聚焦可精确控制，强度和束斑大小控制误差在1%以下，位置的控制准确度可达0.1μm，通过磁场和电场作用，电子束可在工件上以任何速度行进，便于自动化控制。

3）环境污染少。由于电子束加工是在真空环境（真空度为10^{-2}~10^{-4}Pa）下进行的，故加工部位不受污染，不易氧化，适合加工纯度要求很高的半导体材料及易氧化的金属材料。

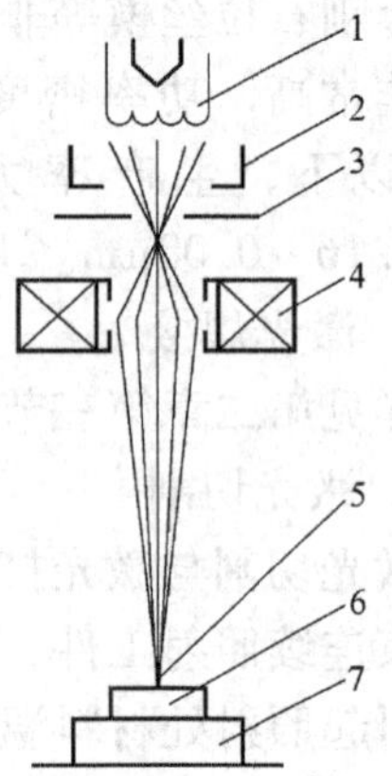

图5-10 电子束加工原理图

1—发射阴极 2—控制栅极 3—加速阳极 4—聚焦系统 5—电子束斑点 6—工件 7—工作台

3. 电子束加工的应用范围

电子束加工据其功率密度和能量注入时间的不同，可分别用于打孔、切割、焊接、蚀刻、热处理和光刻等加工。

1）电子束打孔。电子束可用来加工不锈钢、耐热钢、宝石、陶瓷、玻璃等各种材料上的小孔、深孔。最小加工直径可达0.003mm，最大深径比可达10。像机翼吸附屏的孔、喷气发动机套上的冷却孔，此类孔数量巨大（高达数百万），且孔径微小，密度连续分布而孔径也有变化，非常适合用电子束打孔。另外还可在塑料和人造革上打许多微孔，令其像真皮一样具有透气性。

一些合成纤维为增加透气性和弹性，其喷丝头型孔往往制成异形孔截面（图5-11），可利用脉冲电子束对图形扫描制出。除此之外，还可凭借偏转磁场的变化使电子束在工件内偏转方向加工出弯曲的孔，如图5-12c、d所示。

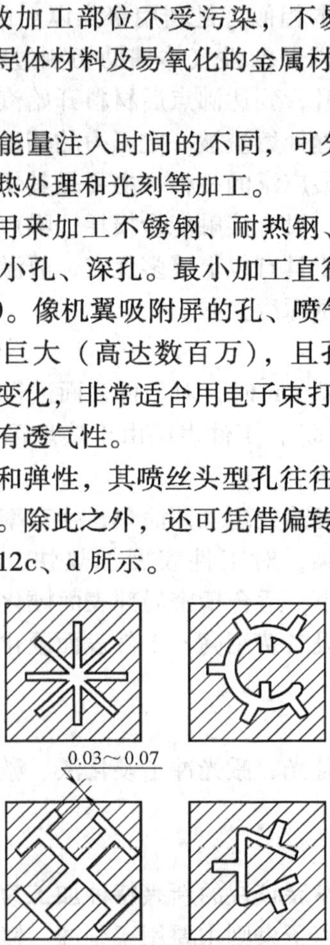

图5-11 用电子束加工的孔

图5-12 电子束加工曲面、弯孔

1、2、3—加工方向

2）电子束切割。可对各种材料进行切割，切口宽度仅有 3～6μm。利用电子束再配合工件的相对运动，可加工出所需要的曲面（图 5-12a、b）。

3）光刻。当使用低能量密度的电子束照射高分子材料时，将使材料分子链被切断或重新组合，引起相对分子质量的变化即产生潜象，再将其浸入溶剂中将潜象显影出来。把这种方法与其他处理工艺结合使用，可实现在金属掩膜或材料表面上刻槽。

4）其他应用。利用微型计算机进行控制，对陶瓷、半导体或金属材料进行电子刻蚀加工、异种金属焊接以及电子束热处理等。

（二）离子束加工

1. 离子束加工原理　与电子束加工类似，离子束加工（IBM）也是在真空条件下利用离子源（离子枪）产生的离子经加速聚焦形成高能离子束流投射到工件表面，使材料变形、破坏、分离以达到加工目的。因为离子带正电荷且质量是电子的千万倍，当加速到较高速度时，具有比电子束大得多的撞击动能，因此，离子束撞击工件将引起变形、分离、破坏等机械作用，而不像电子束是利用热效应进行加工。

2. 离子束加工特点

1）加工精度高。离子束流密度和能量可得到精确控制。

2）在较高真空度下进行加工，环境污染少。特别适合加工高纯度的半导体材料及易氧化的金属材料。

3）加工应力小，变形极微小，加工表面质量高，适合于各种材料和低刚度零件的加工。

3. 离子束加工的应用范围

离子束加工方式包括离子刻蚀、离子镀膜、离子溅射沉积和离子注入等。

1）离子刻蚀。当所带能量为 0.1～5keV、直径为十分之几纳米的氩离子轰击工件表面时，此高能离子所传递的能量超过工件表面原子（或分子）间键合力时，材料表面的原子（或分子）被逐个溅射出来，以达到加工目的，如图 5-13a所示。这种加工在本质上属于原子尺度的切削加工，通常又称为离子铣削。离子刻蚀可用于加工空气轴承的沟槽、打孔、加工极薄材料及超高精度非球面透镜，还可用于刻蚀集成电路等的高精度图形。

2）离子溅射沉积。此法也是采用能量为 0.1～5keV 的氩离子轰击某种材料制成的靶材，将靶材原子击出并令其沉积到工件表面上并形成一层薄膜，如图 5-13b 所示。实际上此法为一种镀膜工艺。

3）离子镀膜。离子镀膜一方面是把靶材射出的原子向工件表面沉积，另一方面还有高速

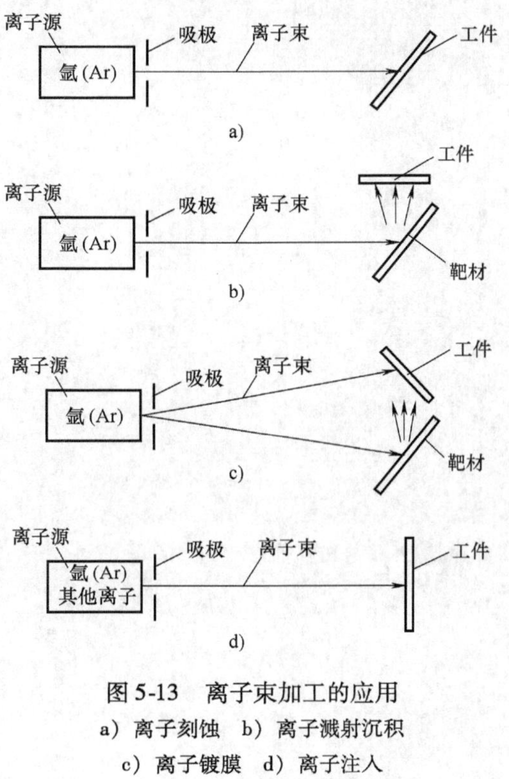

图 5-13　离子束加工的应用
a）离子刻蚀　b）离子溅射沉积
c）离子镀膜　d）离子注入

中性粒子打击工件表面以增强镀层与基材之间的结合力（可达 10 ~ 20MPa），其原理如图 5-13c所示。由于此法适应性强、膜层均匀致密、韧性好、沉积速度快，目前已获得广泛应用。

4）离子注入。离子注入如图 5-13d 所示。用 5 ~ 500keV 能量的离子束，直接轰击工件表面，由于离子能量相当大，可使离子钻进被加工工件材料表面层，改变其表面层的化学成分，从而改变工件表面层的物理力学性能。此法不受温度、注入元素种类及粒量限制，可根据不同需求注入不同离子（如磷、氮、碳等）。注入表面元素的均匀性好、纯度高，其注入的粒子量及深度可控制。但设备费用大、成本高、生产率较低。

复习思考题

1. 何谓特种加工？有哪些加工方法？为什么特种加工能用来加工难加工的材料和形状复杂的工件？
2. 电火花线切割加工有何特点？
3. 电解加工有何特点？
4. 超声波加工的基本原理是什么？
5. 激光加工应用的技术基础是什么？可以从中获得哪些启示？
6. 何谓高能束加工？通常分为哪几类？说明电子束加工和离子束加工的工作原理及特点。

第六章　先进制造技术

先进制造技术是传统制造技术在不断吸收机械、电子、信息、材料、能源及现代管理技术等先进技术成果的基础上，将其综合应用到产品设计、加工、检测、管理、销售、使用、服务的机械制造全过程，实现优质、高效、低能耗、清洁、灵活生产，提高对动态多变市场的适应能力和竞争能力的制造技术的总称。

先进制造技术具有如下特点：

1）适合单件、中小批量、多品种的生产规模。

2）采用信息和知识密集型的生产方式。

3）使用柔性自动化和智能自动化的制造设备。

4）重视必不可少的辅助工序，如加工前后处理；重视工艺装备，使制造技术成为集工艺方法、工艺装备和工艺材料为一体的成套技术；重视物流、检验、包装及储存，使制造技术成为覆盖加工全过程的综合技术，不断发展优质高效低耗的工艺及加工方法，取代落后工艺；不断吸收高新技术成果，实现 CAD、CAM、CAPP、CAT、CAE、NC、CNC、MIS、FMS、CIMS、IMT、IMS 等一系列现代制造技术，并实现上述技术的局部或系统集成，形成从单机到自动生产线等不同档次的自动化制造系统。

5）引入工业工程和并行工程概念，强调系统化及其技术和管理的集成，将机械和管理有机结合在一起，引入先进管理模式，使制造技术及制造过程成为覆盖整个产品生命周期，包含物质流、能量流、信息流的系统工程。

本章主要介绍数控加工技术、CAD/CAM、CAPP、FMS 和 CIMS 技术。

第一节　数控加工技术

数控加工技术是集微电子、计算机、信息处理、自动检测、自动控制等高新技术于一体，具有高精度、高效率、柔性自动化的特点。普通机床加工是操作者直接操纵工作台或利用刀具进给手柄对工件进行切削加工，其特点是加工生产效率低、劳动强度大、对操作者技术要求高。而数控机床加工则是通过外部输入的程序（被加工零件的几何信息和工艺信息按规定格式编写的数字化代码，称为数控加工程序）对工件进行自动加工的，其特点是适应性好、效率高、加工精度高，可以改善劳动条件并降低成本。因此，数控加工在现代机械加工中的应用日趋广泛，对机械制造实现柔性集成化、智能化起着至关重要的作用。

一、数控机床的基本组成

以数字技术实现机床主运动与进给运动的自动化控制，这种机床称为数控机床。数控机床是从普通机床演变而来的，主要由输入与输出装置、数控系统、伺服驱动系统、机床主机和其他辅助装置组成，如图 6-1 所示。

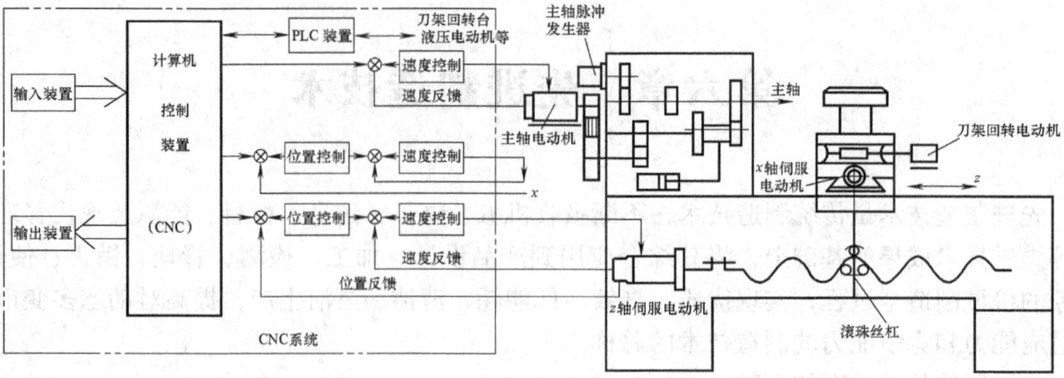

图 6-1 数控车床的基本组成

(一) 输入与输出装置

1. 输入装置

输入装置是将数控指令传输给数控系统的装置。数控指令可手动输入也可直接输入。

(1) 手动输入 手动输入是指由操作者将数控程序直接输入数控系统中。

(2) 直接输入 直接输入是指零件的加工程序在上级计算机中生成，以计算机与数控装置直接通信的方式传输程序，CNC 系统一边加工一边接收来自上级计算机的后续程序段。这种方式是采用 CAD/CAM 软件设计的复杂工件并直接生成零件加工程序。

2. 输出装置

输出装置有数码管（LED）显示、视频显示器（CRT）、液晶显示器（LCD）和输出接口等。通过软件与接口，可以在显示器上显示程序、加工参数、各种补偿量、坐标位置、故障信息。可以采用人机对话编辑加工程序、零件图形、动态刀具轨迹等。先进的数控系统有丰富的显示功能，如具有实时图形显示、PLC 梯形图显示和多窗口的其他显示功能。

(二) 数控系统

数控系统（Numerical Control，简称 NC）是数控机床的核心部件。NC 是以数字逻辑电路连接的系统。利用计算机的存储容量大、运行速度快、快速处理数据的能力以及丰富的软、硬件资源等优点，计算机数字控制（Computer Numerical Control，简称 CNC）系统已完全代替了硬连接方式的 NC 系统。数控机床的 CNC 系统包括了输入、输出装置，数控装置，位置控制和速度控制等部分（图 6-1 虚线所示框图）。因此，CNC 系统由信息输入、处理和输出三个部分组成。数控装置接受数字化信息，经过数控装置的控制软件和逻辑电路进行译码、插补、逻辑处理后，将各种指令信息输出给伺服系统，伺服系统驱动执行部件作进给运动。数控装置还能实现控制主运动部件的变速、换向和起停，控制刀具选择和交换，控制冷却、润滑的起停，控制工件和机床部件的松开、夹紧以及分度台转位等辅助功能。信息处理的结果在显示器中显示出来。

按数控装置的功能不同，CNC 系统有下列三大类型：

1. 点位控制系统

点位控制系统在运动过程中不进行切削加工，对运动轨迹没有要求，只控制工具相对工件从某一加工点移到另一个加工点时终点的精确坐标位置，要求有较高的终点定位精度。数控程序中一般不指定进给速度，按事先规定的速度（较快的定位速度）运动。该系统常用于数控钻床、数控钻镗床、压力机等。图 6-2 所示为点位控制示意图。

2. 直线运动控制系统

直线运动控制系统不仅要控制点与点的精确位置，还要使两点之间的移动轨迹是一条直线，且在移动中能以给定的进给速度进行加工。指令中要给出下一位置的数值，同时给出移动到该位置的进给速度。直线运动控制系统通常在坐标轴运动的同时进行切削加工，坐标轴的驱动要承受切削力。采用此类控制方式的设备有数控车床、数控铣床等。图 6-3 所示为直线运动控制示意图。

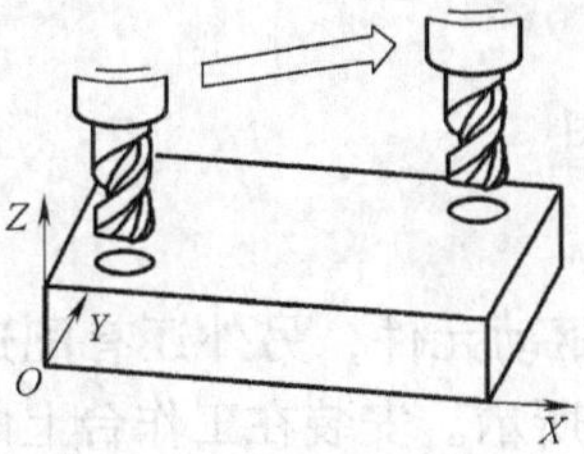

图 6-2　点位控制示意图

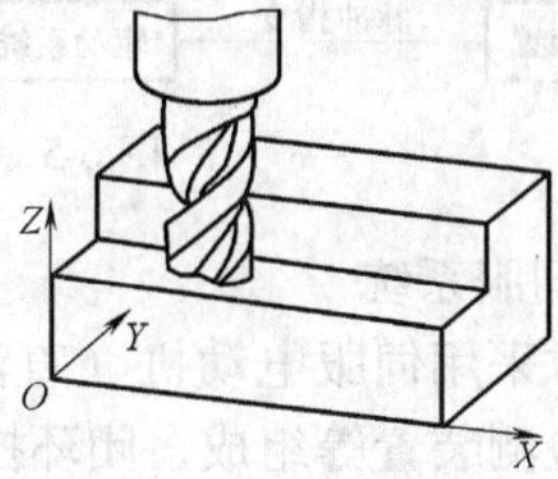

图 6-3　直线运动控制示意图

3. 轮廓控制系统

轮廓控制系统能够对两个或两个以上坐标轴进行严格控制，即不仅控制每个坐标的行程位置，同时还控制移动至该位置的每个坐标的运动速度。各坐标轴的进给速度是根据轮廓各轴相互位置关系而变化的。各坐标的运动按规定的比例关系相互配合，精确协调以进行连续加工，形成所需要的直线、斜线或曲线、曲面。图 6-4 所示为轮廓控制示意图。

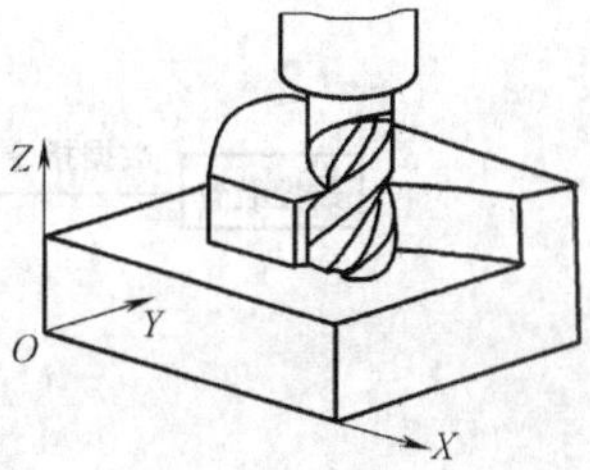

图 6-4　轮廓控制示意图

在轮廓控制系统中采用插补运算来处理各坐标轴速度的变化。各坐标轴一边移动，刀具一边进行切削，各坐标轴均承受切削力。采用此类控制方式的设备有数控车床、铣床、加工中心、电加工机床、特种加工机床等，能进行轮廓控制的 CNC 系统，也能进行直线控制或点位控制。先进的数控系统都属于轮廓控制的 CNC 系统。

（三）伺服系统

伺服系统是数控系统与机床主机联接的重要环节，是数控机床执行机构的驱动部件，其作用是把数控系统发出的脉冲信号，经功率放大、整形处理后转换成机床执行部件的直线位移或角位移。伺服系统的性能直接影响到数控机床执行机构的工作精度、负载能力、响应快慢和稳定程度等。因此，伺服系统被作为独立部分，与数控系统、机床主机并列为数控机床的三大组成部分。

伺服系统包括驱动装置和执行机构两大部分。驱动装置由主轴驱动单元、进给驱动单元和主轴伺服电动机、进给伺服电动机组成。步进电动机、直流伺服电动机和交流伺服电动机是常用的伺服元件。执行机构（如主轴箱、工作台、转位刀架等）由相应的驱动装置来驱动。伺服系统有如下几种类型。

1. 开环控制伺服系统

开环控制采用步进电动机作为驱动元件，另外还有配速齿轮和丝杠螺母副等组成，开环控制系统如图6-5所示。这种伺服系统没有检测反馈装置，不能进行误差矫正，故机床加工精度不高。但系统结构简单、维修方便、价格低廉，特别适合于在微型与小型进给装置上使用。

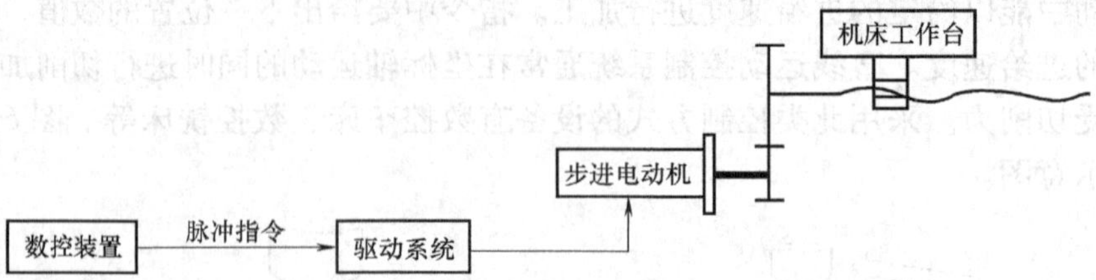

图6-5 开环控制系统示意图

2. 闭环控制伺服系统

闭环控制通常采用伺服电动机（直流或交流）作为驱动元件，另外还有配速齿轮、丝杠螺母副和位移检测装置等组成，闭环控制系统如图6-6所示。安装在工作台上的位移检测装置将工作台的实际位移值反馈到数控装置中，与指令要求的位置进行比较和校正，可保证达到很高的位移精度。但这种系统复杂，调整维修困难，一般用于高精度的数控机床。

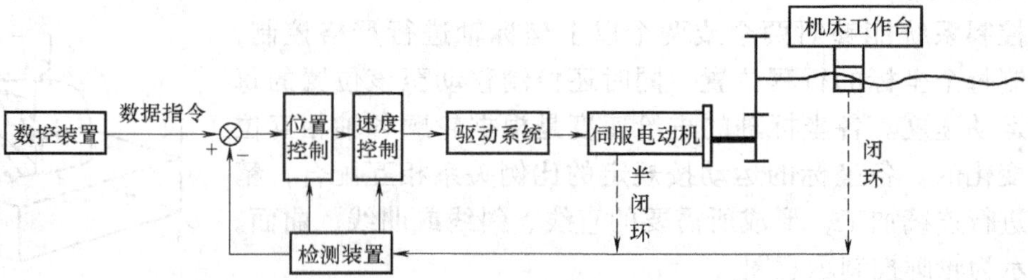

图6-6 半闭环与全闭环控制系统示意图

3. 半闭环控制伺服系统

半闭环控制的位置与速度传感器安装在电动机的输出端，伺服系统直接控制伺服电动机的转速与转角，通过减速器或滚珠丝杠等传动机构间接地控制工作台或其他执行部件的速度与位移，如图6-6所示。这种系统中，丝杠螺母传动机构及工作台不在控制环内，其误差无法矫正，因此精度不如闭环控制的系统。但系统的结构简单，稳定性好，调试容易。目前，数控机床大多数仍然采用半闭环的控制方式。

（四）机床的机械部件

机床机械部件是数控机床的主体，是数控系统控制的对象，也是实现零件加工的执行部件。与非数控机床相似，机床的机械部件也是由主传动部件、进给传动部件、工件安装装置、刀具安装装置、支承件及动力源等部分组成。传动机构和变速系统较简单，但在精度、刚度和抗振性等方面则有较高要求，且传动和变速系统要便于实现自动控制。对于加工中心类机床，还要有存放刀具的刀库、自动交换刀具的机械手、自动交换工件装置等部件。对于闭环或半闭环数控机床还包括位置测量装置及信号反馈系统。

（五）数控机床的辅助装置

辅助装置作为数控机床的配套部件，是保证充分发挥数控机床功能所必需的配套装置。

常用的辅助装置有：

1）气动、液压装置。应用气动、液压系统，使机床完成自动换刀所需的动作，实现运动部件的制动和滑移齿轮移动变速，完成工作台的自动夹紧、松开，工件、刀具定位表面的自动吹屑等辅助功能。

2）排屑、冷却、润滑装置。

3）回转工作台和数控分度头。

4）防护、照明等装置。

二、数控加工的过程

图6-7所示为数控加工过程示意图。其工作过程是：根据零件图样数据和工艺内容，用标准的数控代码按规定的方法和格式，编制零件加工的数控程序。它是数控机床自动加工工件的工作指令，可以由人工进行，也可以由计算机或数控装置完成。编制好的数控程序通过输入输出设备存放或记录在相应的控制介质上，经必要的信息处理后产生相应的操作指令，经伺服系统控制机床运动，从而完成零件的自动加工过程。

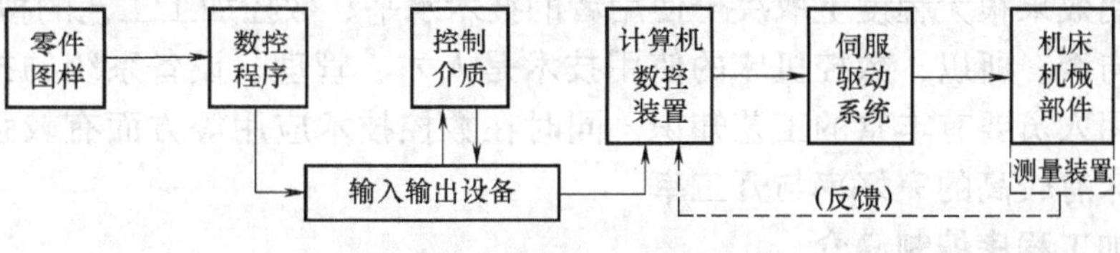

图6-7　数控加工过程示意图

三、数控机床加工特点

自动化生产是人们始终追求的目标。成批大量生产时，一般采用专用设备、自动机床、组合机床、自动生产线等刚性自动化措施来实现。要实现多品种少批量生产自动化却是一个难题。数控技术在这方面有着重大突破。传统机械加工中的人工操作，在数控机床中可由程序控制自动完成，加工精度与生产效率都大大超过普通机床。所以，数控机床作为自动化设备在机械加工中得到广泛的应用。与普通机床相比，数控机床有以下几方面的特点：

（1）数控机床加工精度高、质量稳定　数控机床的机床结构具有很高的刚度和热稳定性，其传动系统采用无间隙的滚珠丝杠、滚动导轨、零间隙的齿轮机构等，大大提高了机床传动刚度、传动精度与重复精度，数控系统的误差补偿功能消除了系统误差，所以数控机床有较高的加工精度；数控机床是自动加工，消除了人为误差，提高了同批零件加工尺寸的一致性，加工质量稳定；一次安装能进行多道工序的连续加工，减少了安装误差。

（2）数控机床能加工形状复杂的零件　采用二轴以上联动的数控机床，可以加工素线为曲线的旋转体、凸轮、各种复杂空间曲面的零件，能完成普通机床难以完成的加工。例如船用螺旋桨是空间曲面体复杂零件，加工时采用面铣刀、五轴联动卧式数控机床才能进行加工。

（3）数控机床加工生产率高　数控机床加工可显著地节省辅助时间，并优化切削用量，可充分发挥机床的加工能力，与普通机床相比，数控机床的生产率可提高2~3倍、加工中心生产率可提高十几倍至几十倍。

（4）数控机床适应性强，能适应不同品种、规格和尺寸的工件加工　当改变加工零件时，只需用通用夹具装夹工件、更换刀具、更换加工程序后就可立即进行加工。计算机数控系统能利用系统控制软件灵活地增加或改变数控系统的功能，能适应生产发展的需要。

（5）利于生产管理现代化　数控机床是机械加工自动化的基本设备，柔性加工单元（FMC）、柔性制造系统（FMS）以及计算机集成制造系统（CIMS）都是以数控机床为主体，根据不同的加工要求、不同对象，由一台或多台数控机床，配合其他辅助设备（如运输小车、机器人、可换工作台、立体仓库等）而构成自动化的生产系统。数控系统具有通信接口，易于进行计算机间的通信，实现生产过程的计算机管理与控制。

（6）加工成本高　数控机床的造价比普通机床高，加工成本相对较高。所以，不是所有零件都适合在数控机床上加工，它有一定的加工适用范围。要根据产品的生产类型、结构大小、复杂程度来决定其是否适合使用数控机床加工。通用机床适合于单件、小批量生产，加工结构不太复杂的工件。专用机床适合于大批量工件的加工。数控机床适合于复杂工件的成批加工。

（7）数控机床对管理、操作、维修、编程人员的技术水平要求比较高　数控机床作为机电一体化设备有其自身的特点，对管理、操作、维修、编程人员的技术水平要求比较高。数控机床的使用效果很大程度上取决于使用者的技术水平、数控加工工艺的拟订以及数控程序编制的正确与否。所以，数控机床的使用技术是人才、管理、设备系统的技术应用工程。数控机床的使用人员要有丰富的工艺知识，同时在数控技术应用等方面有较强的操作能力，以保证数控机床有较高的完好率与开工率。

四、数控加工程序编制简介

数控编程分为手工编程与自动编程两类。

（一）手工编程

手工编程是由编程人员根据零件图样和工艺要求，编制出在数控机床上能够运行的一系列指令的过程。其基本任务就是指定加工顺序、刀具运动轨迹和各种辅助动作。手工编程的工作过程如下：

1）确定工艺过程。根据零件图样进行工艺分析，确定零件加工的工艺路线、工步顺序、切削用量等工艺参数，确定采用的刀具与刀具数量。

2）计算加工轨迹和尺寸。根据零件图样上的尺寸及工艺路线，在规定的坐标系内计算零件轮廓和刀具运动轨迹坐标值，以这些坐标值作为编程尺寸。

3）编写程序清单并校验。根据制定的加工路线、切削用量、刀具号码、刀具补偿值以及刀具运动轨迹，按照机床数控装置使用的指令代码及程序格式，编写零件加工程序清单，并进行校验。

4）输入程序清单的内容。通过输入装置将数控程序单的内容输入到数控装置中。

5）数控程序的校验和试切。启动数控装置，使数控机床空运转，检查程序运动轨迹的正确性。用木料或塑料制品代替工件进行试切，检查切削用量的正确性。

6）首件试切。经过程序校验、模拟试切后，用实料进行首件试切。首件试切法不仅可以检查数控程序是否有错，还可以检验加工精度是否符合要求。如果发现有错误时，应分析错误的原因，修改程序，调整刀具补偿尺寸，直到加工出符合图样技术要求的零件为止。

在机械制造中，需要加工的零件多数形状并不复杂。这些零件的数值计算较为简单，程序段数不多，程序检验也容易实现，可用手工编制方式完成编程工作。由于手工编程不需要特别配置专门的编程设备，不同文化程度的人均可掌握和运用，因此手工编程仍是一种运用十分普遍的编程方法。

（二）自动编程

借助计算机编制数控加工程序的过程，称为自动编程。对于几何形状复杂的零件，手工编程的工作量比较大而且容易出错，特别是对于空间曲面零件，编程计算非常繁琐，人工无法胜任。自动编程时，节点坐标的数据计算、刀具轨迹的生成、程序的编制以及输出等工作均由计算机自动完成。自动编程根据编程信息的输入与计算机对信息处理方式的不同，分为以自动编程语言为基础的自动编程方法和以计算机绘图为基础的自动编程方法。

（1）APT 语言编程系统　APT（Automatically Programmed Tools）语言编程系统是通过对刀具轨迹的描述来实现计算机辅助编程的系统。APT 语言编程系统需要人工编写源程序，再输入计算机，借助计算机的编译软件，对源程序进行处理，完成诸如刀具中心轨迹、基点、节点计算，并制定辅助功能等，这一阶段称为主信息处理。接着计算机将主信息处理后的数据变成数控装置所要求的加工程序，这个阶段称为后置处理。不同的数控系统有相应的后置处理程序，APT 语言配有 1000 多种后置处理程序，因此在早期数控自动编程中的应用比较广泛。

（2）图形交互式自动编程　由于计算机技术发展十分迅速，计算机的图形处理功能越来越强大。现在，以计算机辅助设计的技术，即 CAD 技术是很成熟的技术。因此，计算机自动编程技术可以直接将 CAD 生成的零件几何图形信息自动转化为数控加工程序，在计算机上直接面向零件的几何图形，以光标点击、菜单选择、交互对话等方式编辑、删改，其编辑的结果又以图形的方式在计算机上显示出来。图形自动编程有以下几个显著的优点：

1）无需进行复杂的坐标数值计算。在编程过程中，图形数据的提取、坐标点数值计算均由计算机精确、高效、快速地完成。

2）编程过程以人、机对话方式交互完成。利用计算机的检错功能与人的纠错能力，简便、直观地编制复杂的数控加工程序。

3）图形交互式自动编程是通用的软件，在通用的计算机上运行，不需要专用的编程机。

目前，国内、外数控编程软件均采用图形自动编程技术。高级的图形自动编程软件应用 CAD/CAM 无缝集成，从图形几何元素的生成，设计信息的工艺处理，刀具中心轨迹的计算，刀具类型的选择，定义刀位文件的数据以及数据的后处理，直到进行模拟加工，校验数控程序的正确性。

五、加工中心

加工中心是在数控镗铣床基础上发展起来的柔性、高效率的自动化装备。它使数控机床在技术上又上了一个新的台阶。加工中心与数控机床显著的区别在于它装有一套能自动换刀的刀库系统。刀库系统由刀库、机械手和驱动机构组成。在数控系统及可编程序控制器的控制下，执行电动机或液压气动机构驱动刀库和机械手实现刀具的选择与交换。加工中心伺服单元控制三轴至五轴的联动伺服机构。

（一）加工中心的分类与应用范围

加工中心通常按它的外形进行分类，主要有以下三大类：

1. 卧式加工中心

卧式加工中心是指主轴中心线为水平状态的加工中心，通常带有可分度的回转工作台。

此类加工中心主要以镗铣削加工为主，适合于加工壳体、泵体、阀体等箱体类零件以及复杂零件特殊曲线与曲面轮廓的多工序加工，如图6-8所示。

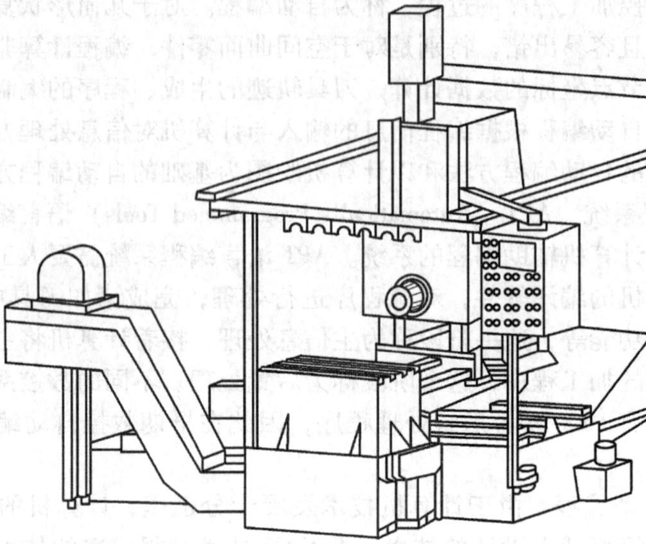

图6-8 卧式加工中心示意图

2. 立式加工中心

立式加工中心是指主轴中心线为垂直状态的加工中心。此类加工中心主要以钻、铣、削加工为主，适合于加工中、小零件的钻、扩、铰、攻螺纹等切削加工。也可进行连续轮廓的铣削加工，如图6-9所示。

3. 万能加工中心

万能加工中心又称五面体加工中心或复合加工中心。此类加工中心是多轴联动控制，能进行卧、立切削加工，适用于复杂多面体零件的加工，如图6-10所示。

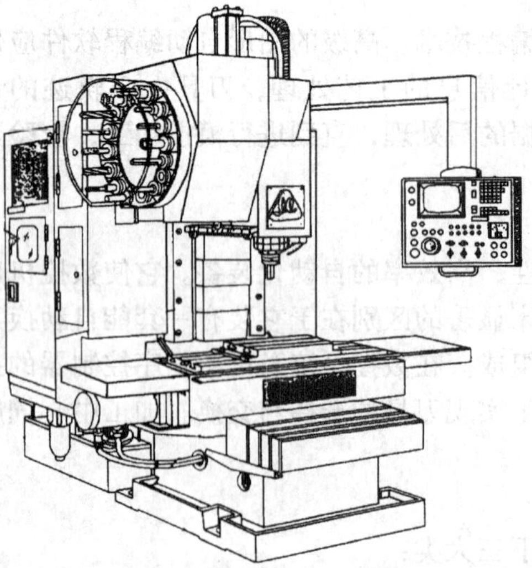

图6-9 立式加工中心示意图

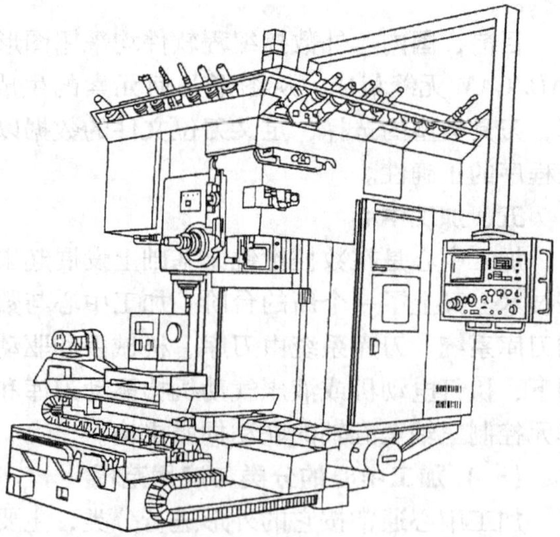

图6-10 复合式加工中心示意图

不同类型的加工中心有不同的规格与适用范围，设备造价也有很大的差别。所以选用加工中心要考虑很多影响因素。例如卧式加工中心与立式加工中心相比，规格相近（指工作台的宽度）的卧式加工中心比立式加工中心的价格要高50%～100%，但卧式加工中心纯切削加工的时间比立式加工中心多50%～100%。完成同样的工艺内容，立式加工中心比卧式加工中心更经济，但卧式加工中心的工艺性比较广泛。选购哪一类加工中心，要考虑到零件的加工规范、生产效率、经济成本和投资效益。

（二）加工中心的特点

加工中心与普通数控机床相比有以下主要的特点：

1）加工中心上装有自动换刀装置。工件一次装夹，通过自动更换刀具，自动完成镗削、铣削、钻削、铰孔、攻螺纹等工序，甚至是从毛坯加工到成品，大大节省辅助工时和在制品周转时间。

2）加工中心刀库系统集中管理和使用刀具，有可能用最少量的刀具，完成多工序的加工，并提高刀具的利用率。

3）加工中心加工零件的连续切削时间比普通机床高得多，所以设备的利用率高。

4）在加工中心上装备有托盘机构，使切削加工与工件装卸同时进行，提高生产效率。

综上所述，加工中心就是一个柔性制造单元。

第二节　计算机辅助设计与制造技术

一、计算机辅助设计与制造的基本概念

计算机辅助设计与制造（Computer Aided Design and Computer Aided Manufacturing，简称CAD/CAM）是一项利用计算机协助人完成产品设计与制造的现代技术。它将传统设计与制造彼此相对分离的任务作为一个整体来进行规划和开发，实现信息处理的高度一体化。

CAD是指工程技术人员以计算机为辅助工具，完成产品设计构思和论证、产品总体设计、技术设计、零部件设计及绘图等工作的总和。

计算机辅助工艺设计（Computer Aided Process Planning，简称CAPP）是应用计算机快速处理信息的功能及应用具有各种决策功能的软件、对产品设计结果自动生成工艺文件的过程。工艺过程设计主要是在分析和处理大量信息的基础上选择加工方法、机床、刀具、加工顺序等，以及计算加工余量、工序尺寸、公差、切削量、工时定额、绘制工序图以及编制工艺文件等。

CAM是指计算机在制造领域有关应用的统称，它可分为狭义CAM和广义CAM。狭义CAM通常指工艺准备，或者是其中某些、某个活动应用计算机的技术；广义CAM是指利用计算机辅助完成从毛坯到产品制造过程的直接和间接的各种活动，包括工艺准备、生产作业计划、物流过程的运行控制、生产控制、质量控制等主要方面。

CAD/CAPP/CAM集成系统是将CAD、CAPP和CAM作为一个整体来进行规划和开发，使各个不同功能模块有机地结合在一起，以实现数据和信息相互传递和共享。这是因为CAM所需要的信息和数据，很多来自CAD和CAPP，也有许多数据和信息对CAD和CAPP是共享的。集成化的CAD/CAPP/CAM系统就可以借助公共的工程数据库、网络通信技术以及标准格式的中性文件接口，把分散于计算机中的CAD/CAPP/CAM模块高度集成起来，实

现软、硬件资源共享，如图 6-11 所示。

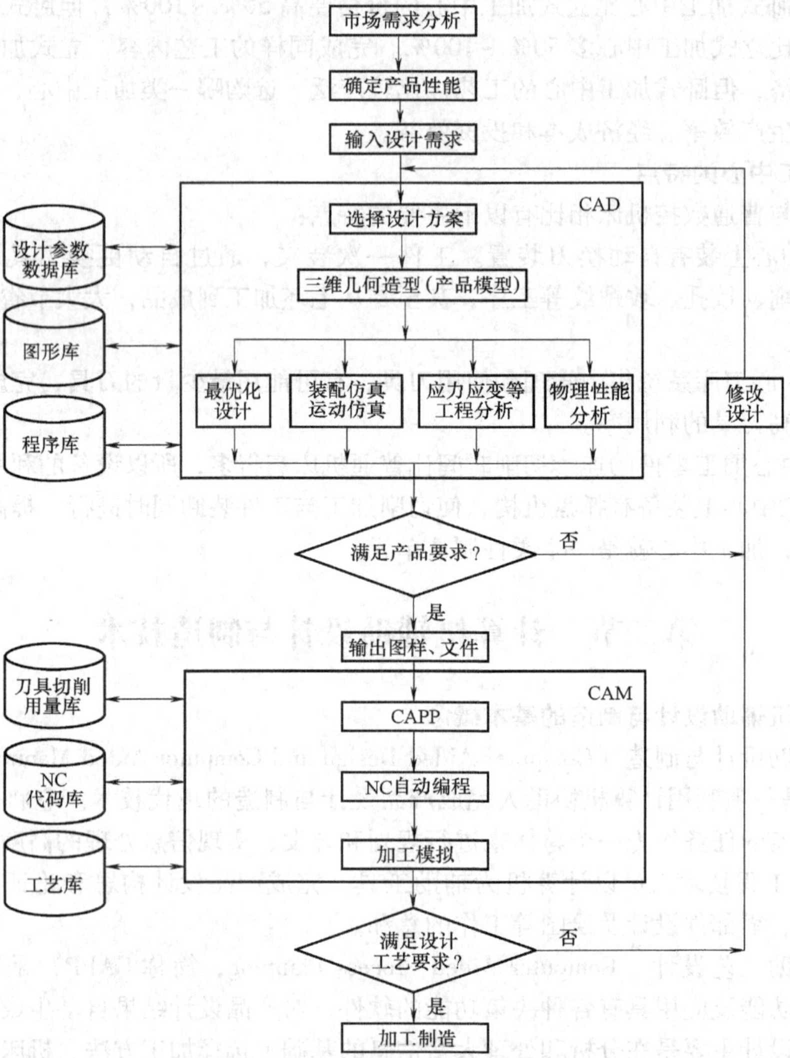

图 6-11 CAD/CAM 系统的工作过程

二、CAD/CAM 系统的组成

CAD/CAM 系统一般由人、硬件和软件组成。之所以把人放在第一位，是因为目前 CAD/CAM 系统的工作方式是人机交互，只有通过人机对话才能完成 CAD/CAM 的各种作业过程。所以，人的作用是决定性的。硬件是系统的物质基础，由计算机主机、外存储器、输入设备、输出设备、网络通信设备及生产设备等外围设备组成，如图 6-12 所示。软件是系统信息处理的载体，是系统的核心，包括系统软件（如操作系统）、支承软件（工程分析软件、图形处理软件、数据库管理系统）和应用软件（模具设计软件、组合机床设计软件、电气设计软件、机械零件设计软件以及飞机、船舶、汽车等交通工具设计制造的专用软件等）。显然，软件配置的水平和档次决定了 CAD/CAM 系统性能的优劣。

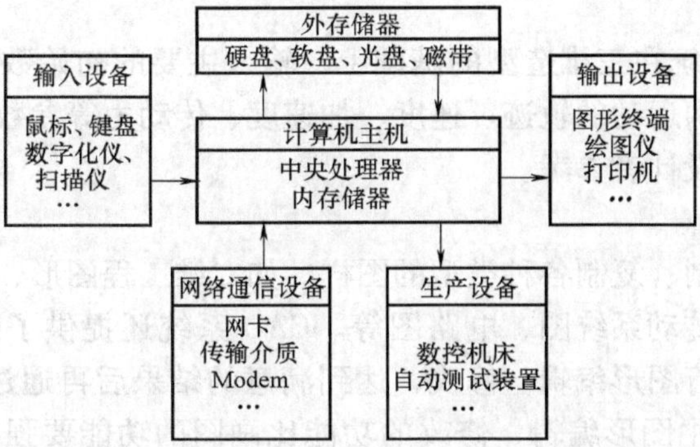

图 6-12　CAD/CAM 系统的硬件组成

三、CAD 技术

CAD 技术充分运用计算机高速运算和快速绘图的强大功能为工程设计及产品设计服务，已得到广泛应用。

CAD 的功能一般可以归纳为几何建模、工程分析、动态模拟和自动绘图等四大类。

1. 几何建模

把想象的现实物体转换成在计算机上表示的过程称为建模。计算机几何建模有以下几种类型：

1）二维设计。应用 CAD 软件对计算机显示屏上生成的点与线进行编辑、变换、修改及绘制出所需要的图形。这与传统的设计方法是一样的。只是甩掉了图板，用计算机来绘图。

2）线框造型。用空间的线条构成物体的立体框架，它可以直观表达整个物体的基本轮廓。线框造型操作简单，绘图方便，符合人们的设计习惯，是构造曲面模型、实体模型的基础。

3）曲面模型。曲面造型描述具有一定光滑程度的曲面外形，由若干块曲面片拼接构成描述产品形状的曲面形状，能较精确地定义产品的三维几何形状。曲面造型在工业造型设计中得到了广泛的应用。例如服装、鞋帽的三维打样设计；地形地貌的三维描述；飞机、汽车、船舶的流体动力学分析；工程分析计算中的应力应变场、温度场的分布等都需要曲面造型工具。曲面造型也能对铸造型芯、锻模等进行设计。

4）实体造型。利用 CAD 软件中提供光源的真实感效果，在计算机显示屏上实时调整光源的位置和距离，以及光的强度等光照效果，使实体造型的产品有未造先得的逼真效果。实体造型能严格定义一个物体的几何形状，它与线框模型和曲面模型不同，实体造型可以精确地预测出任意复杂零件的体积、重量、惯性矩等物理性能参数。

2. 工程分析与计算

工程分析与计算是在三维建模的基础上，对产品进行工程分析计算、模拟仿真，以便对产品设计的功能、性能和各项技术指标的优劣给出判定，找出设计的薄弱环节并加以改进，这样有利于设计出满足要求的产品。现有商品化的 CAD/CAM 系统软件中已集成有限元分析模块，在建构几何模型的同时自动生成有限元网格。在进行有限元分析计算时，将载荷数据、材料数据和边界约束条件数据输入，经有限元分析软件的分析、计算并转换成后续设计所需要的数据或输出各种图形。

3. 机构分析

机构分析是CAD系统在三维造型的基础上，输入主要的初始数据，系统自动进行机构的运动分析，计算出机构运动的轨迹、速度、加速度、传动力等参数。同时利用动画功能仿真机构的运动情况，供设计者参考。

4. 自动绘图

计算机绘图可以绘制、复制各种类型的图样。如二维工程图形、三维立体图形以及零件图、部件图、装配图、传动系统图、电路图等。CAD系统还提供了强大的图形编辑、修改的功能，可以方便地进行图形编辑、修改，达到满意的结果后再通过绘图机输出工程图样。实际上，CAD技术应用中图形编辑、修改的功能比画图的功能要强得多。所以制造企业常把以往设计的图形，特别是经过生产实践成功运行的成熟的零件图、部件图存储在计算机中，在开发新产品时，将能够利用的图形调出来，经过适当的编辑、修改就能输出新的图样。这能大大缩短设计周期，也提高了产品的可靠性。

CAD技术有着广泛的应用前景，应用范围已经延伸到艺术、电影、动画、广告和娱乐等领域，产生了巨大的经济效益与社会效益。

四、CAPP技术

应用CAPP技术可以快速、合理地编制出满足生产要求的工艺文件，缩短生产准备周期与新产品开发周期。

从原理上讲，CAPP有三种工艺设计方法，即派生式（Variant）、创成式（Generative）和知识基专家系统（Expert System，ES）。

派生式CAPP系统是利用零件的相似性，对每一个零件族采用一个公共的制造方法，这个具有相似性的标准工艺，可以集中专家、工艺人员的集体智慧和经验。当为一个新零件设计工艺规则时，只要从计算机中检索出标准工艺文件，然后经过一定的编辑和修改就可以得到该零件的工艺规则。由此得到“派生”这个名称。派生式CAPP系统继承和应用了企业较成熟的传统工艺，应用广泛，有较好的实用性，缺点是系统的柔性较差，所以，复杂零件和相似性较差的零件不宜采用这种系统。

创成式CAPP系统是依靠系统中的决策逻辑生成，根据工艺数据库的信息和零件模型，在无人干预的条件下，自动产生零件所需要的各个工序和加工顺序，自动提取制造知识，自动完成机床、刀具的选择和加工过程的优化，通过应用决策逻辑，模拟工艺设计人员的决策过程，自动创新成新的零件加工工艺规程。由于CAPP系统中的决策系统能模拟工艺人员思考问题和解决问题的方法，所以能完成具有创造性的工作，故称之为创新式CAPP系统。众所周知，工艺过程设计的求解是一个涉及面很广的复杂性问题，所以系统设计比较困难。要使一个创成式CAPP系统包含所有的工艺决策，且能完全自动地生成理想的工艺过程是有一定难度的，因此，创成式CAPP系统的发展还不是很成熟，目前还没有开发出完全或真正意义上的创成式系统。用已开发的所谓的创成式CAPP系统生成的工艺，有时还需要进行一些修改。

综合式CAPP系统综合了派生式CAPP系统和创成式CAPP系统的方法和原理，采用派生与自动决策相结合的方法生成工艺规程，它在对一个新零件进行工艺设计时，先通过计算机检索它所属零件族的标准工艺，然后根据零件的具体情况，对标准工艺进行自动修改，工序设计采用自动决策产生。综合式CAPP系统兼顾了派生式CAPP和创成式CAPP系统两者的优点，克服了各自的不足，既具有系统的简洁性，又具有系统的快捷与灵活性，应用性很强。

五、CAM 技术

CAM 的应用形式可分为直接应用和间接应用。CAM 直接应用是将计算机直接与制造过程连接，并对它进行监视和控制。如对制造过程中的加工、装配、检验、存储、输送等进行在线全过程的监控和管理。CAM 间接应用是指计算机并不直接与制造过程连接，只是用计算机对制造过程进行支持。此时，计算机是“离线”的，它只是用来提供生产计划、作业调度、发出指令及有关信息，为制造活动的有效管理提供数据和信息。

目前机械制造中，CAM 技术主要应用于计算机辅助 NC 编程，即为 NC 机床准备加工程序，它是 CAM 的一种间接应用。CAD/CAM 系统有效地解决了几何造型、图形显示、交互设计、编辑修改、刀具轨迹生成、加工过程仿真与验证等。CAM 中的数控仿真技术为数控机床加工提供有力的支持，仿真过程实时反映了刀具的切削过程，动态显示出加工的效果，真实感较强。

第三节 柔性制造技术

柔性制造是计算机控制的数控机床在制造过程中使用后产生的一种先进制造技术。所谓的柔性，就是不用改动制造设备，只通过改变程序的办法即可制造出多种零件中任何一种零件的制造方法，是多品种、中小批量生产过程中高效、高精度的制造方法。目前主要有柔性制造系统、柔性制造单元、柔性制造自动生产线和柔性制造工厂，其中柔性制造系统最具有代表性。

一、柔性制造系统的定义及基本组成

在我国的有关标准中，柔性制造系统（Flexible Manufacturing System，简称 FMS）是指由数控加工设备、物流储运装置和计算机控制系统等组成的自动化制造系统。国外有关专家把柔性制造系统定义为：至少由两台机床、一套物流储运系统和一套计算机控制系统所组成的制造系统。

FMS 的组成如图 6-13 所示。除上述三个主要组成部分外，FMS 系统还包括冷却系统、排屑系统、刀具监控和管理等附属系统。

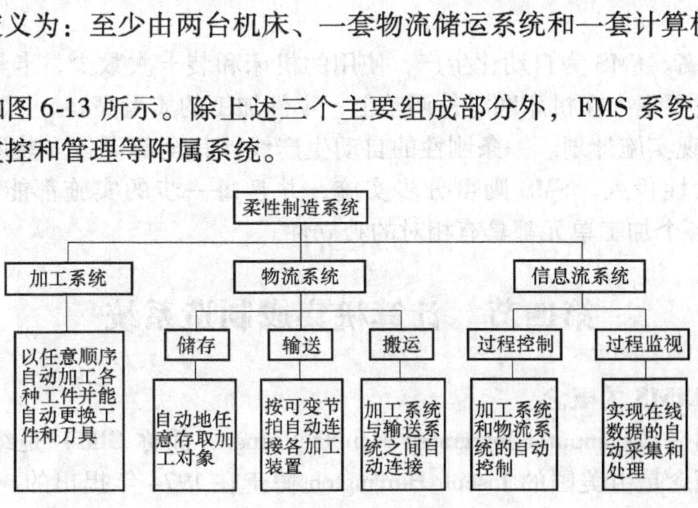

图 6-13 FMS 组成框图

二、FMS 主要功能

FMS 主要具有以下功能：

1）自动制造功能，由数控机床类设备来承担。

2）自动交换和输送功能，包括工件和刀具。

3）自动保管功能，包括毛坯、工件、半成品、工卡具、模具等。

4）自动监视功能，主要对刀具进行监视，还有自动补偿和自诊断等。

5）作业计划与调度。

要实现FMS的上述功能，必须由计算机系统控制，使其协调一致地、连续地、有序地进行。作业计划、加工或装配等系统运行必需的信息，要预先存放在计算机系统中。作业时，物流系统根据作业计划从仓库调出相应的毛坯、工卡具，并将它们交换到对应的机床上，机床则依据已经传送来的程序执行预定的制造任务。

三、FMS的优点

1）柔性制造能力强。FMS中备有较多的刀具、卡具及数控加工程序，可以接受各种不同的零件加工，这一特点对新产品的开发特别有利。

2）设备利用率高。FMS中的工件是安装在托盘上输送的，并通过托盘快速在机床上进行定位与卡紧，节省了工件装卡时间，有很多准备工作可在机床工作时同时进行，而利用计算机管理也使准备时间大为减少，因此，零件在加工过程中的等待时间大大减少，机床的利用率可达到75%～90%。

3）设备成本低占地面积小。机床的利用率高，所需机床的数量就少，占地面积自然就小。

4）生产人员少。在FMS中，一般装卸、维修和调整等操作由人工控制完成，正常工作则完全由计算机控制，所以，通常实行24h工作制，所有靠人力完成的操作集中安排在白班进行，晚班只留一人看管，系统处于无人操作状态下工作，劳动生产率高。

5）在制品数量少，对市场的反应能力快。由于FMS具有的高柔性、高生产率以及准备时间短等特点，能够对市场变化作出较快的反应，没有必要保持较大的在制品和产品库存量。

6）产品质量高。FMS为自动化生产，使用的机床和装卡次数少，卡具的耐久性好，操作人员的注意力主要集中在机床和零件调整上，零件加工的质量高。

7）可逐步实现实施计划。一条刚性的自动生产线，其全部设备安装调试后才能投入生产，资金必须一次性投入。FMS则可分步实施，并且每一步的实施都能进行产品的生产，这是因为FMS的各个加工单元都具有相对的独立性。

第四节　计算机集成制造系统

一、CIM与CIMS的概念

计算机集成制造（Computer Integrated Manufacturing，简称CIM）是组织企业生产的一种新概念，这一概念是由美国的Joseph Harrington博士在1974年提出的。它认为：① 企业生产的各个环节，包括市场分析、产品设计、加工制造、经营管理及售后服务的全部经营活动，是一个不可分割的整体，要紧密连接，统一考虑；② 整个经营活动过程实质上是一个数据采集、传递和加工测量的过程，其最终形成的产品可以看作是数据的物质表现；③ 在企业中，主要存在信息流和物质流两种运动过程，物质流受信息流控制。

CIM 主要针对企业所面临的激烈市场竞争形式，其目的是缩短企业内的生产周期，改善企业经营思想，以适应市场的迅速变化，获得更大的经济效益。

CIMS 是在 CIM 思想指导下，逐步实现企业全过程的计算机化的综合人机系统。它被认为是未来机械制造业的生产模式。CIMS 的核心是集成，这种集成不是简单的组合，为企业内的人、生产经营和技术这三者的信息集成。因为传统的机械制造厂是一个多层次多环节的离散型生产系统，各子系统都是分散、独立运行的，由于各子系统既要调用其他子系统共用的数据和信息，又要处理本系统特有的数据和信息，因此，如何划分层次结构，准确处理集中与分散的关系，又能有序地使各子系统形成一个集成环境，就成为实施 CIMS 的关键之一。CIMS 的简要结构如图 6-14 所示。

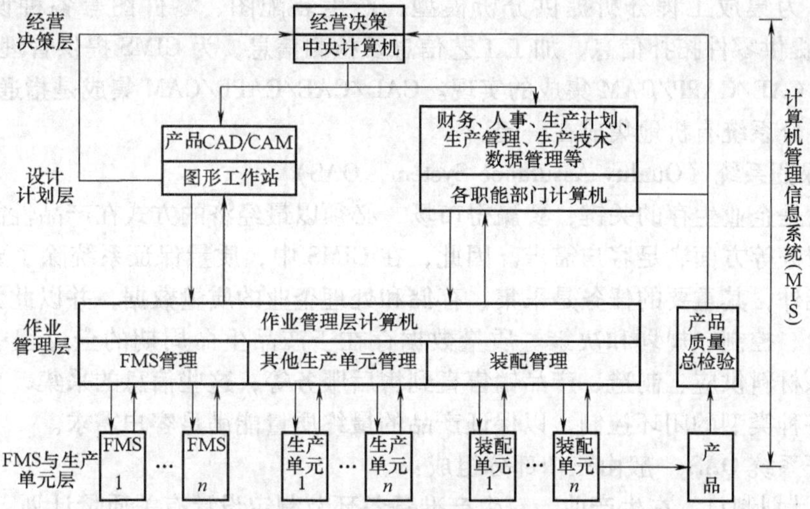

图 6-14　CIMS 的简要结构框图

由图 6-14 可以看出 CIMS 的结构层次分明。最高层是经营决策层，它是 CIMS 的核心。第二层是设计计划层，划分为两大部分——计算机辅助设计与制造、生产组织准备和管理，这是系统的支柱。第三层作业管理层和第四层 FMS 与生产单元层是产品具体生产的层次，是系统的基础。图中箭头表示了 CIMS 各个层次的计算机之间的信息交换，最重要的信息将汇总到决策层，作为决策的依据。所以，CIMS 系统的计算机通信网络和数据库系统（图中未列出）是系统的神经系统和集成关键。计算机管理信息系统（MIS）将贯穿 CIMS 各个层次。

二、CIMS 的组成

由前述可知，CIMS 不是一种具体的制造技术，而是组织、管理生产的一种新概念，所以，从技术组成的角度来讲，它包含了四个应用分系统和两个支撑分系统，如图 6-15 所示。

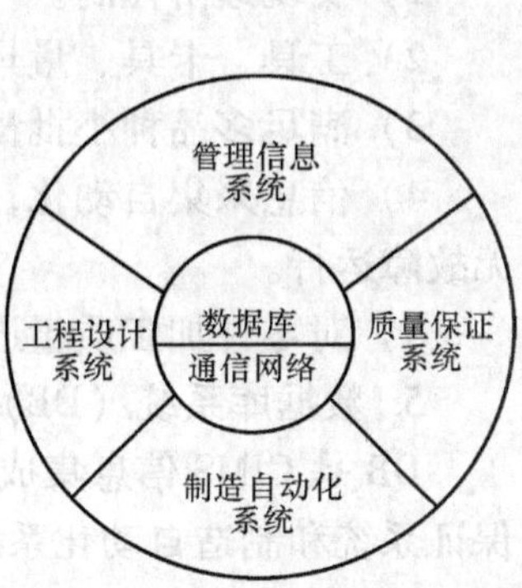

图 6-15　CIMS 的基本组成

1. 管理信息系统（Management Information System，MIS）

管理信息是指企业整个生产经营过程中产、供、销、人、财、物的有关信息，一般可将 MIS 分解为经营管理、物料管理、生产管理、人力资源管理和财务管理等子系统。

MIS 的基本功能有：

1）信息处理，包括信息的收集、传递、加工和查询。

2）事务管理，指经营计划管理、物料管理、生产管理、财务管理、人力资源管理及质量管理等。

3）辅助决策，分析归纳现有信息，利用各有关的数学方法和软件，提高决策信息。

2. 工程设计系统（Engineering Design System，EDS）

产品设计是产品成本和质量的最重要部分。EDS 通常指 CAD/CAPP/CAM 的集成，有时还包括工程分析。其基本功能为：

1）面向产品生命周期的产品建模。它是基于特征的产品建模系统，生成基于 STEP 标准的统一产品数据模型，其中包括产品造型、工程图绘制、工程分析和计划、编制零部件明细表等功能，为集成工程分析提供分析模型，产生装配图、零件图等各种设计文档，为 CAPP、CAM 提供零件拓扑信息、加工工艺信息及检测信息，为 CIMS 提供管理所需的信息。

2）CAD/CAE/CAPP/CAM 集成的实现。CAD/CAE/CAPP/CAM 集成是指通过信息交换、共享技术将各分系统有机地集成在一起。

3. 质量保证系统（Quality Assurance System，QAS）

产品质量是企业生存的关键，要赢得市场，必须以最经济的方式在产品性能、价格、交货期、售后服务等方面满足客户需求。因此，在 CIMS 中，质量保证系统除了要具有直接实施检测的功能外，其重要的任务是采集、存储和处理企业的质量数据，并以此为基础进行质量分析、评价、控制、规划和决策。质量数据存在于产品生命周期的全过程中，从市场调研、设计、原材料供应、制造、产品销售直到售后服务等，这些信息的采集、分析和反馈便形成一系列各种类型的闭环控制，以保证产品的最终质量能满足客户需求。

质量保证系统 QAS 一般由三个部分组成：

1）质量计划制订。在生产前，对生产准备各环节制定设计有关质量计划。

2）生产过程质量信息管理。对生产过程中质量信息进行采集、分析与评价，并对生产加工过程进行质量控制。

3）质量综合信息管理。包括质量指标考核与分析、质量成本管理、质量文档管理等。

4. 制造自动化系统（Manufacturing Automation System，MAS）

MAS 是通过计算机将企业内部生产活动所需的各自分散的自动化过程有机地集成起来，使其成为适用多品种、小批量生产的高效益、高柔性的智能化生产制造系统。MAS 的基本功能是：

1）实现递阶控制。

2）工具、卡具、量具集中管理与调度。

3）满足多品种小批量生产需求，实现加工过程柔性化。

4）信息采集自动化，加强工件检测、刀具监控和故障诊断的功能，使工作可靠，保证无故障运行。

5）对零件加工质量进行统计分析，并反馈给质量保证系统。

5. 数据库系统（DB）

DB 是 CIMS 信息集成的关键之一。CIMS 环境下的管理信息系统、工程设计系统、质量保证系统和制造自动化系统四个应用系统的信息数据都要在一个结构合理的数据库里进行存储和调用，以满足各子系统信息的交换和共享。

CIMS 的数据库系统通常采用集中与分布相结合的体系结构，以保证数据的安全性、一致性和易维护性。此外，CIMS 数据库系统往往还需建立一个专用的工程数据库系统，用来处理大量的工程数据。工程数据包括图形、加工工艺规程、NC 代码等各种类型的数据。工程数据库中的数据与管理系统的数据库均按统一规范进行交换，以实现 CIMS 中数据的集成与共享。

6. 通信网络系统（NET）

NET 是信息集成的工具。通过计算机通信网络将物理上分布的 CIMS 各个功能子系统的信息联系起来，达到共享的目的。依照企业的规模，可采用局域网或广域网。CIMS 在数据库和计算机网络的支持下，即可方便地实现各个功能子系统之间的通信，从而有效地完成全系统的集成。

复习思考题

1. 什么是数控技术？什么是数控机床？
2. 数控系统由哪些部分组成？各个部分的功用是什么？
3. 为什么半闭环控制系统使用比较广泛？
4. 数控加工程序的编制方法有哪几种？各有什么特点？
5. 何谓加工中心？与数控机床有何显著区别？
6. 派生式 CAPP 与创成式 CAPP 在工作原理上有何不同？
7. 什么是柔性制造技术？它有哪些类型？
8. 简述 CIMS 的基本含义及其内涵。

第七章 制造业的环境保护

在机械工业的生产过程中，不论是铸造、锻压、焊接等材料成形加工，还是车、铣、镗、刨、磨、钻等切削加工，都会排出大量污染大气的废气、污染土壤的废水和固体废物，同时在加工过程中还伴随着噪声和振动。

第一节 机械制造业的环境污染

机械工业中，不同的生产过程所产生的环境污染物不同。常见的金属材料加工与成形中就会出现如下的污染物质：

1）熔炼金属时会产生相应的冶炼炉渣和含有重金属的蒸气和粉尘。

2）在金属热处理中，高温炉与高温工件会产生热辐射、烟尘和炉渣、油烟，为了防止金属氧化而在盐浴炉中加入二氧化钛、硅胶和硅钙铁等脱氧剂而产生废渣盐；在盐浴炉及化学热处理中产生各种酸、碱、盐等及有害气体和高频电场辐射等；表面渗氮时，用电炉加热，并通入氨气，存在氨气的泄露；表面碳氮共渗时，将金属放入加热的含有氰化钠的渗氰槽中，氰化钠有剧毒，产生含氰气体和废水；表面（氧化）发黑处理时，在氢氧化钠、碳酸和磷酸三钠的混合溶液中进行碱洗，在浓盐酸、水、尿素混合溶液中进行酸洗，都将排出废酸液、废碱液和氯化钠气体。

为了改善金属制品的使用性能、外观以及提高其耐蚀性，有的工件表面需要镀上一层金属保护膜，电镀液中除含有铬、镍、锌、铜和银等各种金属外，还要加入硫酸、氟化钠（钾）等化学药品。某些工件镀好后，还需要在铬液中钝化，再用清水漂洗。因此电镀排出的废液中含有大量的铬、镉、锌、铜、银和硫酸根等离子。镀铬时，镀槽会产生大量铬蒸气，有氰电镀还会产生氰化钠这种有毒气体。在金属表面喷漆、喷塑料、涂沥青时，有部分油漆颗粒、苯、甲苯、二甲苯、甲酚等未熔塑料残渣及沥青等被排入大气。也就是说在电镀、喷漆中会产生酸雾及“三苯”溶剂和油漆的废气等，会产生含有氰化物、铬离子、酸、碱的水溶液和含铬、苯等的污泥。

为了去除金属材料表面的氧化物（锈蚀），常用硫酸、硝酸、盐酸等强酸进行清洗，由此产生的废液中都含有酸类和其他杂质。

3）在材料的铸造成形加工过程中会出现粉尘、烟尘、噪声、多种有害气体和各类辐射；在材料的塑性加工过程中，锻锤和压力机在工作中会产生噪声和振动，加热炉烟尘、清理锻件时会产生粉尘，高温锻件还会带来热辐射；在材料的焊接加工中会产生电弧辐射、高频电磁波、放射线、噪声等，焊条电弧焊时焊条的外部药皮和焊剂在高温下分解而产生含较多 Fe_2O_3和锰、氟、铜、铝的有害粉尘和气体，还会出现因电弧的紫外线辐射作用于环境空气中的氧和氮而产生 O_3、NO、NO_2等；气焊时会因用电石制取乙炔气体而产生大量电渣。

4）在常见的材料车削、铣削、刨削、磨削、镗削、钻削和拉削等机械加工工艺过程中往往需要加入各种切削液进行冷却、润滑和冲走加工屑末。切削液中的乳化液使用一段时间后，会产生变质、发臭，其中大部分未经处理就直接排入下水道，甚至直接倒至地表。乳化液中不仅含有油，而且还含有烧碱、油酸皂、乙醇和苯酚等。在材料加工过程中还会产生大量金属屑和粉末等固体废物。

5）特种加工中的电火花加工和电解加工中所采用的工作介质在加工过程中也会产生污染环境的废液和废气。

第二节 机械制造业的环境保护技术

针对机械工业造成的环境污染，各企业已陆续制定了各种切实可行的措施加以防治，首先是将污染物分成几大类，如废气、废水、固体废料、噪声和振动，然后分别根据各自实际情况采取相应措施。

一、工业废气的防治

机械工业的废气主要产生于燃料的燃烧过程和生产加工过程。机械工业排入大气中的污染物有固态、液态和气态污染物。固态污染物则有各种大小不一、性质各异的粉尘粒子，有的粒子粒径仅1μm，人体吸入后可直达肺泡并长期储留，对人体造成损害；有的粒子是很贵重的工业原料，如有色金属氧化物原料。液态污染物主要是各种酸雾、各种有机溶剂液滴等。气态污染物则有硫氧化物、氮氧化物、碳氧化物、重金属、碳氢化物等，也包括各类有机气体恶臭等。污染物质的形态不同，治理方法也不同。可以用机械的、电的等物理方法把污染物分离开，也可以用化合、分解等化学方法使有害污染物转为无害物，乃至转变为有用物质。

控制工业有害气体的污染，应该重视减少污染物产生和对已产生的污染物进行净化两方面的技术措施。

（一）工业废气的除尘技术

采用除尘器除尘已成为机械工业防治工业性大气污染的一项重要技术措施，其作用不仅是除去废气中的有害粉尘，而且往往还可以回收废气中的有用物质，用于工业生产，以达到综合利用资源的目的。

从废气中分离捕集颗粒物的设备称为除尘器。按照除尘机制，可将除尘器分成如下四类：机械式除尘器、电除尘器、洗涤除尘器和过滤式除尘器。近年来，为了提高对微粒的捕集效率，陆续出现了综合几种除尘机制的新型除尘装置，如荷电液滴湿式洗涤除尘器、荷电袋式除尘器等，目前，这些新型除尘器仍处于试验研究阶段。下面仅对几种常用除尘器的原理、结构和性能作简要介绍。

1. 机械式除尘器

机械式除尘器一般是指靠作用在颗粒上的重力或惯性力，或两者结合起来捕集粉尘的装置，主要包括重力沉降室、惯性除尘器和旋风除尘器。机械式除尘器的造价比较低，维护管理较简单，结构装置简单且耐高温，但对5μm以下的微粒去除率不高。

（1）重力沉降室 重力沉降室是靠重力使尘粒沉降并将其捕集起来的除尘装置。重力沉降室可分为水平气流沉降室和垂直气流沉降室，如图7-1a、b所示。含尘气体流过横断面比管道大得多的沉降室时，流速大大降低，使大而重的尘粒得以缓慢落至沉降室底部。重力沉降室可有效地捕集50μm以上的粒子，除尘效率为40%～60%。气体的水平流速通常采用

0.2～2m/s。在处理锅炉烟气时，气体流速不宜大于0.7m/s。

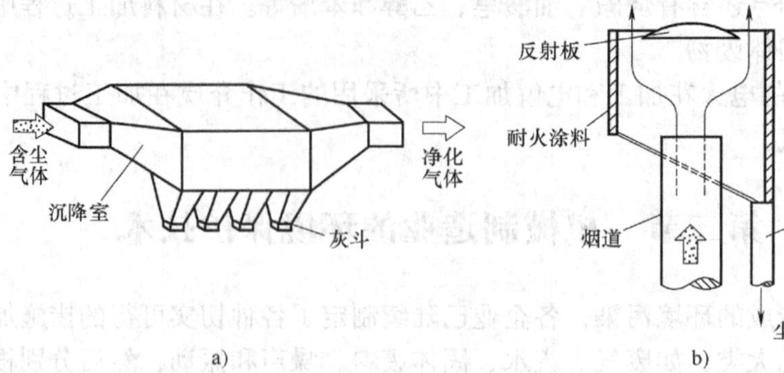

图7-1 重力沉降室
a）水平气流沉降室 b）垂直气流沉降室

占地面积大、除尘效率低是重力沉降室的主要缺点，但因其具有结构简单、投资少、维修管理容易及压力损失小（一般50～150Pa）等优点，工程上可因地制宜地用它作为二线除尘的第一级。

（2）惯性除尘器 惯性除尘器是使含尘气体冲击挡板后急剧改变流动方向，从而借助尘粒的惯性将其从气流中分离出来的装置。按结构可分为反转式和冲击式两类，如图7-2a、b所示。冲击式慢性除尘器可分为单级型和多级型，在这种设备中，沿气流方向设置一级或多级挡板，使气流中的尘粒冲撞挡板而被分离。反转式惯性除尘器可分为弯管型、百叶窗型和多隔板塔型。惯性除尘器一般用于多级除尘中的第一级，捕集密度和粒径较大的尘粒。但对粘结性或纤维性粉尘，因易堵塞，故不宜采用。

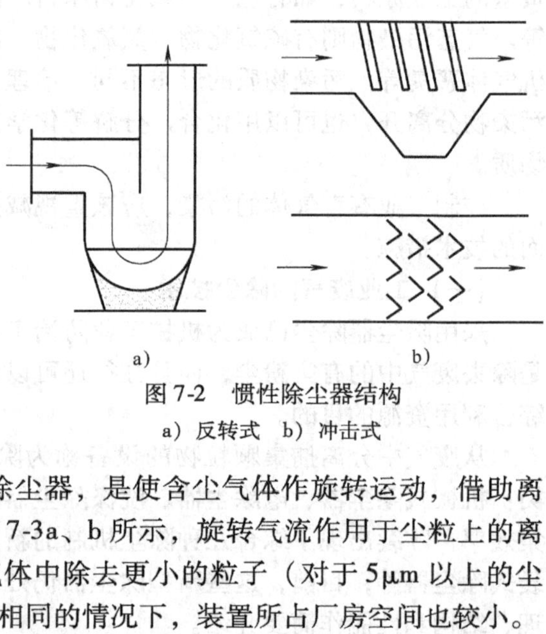

图7-2 惯性除尘器结构
a）反转式 b）冲击式

（3）旋风除尘器 旋风除尘器又称离心式除尘器，是使含尘气体作旋转运动，借助离心力作用将尘粒从气流中分离捕集的装置，如图7-3a、b所示，旋转气流作用于尘粒上的离心力比重力大5～2500倍，因此，它能从含尘气体中除去更小的粒子（对于5μm以上的尘粒，除尘率可达95%以上），而且在气体处理量相同的情况下，装置所占厂房空间也较小。

旋风除尘器主要由进气口、筒体、锥体排气管等部分组成。按气流进入方式，旋风除尘器常分为切向进入式和轴向进入式两种，切向又可分为直入式和蜗壳式。轴向进入式是靠导流叶片使气流旋转的，与切向进入式相比，在同一压力损失下，能处理3倍左右的气体量，而且气流分布容易均匀，所以主要用其组合成多管旋风除尘器，用于处理气体量大的场合。

2. 电除尘器

电除尘器是利用静电力实现粒子（固体或液体）与气流分离的装置。它与机械方法分离颗粒物的主要区别在于，其作用力直接施加于各个颗粒上，而不是间接地作用于整个气流。电除尘器有两种形式，即管式和板式电除尘器。电除尘器正被大规模地应用于解决燃煤

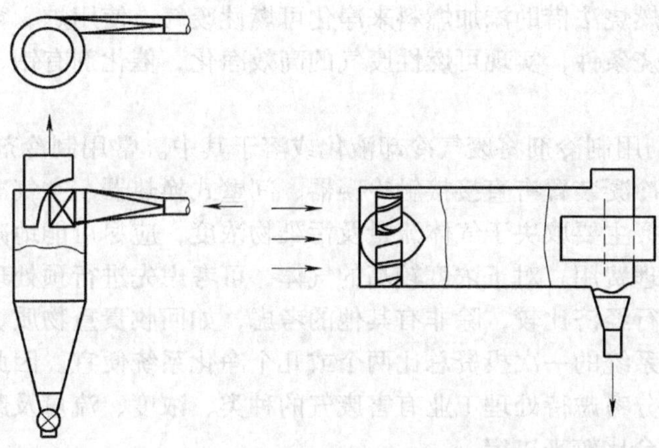

图 7-3 旋风分离器

a）切向进气，轴向排灰 b）轴向进气，周向排灰

电站、石油化工工业和钢铁工业等的大气污染问题，在回收有价值物质中也起着重要的作用。电除尘器的主要缺点是设备庞大，耗电多，投资高，制造、安装和管理所要求的技术水平较高。

3. 袋式除尘器

袋式除尘器是利用天然或人造纤维织成的滤袋，净化含尘气体的装置，其除尘效率一般可达99%以上。按尘粒的力学特性分，其作用机理具有惯性碰撞、截留、扩散、静电和筛滤等效应。虽然袋式除尘器是最古老的除尘方法之一，但由于它效率高、性能稳定可靠、操作简单，因此获得了越来越广泛的应用，同时在结构形式、滤料、清灰和运行方式等方面都得到了发展。

4. 洗涤除尘器

洗涤除尘器又称湿式除尘器，它是用液体所形成的液滴、液膜、雾沫等洗涤含尘烟气，使尘粒从烟气中分离出来的装置。此类装置具有结构简单、造价低、占地面积小和净化效率高等优点，能够处理高湿、高温气体；在去除颗粒物的同时也可去除二氧化硫等气态污染物。但应注意其管道和设备的腐蚀、污水和污泥的处理、烟气抬升高度减小等问题。

（二）工业有害气体的净化技术

工业有害气体的净化过程，就是从废气中清除气态污染物的过程。它包括化工及有关行业中通用的一系列单元操作过程，涉及流体输送、热量传递和质量传递。净化工业有害气体的基本方法有五种，即吸收、吸附、焚烧、冷凝及化学反应。

1）液体吸收法。指用选定的液体高效吸收有害气体。吸收设备主要有填料塔、板式塔、喷洒吸收器和文丘里吸收器。填料为陶瓷、金属或塑料制成的环、网；板式塔有鼓泡式和喷射式。

2）固体吸附法。指利用多孔吸附材料净化有毒气体。常用吸附剂有活性炭、活性氧化铝、分子筛、硅胶、沸石等。吸附装置有固定床、流动床和流化床。吸附方式可为间歇式或连续式。

3）燃烧法。直接燃烧法以可燃性废气本身为燃料，实现燃烧无害化。使用通用型炉、窑、火炬等设备。热力燃烧法借助添加燃料来净化可燃性废气，使用炉、窑等设备。催化燃烧法利用催化剂改善燃烧条件，实现可燃性废气的高效净化，催化剂有铂、钯、稀土及其他金属或氧化物。

4）冷凝回收法。利用制冷剂将废气冷却液化或溶于其中。常用制冷剂有水（或冷水）、盐水混合物、干冰等。冷凝装置有直接接触冷凝器、间壁式换热器、空气冷却器等。

气体净化方法的选择主要取决于气体流量及污染物浓度，应尽可能地减少气体流量和提高污染物浓度，降低处理费用。对于浓度较高的气体，可考虑先进行预处理。但要与不设预处理的大型净化系统进行经济比较，除非有其他的考虑，如回收贵重物质，或需要预先冷却热废气，一般一个净化系统的一次投资总比两个或几个净化系统便宜。因此在选择处理方法和工艺流程之前，要充分考虑待处理工业有害废气的种类、浓度、流量及废气中是否含有贵重物质等因素，进行综合比较来决定。

（三）废气中液态污染物的除雾技术

废气中液态污染物的除雾设备主要包括四大类：① 惯性力除雾装置，包括折板式除雾器、重力式脱水器、弯头脱水器、旋风脱水器、旋流板脱水器；② 湿式除雾器，几乎所有的湿式气态污染物处理装置和除尘器均可用作湿式除雾装置；③ 过滤式除雾装置，包括网式除雾器和填料除雾器；④ 静电除雾器，有管式和板式两类。

在折板式除雾器中气流通过挡板、折流板、折流体，因流线的偏折，使雾滴碰撞到挡板被捕集下来。弯头脱水器是借助于气流在弯头中折转90°或180°时产生的惯性力将雾滴甩出，主要用于文丘里管后面的脱水。旋风脱水器用于雾滴较细（最小雾滴为5μm）而除雾要求较高的场合。几乎所有的旋风除尘器均可用作脱水器。根据除雾脱水的特点，也可做成结构简化、体积较小的旋风脱水器。网式除雾器中的丝网除沫器净化硫酸有工程实效，板网除沫器广泛用于铬酸雾的净化处理工程。填料除雾器常用于各种酸雾，特别是硫酸雾的净化。各种用于液体吸收的填料塔，如填充鲍而环、拉西环、鞍形填料、丝网填料、实体波纹填料、栅条填料等的填料塔均可用作除雾器。

二、工业废水的防治

机械工业废水主要包括两大类：一类是相对洁净的废水，如空调机组、高频炉的冷却水等，这种工业废水可直接排入水道。但最好采用冷却或稳定化措施处理后供循环使用。另一类是含有毒、有害物质的废水，如电镀、电解、发蓝、清洗排出的废水，这种工业废水必须经过处理，达到国家规定的允许排放标准以后才能排入水道，不得采用稀释方法达到国家标准。

（一）工业废水的防治基本原则

1）改革工艺和设备，严格操作，实行回收和综合利用，以尽可能减少污染源和流失量。

2）实行清污分流。量大而污染轻的废水，如冷却废水等，不宜排入下水道，以减轻处理负荷和便于实现废水回用。

3）剧毒废水和一般废水分流，便于回收和处理。

此外，应打破厂际和地域界线，尽可能实行同类废水的联合处理，或实行以废治废。同时还应按目标要求对必须排放的废水进行净化处理。一般情况要求将排水中的污染物控制在“工业排放标准”的范围之内。

（二）工业废水处理的主要措施

1. 对废水源的处理方法

工业废水的性质随行业和规模的不同有很大差别。工厂生产不稳定，每天或每月变动较大，废水量与水质也随之变动。处理工业废水，首先必须努力降低废水排放前污浊物的数量，所用方法有以下几种：

1）减少废水量。具体措施是：① 废水分类。根据污浊程度和污浊物的种类，在废水源就对废水进行分类，把废水划分为需要处理的废水和不需要处理的废水。② 节约用水。废水的循环使用是节约用水的有力手段。③ 改变生产工序。有时改变生产工序可以大幅度减少废水量和降低废水浓度。

2）降低废水浓度。废水中所含污浊物，大多数情况下有一部分是原料、产品、副产品。这些物质应尽量回收，不要弃于废水中。具体措施为：① 改变原料。使用产生污浊物少的原料。② 改变制造过程。例如，在粉碎工序中改为不用水的方法。③ 改良设备。改良设备以提高产品的原材料利用率来减少污浊物数量。④ 回收副产品。过去，从经济观点出发，把没有价值的东西丢到废水中；但从防止污浊的观点来看，应把它们作为副产品回收利用，转化为有用的东西。

2. 对废水的处理方法

把废水处理大体分类，可分为除去悬浮固体物质的、除去胶态物质的和除去溶解物质的三种。在方法上有物理方法、化学方法、物理化学方法和生物化学方法。工业废水处理方法的分类见表 7-1。

表 7-1　工业废水处理方法的分类

基本方法	基本原理	单元技术
物理法	物理或机械的分离过程	过滤、沉淀、离心分离、上浮等
化学法	加入化学物质与废水中有害物质发生化学反应的转化过程	中和、氧化、还原、分解、混凝及化学沉淀等
物理化学法	物理化学的分离过程	吸附、离子交换、萃取电渗析、反渗透、汽提及吹脱等
生物化学法	微生物在废水中对有机物进行氧化、分解的新陈代谢过程	活性污泥、生物滤池、氧化池、生物转盘、厌气消化等

在工厂废水处理上用得较多的是沉淀法，它是利用水中悬浮颗粒在重力场作用下下沉，以达到固液分离的一种方法。沉淀法一般应用在以下几种装置中：

1）废水预处理装置。如主要去除水中密度大于水的无机颗粒（如砂子、煤渣）的沉砂装置。

2）废水进入生物处理前的初次沉淀装置和生物处理后的二次沉淀装置。前者主要去除进水中的悬浮固体，后者将生化反应中的微生物从水中分离出来，使水澄清。沉淀装置的主要类型有平流式、辐流式、竖流式和斜管式沉淀装置。

3）污泥处理阶段的污泥浓缩装置。广泛使用的污泥处理装置有浓缩污泥的连续浓缩装置、泥脱水过滤装置、日晒或加热干燥装置、焚烧装置等。

若废水中含有密度小于水的杂质，可利用杂质的上浮特性，将其从水中分离出去。最常见的是利用上浮分离装置处理含油废水。若废水中有乳化剂存在，油滴和水滴表面由乳化剂形成一层稳定的薄膜，油和水无法分层，形成乳浊液。此时必须先利用粗粒化装置破乳，使油滴增大，进而上浮与水分层，然后将其从水中分离出去。

若废水中的污染物密度非常接近甚至略小于水的密度，利用沉淀装置和上浮分离装置都无法取得满意的处理效果，此时可利用气浮分离装置。在气浮分离装置中，大量微小的气泡粘附于杂质颗粒上，形成密度小于水的浮体，浮体上升至水面，从而将杂质从水中分离出来。因此，利用气浮分离工艺必须具备三个基本条件：

1）必须从水中提供足够的微小气泡。

2）必须使废水的污染物呈悬浮状态，必要时可采用混凝剂。

3）必须使气泡与杂质产生粘附作用，否则应采用表面活性剂等对颗粒进行改性。

三、工业固体废物污染的防治

机械工业废物主要包括灰渣、污泥、废油、废酸、废碱、废金属、灰尘等废物，含有七类有害物质，即汞、砷、镉、铅、6 价铬、有机磷和氰。由于工业固体废物往往包含多种污染成分，而且长期存在于环境中，在一定条件下，还会发生化学的、物理的或者生物的转化，如果管理不当，不但会侵占土地，还会污染土壤、水体、大气，因此需要实行从产生到处置的全过程管理，包括污染源控制、运输管理、处理和利用、储存和处置。

（一）工业固体废物污染源的控制

机械工业固体废物污染源的控制是对机械工业固体废物实行从产生到处置全过程管理的第一步。其主要措施是尽量采用低废或无废工艺，以最大限度地减少固体废物的产生量，对于已产生的工业固体废物，则必须先搞清其来源和数量，然后对废物进行鉴别、分类、收集、标志和建档。

（二）工业固体废物的运输

在对工业固体废物进行鉴别、分类、收集、标志和建档后，需从不同的产生地把废物运送到处理厂、综合利用设施或处置场。对于废物处置设施太小、废物产生地点距处置设施较远或本身没有处置设施的地区，为了便于收集管理，可设立中间储存转运站。运输方式分公路、铁路、水运或航空运输等多种，可根据当地条件进行选择。对于非有害性固体废物，可用各种容器盛装，用卡车或铁路货车运输；对于有害废物，最好是采用专用的公路槽车或铁路槽车运输。

（三）工业固体废物的处理

1. 工业固体废物的预处理

为了进行处理、利用或处置，常须对工业固体废物进行预处理。预处理的方法很多，例如，处理或处置前的浓缩及脱水、处置前的压实、综合利用前的破碎及分选等。适当的预处理还有利于工业固体废物的收集和运输，所以预处理是重要且具有普遍意义的处理工序。

1）压实。压实处理是一种利用压力来提高工业固体废物堆积密度的预处理方法。通过压实处理可大大减少包装容器的数量，提高搬运效率，减小进行无害化处理及最终处置的废物体积。压实仅适用于那些压缩性大而复原性小的废料，如金属加工中的各种松散废料。

压实器一般都由一个供料单元和一个压实单元组成。供料单元负责接受工业固体废物原料并将其转入压实单元；压实单元有一个压头，在液压传动下通过高压将废物压实。常用的压实器有水平式压实器、三向垂直式压实器、回转式压实器和袋式压实器等。为获得较高的压缩比，要根据废物的性质、压实器的性能以及后续处理要求，选择适宜的压实器。

2）破碎。破碎处理是利用外力缩小固体废物颗粒尺寸的一种方法。破碎程度一般用物料破碎前后颗粒的最小尺寸比即破碎比来表示。破碎常作为分选、焚烧、利用和填埋处置的前处理而被广泛采用。通过破碎处理，可使工业固体废物颗粒尺寸均匀，使其堆积密度和比表面积增加，进而提高焚烧效率，便于分选回收有用金属及提高填埋处置的密度。用于工业固体废物的破碎机一般兼有冲击、剪切、挤压和摩擦等作用中的两种或两种以上的作用。金属类废物具有脆性，宜采用剪断破碎和冲击破碎，塑料、橡胶类物质在低温下变脆，可采用低温破碎。

3）分选。为了回收利用工业固体废物中的有用成分，或将有害成分分离出去，在对工业固体废物进行处理、利用和处置之前常需进行分选处理。分选处理中，工业固体废物可以按物质种类的不同分成两种或两种以上，也可以按粒度不同分成两种或两种以上。分选效果的好坏可根据回收率来确定。回收率一般用单位时间内分选机排料口排出的某一组分的量与进入分选机的此组分的量之比来表示。一般是利用物料的某些特性，例如，磁性、漂浮性、粒径大小等来进行分选。根据这些特性形成了多种多样的分选方法，例如，筛分、重选、磁选和浮选等。

4）浓缩与脱水。工业废水处理过程会产生大量污泥。原污泥的含水率很高，一般为96%～99.8%，体积很大，对输送、处理及进一步利用都不方便，因此必须对其进行脱水处理。污泥中的水主要以间隙水、毛细水、吸附水和颗粒内部水四种状态存在，可根据后续处理工艺要求采用不同的脱水方法，如浓缩法、机械脱水法、加热脱水法等。

2. 工业固体废物的无害化处理

对有害的工业固体废物必须进行无害化处理，使其转化为适于运输、储存和处置的形式，不致危害环境和人类健康。无害化处理的方法有化学处理、焚烧、固化等。

1）化学处理。通过化学反应破坏固体废物的有害成分，使之无害化的一种处理方法。化学处理方法包括氧化、还原、中和、化学沉淀等。化学处理方法通常只适用于处理有单一成分或几种化学特性类似成分的废物，对于混合废物则可能达不到预期的目的。

2）焚烧。通过高温对可燃性固体废物进行破坏的一种无害化方法，是有机物的深度氧化过程。通过焚烧，可使废物的重量和体积减少80%以上，使有毒有害的成分无害化，还可回收部分热能用于供热或发电。

3）固化。也称为化学稳定化，是指通过物理-化学方法将有害废物固定或包容在惰性固化基材中的无害化处理过程。固化处理机制十分复杂，有的是通过控制温度、压力或调节pH值使污染物化学转变或引入到某种稳定的晶格中去；有的是通过物理过程把污染成分直接掺入到惰性基材中去；有的兼有上述两种过程。固化是从放射性废物处理发展起来的一项无害化或少害化处理方法。除了可固化放射性废物外，还可固化多种无机有毒有害废物，如电镀污泥、汞渣、铬渣等。理想的固化产物应具有良好的抗渗透性、良好的机械特性以及抗浸出性。这样的固化产物可直接进行填埋处置，也可作为建筑的基础材料或道路的路基材料。根据固化基材及固化过程不同，固化方法可分为水泥固化、石灰固化、热塑性材料固化、有机聚合物固化、自胶结固化和玻璃固化、陶瓷固化、合成岩固化等。

（四）工业固体废物的利用

工业固体废物具有二重性，弃之为害，用则为宝。尤其对那些具有较高资源价值的废物，更应尽量加以综合利用。综合利用是指通过回收、复用、循环、交换以及其他方式对工业固体废物加以利用，它是防治工业性污染、保护资源、谋求社会经济持续稳定发展的有力手段。工业固体废物综合利用的途径有很多，主要有生产建筑材料、提取有用金属、制备化工产品、作为工业原料、生产农用肥料和回收能源等。

（五）工业固体废物的处置

工业固体废物的处置，是为了使工业固体废物最大限度地与生物圈隔离而采取的措施，是控制工业固体废物污染的最后步骤。常用的处置方法有海洋处置和陆地处置两大类。海洋处置可在海上焚烧。陆地处置分为土地耕作、工程库或储存池储存、土地填埋和深井灌注等。

对于放射性固体废物，一般应根据其放射性、半衰期、物理及化学性质选择相应的处置方法。常用的处置方法有海洋处置、深地层处置、工程库储存和浅地埋藏处置等。

四、工业噪声的防治

（一）噪声及其危害

在机械工业中，噪声是一种十分严重的环境污染问题。长期在噪声超标的环境中工作，会使人耳聋、消化不良、食欲不振、血压增高，会影响语言交谈、思考和睡眠，降低工作效率，影响安全生产。

（二）噪声防治技术

为了采取必要而充分的噪声防止对策，并有效地加以实施，必须根据正确的噪声防止计划进行。其顺序如下：

1）确认发生噪声污染的地点，进行该地区的听觉试验、测定噪声级以及频谱分析等噪声实态调查。

2）探查噪声发生源，并调查和确认是哪台机器的什么部位。

3）决定降噪目标。

4）研究降低噪声的方法，实施最有效的措施。

传播噪声的三要素是：声源、传播途径和接受者。噪声的防治也应从这三方面入手。

（三）对声源采取的措施

噪声控制最积极、最有效的方法自然是从声源上进行控制。从声源上控制噪声，通常有两种途径：① 采用彻底改进工艺的办法，将产生高噪声的工艺改为低噪声的工艺，如用气焊、焊条电弧焊替代高噪声的铆接，用液压替代冲压等；② 在保证机器设备各项技术性能基本不变的情况下，采用低噪声部件替代高噪声部件，使整机噪声大幅度降低，实现设备的低噪声化。

常见的噪声源有以下三个类型，可对它们采取相应措施，按各自的发生机理除去其根源或加以降低。

1. 对一次固体噪声的措施

由于强制力在机械和装置内部周期地反复使用，就会成为激振源产生波动传播开去，在多数情况下，部分机械以固有频率共振发出很大的噪声，这叫一次固体噪声。对这类噪声应采取的降噪步骤和措施为：

1）确认产生激振力的根源。

2）研究降低激振力的方法。

3）进行绝缘，使波动不能传播。

4）改变噪声发射面的固有频率。

5）使噪声发射面减振。

6）盖上隔离振动的覆盖物。

2. 对二次固体噪声的措施

机械内部发生的噪声声波使壁面发生振动，发射出透射音，这叫做二次固体噪声。对这类噪声需采取以下措施：

1）除去机械内部噪声产生的根源。

2）加强壁面隔音和内部吸音。

3）壁面加上隔音绝缘层（盖上吸声物或隔音材料）。

4）设置隔音盖。

3. 对空气声的措施

像由开口部（吸气口、放气口等）发射出来的噪声那样，没有固体振动的噪声叫空气声。对此，应采取以下措施：

1）降低压力和流速等。

2）装置消声器或吸音道等。

3）缩小开口部，降低发射功率，或利用指向性改变方向。

（四）噪声传播途径的处理

噪声传播途径的处理应根据具体情况，采取不同措施。通常有以下几种方法：

1）吸声处理。也称吸声降噪处理，是指在噪声控制工程中，利用吸声材料或吸声结构对噪声比较强的房间进行内部处理，以达到降低噪声的目的。但这种降噪效果有限，其降噪量通常不超过 10dB。

2）隔声处理。用隔声材料或隔声结构将声源与接受者相互隔绝，降低声能的传播，使噪声源引起的吵闹环境限制在局部范围内，或在吵闹的环境中隔离出一个安静的场所，这是一种比较有效的噪声防治技术措施。例如把噪声较大的机器放在隔声罩内，在噪声车间内设立隔声间、隔声屏、隔声门、隔声窗等。

3）隔振。在机器设备基础上安装隔振器或隔振材料，使机器设备与基础之间的刚性连接变为弹性连接，可明显起到降低噪声的效果。

4）阻尼。在板件上喷涂或粘贴一层高内阻的弹性材料，或者把板料设计成夹层结构。当板件振动时，由于阻尼作用，使部分振动能量转变为热能，从而降低其噪声和振动。

5）消声器。消声器是降低气流噪声的装置，一般接在噪声设备的气流管道中或进排气口上。

（五）噪声的个人防护措施

当在声源上和传播途径上难以达到标准要求时，或在某些难以控制，但对接受者来说必须加以保护的场合，往往采取个人防护措施，其中最常用的方法是佩戴护耳器，如耳塞、耳罩、头盔等。一副好的护耳器应满足下列要求：具有较高隔音值（又称声衰减量），佩戴舒适、方便，对皮肤无刺激作用，经济耐用。

综上所述，机械工业环境污染量大、面广，种类繁多，性质复杂，对人危害大，具体表现在工业废水对水环境的污染，工业废气对大气环境的污染，工业固体废物对环境的污染及噪声污染四个方面。事实证明，采取“先污染，再治理”或是“只治理，不预防”的方针都是有害的，均会使污染的危害加重和扩大，还会使污染的治理更加困难。因此，防治工业性环境污染的有效途径是“防”“治”结合，并强调以“防”为主，采取综合性的防治措施。从事本行业的每一个人都应意识到问题的严重性，尽可能将污染消灭在工业生产过程中，大力推广无废少废生产技术，大力开展废物的综合利用，使工业发展与防治污染、环境保护互相促进。

复习思考题

1. 机械制造业都有哪些常见的环境污染？
2. 常见的除尘设备有哪几种？各有何优缺点？
3. 工业废水防治的主要措施有哪些？
4. 对工业固体废料常采用哪些处理手段？
5. 工业噪声的防治应从哪三方面入手？

参考文献

[1] 谭毅，李敬峰．新材料概论［M］．北京：冶金工业出版社，2004.
[2] 沈莲．机械工程材料［M］．3 版．北京：机械工业出版社，2007.
[3] 林建榕．工程材料及成形技术［M］．北京：高等教育出版社，2007.
[4] 孙康宁，李爱菊．工程材料及其成形技术基础［M］．北京：高等教育出版社，2009.
[5] 陈培里．工程材料及热加工［M］．北京：高等教育出版社，2007.
[6] James A-Jacobs，Thomas F-Kilduff. Engineering Materials Technology［M］. New York：Prentice Hall，2001.
[7] William D Callister，J r . Fundamentals of Materials Science and Engineering［M］．北京：化学工业出版社，2004.
[8] 孙康宁，张景德．现代工程材料成形与制造技术基础：上册［M］．2 版．北京：高等教育出版社，2010.
[9] 李爱菊．现代工程材料成形与制造技术基础：下册［M］．2 版．北京：高等教育出版社，2010.
[10] 苏德胜，张丽敏．工程材料与成形工艺基础［M］．北京：化学工业出版社，2008.
[11] 颜银标．工程材料及热成型工艺［M］．北京：化学工业出版社，2004.
[12] 严彪，唐人剑，王军．金属材料先进制备技术［M］．北京：化学工业出版社，2006.
[13] 徐自立．工程材料及应用［M］．武汉：华中科技大学出版社，2007.
[14] 侯书林，朱海．机械制造基础（上册）——工程材料及热加工工艺基础［M］．北京：北京大学出版社，2006.
[15] 黄锐．塑料工业手册——塑料热成型和二次加工［M］．北京：化学工业出版社，2005.
[16] 邓文英．金属工艺学［M］．5 版．北京：高等教育出版社，2008.
[17] 雷世明．焊接方法与设备［M］．北京：机械工业出版社，2004.
[18] 沈其文．材料成形工艺基础［M］．3 版．武汉：华中科技大学出版社，2003.
[19] 陶治．材料成形技术基础［M］．北京：机械工业出版社，2002.
[20] 中国机械工程学会焊接学会．焊接手册第 3 卷：焊接结构［M］．2 版．北京：机械工业出版社，2001.
[21] 中国机械工程学会焊接学会．焊接手册第 2 卷：材料的焊接［M］．2 版．北京：机械工业出版社，2001.
[22] 中国机械工程学会焊接学会．焊接手册第 1 卷：焊接方法及设备［M］．2 版．北京：机械工业出版社，2001.
[23] 黄天佑，等．消失模铸造技术［M］．北京：机械工业出版社，2004.
[24] 王树海，李安明，乐红志，等．先进陶瓷的现代制备技术［M］．北京：化学工业出版社，2007.
[25] 翟秀静，金哲男．超细粉制备［M］．沈阳：东北大学出版社，2002.
[26] 刘维良，喻佑华．先进陶瓷工艺学［M］．武汉：武汉理工大学出版社，2004.
[27] 陈振兴．特种粉体［M］．北京：化学工业出版社，2004.
[28] 曾可令，李秀艳．纳米陶瓷技术［M］．广州：华南理工大学出版社，2006.
[29] 杨世英，陈栋传．工程塑料手册［M］．北京：化学工业出版社，1994.
[30] 李世普．特种陶瓷工艺学［M］．武汉：武汉工业大学出版社，1990.
[31] 阮建明，黄培云．粉末冶金原理［M］．北京：机械工业出版社，2012.
[32] 江东亮．精细陶瓷材料［M］．北京：中国物资出版社，2000.
[33] 倪礼忠，等．复合材料科学与工程［M］．北京：科学出版社，2002.
[34] 易健宏，彭元东，李丽娅，等，冲击成形——一种粉末冶金材料制备新工艺［J］．粉末冶金技术，

2006，24（5）.
[35] 朱彦峰，陆东元．锻造新技术［J］．汽车工艺与材料，2007（7）.
[36] 钟仁显，卢百平．金属粉末成形技术若干进展［J］．材料导报，2008，22（3）.
[37] 陈广仁，等．先进材料成形技术［J］．科技导报，2008，26（4）.
[38] 崔静涛，兰新哲，王碧侠，等．陶瓷材料成形工艺研究新进展［J］．陶瓷，2007（11）.
[39] 常春．材料成形基础［M］．2 版．北京：机械工业出版社，2010.
[40] 傅水根．机械制造工艺基础（金属工艺学冷加工部分）［M］．北京：清华大学出版社，1998.
[41] 苗赫濯，齐龙浩，等．新型陶瓷刀具在机械工程中的应用［J］．机械工程学报，2002，38（2）.
[42] 吉卫喜．机械制造技术［M］．北京：机械工业出版社，2001.
[43] 胡传．特种加工手册［M］．北京：北京工业大学出版社，2001.
[44] 杜君文．数控技术［M］．天津：天津大学出版社，2002.
[45] 张茂．机械制造技术基础［M］．北京：机械工业出版社，2008.
[46] 司乃钧，许小村．机械制造技术基础［M］．北京：高等教育出版社，2010.
[47] 明兴祖．数控加工综合实践教程［M］．北京：清华大学出版社，2008.
[48] 陈玉琨，赵云筑．工程材料及机械制造基础［M］．北京：机械工业出版社，2001.
[49] 王贵明．数控实用技术［M］．北京：机械工业出版社，2000.
[50] 颜永年．先进制造技术［M］．北京：化学工业出版社，2002.
[51] 王贵明．数控实用技术［M］．北京：机械工业出版社，2000.
[52] 王贤坤．机械 CAD/CAM 技术应用与开发［M］．北京：机械工业出版社，2000.
[53] 葛巧勤．机械 CAD/CAM［M］．南京：东南大学出版社，1998.
[54] 肖锦．城市污水处理及回用技术［M］．北京：化学工业出版社，2002.
[55] 周桂莲，付平．机械制造基础［M］．西安：西安电子科技大学出版社，2009.
[56] 徐志毅．环境保护技术和设备［M］．上海：上海交通大学出版社，1999.
[57] 郑铭．环保设备：原理·设计·应用［M］．北京：化学工业出版社，2001.
[58] 杨宗德．机械制造技术基础［M］．北京：国防工业出版社，2006.
[59] 董玉红．数控技术［M］．北京：高等教育出版社，2010.